高等职业院校“三教改革”成果系列教材

工业网络与组态技术

主　编　魏小林
副主编　张　俊　徐跃华
参　编　夏　诚　刘天宋　熊家慧

北京理工大学出版社
BEIJING INSTITUTE OF TECHNOLOGY PRESS

内容简介

全书分为5个项目，每个项目又分为若干个任务。本书在编写过程中以职业院校相关课程选用最多的一些PLC、触摸屏为平台，以常用的Modbus、Profibus、CC－Link、PROFINET、Modbus TCP等现场总线及工业以太网作为主要内容，既满足相关专业课程的关联性，又使学生了解工业现场网络通信技术在工业分布系统中的作用，掌握常用的工业现场网络通信系统的构建和使用方法。本书从认知到安装、操作、编程应用将理论和实践相结合，按照教学做一体化模式进行编写，尽量贴近生产实际但又不以某一具体设备为限，将生产实际抽取出来进行一定的处理以满足大多数学校的教学实施要求。

本书工程性与实践性比较强，简明实用，着重体现“淡化理论，够用为度，培养技能，重在运用”的指导思想，重点突出实用技术的掌握和运用。本书可作为职业院校学生学习电气自动化技术、机电一体化技术、工业机器人技术、生产过程自动化技术、工业网络技术及数字智能化工程技术等的教学用书，也可作为相关专业工程人员的培训教材及参考用书。

图书在版编目(CIP)数据

工业网络与组态技术 / 魏小林主编. -- 北京：北京理工大学出版社，2021.8(2024.1重印)

ISBN 978-7-5763-0159-5

Ⅰ.①工… Ⅱ.①魏… Ⅲ.①工业控制计算机－计算机网络 Ⅳ.①TP273

中国版本图书馆CIP数据核字(2021)第165607号

出版发行 / 北京理工大学出版社有限责任公司
社　　址 / 北京市海淀区中关村南大街5号
邮　　编 / 100081
电　　话 / (010)68914775(总编室)
(010)82562903(教材售后服务热线)
(010)68944723(其他图书服务热线)
网　　址 / http://www.bitpress.com.cn
经　　销 / 全国各地新华书店
印　　刷 / 北京国马印刷厂
开　　本 / 787毫米×1092毫米　1/16
印　　张 / 18.5
字　　数 / 408千字
版　　次 / 2021年8月第1版　2024年1月第4次印刷
定　　价 / 49.00元

责任编辑 / 朱　婧
文案编辑 / 朱　婧
责任校对 / 周瑞红
责任印制 / 施胜娟

图书出现印装质量问题，请拨打售后服务热线，本社负责调换

前　　言

随着工业自动化技术的迅猛发展，工业现场的网络技术在各个工业领域应用得越来越广泛，各企业对工业现场网络技术人才的需求不断增加，这就要求职业院校培养工业现场网络技术高技能应用型人才，以满足企业对生产现场的控制需要。为适应职业院校教学改革的需要，为全面提高学生的实际操作技能和创新思维能力，培养学生分析问题和解决问题的能力，编者根据当前职业教育教学改革的形势及培养应用型、创新型人才的需求，结合自己十多年的教学和工作实践，编写了本书。本书以职业院校相关课程选用最多的一些PLC、触摸屏为平台，以常用的 Modbus、Profibus、CC – Link、PROFINET、Modbus TCP 等现场总线及工业以太网作为主要内容。在编写时考虑到课程涉及的知识点多、内容广，以及职业院校学生的知识现状等，编者采用结合生产实际，以简单的案例带动知识点开展学习的方式，以点带面，培养学生解决实际问题的能力。

本书主要内容如下：

项目一：基于 Modbus 通信的电动机速度控制（任务一是 Modbus 现场总线认识，任务二是 MCGS 触摸屏认识及 MCGS 组态软件使用，任务三是基于 Modbus 通信的触摸屏控制电动机多段速运行，任务四是基于 Modbus 通信的触摸屏控制电动机调速运行）。

项目二：基于 Profibus – DP 及 Modbus TCP 通信的水位控制（任务一是 Profibus – DP 现场总线认识，任务二是基于 Modbus TCP 的汇川 PLC 与触摸屏应用，任务三是基于 Profibus – DP 及 Modbus TCP 通信的水位控制）。

项目三：基于 CC – Link 的温度控制系统应用（任务一是 CC – Link 现场总线认识及网络系统配置，任务二是基于 CC – Link 的温度控制系统应用）。

项目四：基于 PROFINET 网络的传送带控制（任务一是认识 PROFINET 网络，任务二是构建基于 PROFINET 网络的点动控制，任务三是构建基于 PROFINET 网络的传送带控制）。

项目五：基于机器视觉的分拣控制系统应用（任务一是西门子 S7 – 200 Smart PLC 与 ABB120 机器人通信，任务二是威纶通触摸屏简单使用，任务三是基于机器视觉的分拣控制系统应用）。

项目一、项目二由江苏省南京工程高等职业学校魏小林编写；项目三由江苏省南京工程高等职业学校魏小林、夏诚编写；项目四由宜兴高等职业技术学校徐跃华编写；项目五由张俊、刘天宋、熊家慧编写。本书在编写过程中参考了大量的书籍、文献及手册资料，在此向相关作者表示诚挚的谢意。

在本书的编写过程中，虽经反复推敲、多次修改，但由于编者水平有限，而且工业网络又是一种不断发展和完善的技术，因此书中难免有不当和疏漏之处，在此恳请读者批评指正。

编　者

目　　录

项目一　基于 Modbus 通信的电动机速度控制

项目需求

在工农业生产中，我们经常会对电动机的速度进行调节控制，以满足不同的生产需求的情况，交流异步电动机的变频调速控制以其性能好、造价低等优势广泛应用于各种控制系统中。本项目要求能通过 PLC 及触摸屏和变频器来对电动机的速度进行控制，并且要有必要的安全保护措施。

项目工作场景

在本项目中，三相异步电动机有两种工作情况的控制要求。一种工作情况的控制要求是能通过触摸屏上的按钮以及设备上的硬件按钮对电动机进行启动和停止控制，并且在运行过程中能实现多段速的自动切换；另一种工作情况的控制要求是能通过触摸屏上的按钮对电动机进行启动和停止控制，同时能通过触摸屏对电动机的运行速度频率进行设置。

方案设计

根据项目控制要求及学生的认知规律，并结合所学知识，由简入繁、由易及难构建四个不同的任务，任务一是 Modbus 现场总线认识，任务二是 MCGS 触摸屏认识及 MCGS 组态软件使用，任务三是基于 Modbus 通信的触摸屏控制电动机多段速运行，任务四是基于 Modbus 通信的触摸屏控制电动机调速运行。本项目采用三菱 FX3UPLC 及昆仑通态 TPC7062K 触摸屏、三菱 E740 变频器和 Modbus 现场总线通信（这里主要是基于 RS－232/RS－485 物理介质层和链路层的串口通信，在后面章节由以太网的 Modbus TCP/IP 通信来实现控制要求）。

相关知识和技能

相关知识：Modbus 现场总线基础知识、嵌入式组态程序的设计、变频器调速控制方式、通信程序的设计。

相关技能：RS－232/RS－485 串行通信总线的制作、变频器参数的设置、PLC 与触摸屏和变频器的硬件通信连接及系统调试。

任务一　Modbus 现场总线认识

【任务目标】

了解现场总线基础知识，理解现场总线的通信基础，掌握 RS－232/RS－485 串行通信总线的制作。

【任务分析】

本任务主要通过理论知识的学习以及各种文献资料的查阅，熟悉在工业控制网络中常见的现场总线。

【知识准备】

一、现场总线技术概述

（一）现场总线技术的概念

现场总线技术是指用于工业生产现场的新型工业控制技术，是一种在现场设备之间、现场设备与控制装置之间实现双向、互连、串行和多节点数字通信的技术，是工业现场控制网络技术的代名词。现场总线是当今自动化领域技术发展的热点之一，被誉为自动化领域的计算机局域网，它的出现对该领域的技术发展产生了重要影响。现场总线原指现场设备之间共用的信号传输线，后来又被定义为应用在生产现场，在测量控制设备之间实现双向、串行、多节点数字通信的技术。随着该技术的不断发展和更新，它在离散制造业、流程工业、交通、国防、环境保护，以及农、林、牧等行业的自动化系统中具有广阔的应用前景。现场总线以测量控制设备为网络节点，以双绞线等传输介质为纽带，把位于生产现场、具备数字计算和数字通信能力的测量控制设备连接成网络系统，采用公开、规范的通信协议，在多个测量控制设备之间以及现场设备与远程监控计算机之间，实现数据传输与信息交换，形成适应各种应用需要的自动控制系统。现场总线给自动化领域带来的变化正如计算机网络给单台计算机带来的变化，它使自控设备连接为控制网络，并与计算机网络共同连接，使控制网络成为信息网络的重要组成部分。

（二）现场总线的产生与发展

1. 控制系统的发展

控制系统的发展历经基地式仪表数字控制系统、模拟仪表控制系统、直接式数字控制系统及集散控制系统这几个阶段，目前已经发展到现场总线控制系统。

1）基地式仪表数字控制系统

基地式仪表数字控制系统中的各测控仪表自成体系，既不能与其他仪表或系统连接，也不能与外界进行信息通信，操作人员只能通过现场巡视来了解生产情况。

2）模拟仪表控制系统

模拟仪表又称为组合式仪表，它通过模拟信号量将生产现场的参数和信息送到集中控制室，操作人员可在控制室内了解现场的生产情况，并实现对生产过程的操作和控制。

3）直接式数字控制系统

直接式数字控制（Direct Digital Control，DDC）系统将单片机、PLC（Programmable Logic Controller）或计算机作为控制器，采用数字信号进行交换和传输，克服了模拟仪表控制系统中模拟信号精度低的缺点，提高了系统的抗干扰能力。直接式数字控制系统中的计算机与生产过程之间的信息传递是通过输入/输出（I/O）设备进行的。直接式数字控制系统属于计算机闭环系统，采用程序进行控制运算，是工业生产中较为普遍的一种控制方式。直接式数字控制系统由计算机承担控制任务，可以满足较高的实时性和可靠性要求，但一旦计算机出现故障，就会造成整个系统瘫痪，导致控制系统的运行风险增大。

4）集散控制系统

集散控制系统（Distributed Control System，DCS）也称分布式控制系统，由过程控制级和过程监控级组成，是以通信网络为纽带的多级计算机控制系统，其核心思想是集中管理、分散控制，即管理与控制分离。上位机用于监视管理；下位机分散在现场，用于实现分布式控制，上、下位机通过控制网络互相连接来实现信息传递。

5）现场总线控制系统

现场总线控制系统（Fieldbus Control System，FCS）将集散控制系统由专用网络组成的封闭系统变成了通信协议公开的开放系统，其功能分散、危险分散、信息集中。它综合运用了微处理技术、网络技术、通信技术和自动控制技术，把通用或者专用的微处理器置于传统的测量控制仪表中，使之具有数字计算和数字通信能力。

2. 现场总线对工业自动化系统的影响

1）现场总线对自动控制的影响

（1）信号类型：由模拟信号变为双向数字信号。

（2）自动控制系统的体系结构：由模拟与数字的混合控制变为全数字现场总线控制。

（3）自动控制系统的产品结构：现场设备智能化，具有程序及参数存储智能控制功能的产品在现场可完成一定的控制功能。

（4）现场总线为实现企业综合自动化提供了基础。

（5）现场总线打破了传统垄断，使所有符合统一尺度的各类仪表都可以互连互通。

2）现场总线对自动化仪表的影响

（1）提高了传送和测量精度。

（2）增强了仪表功能。

（3）可远程设定或修改组态数据。

（三）现场总线的结构与特点

1. 现场总线网络的结构

现场总线网络的结构是按照国际标准化组织制定的开放系统互连（Open System Interconnection，OSI）参考模型建立的。OSI 参考模型分为七层，即物理层、数据链路层、网络层、传输层、会话层、表示层和应用层，该标准规定了每层的功能以及对上一层所提供的服务，如图 1－1－1 所示。

现场总线的主要特点是使底层的控制部件、设备更加智能化，把在传统 DCS 中的控制功能下移到现场仪表。因此，现场总线的网络通信起了重要作用。现场总线的结构模型现统一为四层，即物理层、数据链路层、应用层和用户层，省略了一般网络结构的 3～6 层（网络层、传输层、会话层和表示层），如图 1－1－2 所示（其中，用户层位于应用层上层，图中未画出）。

7	应用层
6	表示层
5	会话层
4	传输层
3	网络层
2	数据链路层
1	物理层

图 1－1－1　OSI 参考模型

<table>
<tr><td>7</td><td>应用层</td></tr>
<tr><td>6</td><td rowspan="4">未使用</td></tr>
<tr><td>5</td></tr>
<tr><td>4</td></tr>
<tr><td>3</td></tr>
<tr><td>2</td><td>数据链路层</td></tr>
<tr><td>1</td><td>物理层</td></tr>
</table>

图 1－1－2　现场总线中的 OSI 参考模型

2. 现场总线控制系统的结构

传统模拟控制系统的设备之间按控制回路分别进行连接。控制器与位于现场的各种开关控制器及执行器之间均为一对一的物理连接，如图 1－1－3 所示。

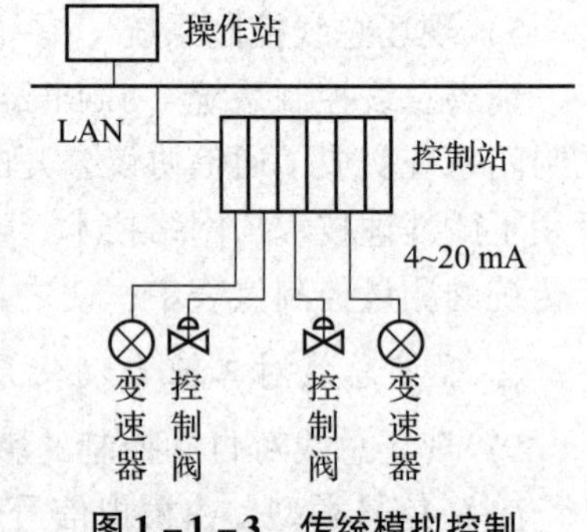

图 1－1－3　传统模拟控制系统的结构

现场总线控制系统打破了传统控制系统的结构形式。由于现场总线控制系统采用了智能现场设备，能够把 DCS 中处于控制室的控制模块、各输入/输出模块置于现场设备中，加上现场设备具有通信能力，现场的测量变送仪表可以与阀门等执行机构直接传送信号，因而控制系统功能能够不依赖控制室的计算机或控制仪表，而直接在现场完成，从而实现了彻底的分散控制，如图 1－1－4 所示。

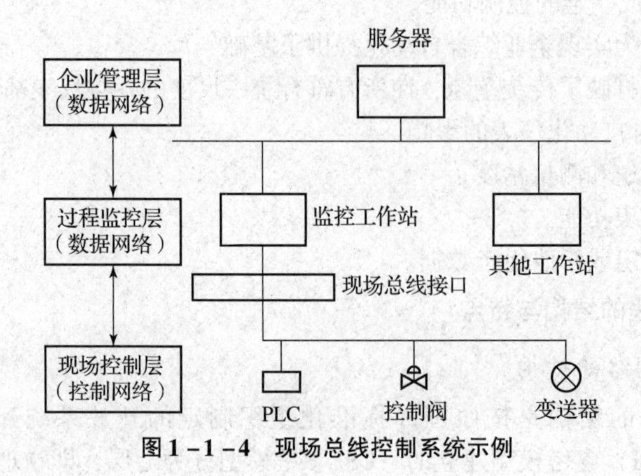

图 1－1－4　现场总线控制系统示例

3. 现场总线的特点

1）开放性

现场总线的开放性具有两方面内容，一方面是其通信规约开放，即开发的开放性；另一方面是应用的开放性，即现场总线能与不同的控制系统相连接。

2）互操作性和互用性

现场总线的互操作性和互用性是指不同生产厂家的同类设备可以互相替换，以实现设备的互用，还可以实现现场的生产设备之间、设备与系统之间的信息传递与沟通。

3）现场设备的智能化与功能自治性

现场总线系统中信号的测量、补偿计算、工程量处理与控制等功能都是在现场设备中完成的，单独的现场设备可以完成自动控制等基本功能，随时自我诊断运行状态。

4）系统结构的高度分散性

现场设备的智能化与功能自治性使现场总线构成了一种新的全分布式控制系统的体系结构，各控制单元高度分散、自成体系，有效地简化了系统结构，提高了可靠性。

5）对现场环境的适应性

现场总线是专门为工业现场设计的，支持双绞线、同轴电缆、光缆、无线电及红外线等传输介质，具有较强的抗干扰能力，可根据现场环境要求进行选择。一般采用两线制实现通信与送电，以满足本质安全防爆要求。

（四）常用的现场总线

1. 基金会现场总线

基金会现场总线（Foundation Fieldbus，FF）在过程自动化领域得到了广泛应用，具有良好的发展前景。

基金会现场总线的前身是以美国 Fisher - Rosemount 公司为首，联合福克斯波罗、横河、ABB、西门子等 80 家公司制定的 ISP 协议和以霍尼韦尔公司为首，联合欧洲等地的 150 家公司制定的 WorldFIP 协议。基金会现场总线的物理传输介质支持双绞线、光缆、同轴电缆和无线电。

2. Profibus

Profibus 是符合德国国家标准 DIN19245 和欧洲标准 EN50170 的现场总线标准。由 Profibus - FMS、Profibus - DP、Profibus - PA 组成了 Profibus 系列。Profibus - DP 用于分散外设间的高速数据传输，适合在加工自动化领域应用；Profibus - FMS 为现场信息规范，适用于纺织、楼宇自动化、可编程序控制器、低压开关等；而 Profibus - PA 则是用于过程自动化的总线类型，它遵从 IEC61158 - 2 标准。

3. CAN

CAN 是控制局域网络（Control Area Network）的简称，最早由德国博世（BOSCH）公司推出，用于汽车内部测量与执行部件之间的数据通信，其总线规范现已被国际标准组织（ISO）制定为国际标准。CAN 协议也是建立在国际标准组织的开放系统互连参考模型基础上的，只取 OSI 参考模型底层的物理层、数据链路层，以及顶层的应用层；信号传输介质为双绞线；通信速率最高可达 1 Mbit/s（40 m），直接传输距离最远可达 10 km（5 kbit/s）；可挂接设备数最多可达110个。

4. LonWorks

LonWorks是由美国埃施朗（Echelon）公司推出并与摩托罗拉公司、东芝公司共同倡导，于1990年正式公布而形成的。它采用了ISO/OSI参考模型的七层通信协议，运用了面向对象的设计方法，通过网络变量把网络通信设计简化为参数设置，其通信速率为300 bit/s~1.5 Mbit/s，直接通信距离可达2 700 m（78 kbit/s，双绞线）。

LonWorks支持双绞线、同轴电缆、光纤、射频、红外线和电力线等多种通信介质，并开发了相应的本质安全防爆产品，被誉为通用控制网络。

5. CC-Link

CC-Link是控制与通信链路系统（Control & Communication Link），于1996年11月由以三菱电机为主导的多家公司推出，可以将控制和信息数据同时以10 Mbit/s的速度传输至现场网络。作为开放式现场总线，它是唯一起源于亚洲的总线系统。

6. Modbus

Modbus协议是应用于电子控制器上的一种通用语言，从功能上可以认为是一种现场总线。通过此协议，控制器相互之间、控制器经由网络和其他设备之间可以进行通信。

使用Modbus总线，不同厂家的控制设备可以连成工业网络，以便进行集中监控。Modbus的数据采用主—从方式，主设备可以单独和从设备通信，也可以通过广播方式和所有设备通信。Modbus应用比较广泛，很多厂家的工控器、PLC、变频器、智能I/O与A/D模块等设备都具备Modbus接口。

7. DeviceNet

DeviceNet是由美国罗克韦尔公司在CAN基础上推出的一种低成本的通信连接，是一种低端网络系统。它将基本工业设备连接到网络，从而避免了昂贵和烦琐的硬接线。DeviceNet是一种简单的网络解决方案，在提供多供货商同类部件间的可互换性的同时，减少了配线和安装工业自动化设备的成本和时间。DeviceNet的直接互连性不仅改善了设备间的通信，而且提供了相当重要的设备级诊断功能。

二、现场总线的通信基础

通信的目的是传送信息。实现信息传递所需的一切设备和传输介质的总和称为通信系统，它一般由信息源、发送设备、传输介质、接收设备及接收者等几部分组成，如图1-1-5所示。信息源是信息的来源，其作用是把各种信息转换成电信号；接收者是信息的使用者，其作用是将复原的信号转换成相应的信息。

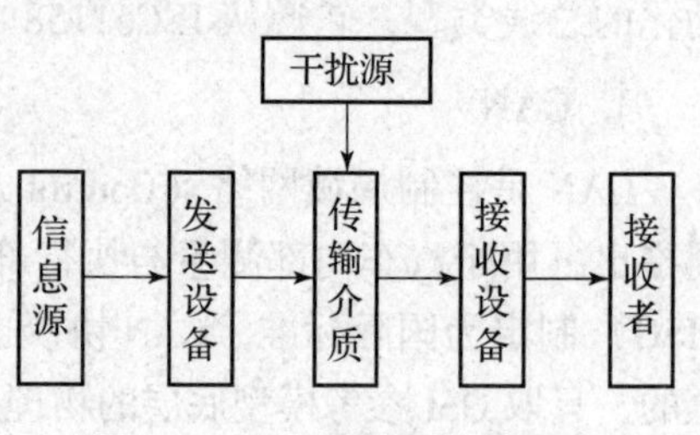

图1-1-5　通信系统的组成

发送设备的基本功能是将信息源产生的信号转换成适合在传输介质中传输的信号，发送设备常常指的是编码器和调制器。

接收设备的基本功能是完成信号的反转换，即对信号进行解调、译码、解码等，主要任务是从带有干扰的接收信号中恢复出相应的原始信号。

传输介质是指发送设备到接收设备间信号传输所经的媒介，它可以是电磁波、红外线等无线传输介质，也可以是双绞线、电缆、光缆等有线传输介质。

（一）通信的基本概念

数据通信是指根据通信协议，利用数据传输技术在两个功能单元之间传递数据，以实现计算机之间、计算机与终端、终端与终端之间的数据信息传递。

1. 数据与信息

数据分为模拟量和数字量两种，模拟量是指在时间和幅值上连续变化的数据，如温度、压力、流量等；数字量是指时间上离散的、幅值经过量化的数据。

数据是信息的载体，它是信息的表现形式，可以是数字、字符、符号等。单独的数据并没有实际意义，但如果把数据按一定规则、形式组织起来，就可以传达某种意义，这种具有某种意义的数据的集合就是信息。

2. 数据传输率

数据传输率是衡量通信系统有效性的指标之一，是指单位时间内传送的数据量，常用比特率（S）和波特率（B）来表示。

比特率表示单位时间内传送的二进制代码的有效位数，单位有 bit/s、kbit/s 及 Mbit/s等。

波特率是数据信号对载波的调制速率，用单位时间内载波调制状态的改变次数来表示，单位为波特。在数据传输过程中，线路上每秒传送的波形个数就是波特率。

（二）通信的传输技术

现场总线系统的应用在较大程度上取决于采用哪种传输技术。传输技术的选择既要考虑传输的拓扑结构、传输速率、传输距离和传输的可靠性等，还要考虑成本是否低廉、使用是否方便等因素。在过程自动化控制的应用中，为了满足本质安全的要求，数据和电源必须在同一根传输介质上传输，因此单一的技术不能满足所有要求。在通信模型中，物理层直接和传输介质相连，规定了线路传输介质、物理连接的类型和电气功能等特性。

根据不同的分类标准，数据传输的方式可以分为串行传输和并行传输，单向传输和双向传输，异步传输和同步传输，通常采用 RS－232C、RS－422A、RS－485、以太网等通信接口标准进行信息交换。

1. 传输方式

1）串行传输和并行传输

（1）串行传输。串行传输数据的各个不同位时使用同一条传输线，从低位开始一位接一位地按顺序传输，数据有多少位就传输多少次。串行传输多用于 PLC 与计算机之间及多台 PLC 之间的数据传输，其传输速度较慢，但传输线少、连接简单，适合多位数据的长距离通信。

（2）并行传输。并行传输数据所在位同时传送，每个数据位都要有一条单独的传输线。并行传输一般用于 PLC 内部的各元件之间、主机与扩展模块或近距离智能模块之间的数据传输。并行传输的传输速度快、效率高，但当数据位数较多、传送距离较远时，线路就会很复杂，成本高且干扰大，所以它不适合远距离传输数据。

2）单向传输和双向传输

串行通信按信息在设备间的传输方向可分为单工、半双工和全双工三种，如图1－1－6所示。

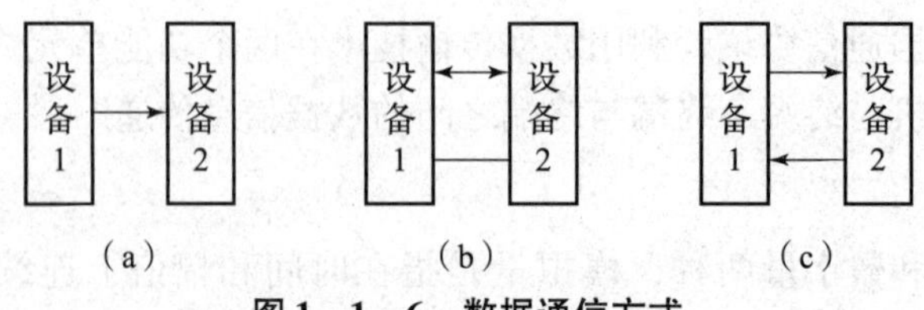

图1－1－6　数据通信方式

(a) 单工通信；(b) 半双工通信；(c) 全双工通信

(1) 单工通信是指信息的传输始终保持一个固定的方向，不能进行反向传输，如广播。

(2) 半双工通信是指两个通信设备在进行通信时，都可以发送和接收信息，但在同一时刻只能有一个设备发送数据，而另一个设备只接收数据，如无线对讲机。

(3) 全双工通信是指两个通信设备之间可以同时发送和接收信息，线路上可以有两个方向的数据在流动，如电话。

3）异步传输和同步传输

串行通信可分为异步传输和同步传输两种。

异步传输以字符为单位进行传输，每个字符都有自己的起始位和停止位，每个字符中的各个位是同步的，它是靠发送信息的同时发出字符的开始和结束标志来实现的。异步传输的传送效率低，主要用于中低速数据通信。

同步传输是以数据块为单位的，字符与字符之间、字符内部的位与位之间都是同步的。在同步传输过程中，发送方和接收方要保持完全同步，即要使用同一时钟频率。同步传输的传输效率高，对硬件要求高，主要用于高速通信。

2. 接口标准与传输介质

1）接口标准

(1) RS－232C通信接口。RS－232C通信接口是美国电子工业协会（EIA）于1969年公布的标准化接口，RS是英文“Recommended Standard”的缩写，232为标识号，C表示此接口标准修改的次数。它既是一种协议标准，也是一种电气标准，规定通信设备之间信息交换的方式与功能。RS－232C通信接口可使用9针或25针的D形连接器，简单的只需用三条接口线，即发送数据TXD、接收数据RXD和信号地GND。

RS－232C通信接口只能用于对通信速率和传输距离有限制的场合，适合本地设备之间的通信，传输速率有1 920 bit/s、9 600 bit/s和4 800 bit/s等几种，最高通信速率为20 kbit/s，最大传输距离为15 m。

(2) RS－422A通信接口。针对RS－232C通信接口的不足，EIA于1977年推出了串行接口RS－499，RS－422A是RS－499的子集，它定义了RS－232C没有的10种电路功能，采用37引脚连接器、全双工通信方式。RS－422A采用差动发送、接收工作方式，使用5 V电源，在通信速率、通信距离、抗干扰方面等都优于RS－232C，最大传输速率可达 10 Mbit/s，传输距离为 12 ~ 1 200 m。

(3) RS－485 通信接口。RS－485 通信接口是 RS－422A 通信接口的变形。RS－422A 是全双工通信，有两对平衡差分信号线，至少需要四根线用于发送和接收。RS－485 为半双工通信，只有一对平衡差分信号线，不能同时发送和接收，最少需要两根线。由于 RS－485通信接口能用较少的信号连线完成通信任务，并具有良好的抗噪声干扰、高传输速率（10 Mbit/s）、长传输距离（1 200 m）和多站功能（最多128 个站）等优点，因此在工业控制中得到了广泛的应用。西门子 S7 系列 PLC 采用了 RS－485 通信接口。

2）传输介质

传输介质也称为通信介质，是指通信双方用于传输信息的物理通道，常分为有线传输介质和无线传输介质两大类。传输介质的分类如图 1－1－7 所示。在现场总线控制系统中常用的传输介质为双绞线、同轴电缆和光缆等，其外形如图 1－1－8 所示。

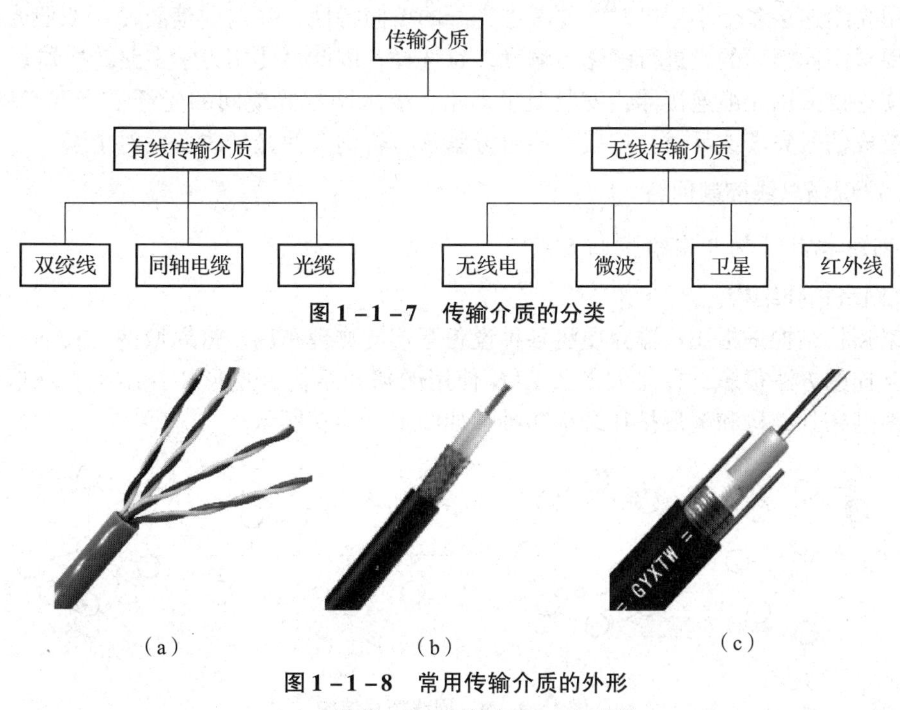

图 1－1－7　传输介质的分类

图 1－1－8　常用传输介质的外形

(a) 双绞线；(b) 同轴电缆；(c) 光缆

(1) 双绞线。双绞线用金属导体来接收和传输通信信号，是一种常见的传输介质，可分为屏蔽双绞线和非屏蔽双绞线。屏蔽双绞线有较强的屏蔽性能，所以也具有较好的电气性能，但是价格较贵。非屏蔽双绞线的性能对普通企业的局域网影响不大，所以企业局域网通常采用非屏蔽双绞线。

双绞线既可以传输模拟信号，也可以传输数字信号。对于模拟信号，每 5 ~6 km 需要一个放大器；对于数字信号，每 2 ~3 km 需要一个中继器。在使用时，每条双绞线两端都需要安装 R1－45 连接器才能与网卡、集线器或交换机相连接。

(2) 同轴电缆。经常使用的同轴电缆有两种，一种是 5 Ω 的，用于数字信号的传输，由于多用于基带传输，也叫基带同轴电缆；另一种是 75 Ω 的，多用于模拟信号的传输。同轴电缆的数据传输速度、传输距离、可支持节点数、抗干扰性都优于双绞线，成本也高于双绞线，但低于光缆。

(3) 光缆。光缆是光导纤维电缆的简称，是由多束光纤组成的。光纤即光导纤维，是目前最先进的网络介质之一，一般用于以极快速度传输大数据的场合。它是一种传输光束的细微而柔软的媒介，在它的中心有一根或多根玻璃纤维，通过从激光器或发光二极管发出的光波穿过中心纤维来进行数据传输。

光缆是数据传输中最有效的一种传输介质，它的特点如下。

①抗干扰性好。光缆中的信息是以光的形式传播的，不受外界电磁信号的影响，本身也不向外辐射信号，具有良好的抗干扰性，适用于长距离及要求高度安全的场合。

②具有更宽和更高的传输速率和传输能力。

③衰减少，无中继器时的传输距离远。

④光缆费用昂贵，对芯材纯度要求高。

在用光缆连接多个小型机时，要考虑光纤的单向特性，双向通信要使用双股光纤。由于光缆要对不同频率的光进行多路传输和多路选择，因此可使用光学多路转换器。

光缆连接采用光缆连接器，安装要求严格，要求两根光缆间的光纤或光源必须对正，否则会造成信号失真或反射；连接不能过分紧密，否则会使光纤改变发射角度。

(三) 现场总线控制网络

1. 网络拓扑结构与网络控制方式

1) 网络拓扑结构

网络拓扑结构是指用传输介质将各种设备互连的物理布局。将局域网 (LAN) 中的各种设备互连的方法很多，目前大多数 LAN 使用的拓扑结构有星形拓扑结构、环形拓扑结构、总线型拓扑结构和树形拓扑结构四种，如图 1－1－9 所示。

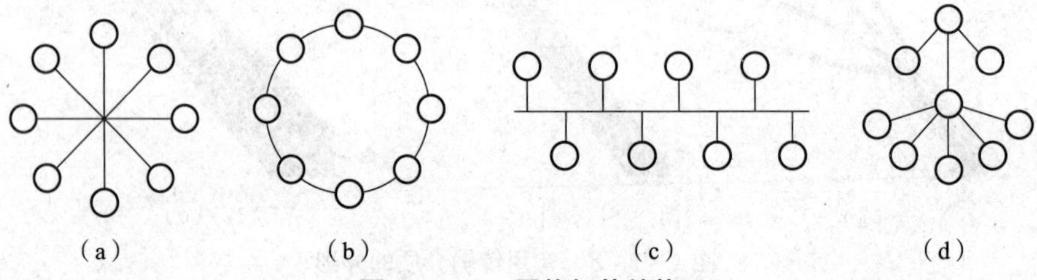

图 1－1－9　网络拓扑结构

(a) 星形拓扑结构；(b) 环形拓扑结构；(c) 总线型拓扑结构；(d) 树形拓扑结构

(1) 星形拓扑结构的连接特点是用户之间的通信必须经过中心站，这样的结构要求中心系统必须具有极高的可靠性，经常采用双中心站热备份，以提高系统的可靠性。

(2) 环形拓扑结构在 LAN 中应用较多，其特点是每个用户端都与两个相邻的用户端相连，所有用户连成环形，点到点的连接方式使系统以单向方式操作，消除了用户端对中心系统的依赖；其缺点是某个节点一旦失效，整个系统就会瘫痪。

(3) 总线型拓扑结构在 LAN 中应用普遍，其连接特点是用户端的物理媒介由所有设备共享，各节点地位平等，无中心节点控制，连接布线简单，扩充容易，成本低，某个节点失效也不会影响其他节点的通信。但是在应用中需要确保用户端发送数据时不会出现冲突。

2）网络控制方式

网络控制方式是指通信网络中使信息从发送装置迅速而准确地传送到接收装置的管理机制。

（1）令牌方式。对介质访问的控制权以令牌为标志，只有得到令牌的节点才有权控制和使用网络，常用于总线型网络和环形网络结构。令牌传送实际上是一种按预先安排让网络中各节点依次轮流占用通信线路的方法，传送的次序由用户根据需要预先确定，而不是按节点在网络中的物理次序传送，如图 1－1－10 所示。

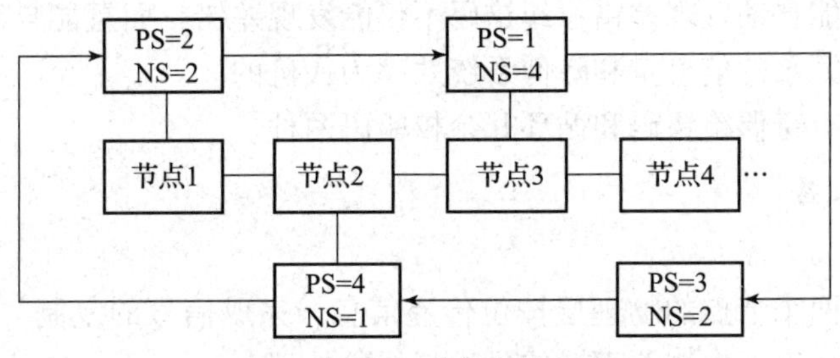

图 1－1－10 令牌传递示意

（2）争用方式。网络中的各节点自由发送信息，但两个以上的节点同时发送信息会有冲突，需要加以约束，常采用 CSMA/CD 方式，即载波监听多路访问/冲突检测。它是一种分布式介质访问控制协议，网络中的各个节点都能独立地决定数据的发送与接收，它常用于总线型网络。

（3）主从方式。网络中的主站周期性地轮询各从站节点是否需要通信，被轮询的节点允许与其他节点通信，多用于信息量少的简单系统，适用于星形网络结构或具有主站的总线型结构。

3）数据交换

数据交换是网络的核心，在数据通信系统中通常采用线路交换、报文交换和分组交换三种方式。

（1）线路交换方式。线路交换通过网络中的节点在两个站之间建立一条专用的通信线路。从通信资源角度来看，线路交换按照某种方式动态地分配传输线路资源，具体过程为建立通道、传输数据、拆除通道。

线路交换数据的优点是：数据传输迅速可靠，并能保持原有的序列；其缺点是：一旦通信双方占用通道，即使不传输数据，其他节点也不能使用，因而造成资源浪费。这种方式适用于时间要求较高且连续地传输数据的时候。

（2）报文交换方式。报文交换方式的传输对象是报文，其长度不限且可变，报文包括要发送的正文信息、收发站的地址及其他控制信息。数据传送过程采用存储/转发方式，不需要在两个站之间建立一条专用通路。

报文交换的优点是：效率高，通道可以复用且需要时才分配通道，可以方便地把报文发送到多个目的节点；建立报文优先权，让优先级高的报文先传送。其缺点是：延时长，不能满足实时交互式通信要求；有时节点收到的报文太多，以至于不得不丢弃或阻止某些报文，因此这种方式对中继节点存储容量的要求较高。

（3）分组交换方式。分组交换方式与报文交换方式类似，只是交换的单位为报文分组，且限制了每个报文分组的长度。分组交换方式将报文分成若干个报文组，每个分组前都加上一个分组头，用于指明该分组发往哪个地址，然后由交换机根据每个分组的地址标志将它们转发至目的地。

分组交换的优点是：转发延时短，数据传输灵活；其缺点是：在目的节点要对分组进行重组，增加了系统的复杂性。

4）差错控制

差错控制是指在数据通信过程中发现或纠正差错，并把差错限制在尽可能小的、允许的范围内。检错码能自动发现差错；纠错码不仅能发现差错，而且能自动纠正差错。检错和纠错的能力是以冗余的信息量和降低系统效率为代价的。

常用的检错码有奇偶检错码和循环冗余校验码两种。

2. 网络互连设备

1）中继器

中继器负责在两个节点的物理层按位传递信息，完成信号的复制、调整和放大功能，以此来延长网络的长度。中继器不对信号进行校验处理。

2）网桥

网桥工作在数据链路层，对帧进行存储、转发，有效地连接两个局域网，使本地通信限制在本网段内，并转发相应信号至另一网段，通常用于连接数量不多的、同一类型的网段。

3）路由器

路由器工作在网络层，具有判断网络地址和选择路径等功能，能在多网络互连环境中建立灵活的连接，主要功能是路由选择，常用于多个局域网、局域网与广域网以及异构网络的互连。

4）网关

网关工作在传输层以上，是最复杂的网络互连设备之一，仅用于两个高层协议不同的网络互连，网关对收到的信息重新打包，以适应目的端系统的需求。网关具有从物理层到应用层的协议转换能力，主要用于异构网的互连、局域网与广域网的互连，不存在通用网关。

3. 现场总线控制网络

现场总线控制网络用于完成各种数据采集和自动控制任务，是一种特殊的、开放的计算机网络，是工业企业综合自动化的基础。从现场总线节点的设备类型、传输信息的种类、网络所执行的任务、网络所处的环境等方面看，现场总线控制网络有别于其他计算机网络。

1）现场总线控制网络的节点

总线网络的节点分散在生产现场，大多是具有计算与通信能力的智能测控设备。

节点可以是普通的计算机网络中的 PC 或其他种类的计算机、操作站等设备，也可以是嵌入式 CPU。现场总线网络就是把单个分散的、有通信能力的测控设备作为网络节点，按照网络的拓扑结构连接成网络系统。各节点之间可以相互传递信息，共同配合完成系统的控制任务，如图 1－1－11 所示。

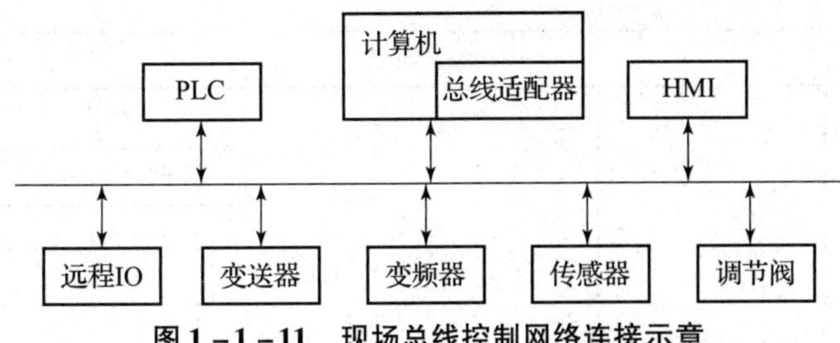

图 1-1-11　现场总线控制网络连接示意

2）现场总线控制网络的任务

（1）将控制系统中现场运行的各种信息传送到控制室，使现场设备始终处于远程监控中。

（2）控制室将各种控制、维护、参数修改等命令送往位于生产现场的测量控制设备中，使生产现场的设备处于可控状态下。

（3）与操作端、上层管理网络实现数据传输与信息共享。

三、Modbus 现场总线的通信基础

（一）概述

Modbus 协议最初是由 Modicon 公司开发出来的，在 1979 年年末，该公司成为施耐德自动化部门的一部分，现在 Modbus 已经是全球工业领域最流行的协议之一。此协议支持传统的 RS-232、RS-422、RS-485 和以太网设备。许多工业设备，包括 PLC、DCS、智能仪表等都在使用 Modbus 协议作为它们之间的通信标准。利用该协议，不同厂商生产的控制设备可以连成工业网络，进行集中监控。

Modbus 是全球第一个真正用于工业现场的总线协议。为了更好地普及和推动 Modbus 在基于以太网上的分布式应用，目前施耐德公司已将 Modbus 协议的所有权移交给 IDA（Interface for Distributed Automation，分布式自动接口）组织，并成立了 Modbus-IDA 组织，为 Modbus 今后的发展奠定了基础。在中国，Modbus 已经成为国家标准 GB/T 19582—2008。

Modbus 协议是 Modicon 公司最先倡导的一种通信规约，经过大多数公司的实际应用而逐渐被认可。目前，Modbus 协议已成为一种标准的通信规约，只要按照这种规约进行数据通信或传输，不同的系统就可以进行通信。

（二）Modbus 的特点

（1）标准、开放，用户可以免费、放心地使用 Modbus 协议，不需要缴纳许可费用，也不会侵犯知识产权。

（2）Modbus 可以支持多种电气接口，如 RS-232、RS-485 和以太网等，还可以在各种介质上传送，如双绞线、光纤和无线介质等。

（3）Modbus 的帧格式简单、紧凑，通俗易懂，用户使用容易，厂商开发简单。

（三）Modbus 的通信模型

Modbus 是 OSI 参考模型第七层上的应用层报文传输协议，它在连接不同类型总线或网络的设备之间提供客户机/服务器通信，Modbus 的通信模型如图 1-1-12 所示。

目前，Modbus 包括标准 Modbus、Modbus Plus（Modbus+）和 Modbus TCP 三种形式。标准 Modbus 是指在异步串行通信中传输 Modbus 信息。Modbus Plus 是指在一种高速令牌传

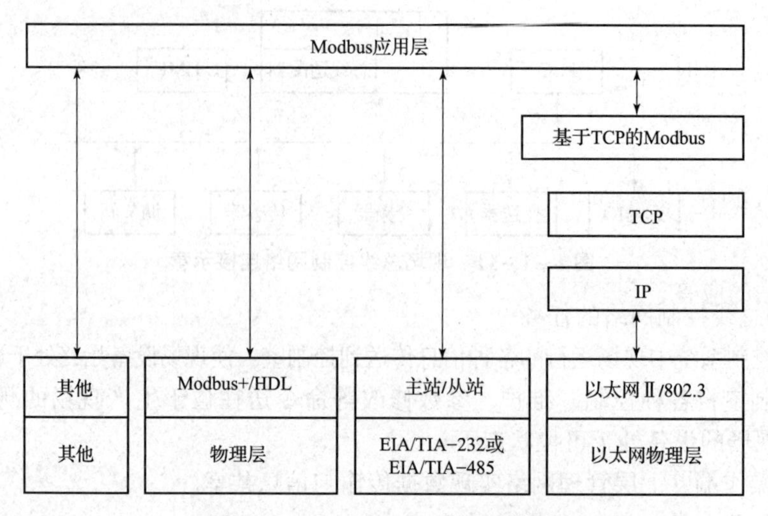

图 1-1-12　Modbus 的通信模型

递网络中传输 Modbus 信息，它采用全频通信，具有更快的通信传输速率。Modbus TCP 是指采用 TCP/IP 和以太网协议来传输 Modbus 信息，其属于工业控制网络范畴。本节主要介绍基于异步串行通信标准的 Modbus。TCP/IP 以太网通信在后续项目中介绍。

（四）Modbus 通信原理

Modbus 是一种简单的客户机/服务器型应用协议，其通信过程如图 1-1-13 所示。

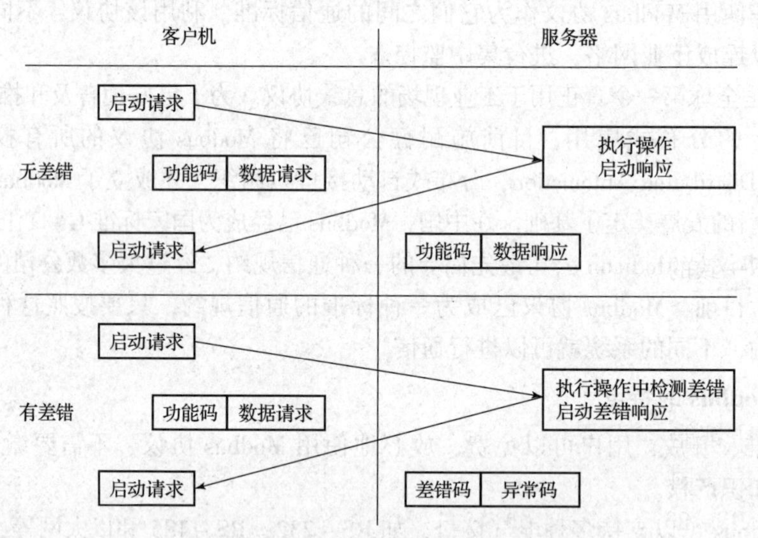

图 1-1-13　Modbus 协议的通信过程

首先，客户机准备请求并向服务器发送请求，即发送功能码和数据请求，此过程称为启动请求；然后，服务器分析并处理客户机的请求，此过程称为执行操作；最后，向客户机发送处理结果，即返回功能码和数据响应，此过程称为启动响应。如果在执行操作过程中出现任何差错，服务器将启动差错响应，即返回一个差错码异常码。

Modbus 串行链路协议是一个主—从协议，串行总线的主站作为客户机，从站作为服务器。在同一时刻只有一个主站连接总线，一个或多个（最多为 247 个）从站连接同一个串行总线。Modbus 通信总是由主站发起，从站根据主站功能码进行响应。从站在没有收到来自主站的请求时，不会发送数据，所以从站之间不能互相通信。主站在同一时刻只会发起一个 Modbus 事务处理。主站通过如下两种模式对从站发出 Modbus 请求。

1. 单播模式

在单播模式下，主站寻址单个从站，从站接收并处理完请求后，向主站返回一个响应。在这种模式下，一个 Modbus 事务处理包含两个报文，一个是来自主站的请求；另一个是来自从站的应答。每个从站必须有唯一的地址（1 ~ 247），这样才能区别于其他节点而被独立寻址。

2. 广播模式

在广播模式下，主站向所有从站发送请求，对于主站广播的请求没有应答返回。广播请求必须是写命令。所有设备必须接受广播模式的写功能，地址 0 被保留，用来识别广播通信。

（五）Modbus 物理层

在物理层，串行链路上的 Modbus 系统可以使用不同的物理接口，常用的是 RS－485 两线制接口。作为附加选项，该物理接口也可以使用 RS－485 四线制接口。当只需要短距离的点对点通信时，也可以使用 RS－232 串行接口作为 Modbus 系统的物理接口。（我们平时说的 RS－232/RS－485 串行通信实际上说的是一种通信的电气物理接口而不是通信协议，因为这种 RS－232/RS－485 串行电气物理接口也支持 Profibus 现场总线通信协议。）

1. RS－232 接口标准

在讨论 RS－232 接口标准的内容之前，先说明两点：

首先，RS－232 标准最初是根据远程通信连接数据终端设备 DTE（Data Terminal Equipment）与数据通信设备 DCE（Data Communication Equipment）制定的。因此这个标准的制定，并没有考虑计算机系统的应用要求。但目前它又广泛地被用于计算机（更准确的说，是计算机接口）与终端或外设之间的近端连接标准。显然，这个标准的有些规定与计算机系统是不一致的，甚至是矛盾的。有了对这种背景的了解，我们对 RS－232C 标准与计算机不兼容之处就不难理解了。

其次，RS－232 标准中所提到的“发送”和“接收”，都是基于 DTE 立场而不是 DCE 立场定义的。由于在计算机系统中，往往是 CPU 和 I/O 设备之间传送信息，两者都是 DTE，因此双方都能发送和接收。

RS－232 是美国电子工业协会 EIA（Electronic Industry Association）制定的一种串行物理接口标准。RS－232 总线标准设有 25 条信号线，包括一个主通道和一个辅助通道，其主要端子分配如表 1－1－1 所示。

表 1－1－1　RS－232 引脚功能表

端脚		信号名称	符号	流向	功能
25 针	9 针				
2	3	发送数据	TXD	DTE→DCE	DTE 发送串行数据
3	2	接收数据	RXD	DTE←DCE	DTE 接收串行数据
4	7	请求发送	RTS	DTE→DCE	DTE 请求 DCE 将线路切换到发送方式

续表

端脚		信号名称	符号	流向	功能
25针	9针				
5	8	允许发送	CTS	DTE←DCE	DCE告诉DTE线路已接通可以发送数据
6	6	数据设备准备好	DSR	DTE←DCE	DCE准备好
7	5	信号地	GND		信号公共地
8	1	载波检测	DCD	DTE←DCE	表示DCE接收到远程载波
20	4	数据终端准备好	DTR	DTE→DCE	DTE准备好
22	9	振铃指示	RI	DTE←DCE	表示DCE与线路接通，出现振铃

RS-232的功能特性定义了25芯标准连接器中的20根信号线，其中2条地线、4条数据线、11条控制线、3条定时信号线，剩下的5根线作备用或未定义。常用的只有如下所述的9根。

1）RS-232信号含义

（1）联络控制信号线

①数据通信设备准备好（DSR）：有效时（ON）状态，表明MODEM处于可以使用的状态。

②数据终端设备准备好（DTR）：有效时（ON）状态，表明数据终端可以使用。

这两个信号有时连到电源上，一上电就立即有效。这两个设备状态信号有效，只表示设备本身可用，并不说明通信链路可以开始通信，能否开始通信要由下面的控制信号决定。

③请求发送（RTS）：用来表示DTE请求DCE发送数据，即当终端要发送数据时，使该信号有效（ON状态），向MODEM请求发送。它用来控制MODEM是否要进入发送状态。

④允许发送（CTS）：用来表示DCE准备好接收DTE发来的数据，是对请求发送信号RTS的响应信号。当MODEM已准备好接收终端传来的数据，并向前发送时，使该信号有效，通知终端开始沿发送数据线TxD发送数据。

这对RTS/CTS请求应答联络信号是用于半双工MODEM系统中发送方式和接收方式之间的切换。至于全双工系统中作发送方式和接收方式之间的切换，由于在全双工系统中配置了双向通道，故不需要RTS/CTS联络信号。

⑤接收线信号检出（RLSD）：用来表示DCE已接通通信链路，告知DTE准备接收数据。当本地的MODEM收到由通信链路另一端（远地）的MODEM送来的载波信号时，使RLSD信号有效，通知终端准备接收，并且由MODEM将接收下来的载波信号解调成数字两数据后，沿接收数据线RXD送到终端。此线也叫做数据载波检出（DCD）线。

⑥振铃指示（RI）：当MODEM收到交换台送来的振铃呼叫信号时，使该信号有效（ON状态），通知终端，已被呼叫。

（2）数据发送与接收线

①发送数据（TXD）——通过TXD终端将串行数据发送到MODEM。

②接收数据（RXD）——通过RXD线终端接收从MODEM发来的串行数据。

（3）地线

有两根线 SG、PG，即信号地和保护地信号线，无方向。

上述控制信号线何时有效，何时无效的顺序表示了接口信号的传送过程。例如，只有当 DSR 和 DTR 都处于有效（ON）状态时，才能在 DTE 和 DCE 之间进行传送操作。若 DTE 要发送数据，则预先将 DTR 线置成有效（ON）状态，等 CTS 线上收到有效（ON）状态的回答后，才能在 TXD 线上发送串行数据。这种顺序的规定对半双工的通信线路特别有用，因为半双工的通信才能确定 DCE 已由接收方向改为发送方向，这时线路才能开始发送。

2）RS－232 电气特性

RS－232 对电气特性、逻辑电平和各种信号线功能都做了规定。在 RS－232C 中任何一条数据信号线的电压均为负逻辑关系，即逻辑“1”：－5 V～－15 V；逻辑“0”：+5 V～+15 V。噪声容限为 2 V，要求接收器能识别低至－3 V 的信号作为逻辑“0”，高到 +3 V 的信号作为逻辑“1”。

对于数据信号：在 TXD 和 RXD 上，逻辑 1（MARK）＝－3 V～－15 V；逻辑 0（SPACE）＝+3 V～+15 V。

对于控制信号：在 RTS、CTS、DSR、DTR 和 DCD 等控制线上，信号有效（接通，ON 状态，正电压）＝+3 V～+15 V；信号无效（断开，OFF 状态，负电压）＝－3 V～－15 V。

以上规定说明了 RS－232C 标准对逻辑电平的定义。对于数据（信息码），逻辑 1（传号）的电平低于－3 V，逻辑 0（空号）的电平高于 +3 V；对于控制信号，接通状态（ON，即信号有效）的电平高于 +3 V，断开状态（OFF，即信号无效）的电平低于－3 V，即当传输电平的绝对值大于 3 V 时，电路可以有效地检查出来，介于－3 V～+3 V 的电压无意义，低于－15 V 或高于 +15 V 的电压也被认为无意义。因此，在实际工作时，应保证电平在－3 V～－15 V 或 +3 V～+15 V。

3）RS－232 电平转换器

为了实现采用 +5 V 供电的 TTL 和 CMOS 通信接口电路与 RS－232 标准接口的连接，必须进行串行接口的输入/输出信号的电平转换。

2. RS－485 接口标准

智能仪表是随着 20 世纪 80 年代初单片机技术的成熟而发展起来的，现在世界仪表市场基本被智能仪表所垄断，其原因就是企业信息化的需要，企业在仪表选型时要求的一个必要条件就是要具有联网通信接口。最初数据是模拟信号输出简单过程量，后来仪表接口是 RS－232 接口，这种接口可以实现点对点的通信方式，但这种方式不能实现联网功能。随后出现的 RS－485 接口解决了这个问题。

1）RS－485 接口的特点

逻辑 1 以两线间的电压差 +（0.2～6）V 表示；逻辑 0 以两线间的电压差－（0.2～6）V 表示。RS－485 接口信号电平比 RS－232 接口信号电平降低了，其不易损坏接口电路的芯片。另外，该电平与 TTL 电平兼容，可方便地与 TTL 电路连接。

RS－485 接口是采用平衡驱动器与差分接收器的组合，其抗共模干扰能力强，即抗噪声干扰性好。

RS－485 接口最大的通信距离约为 1 219 m，最大传输速率为 10 Mbit/s，传输速率与传输距离成反比，在 100 Mbit/s 的传输速率下，才可以达到最大的通信距离，如果需要传输更长的距离，需要加 485 中继器。RS－485 总线一般最大支持 32 个节点，如果使用特制的 485 芯片，可以支持 128 个或 256 个节点，最多可支持 400 个节点。

RS－485 价格比较便宜，能够很方便地添加到任何一个系统中，还支持比 RS－232 更长的距离、更快的速度以及更多的节点。RS－232 和 RS－485 之间的主要性能指标的比较如表 1－1－2 所示。

由表 1－1－2 可以看出，RS－485 接口更适用于多台计算机或带微控制器的设备之间的远距离数据通信。

表 1－1－2　RS－232 和 RS－485 之间的主要性能指标的比较

规范	RS－232	RS－485
最大传输距离	15 m	1 200 m（速度 100 kbit/s）
最大传输速度	20 kbit/s	10 Mbit/s（距离 12 m）
驱动器最小输出	±5 V	±1.5 V
驱动器最大输出	±15 V	±6 V
接收器敏感度	±3 V	±0.2 V
最大驱动器数量	1	32 单位负载
最大接收器数量	1	32 单位负载
传输方式	单端	差分

需要指出的是，RS－485 标准没有规定连接器、信号功能和引脚分配。为了保持两根信号线相邻，两根差动导线应该位于同一根双绞线内，引脚 A 与引脚 B 不要调换。

2）RS－485 接口的优点

（1）成本低。RS－485 接口的驱动器和接收器价格便宜，并且只需要单一的 +5 V（或者更低）电源来产生差动输出需要的最小 1.5 V 压差。与之相对应，RS－232 接口的最小 +5 V 与 －5 V 输出需要双电源或者一个价格昂贵的接口芯片。

（2）网络驱动能力强。RS－485 接口是一个多引出线接口，这个接口可以有多个驱动器和接收器，而不是限制为两台设备。利用高阻抗接收器，一个 RS－485 接口可以最多有 256 个节点。

（3）连接距离远。一个 RS－485 接口的连接距离最长可以达到 1 200 m，而 RS－232 接口的连接距离限制为 15 m。

（4）传输速率快。RS－485 接口的传输速率可以达到 10 Mbit/s。电缆长度和传输速率是有关的，较低的传输速率允许较长的电缆。

【任务实施】

一、RS－232 通信线制作

（1）材料准备：DB9 孔式头（母头）一只，DB9 针式头（公头）一只，四芯或八芯网络双绞线或通用的 RS－232 九芯电缆长度适中，焊接工具一套以及相应附件。

目前较为常用的串口有 9 针串口（DB9）和 25 针串口（DB25），通信距离较近（<12 m）时，可以用电缆直接连接标准 RS－232 接口（RS－422、RS－485 接口的连接

距离较远）。RS－232 电缆的一端为公头（DB9 针式），另一端为母头（DB9 孔式），如图 1－1－14所示。

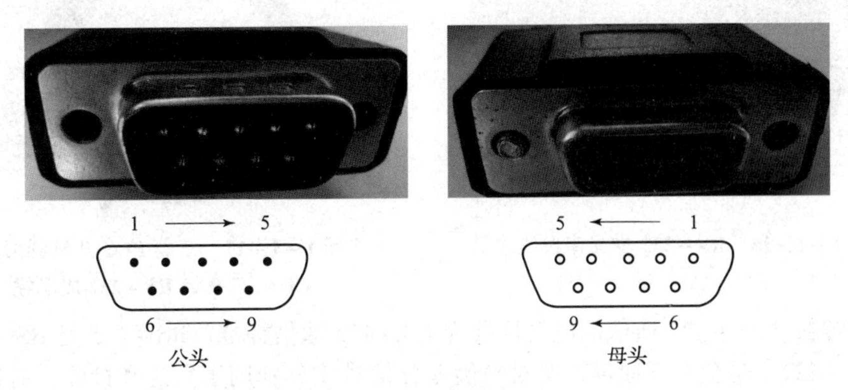

图 1－1－14　DB9 针头

（2）焊接。在实际应用中，9 针 RS－232 串口线通常用于计算机与外围设备的通信，多用于工控和测量设备以及部分通信设备中，如西门子 PLC 梯形图下载以及工控触摸屏画面下载等。

RS－232 通信线最为简单且常用的是三线制接法，即在通常 9 针的基础上再进行简化，只用其中的 2、3、5 三个引脚进行通信，这三个引脚分别是接收线、发送线和地线，其在一般情况下即可满足通信的要求。通常进行串口数据通信，需要使用 RS－232 交叉串口线，如图 1－15 所示，其中 2、3 两引脚是交叉互连的，这很容易理解，因为一个设备的发送线必须连接到另外一台设备的接收线上，反之亦然。按照图 1－1－15 和焊接工艺要求将通信线缆焊接好，并进行简单的测试，查看是否有虚焊或错焊导致的连接不通的情况。

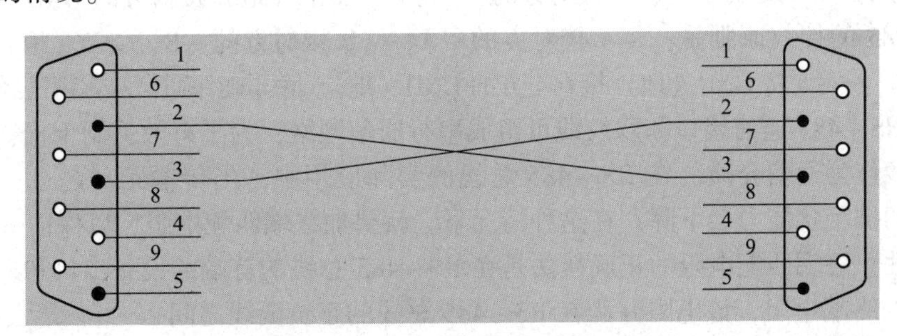

图 1－1－15　RS－232 交叉串口线接线

RS－232 交叉串口线成品如图 1－1－16 所示。

在本项目中，由于 FX3UPLC 的编程通信接口是 8 针圆口 RS－422 形式，因此 FX3UPLC 与 MCGS 触摸屏之间的通信可以采用如图 1－1－17 所示的成品线。当然计算机和 FX3UPLC 之间也可以采用 USB 转 RS－422 的通信线来下载程序等。

二、RS－485 通信线制作

（1）材料准备：RJ45 水晶头，五类网线长度适中，工具一套以及相应附件。

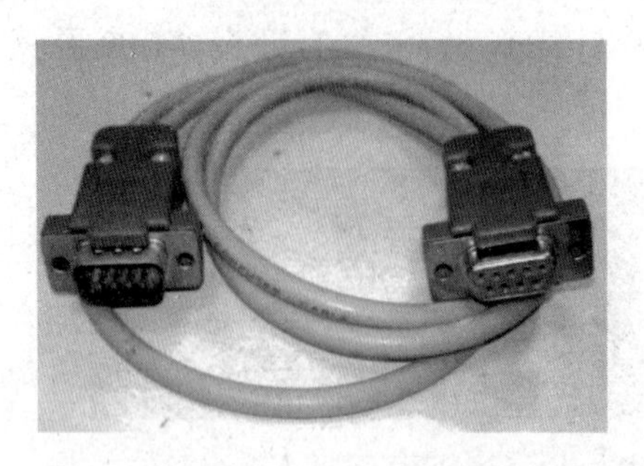

图 1-1-16　RS-232 交叉串口线成品

图 1-1-17　三菱 PLC 八针圆形与 COM 口 9 针 RS-232 成品线

（2）焊接。RS-485 通信的电气标准为 RS-422 通信标准。RS-485 是 RS-422A 的变形。RS-422A 是全双工通信，两对平衡差分信号线分别用于发送和接收，有四线传输信号：T+、T-、R+、R-。RS-485 为半双工通信，只有一对平衡差分信号线，有两线传输信号：DATA+ 和 DATA-，不能同时发送和接收。RS-422 传输线端子在不同的国家标识不一样，如表 1-1-3 所示。

表 1-1-3　RS422 传输端子标识

项目	发送数据	发送数据	接收数据	接收数据	信号地
中式标识	TXD（+）/A	TXD（-）/B	RXD（+）	RXD（-）	GND
美式标识	Y	Z	A	B	GND
英式标识	TDB（+）	TDA（-）	RDB（+）	RDA（-）	GND

RS-422 的接线原则是：“+发”接对方的“+收”、“-发”接对方的“-收”、“+收”接对方的“+发”、“-收”接对方的“-发”、GND（地）接对方的 GND（地）。

RS-485 的接线原则是：+A 接对方的 +A、-B 接对方的 -B、GND（地）接对方的 GND（地）。一定要将 GND（地）接到对方的 GND（地），除非确保通信双方都已经良好共地。

使用 RS-485 通信接口和双绞线可组成串行通信网络，为了有效抑制干扰，一般采用屏蔽双绞线作为通信介质。在 RS-485 总线的实际应用中，当传输距离超过一定的长度时，总线的抗干扰能力会下降，在这种情况下，就要加终端匹配电阻，以保证 RS-485 总线的稳定性。终端匹配电阻的正确接法是在 RS-485 总线的首端的设备出口和末端各接一个 100 Ω 的终端电阻，该电阻并联在 RS-485 总线的正负两线之间。

在本项目中，如果采用三菱 FX3UPLC 和 FX3U-485ADP（-MB）通信适配器（FX3U-485-BD 通信功能扩展板不具备 MODBUS RTU 通信方式，但接线形式是一样的），则通过 E740 变频器的 PU 口来实现控制要求；如果采用两线制的 RS-485 通信线接法，则直接用 RJ45 水晶头按照图 1-1-18 所示来制作。当然也可以采用四线制的 RS-485 通信接法，直接用 RJ45 水晶头按照图 1-1-19 所示来制作。不管是两线制还是四线制，接线都使用分配器连接终端电阻。由于本项目只连接一台变频器且距离很近，所以在变频器一侧的终端电阻可以不连接。在上述两个接线图中，FX3UPLC 作为主站，变频器作为从站。如果用 TPC7062K 触摸屏直接通过其 COM2 口以 MODBUS RTU 通信方式来控制 E740 变频器，一般采用两线制。

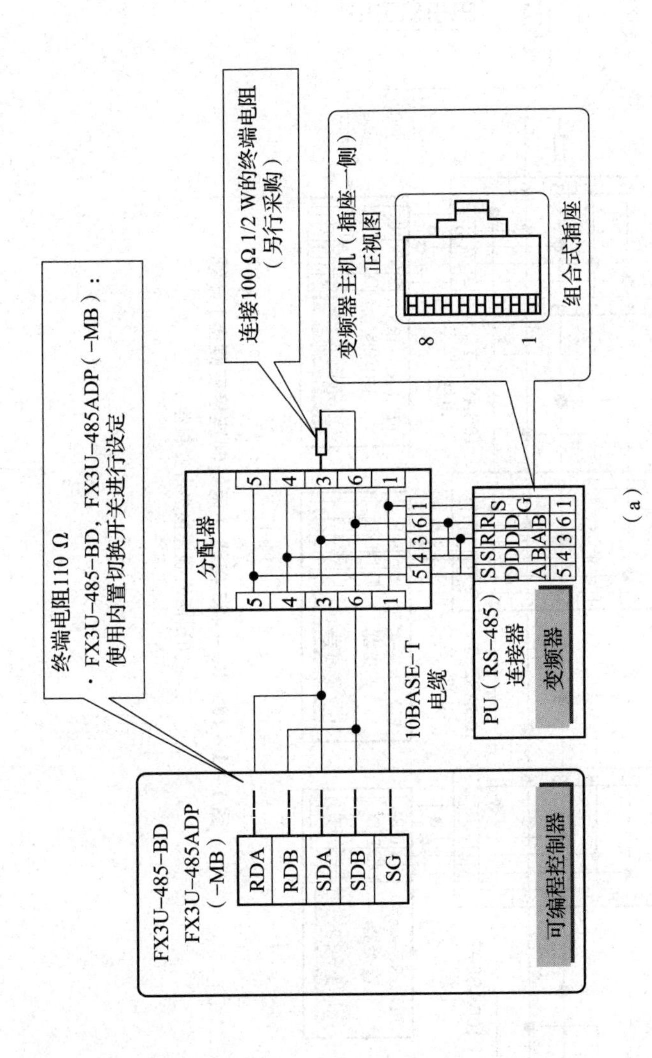

图 1-1-18　RS-485 接线（两线制连接变频器）

（a）两线制连接一台变频器

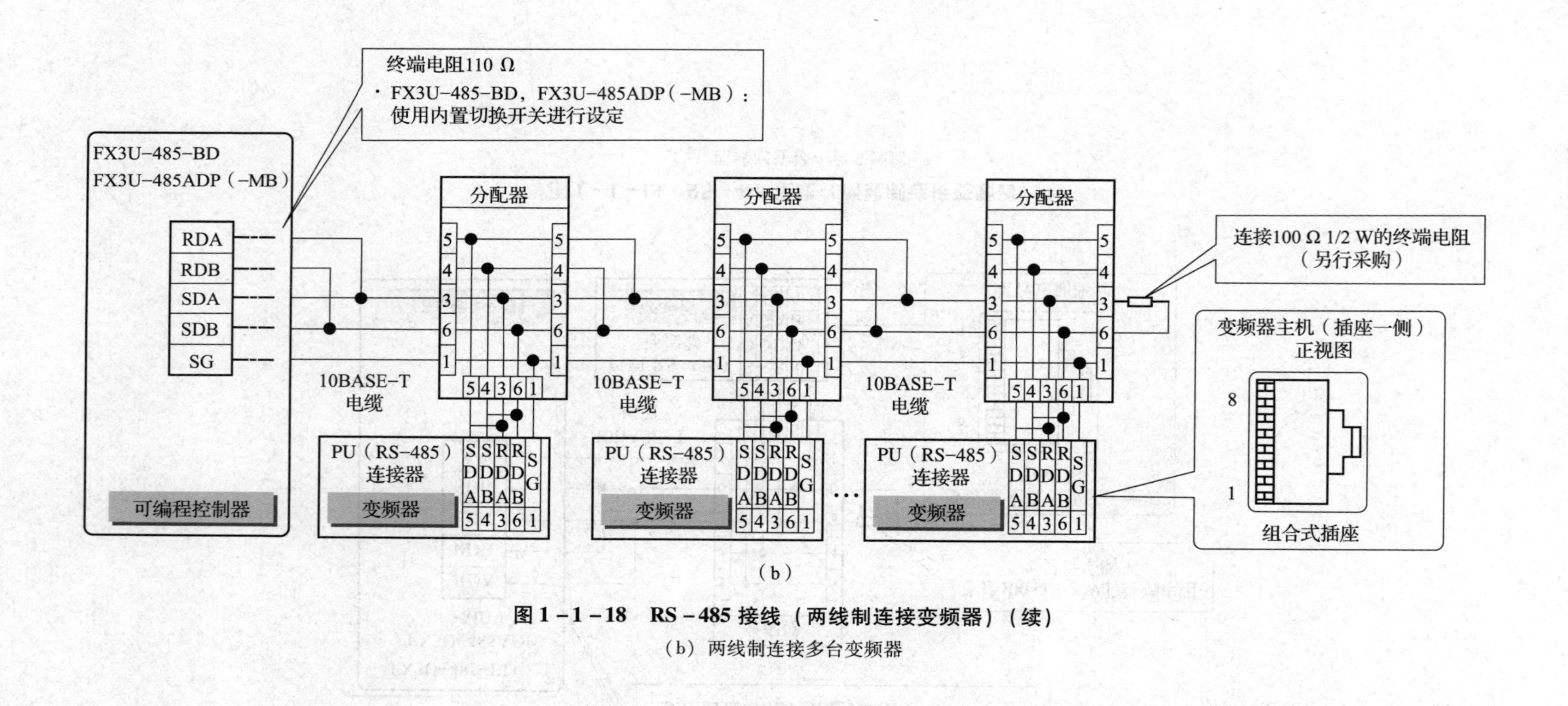

图 1-1-18 RS-485 接线（两线制连接变频器）（续）

（b）两线制连接多台变频器

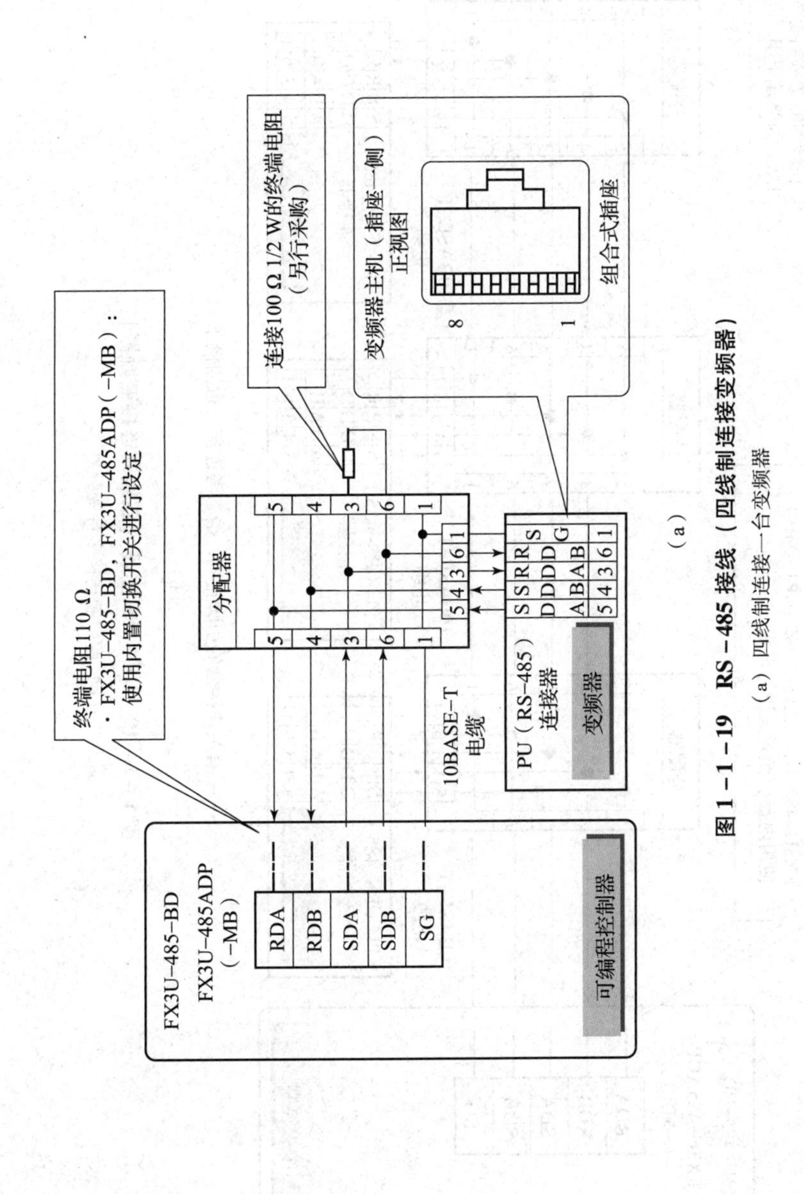

图 1-1-19　RS-485 接线（四线制连接变频器）

（a）四线制连接一台变频器

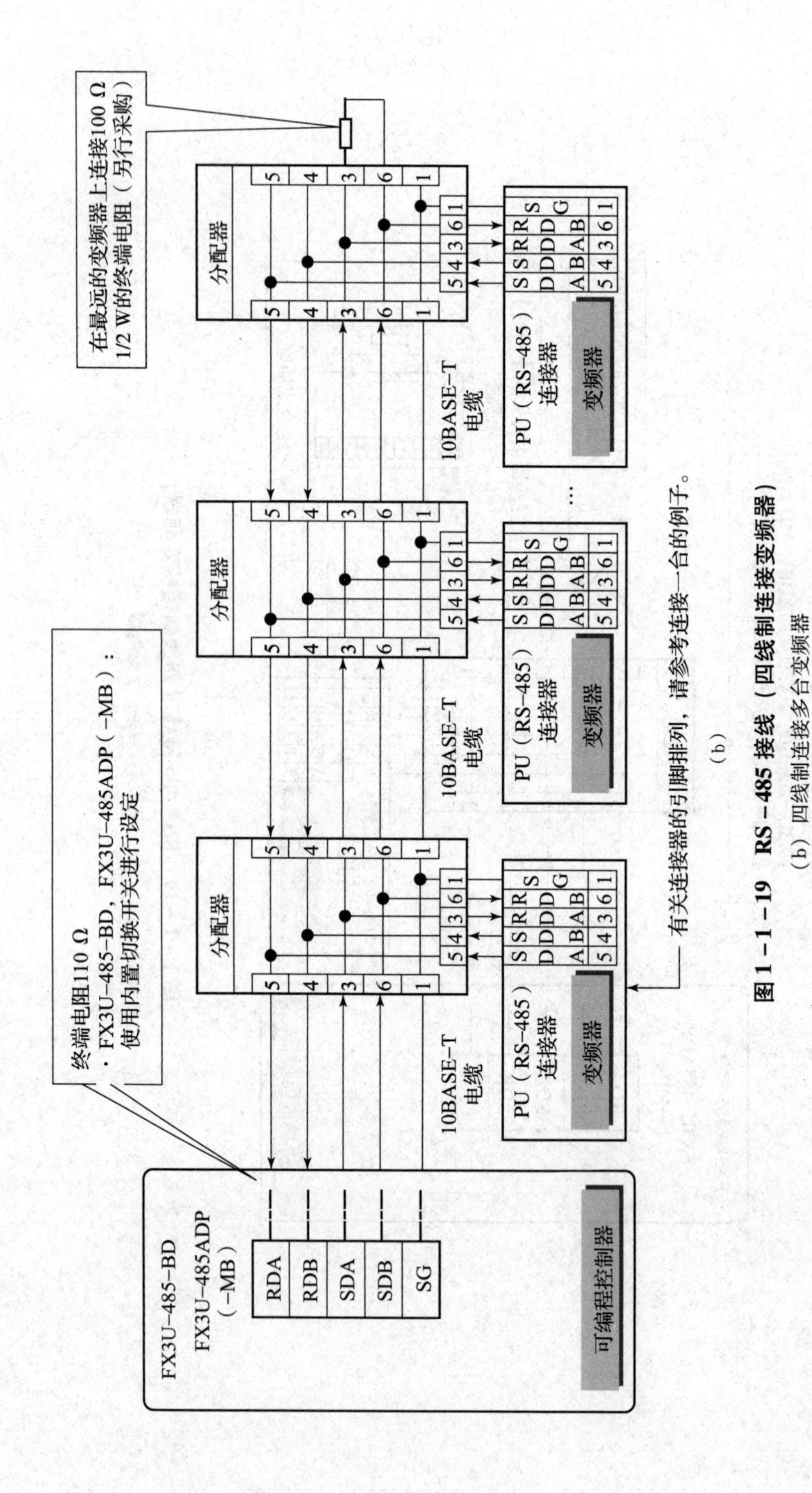

图 1-1-19　RS-485 接线（四线制连接变频器）

(b) 四线制连接多台变频器

RS－485 串口线成品如图 1－1－20 所示。

图 1－1－20　RS－485 串口线成品

【任务总结】

本次制作的两种通信线是根据本项目的实际情况而制作的，在其他实践项目中应根据实际情况进行合理的选择。

任务二　MCGS 触摸屏认识及 MCGS 组态软件使用

【任务目标】

本任务主要是通过完成 TPC7062K 与三菱 FX3U 的连接，学习使用 TPC7062K 和 MCGS 嵌入版组态软件，掌握 TPC7062K 触摸屏与 PLC 的接线方法及 MCGS 嵌入版组态软件的组态使用和模拟运行。

【任务分析】

本任务主要通过对理论知识的学习以及各种文献资料的查阅，熟悉 TPC7062K 触摸屏，了解 MCGS 嵌入版工业自动化组态软件，掌握 MCGS 嵌入版组态软件的安装方法和步骤，学习 MCGS 嵌入版组态软件工程建立、组态、下载与模拟运行的一般过程，学会 TPC7062K 触摸屏与 PLC 的接线方法及 MCGS 嵌入版组态软件的使用。

【知识准备】

一、TPC7062K 触摸屏的性能特点

TPC7062K 触摸屏是一套以嵌入式低功耗 CPU 为核心（主频 400 MHz）的高性能嵌入式一体化触摸屏。该产品采用了 7 英寸高亮度 TFT 液晶显示屏（分辨率：800 ppi × 480 ppi），四线电阻式触摸屏（分辨率：1 024 ppi ×1 024 ppi）；65 535 色数字真彩影，丰富的图形库，抗干扰性能达到工业用Ⅲ级标准，采用 LLD 背光永不黑屏；MCGS 嵌入版全功能组态软件支持 U 盘备份恢复，功能更强大；环保节能，功耗低，整机功耗仅 6 W。

二、认识 TPC7062K 触摸屏

（一）TPC7062K 触摸屏的外观

TPC7062K 触摸屏的外观如图 1－2－1 所示。

（二）TPC7062K 触摸屏的安装

1. TPC7062K 触摸屏的安装尺寸

TPC7062K 触摸屏的安装尺寸如图 1－2－2 所示。

(a)

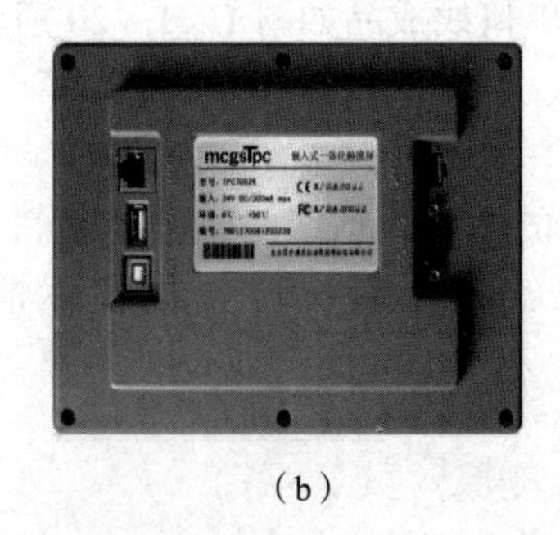

(b)

图 1－2－1　TPC7062K 触摸屏的外观

(a) 正视图；(b) 后视图

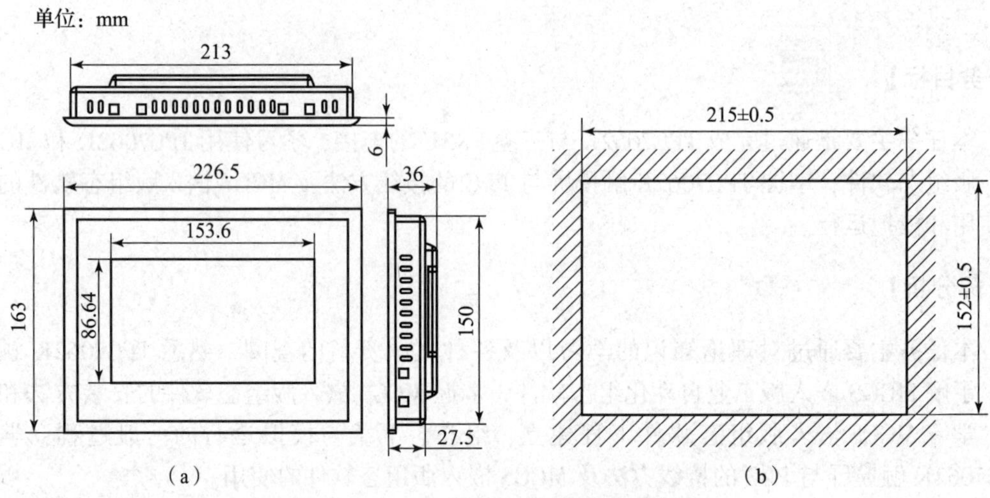

图 1－2－2　TPC7062K 触摸屏的安装尺寸

(a) 外形尺寸图；(b) 安装开孔尺寸图

2. 安装角度

TPC7062K 触摸屏的安装角度介于 0°～30°，如图 1－2－3 所示。

3. TPC7062K 触摸屏的供电接线

TPC7062K 触摸屏的供电仅限 24 V DC 电源，建议电源的输出功率为 15 W。电源插头示意及引脚定义如图 1－2－4 所示。

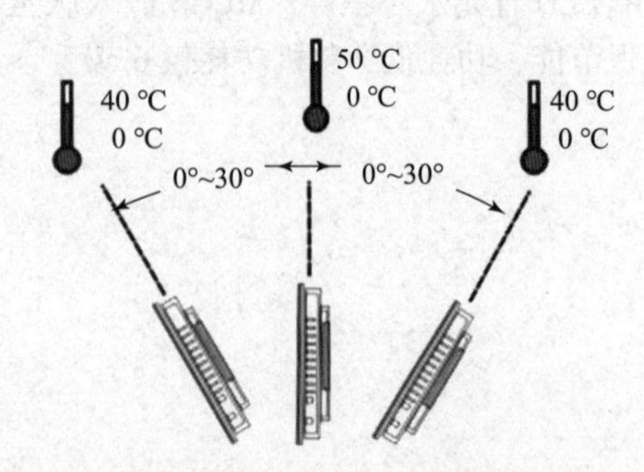

图 1－2－3　TPC7062K 触摸屏的安装角度

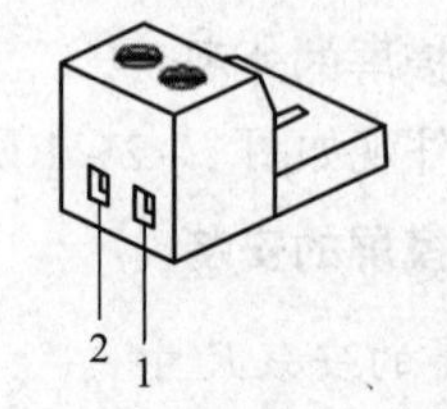

PIN	定义
1	+
2	–

图 1－2－4　电源插头示意及引脚定义

电源接线步骤如下。

步骤 1：将开关电源 24 V + 端线插入 TPC 电源插头接线 1 端中。

步骤 2：将开关电源 24 V – 端线插入 TPC 电源插头接线 2 端中。

步骤 3：使用一字螺丝刀将 TPC 电源插头螺钉锁紧。

（三）TPC7062K 触摸屏的外部接口

1. 接口说明

TPC7062K 触摸屏的外部接口如图 1 – 2 – 5 所示。

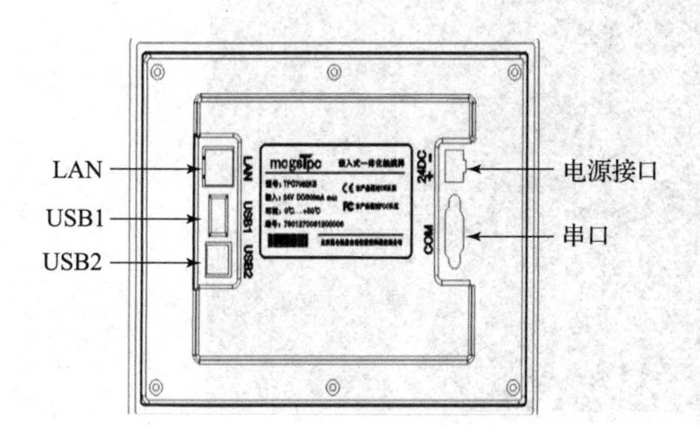

项目	TPC7062K触摸屏
LAN（RJ45）	以太网接口
串口（DB9）	1×RS–232，1×RS–485
USB1	主口可用于连接U盘、键盘
USB2	从口用于下载工程
电源接口	24 V DC ±20%

图 1 – 2 – 5　TPC7062K 触摸屏的外部接口

2. 串口引脚 PIN 定义

串口的引脚定义如图 1 – 2 – 6 所示。

接口	PIN	引脚定义
COM1	2	RS–232 RXD
	3	RS–232 TXD
	5	GND
COM2	7	RS–485+
	8	RS–485–

图 1 – 2 – 6　串口的引脚定义

注意：此处的串口虽然定义为 COM1 和 COM2 两个端口，但实际上只有一个端口，相当于复用功能。COM2 口 RS – 485 终端匹配电阻跳线设置说明如图 1 – 2 – 7 所示。跳线设置步骤如下。

步骤 1：关闭电源，取下产品后盖。

步骤 2：根据所使用的 RS – 485 终端匹配电阻需求设置跳线开关。

步骤 3：盖上后盖。

步骤 4：开机后相应的设置生效。

（四）TPC7062K 触摸屏与三款主流 PLC 通信接线

在实际应用中，PLC 的型号多种多样，各自的接口也不尽相同，下面列举了 TPC7062K 触摸屏分别与三菱、西门子、欧姆龙 PLC 的通信接线，如图 1 – 2 – 8 所示。

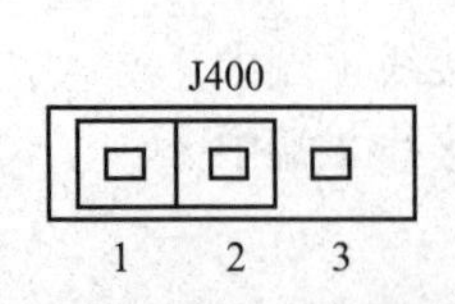

跳线设置	终端匹配电阻
	无
	有

图 1－2－7 COM2 口 RS－485 终端匹配电阻跳线设置说明

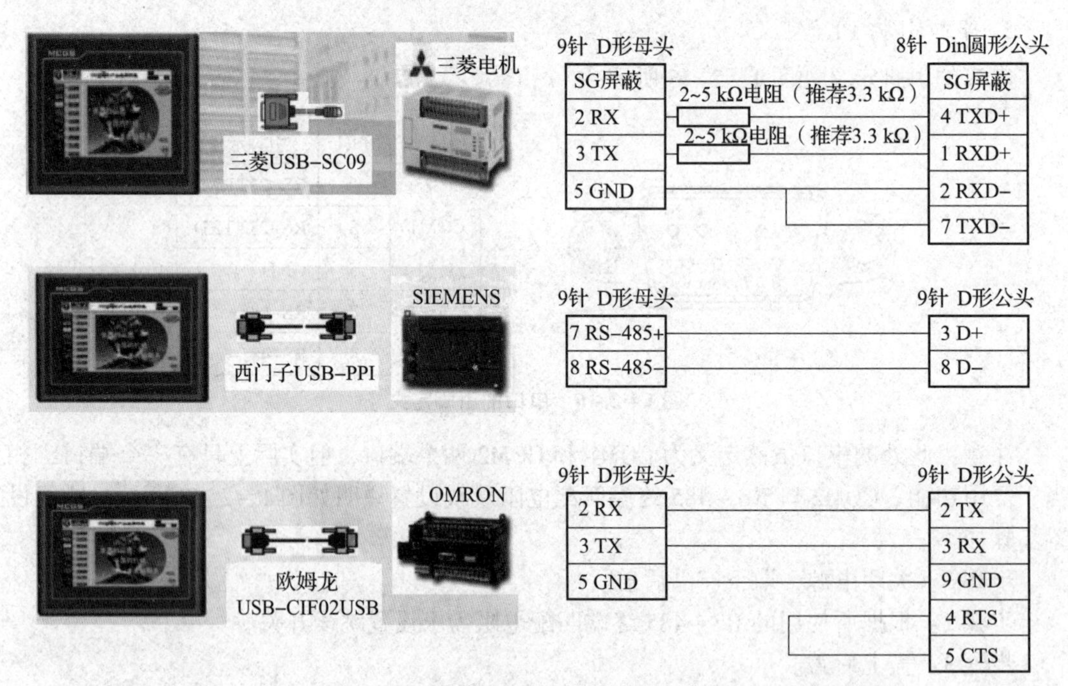

图 1－2－8 TPC7062K 分别与三菱、西门子、欧姆龙 PLC 的通信接线

（五）TPC7062K 触摸屏的启动

使用 24 V 直流电源给 TPC7062K 触摸屏供电，开机启动后屏幕出现“正在启动”提示进度条，此时不需要任何操作，系统就自动进入工程运行界面，如图 1－2－9 所示。

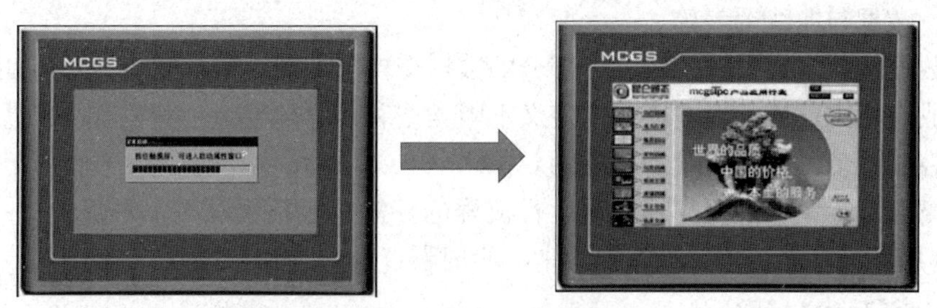

图 1－2－9　TPC7062K 触摸屏的启动

三、MCGS 嵌入版组态软件的使用

（一）MCGS 嵌入版组态软件的基本知识

1. MCGS 组态软件的概念

MCGS 是一套基于 Windows 平台的、用于快速构造和生成上位机监控系统的组态软件系统，可运行于 Microsoft Windows 95/98/Me/NT/2000 等操作系统中。

2. MCGS 组态软件的整体结构

MCGS 组态软件包括组态环境和运行环境两个部分。组态环境相当于一套完整的工具软件，帮助用户设计和构造自己的应用系统。运行环境则按照组态环境中构造的组态工程，以用户指定的方式运行，并进行各种处理，完成用户组态设计的目标和功能。

3. MCGS 组态软件的组成部分

MCGS 组态软件所建立的工程由主控窗口、设备窗口、用户窗口、实时数据库和运行策略五部分组成，如图 1－2－10 所示。每一部分分别进行组态操作，完成不同的工作，具有不同的特性。

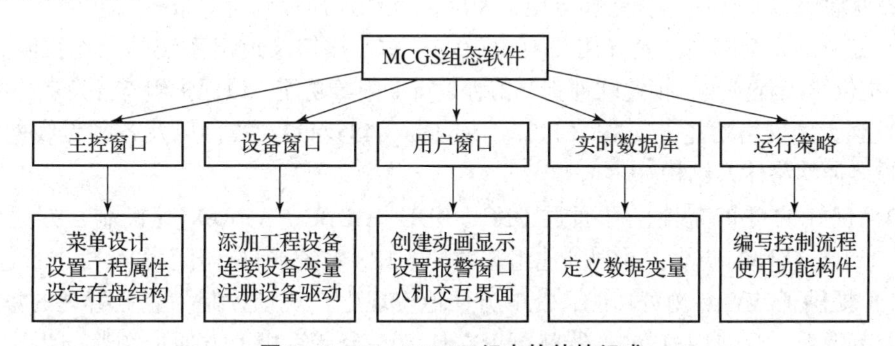

图 1－2－10　MCGS 组态软件的组成

主控窗口：本窗口是工程的主窗口或主框架。在主控窗口中可以放置一个设备窗口和多个用户窗口，负责调度和管理这些窗口的打开或关闭。主要的组态操作包括定义工程的名称、编制工程菜单、设计封面图形、确定自动启动的窗口、设定动画刷新周期、指定数据库存盘文件名称及存盘时间等。

设备窗口：本窗口是连接和驱动外部设备的工作环境。在本窗口内配置数据采集与控制输出设备，注册设备驱动程序，定义连接与驱动设备用的数据变量。

用户窗口：本窗口主要用于设置工程中人机交互的界面，如生成各种动画显示画面、报警输出、数据与曲线图表等。

实时数据库：本窗口是工程各个部分的数据交换与处理中心，它将 MCGS 工程的各个部分连接成有机的整体。在本窗口内定义不同类型和名称的变量，将其作为数据采集、处理、输出控制、动画连接及设备驱动的对象。

运行策略：本窗口主要完成工程运行流程的控制，包括编写控制程序（if…then 脚本程序）；选用各种功能构件，如数据提取、定时器、配方操作、多媒体输出等。

4. MCGS 组态软件的特点

MCGS 组态软件具有以下特点。

（1）全中文、可视化、面向窗口的组态开发界面，符合人们的使用习惯和要求，真正的 32 位程序，可运行于 Microsoft Windows95/98/Me/NT/2000 等多种操作系统中。

（2）庞大的标准图形库、完备的绘图工具以及丰富的多媒体支持，使使用者能够快速地开发出集图像、声音、动画等于一体的漂亮、生动的工程画面。

（3）全新的 ActiveX 动画构件，包括存盘数据处理、条件曲线、计划曲线、相对曲线、通用棒图等，使使用者能够更方便、更灵活地处理、显示生产数据。

（4）支持目前绝大多数硬件设备，同时可以方便地定制各种设备驱动。此外，独特的组态环境调试功能与灵活的设备操作命令相结合，使硬件设备与软件系统间的配合天衣无缝。

（5）简单易学的类 Basic 脚本语言与丰富的 MCGS 策略构件，使使用者能够轻而易举地开发出复杂的流程控制系统。

（6）强大的数据处理功能，能够对工业现场产生的数据以各种方式进行统计处理，使使用者能够在第一时间获得有关现场情况的第一手数据。

（7）方便的报警设置、丰富的报警类型、报警存储与应答、实时打印报警报表以及灵活的报警处理函数，使使用者能够方便、及时、准确地捕捉到所有报警信息。

（8）完善的安全机制，允许用户自由设定菜单、按钮及退出系统的操作权限。此外，MCGS 还提供了工程密码、锁定软件狗、工程运行期限等功能，以保护组态开发者的成果。

（9）强大的网络功能，支持 TCP/IP、Modem、485/422/232，以及各种无线网络和无线电台等多种网络体系结构。

（10）良好的可扩充性，可通过 OPC、DDE、ODBC、ActiveX 等机制，方便地扩展 MCGS 5.1 组态软件的功能，并与其他组态软件、MIS 系统或自行开发的软件进行连接。

（11）提供了 WWW 浏览功能，能够方便地实现生产现场控制与企业管理的集成。在整个企业范围内，只使用 IE 浏览器就可以在任意一台计算机上方便地浏览与生产现场一致的动画画面、实时和历史的生产信息（包括历史趋势、生产报表等），并提供完善的用户权限控制。

5. MCGS 组态软件的工作方式

1）MCGS 组态软件如何与设备进行通信

MCGS 组态软件通过设备驱动程序与外部设备进行数据交换，包括数据采集和发送设备指令。设备驱动程序是由 VB、VC 程序设计语言编写的 DLL（动态链接库）文件，包含符合各种设备通信协议的处理程序，将设备运行状态的特征数据采集进来或发送出去。

MCGS 组态软件负责在运行环境中调用相应的设备驱动程序，将数据传送到工程中的各个部分，完成整个系统的通信过程。每个驱动程序独占一个线程，以达到互不干扰的目的。

2）MCGS 如何产生动画效果

MCGS 为每一种基本图形元素定义了不同的动画属性，如一个长方形的动画属性有可见度、大小变化、水平移动等，每一种动画属性都会产生一定的动画效果。所谓动画属性，实际上是反映图形大小、颜色、位置、可见度、闪烁性等状态的特征参数。然而，我们在组态环境中生成的画面都是静止的，如何在工程运行中产生动画效果呢？方法是：图形的每一种动画属性中都有一个“表达式”设定栏，在该栏中设定一个与图形状态相联系的数据变量，连接到实时数据库中，以此建立相应的对应关系，因此 MCGS 组态软件被称为动画连接。详细情况请参阅本项目的任务 4 内容。

3）MCGS 如何实施远程多机监控

MCGS 提供了一套完善的网络机制，可通过 TCP/IP 网、Modem 网和串口网将多台计算机连接在一起，构成分布式网络监控系统，实现网络间的实时数据同步、历史数据同步和网络事件的快速传递。同时，利用 MCGS 组态软件提供的网络功能，在工作站上直接对服务器中的数据库进行读写操作。分布式网络监控系统的每一台计算机都要安装一套 MCGS 组态软件。MCGS 组态软件把各种网络形式，以父设备构件和子设备构件的形式，供用户调用，并进行工作状态、端口号、工作站地址等属性参数的设置。

4）如何对工程运行流程实施有效控制

MCGS 组态软件开辟了专用的“运行策略”窗口，以建立用户运行策略。MCGS 组态软件提供了丰富的功能构件，供用户选用，通过构件配置和属性设置两项组态操作，生成各种功能模块（称为用户策略），使系统能够按照设定的顺序和条件，操作实时数据库，实现对动画窗口的任意切换，控制系统的运行流程和设备的工作状态。所有的操作均采用面向对象的直观方式，避免了烦琐的编程工作。

（二）MCGS 嵌入版组态软件安装

在个人计算机上插入 MCGS 嵌入版安装光盘，具体安装步骤如下。

（1）插入光盘后，运行光盘中的 Autorun. exe 文件，安装软件开始界面如图 1-2-11 所示。

图 1-2-11　安装软件开始界面

在安装软件开始界面中单击“安装组态软件”按钮，弹出安装程序窗口，如图1－2－12所示。单击“下一步”按钮，启动安装程序。

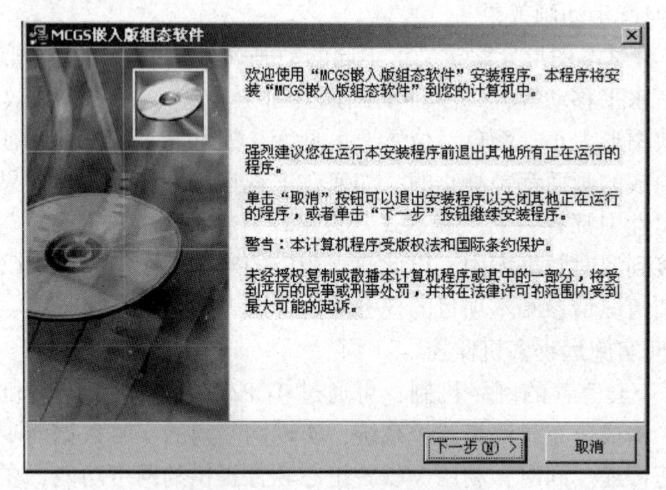

图1－2－12　安装程序窗口

按提示步骤操作，安装程序将提示指定安装目录，用户不指定时，系统将缺省安装到D:\MCGSE目录下，建议使用缺省目录，如图1－2－13所示。系统安装需要几分钟。

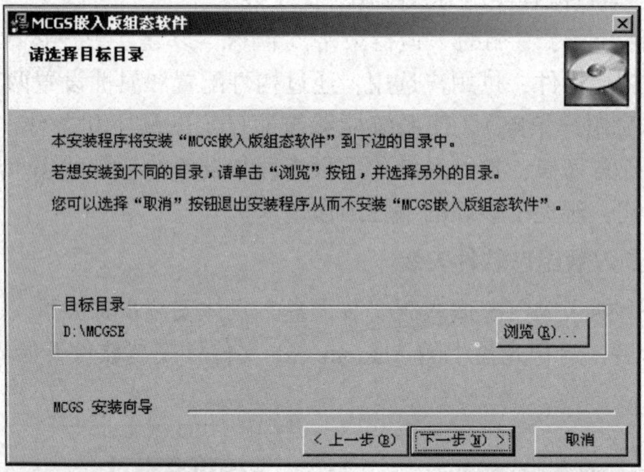

MCGS嵌入版组态软件
请选择目标目录
本安装程序将安装“MCGS嵌入版组态软件”到下边的目录中。
若想安装到不同的目录，请单击“浏览”按钮，并选择另外的目录。
您可以选择“取消”按钮退出安装程序从而不安装“MCGS嵌入版组态软件”。
目标目录
D:\MCGSE
浏览(R)...
MCGS 安装向导
< 上一步(B)　下一步(N) >　取消

图1－2－13　安装目录选择窗口

MCGSE嵌入版主程序安装完成后，选择“是”按钮继续安装设备驱动，如图1－2－14所示。

进入驱动安装程序，选择“所有驱动”，单击“下一步”按钮进行安装，如图1－2－15所示。

选择好后，按提示操作，MCGSE嵌入版组态软件的驱动程序安装过程需要几分钟。安装完成后，系统将弹出对话框提示是否重新启动计算机，如图1－2－16所示。选择重启后，才能完成安装。

安装完成后，Windows操作系统的桌面上添加了如图1－2－17所示的两个快捷方式图标，分别用于启动MCGS嵌入式组态环境和模拟运行环境。

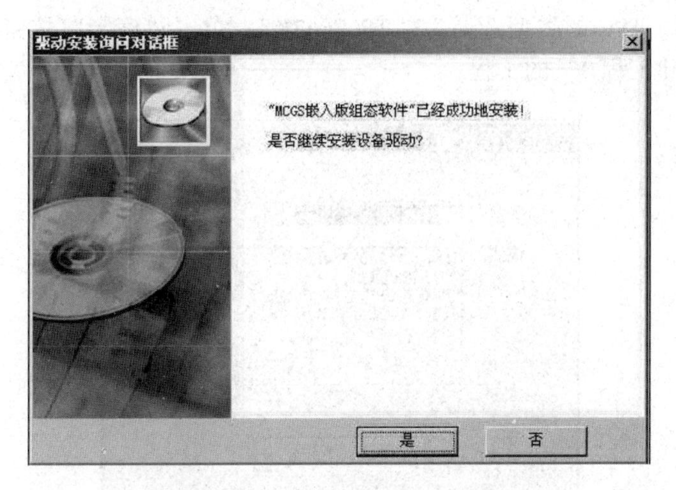

图 1－2－14　驱动程序安装窗口

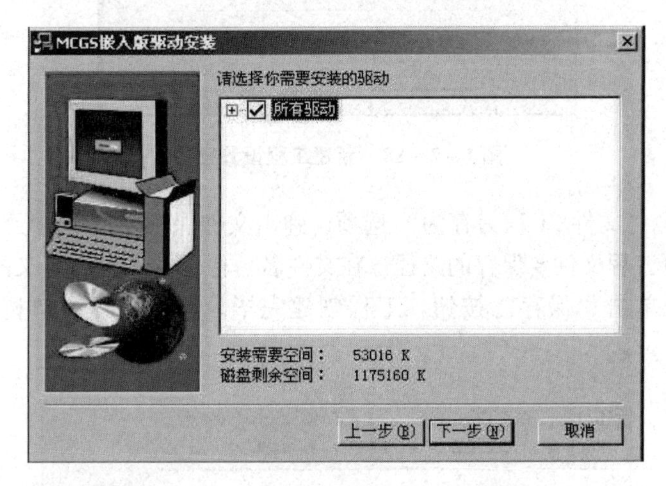

图 1－2－15　驱动程序安装选择窗口

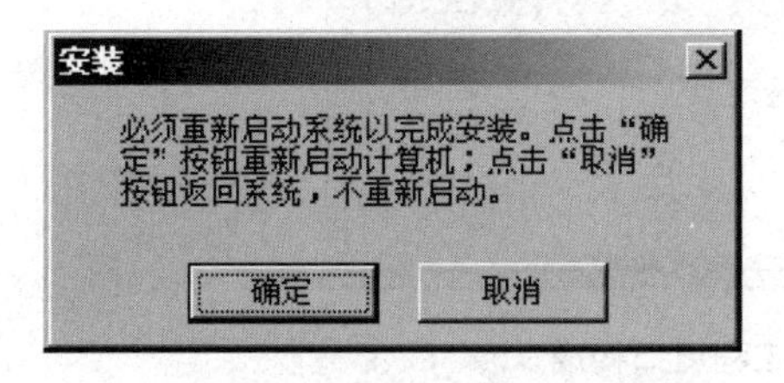

图 1－2－16　驱动程序安装完成窗口

图 1－2－17　软件安装完成后桌面图标

（三）建立工程与下载工程

1. 建立工程

双击桌面上的组态环境快捷方式图标，打开嵌入版组态软件，然后按如下步骤建立通信工程。

第一步：单击文件菜单中的“新建工程”选项，弹出“新建工程设置”对话框，如图1－2－18所示。TPC的类型选择为“TPC7062K”，单击“确定”按钮，系统会自动产生一个名为“新建工程0”的工程。

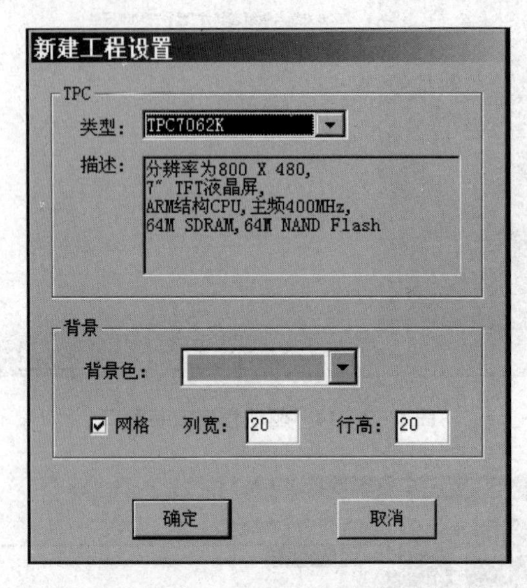

图1－2－18　新建工程设置窗口

第二步：单击“文件/工程另存为”选项，弹出文件保存窗口。

第三步：选择工程文件要保存的路径，在文件名一栏内输入自己定义的项目名称“TPC控制通信工程”，单击“保存”按钮，工程创建完毕。新建工程窗口构成如图1－2－19所示。

图1－2－19　新建工程窗口构成

2. 软件的基本操作

1）设备窗口的基本操作

单击“工作台”上的“设备窗口”标签，可以打开设备窗口，如图1－2－20所示。

双击图1－2－20中的“设备窗口”，可进入设备窗口编辑界面，如图1－2－21所示。

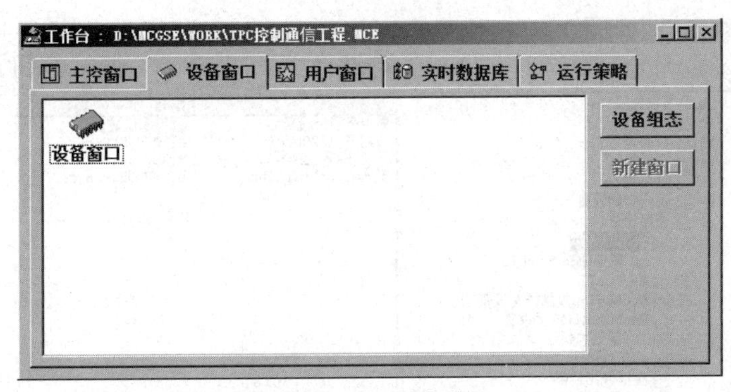

图 1-2-20 设备窗口

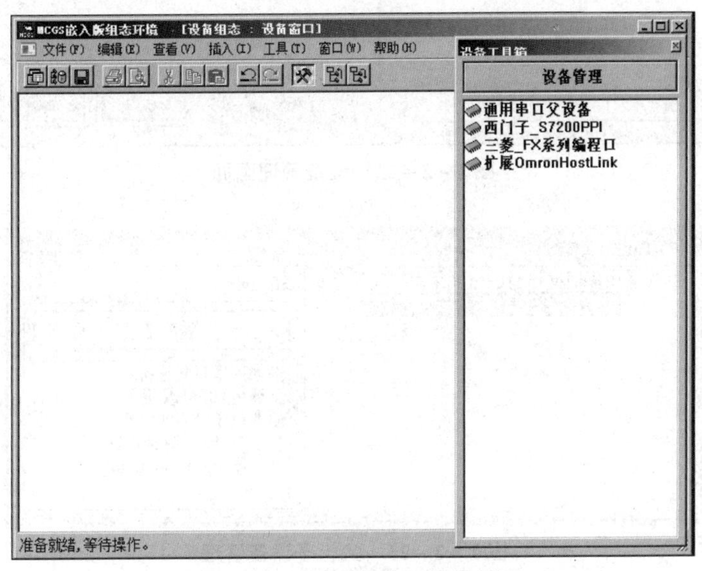

图 1-2-21 设备窗口编辑界面

设备窗口编辑界面由设备组态画面和设备工具箱两部分组成。设备组态画面用于配置该工程需要通信的设备。设备工具箱中是常用的设备。双击设备工具箱中的设备名称，可以把设备添加到设备组态画面中。

当添加或删除设备工具箱中的设备驱动时，可单击设备工具箱顶部的“设备管理”按钮。打开“设备管理”窗口，在“设备管理”窗口左侧的“可选设备”区域的树形目录中找到需要的设备，双击即可添加到“选定设备”区域。选中“选定设备”区域中的设备，单击窗口左下方的“删除”按钮，可以删除该设备。设备管理画面如图 1-2-22 所示。

MCGS 嵌入版组态软件把设备分成两个层次：父设备和子设备。父设备与硬件接口相对应；子设备放在父设备下，用于与父设备对应的接口所连接的设备进行通信。父、子设备管理如图 1-2-23 所示。

在设备组态界面双击“父设备”或“子设备”，可以设置通信参数。双击“父设备”，可以设置串口号、波特率、数据位、停止位、校验方式。父设备通信参数设置如图 1-2-24 所示。

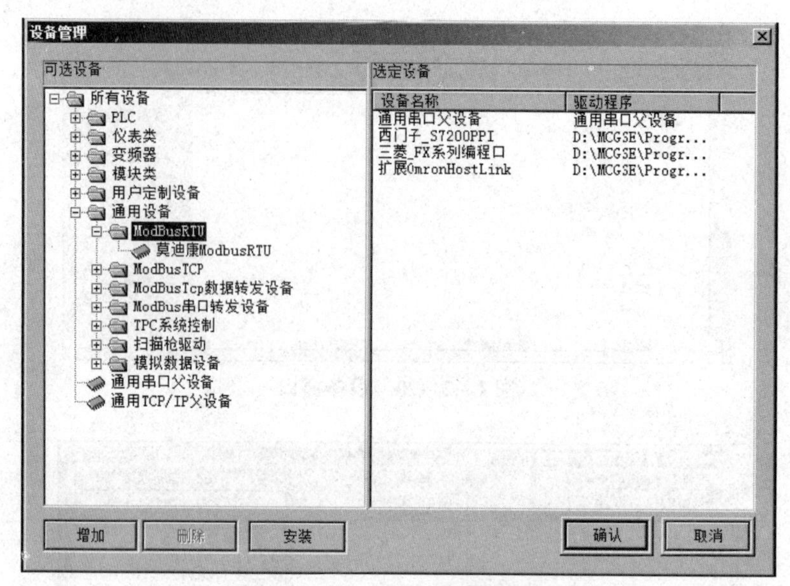

图 1-2-22　设备管理画面

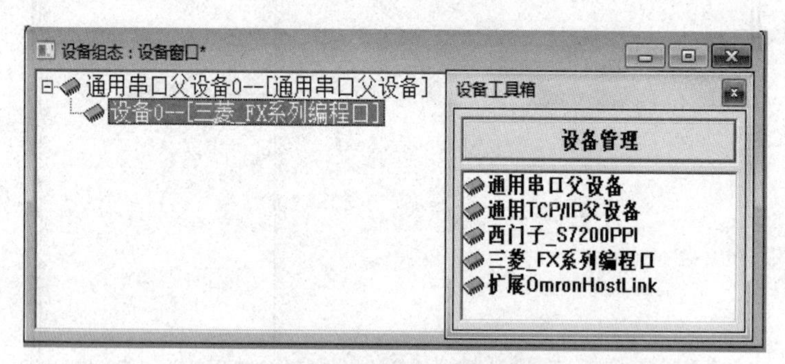

图 1-2-23　父、子设备管理

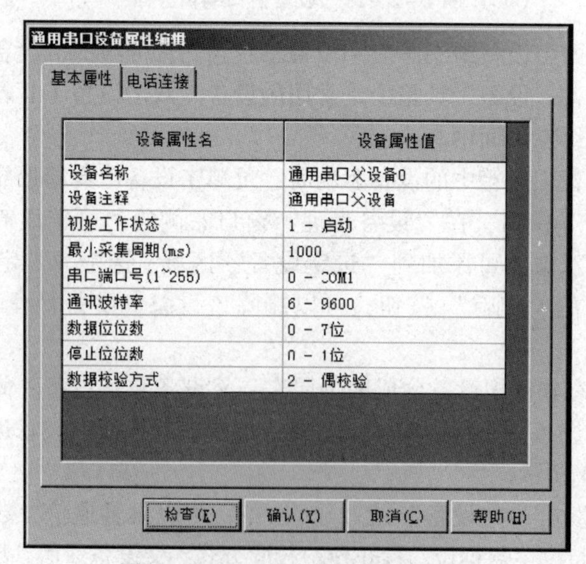

图 1-2-24　父设备通信参数设置

子设备的设备编辑窗口分为三个区域：驱动信息区、设备属性区和通道连接区，如图 1－2－25 所示。驱动信息区显示的是该设备的驱动版本、文件路径等信息。设备属性区可设置采集周期、设备地址、通信等待时间等通信参数。通道连接区用于构建下位机寄存器与 MCGS 嵌入版组态软件变量之间的映射，这是是否能将触摸屏与被控设备（如 PLC）连接在一起的关键，在操作设定时一定要仔细。

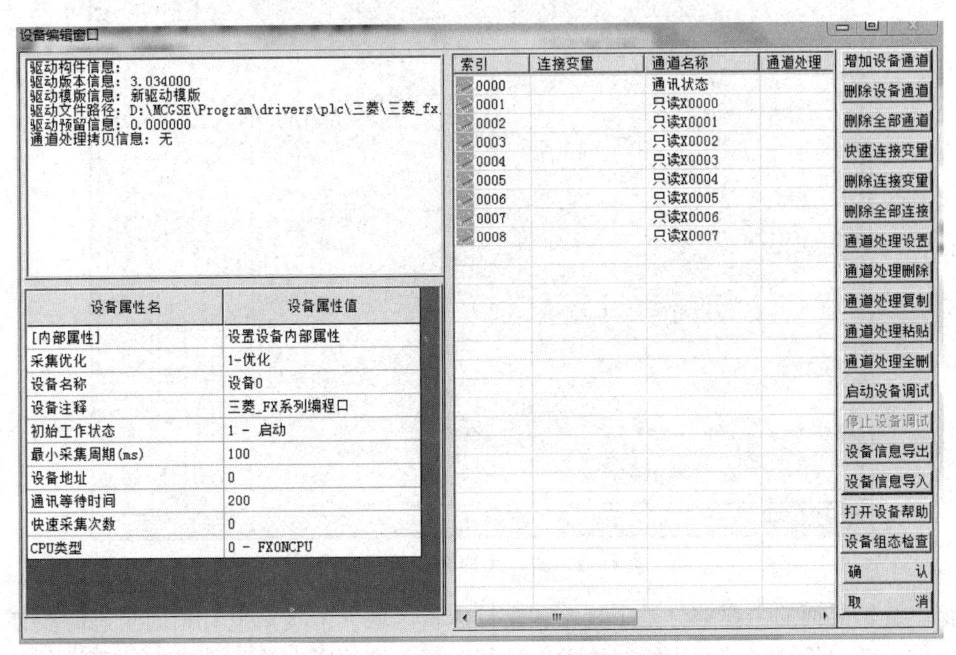

图 1－2－25　子设备通信参数设置

2）用户窗口的基本操作

用户窗口主界面的右侧有三个按钮，如图 1－2－26 所示。每单击一次“新建窗口”按钮可以新建一个窗口，“窗口属性”按钮用于打开已选中窗口的属性设置。

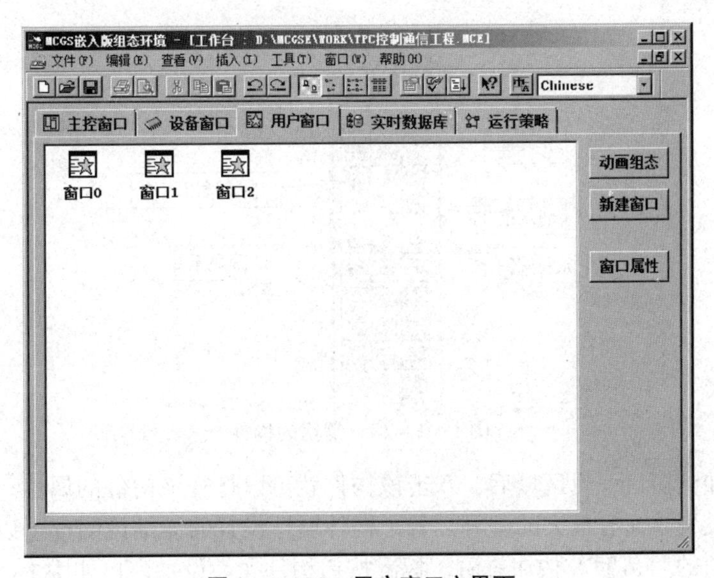

图 1－2－26　用户窗口主界面

双击窗口图标或者选中窗口之后单击“动画组态”按钮可以进入该窗口的编辑界面，如图 1－2－27 所示。

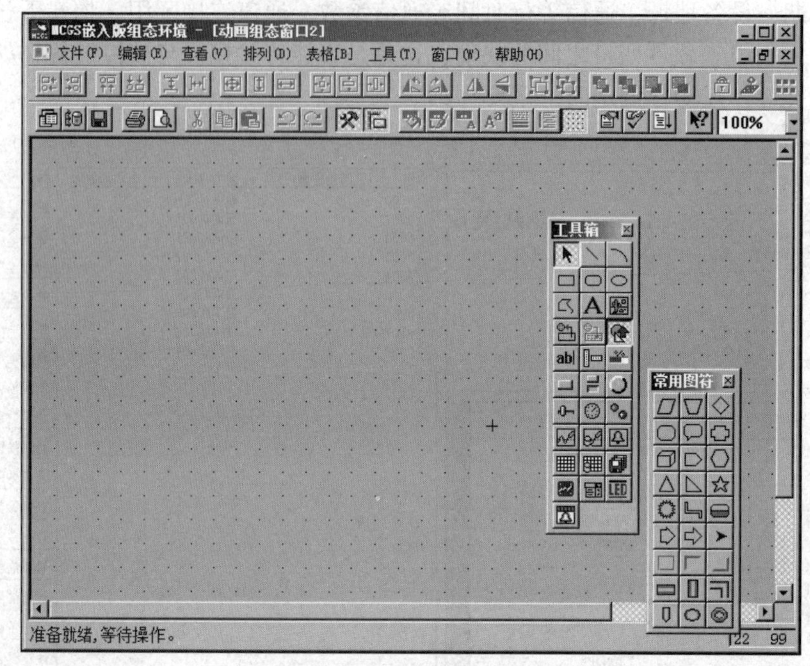

图 1－2－27　用户窗口编辑界面

窗口编辑界面的主要部分是工具箱和窗口编辑区域。工具箱里有画面组态时要使用的所有构件。窗口编辑区域用于绘制画面，运行时能看到的所有画面都是在这里添加的。在工具箱里单击选中需要的构件，然后在窗口编辑区域中按住鼠标左键拖动就可以把选中的构件添加到画面中。

工具箱里的构件很多，常用的构件有标签、输入框、标准按钮和动画显示，如图 1－2－28所示。

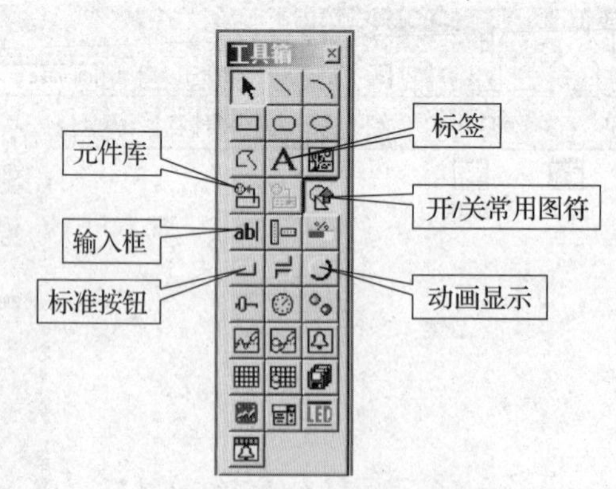

图 1－2－28　常用的构件

将构件添加到窗口编辑区域后，双击该构件就可以打开该构件的属性。因为构件的作用不同，属性设置界面有很大的差异。每个构件属性设置的详细说明都可以通过单击属性设置界面右下角的“帮助”按钮查看。标准按钮构件属性设置窗口如图 1－2－29 所示。

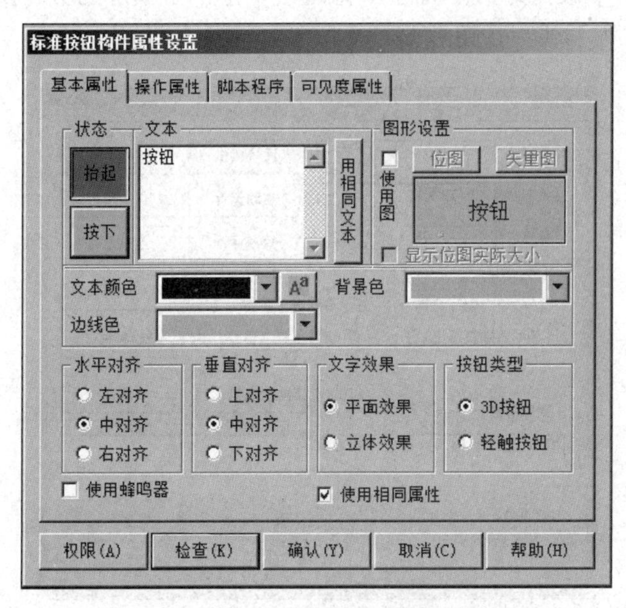

图 1-2-29　标准按钮构件属性设置窗口

3. 工程下载

工程完成之后，就可以下载到触摸屏的运行环境中。

1）采用 USB 通信方式下载

将标准 USB2.0 打印机线的扁平接口插到计算机的 USB 口，微型接口插到 TPC7062K 端的 USB2 口，连接 TPC7062K 触摸屏和计算机。在下载配置中连接方式选择“USB 通信”（见图 1-2-30），然后单击“工程下载”按钮。

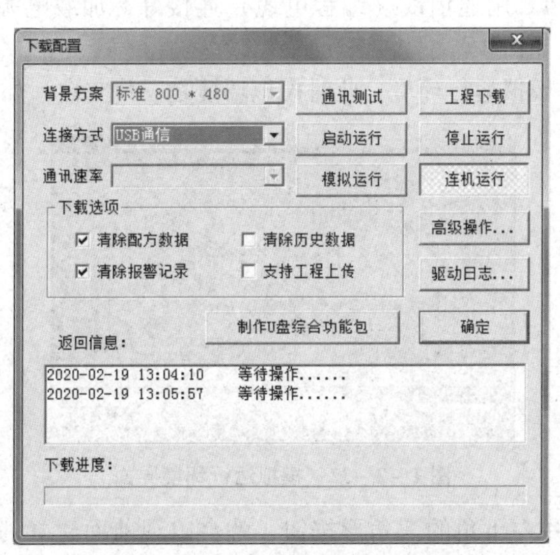

图 1-2-30　USB 通信下载配置

2）采用 TCP/IP 方式下载

使用网络线将 TPC 端的 LAN 口和计算机的网络接口相连接。在下载配置中连接方式选择“TCP/IP 网络”，设定好目标机的 IP 地址（对应的触摸屏的 IP 地址）（见图 1－2－31），然后单击“工程下载”按钮。

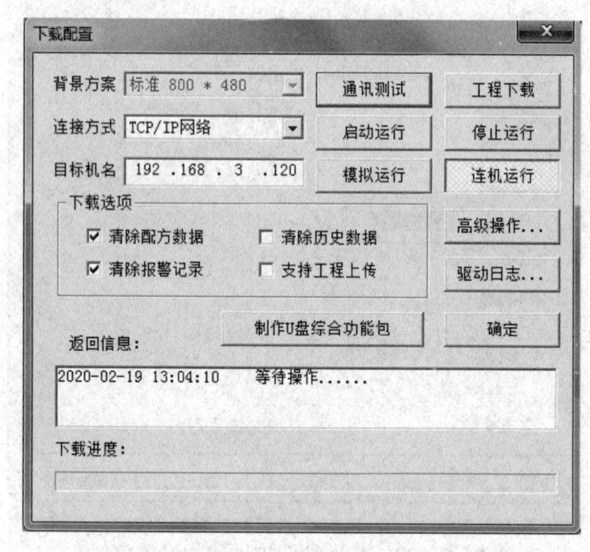

图 1－2－31　TCP/IP 网络通信下载配置

4. 模拟运行

触摸屏的模拟运行是指在没有触摸屏硬件设备的情况下，直接在计算机上利用 MCGSE 模拟运行环境来实现触摸屏程序的调试过程，但是这个模拟运行必须将控制器 PLC 连接上才能模拟运行，因为触摸屏的程序运行依赖于 PLC 控制器。

模拟过程如下。

（1）将计算机和 PLC 用通信线（编程电缆）连接好，加载电源，保证计算机与 PLC 能正常通信。

（2）打开 MCGSE 模拟运行环境，此时模拟环境是一片空白，如图 1－2－32 所示。

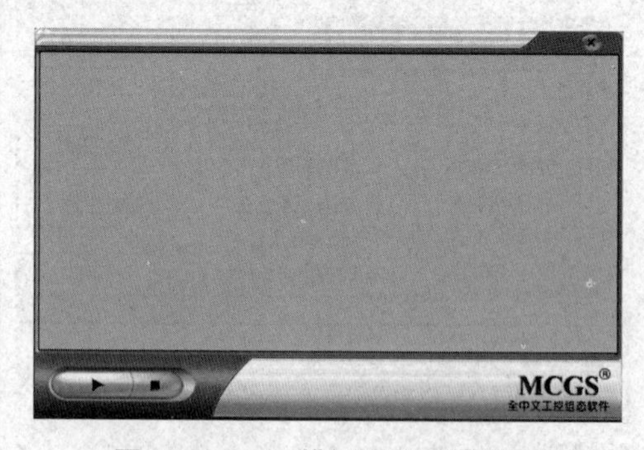

图 1－2－32　模拟运行环境界面

单击图 1－2－32 中左下角的三角形按钮，就会出现前面建立的触摸屏工程项目，如图 1－2－33 所示。

（3）在图 1－2－33 中进行相应的设置，然后根据要求来操作界面上的按钮，就可以实现仿真模拟了，如图 1－2－34 所示。

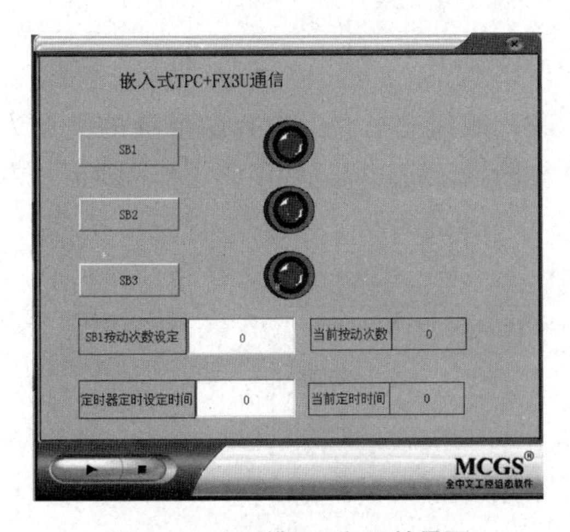

图 1-2-33　模拟运行开始界面

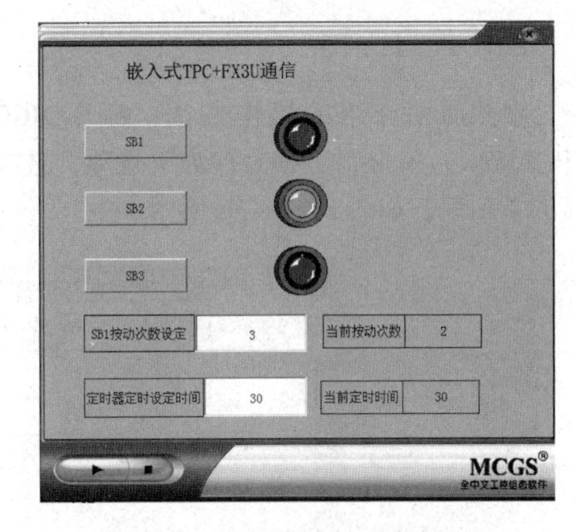

图 1-2-34　模拟运行实际界面

（4）模拟仿真结束时，单击图 1-2-34 中左下角的正方形按钮，这时模拟环境又出现如图 1-2-32 所示的一片空白。

【任务实施】

本次任务的具体要求为：在 TPC7062K 触摸屏上设置三个按钮（SB1、SB2、SB3）、四个数据显示框以及三个指示灯，当按下 SB1 后，点动控制 Y10 输出点亮指示灯 1（HL1）；当按下 SB1 的次数达到设定次数（存放在 D0 中）时，Y11 输出点亮指示灯 2（HL2）；按下按钮 SB2 后延时达到设定时间（D1 存放延时时间），Y12 输出点亮指示灯 3（HL3），指示灯 3 一直点亮直到再次按下 SB2；当按下 SB3 后，所有指示灯熄灭。系统由 TPC7062K、FX3U-32MR、RS-232 通信线缆、开关电源等组成。

一、硬件连接

按照图 1-2-35 所示的硬件连接原理将本次任务的所有硬件设备按照规范要求连接好。

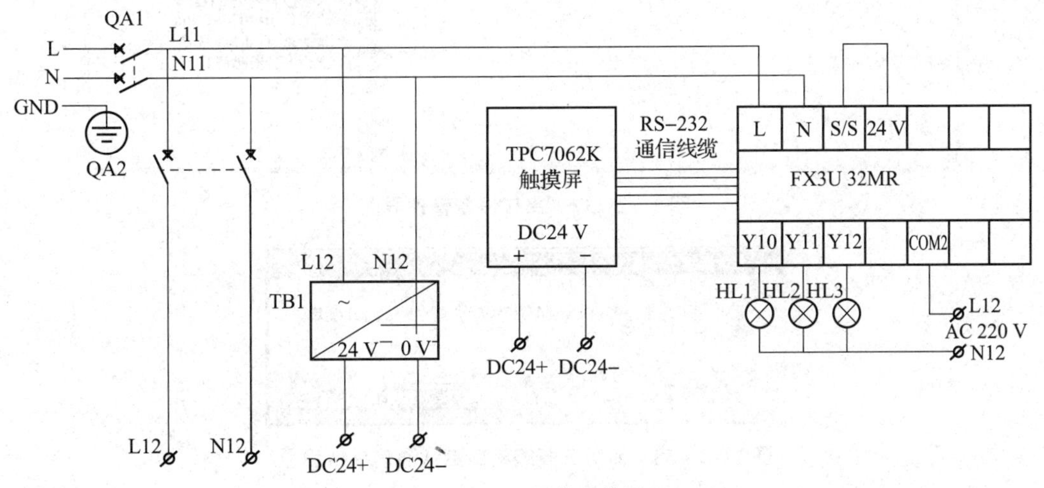

图 1-2-35　硬件连接原理

二、建立工程

参照前面介绍的操作方法，打开 MCGS 嵌入版组态软件，选择触摸屏的类型为 TPC7062K；单击“工程另存为”选项，选择保存路径，建立以“MGCS + FX3U 通信”为名的新工程，如图 1 – 2 – 36 所示。

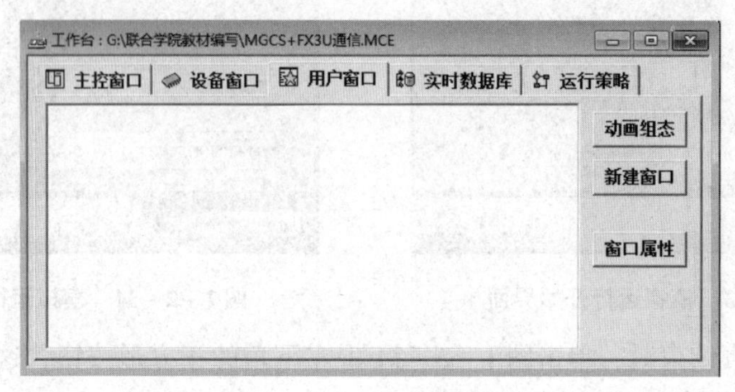

图 1 – 2 – 36　新建工程界面

三、通信设备添加

在工作台中激活设备窗口，双击设备窗口图标进入设备组态界面；单击工具条中的图标打开设备工具箱，在设备工具箱中，按顺序先后双击“通用串口父设备”和“三菱_FX 系列编程口”添加至设备组态界面，如图 1 – 2 – 37 所示。此时会弹出窗口，提示是否使用“三菱_FX 系列编程口”驱动的默认通信参数设置串口父设备参数（见图 1 – 2 – 38），单击“是（Y）”按钮。

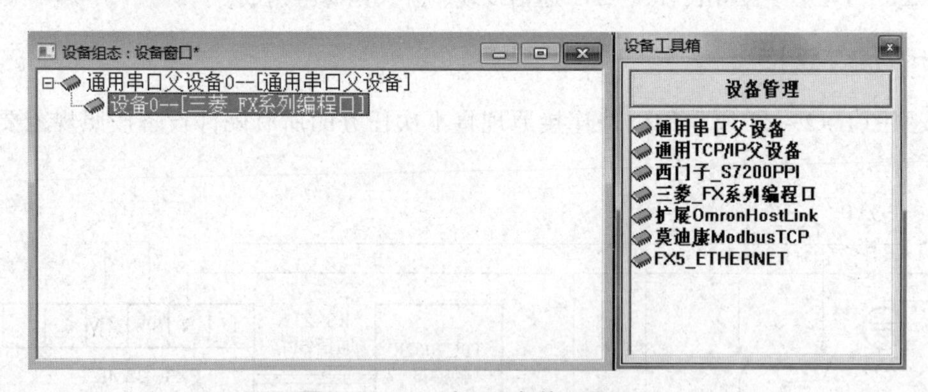

图 1 – 2 – 37　串口设备管理界面

图 1 – 2 – 38　使用三菱编程口默认通信参数设置

四、用户窗口建立

在工作台中激活用户窗口，单击“新建窗口”按钮，建立新窗口“窗口 0”，如图 1－2－39 所示。

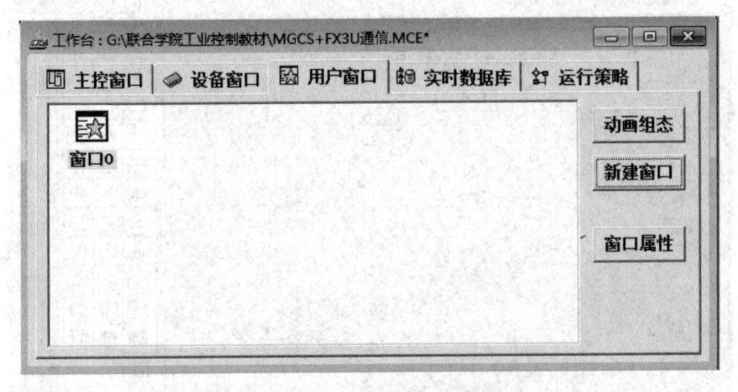

图 1－2－39　建立用户窗口界面

接下来单击“窗口属性”按钮，弹出“用户窗口属性设置”对话框，在基本属性页，将窗口名称修改为 MGCS + FX3U 通信，如图 1－2－40 所示。单击“确认”按钮进行保存。此时图 1－2－39 中的“窗口 0”就变为“MGCS + FX3U 通信”，如图 1－2－41 所示。

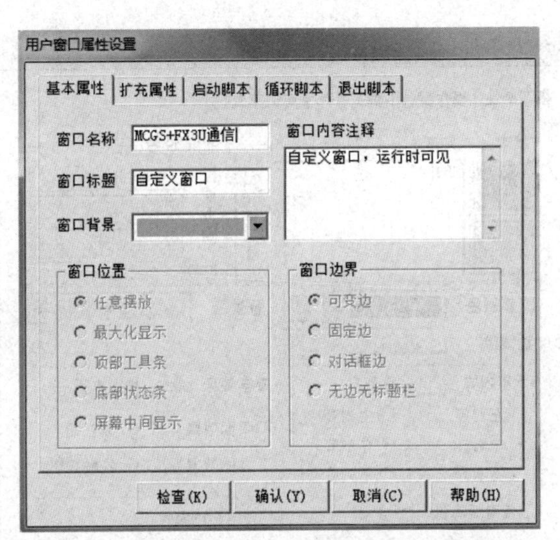

图 1－2－40　用户窗口属性设置界面

五、建立基本元件

这个任务需要建立按钮、指示灯、标签、输入框等基本元件，在用户窗口双击 MCGS+FX3U通信 图标进入窗口编辑界面；单击 图标打开工具箱，然后进行相应的操作。

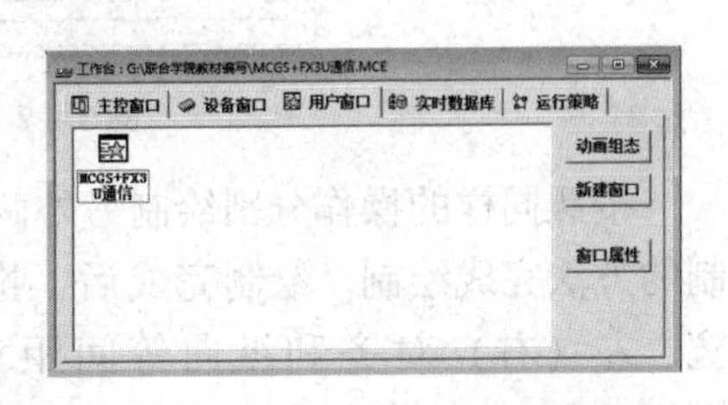

图 1－2－41　用户窗口命名界面

（一）按钮

在工具箱中单击“标准按钮”构件，在窗口编辑位置按住鼠标左键拖动一定大小后，松开鼠标左键，这样一个按钮构件就绘制在窗口中了，如图1－2－42所示。

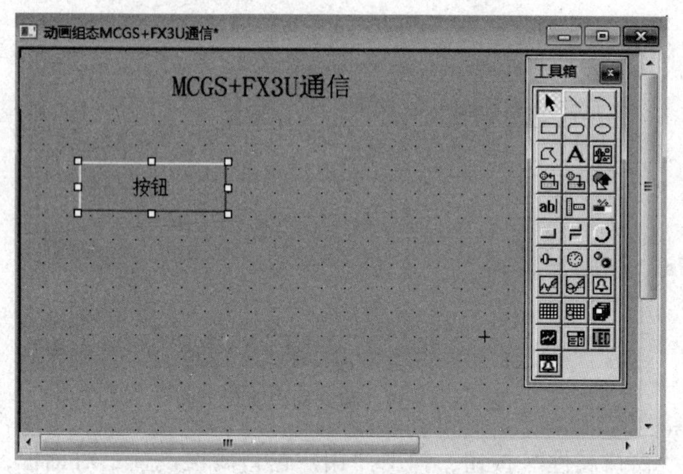

图1－2－42　用户窗口编辑界面

接下来双击该按钮，打开“标准按钮构件属性设置”对话框，在基本属性页中将“文本”修改为SB1，如图1－2－43所示。单击“确认（Y）”按钮保存。

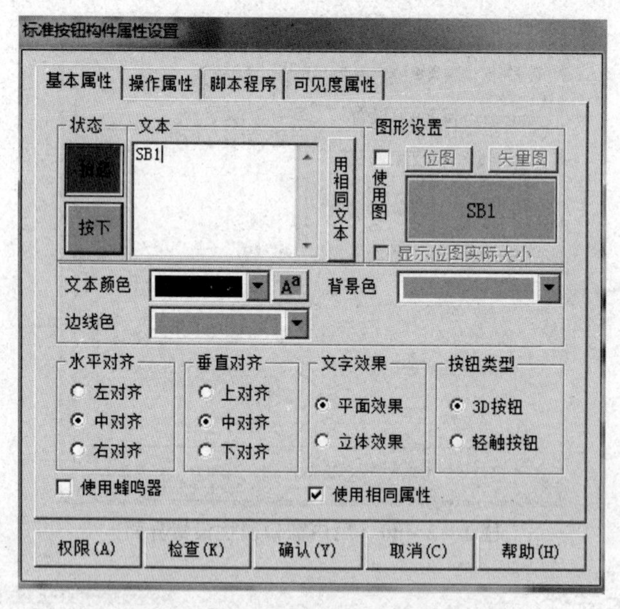

图1－2－43　标准按钮构件属性设置

按照同样的操作分别绘制另外两个按钮，文本分别修改为SB2和SB3，也可以采用复制的方法完成绘制。绘制完成后，拖动鼠标，同时选中三个按钮，使用编辑条中的等高宽、左（右）对齐和纵向等间距对三个按钮进行排列对齐，按钮编辑完成效果如图1－2－44所示。

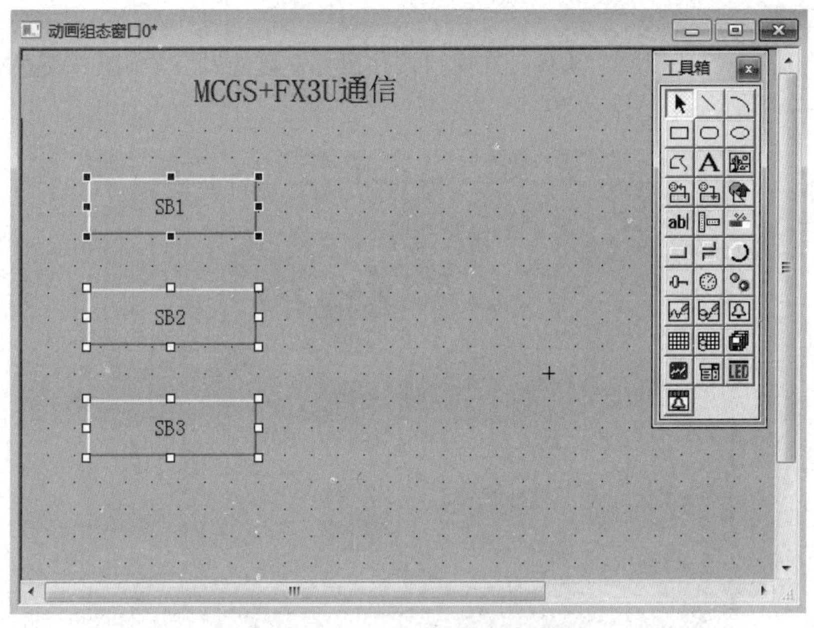

图 1－2－44　按钮编辑完成效果

（二）指示灯

单击工具箱中的“插入元件”按钮，打开“对象元件库管理”对话框，选中图形对象库指示灯中的一款，单击“确认”按钮添加到窗口界面中，并调整到合适大小。用同样的方法再添加两个指示灯，摆放在窗口中按钮旁边的位置，指示灯编辑完成效果如图 1－2－45 所示。

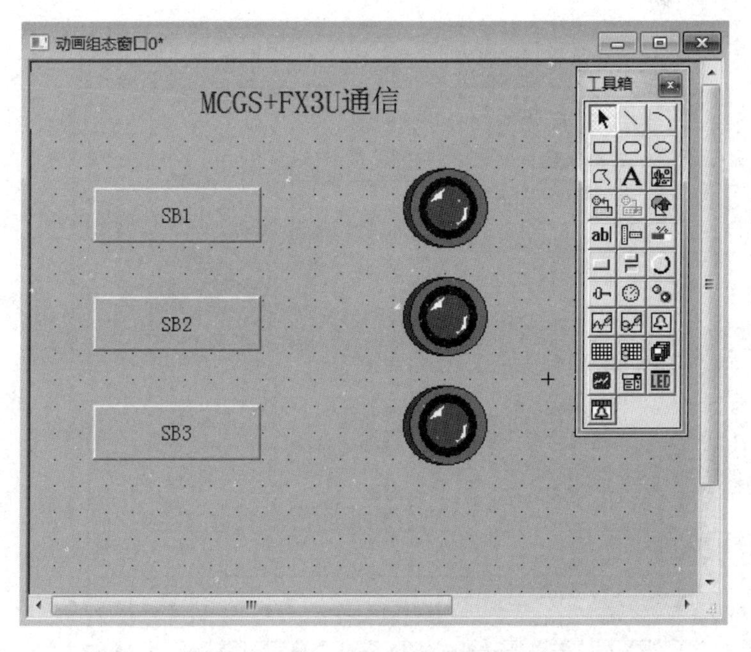

图 1－2－45　指示灯编辑完成效果

（三）标签

单击工具箱中的“标签”构件，在窗口按住鼠标左键拖动，绘制出一定大小的标签，如图1－2－46所示。

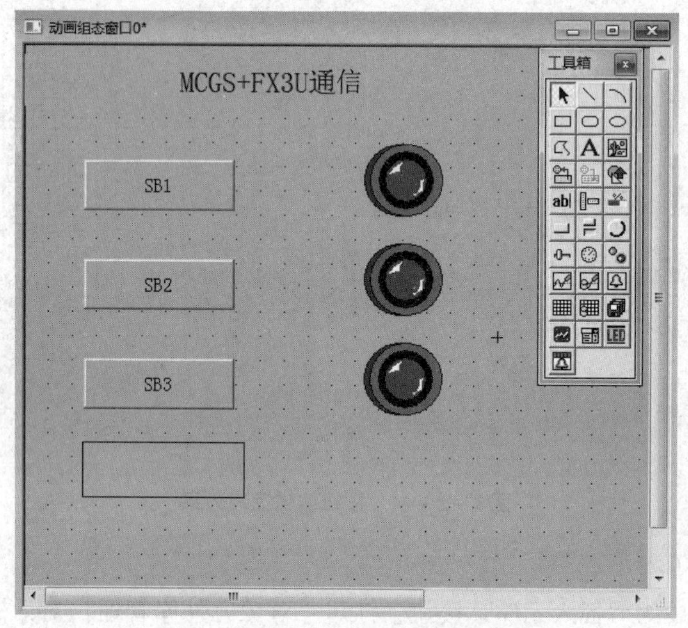

图1－2－46　用户窗口标签编辑画面

然后双击该标签，弹出“标签动画组态属性设置”对话框，在扩展属性页中的“文本内容输入”文本框中输入“SB1按动次数设定”，如图1－2－47所示，单击“确认(Y)”按钮。

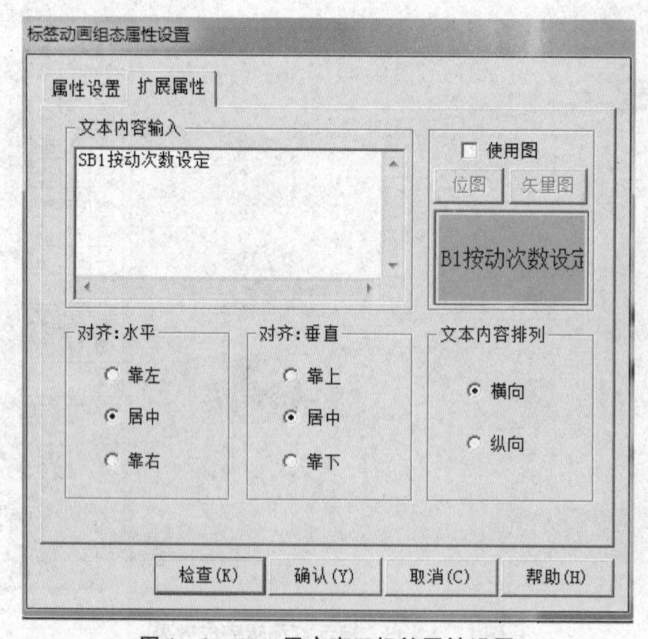

图1－2－47　用户窗口标签属性设置

用同样的方法添加另外三个标签，在“文本内容输入”文本框中输入“定时器定时设定时间”“当前按动次数”“当前定时时间”。为了显示当前实时的按动次数和定时时间，还需要在“当前按动次数”“当前定时时间”两个标签右侧添加两个空白标签，空白标签编辑完成效果如图 1－2－48 所示。

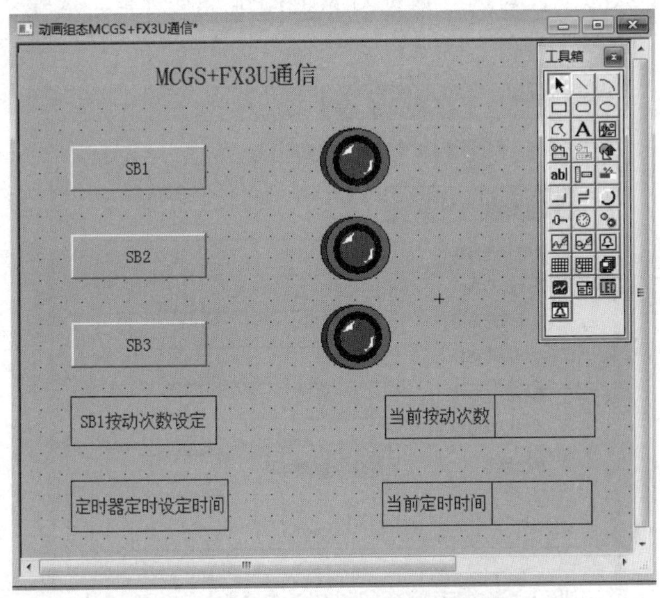

图 1－2－48　空白标签编辑完成效果

（四）输入框

单击工具箱中的“输入框”构件，在窗口按住鼠标左键拖动，绘制出两个一定大小的输入框，分别摆放在“SB1 按动次数设定”“定时器定时设定时间”标签的旁边，输入框编辑完成效果如图 1－2－49 所示。

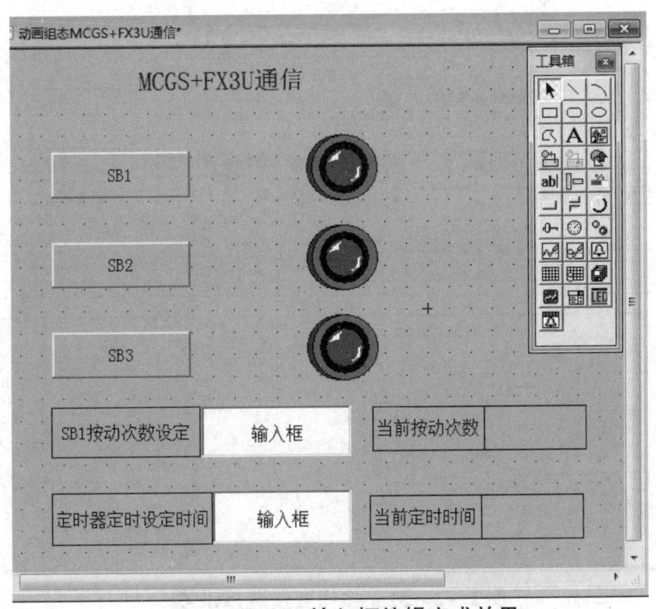

图 1－2－49　输入框编辑完成效果

（六）建立数据连接

1. 按钮

双击 SB1 按钮，弹出“标准按钮构件属性设置”对话框，在操作属性页默认“抬起功能”按钮为按下状态下，勾选“数据对象值操作”复选框，选择“清 0”选项，如图 1－2－50所示。

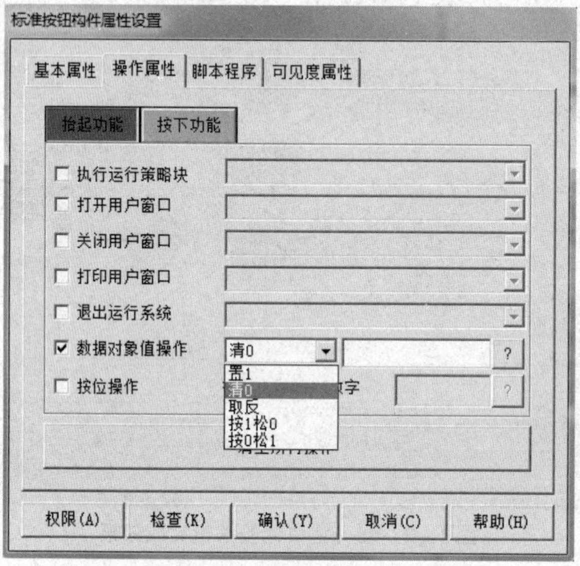

图 1－2－50　按钮操作属性设置

然后单击后面的问号 ? 按钮，弹出“变量选择”对话框，选择“根据采集信息生成”，通道类型选择“M 辅助寄存器”，通道地址设为“0”，读写类型选择“读写”，如图 1－2－51 所示。设置完成后单击“确认”按钮，即在 SB1 按钮抬起时，M0 复位为“0”。

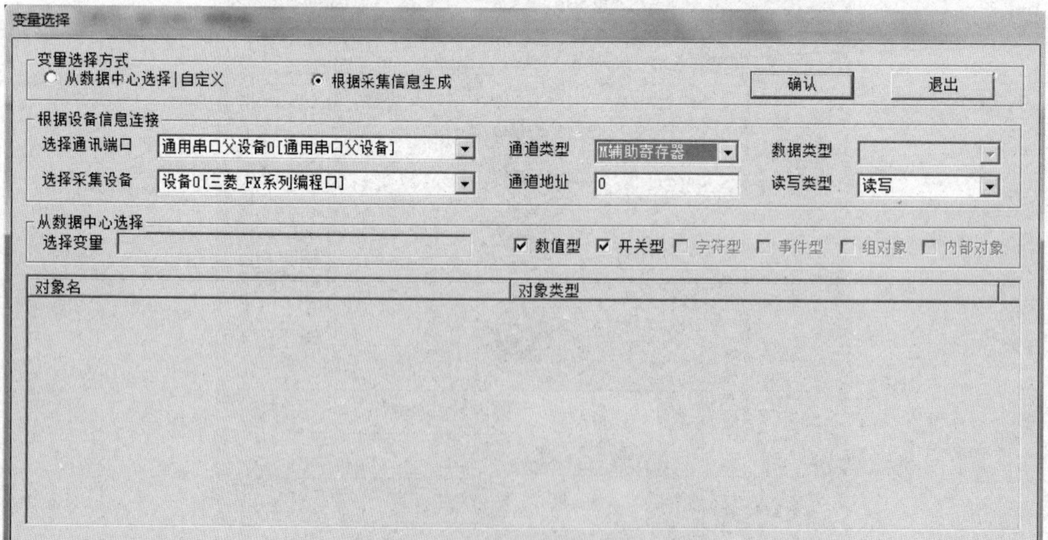

图 1－2－51　按钮变量选择设置

用同样的方法，在图 1-2-49 中单击“按下功能”按钮，进行设置。选择“数据对象值操作”复选框，选择“置 1”选项，单击后面的问号 ? 按钮，弹出“变量选择”对话框，选择“根据采集信息生成”，通道类型选择“M 辅助寄存器”，通道地址设为“0”，读写类型选择“读写”。设置完成后单击“确认”按钮，即在 SB1 按钮按下时，M0 置位为“1”。

注意：在这一操作过程中一定要根据实际的控制逻辑需求来进行设置，如 SB1 按钮也可以设置为“按 1 松 0”，能达到同样的效果，这时就没有必要进行“抬起功能”和“按下功能”两步设置了，而且这时“按下功能”设置不能使用了。

分别对 SB2 和 SB3 按钮进行相应的设置。

SB2 按钮只设置按钮“抬起功能”为“取反”，“按下功能”不设置，变量选择“M 辅助寄存器”，通道地址设为“1”。

SB3 按钮“抬起功能”为“按 1 松 0”，“按下功能”不设置，变量选择“M 辅助寄存器”，通道地址设为“2”。

2. 指示灯

双击 SB1 按钮旁边的指示灯构件，弹出“单元属性设置”对话框，如图 1-2-52 所示。

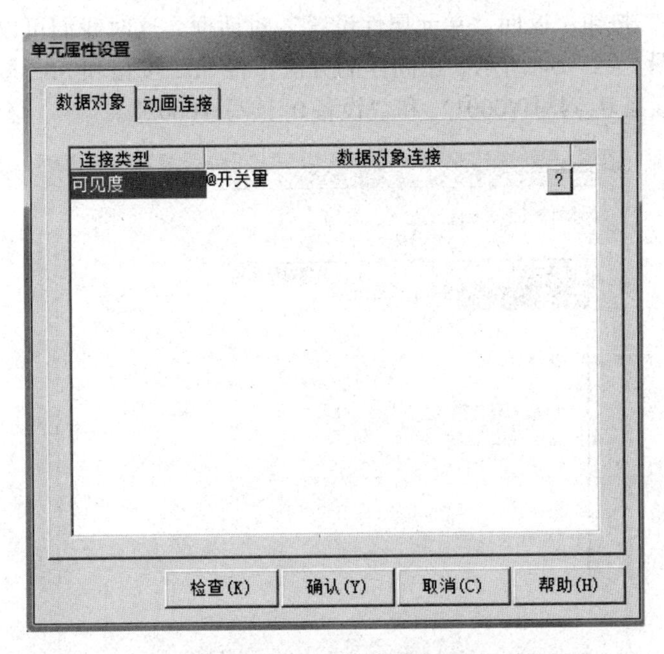

图 1-2-52　指示灯属性设置

在数据对象页，单击问号 2 ? 按钮，在“变量选择”对话框中，选择“根据采集信息生成”，通道类型选择“M 辅助寄存器”，通道地址设为“0”，读写类型选择“读写”，如图 1-2-53 所示。

变量选择
变量选择方式
从数据中心选择|自定义　根据采集信息生成　确认　退出
根据设备信息连接
选择通讯端口　通用串口父设备0[通用串口父设备]　通道类型　M辅助寄存器　数据类型
选择采集设备　设备0[三菱_FX系列编程口]　通道地址　0　读写类型　读写
从数据中心选择
选择变量　$Date　数值型　开关型　字符型　事件型　组对象　内部对象

对象名	对象类型
InputETime	字符型
InputSTime	字符型
InputUser1	字符型
InputUser2	字符型
设备0_读写Y0000	开关型

图 1-2-53　指示灯变量选择设置

当然这个操作也可以从数据中心选择数据对象“设备0_读写 Y0000”来实现，完成后单击“确认（Y）”按钮，返回“单元属性设置”对话框，这时我们可以看到数据连接对象已经有了，如图 1-2-54 所示。用同样的方法，将 SB2 按钮和 SB3 按钮旁边的指示灯分别连接变量“设备0_读写 Y0001”和“设备0_读写 Y0002”。

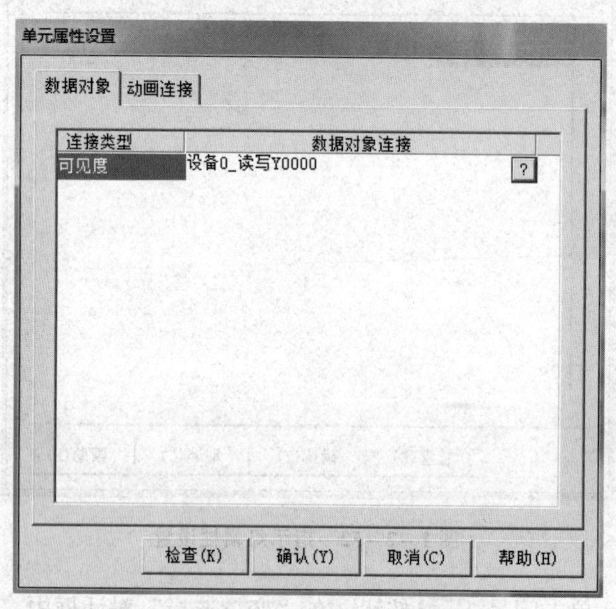

图 1-2-54　指示灯属性设置完成界面

3. 输入框

双击“SB1 按动次数设定”标签旁边的输入框构件，弹出“输入框构件属性设置”对话框，如图 1-2-55 所示。

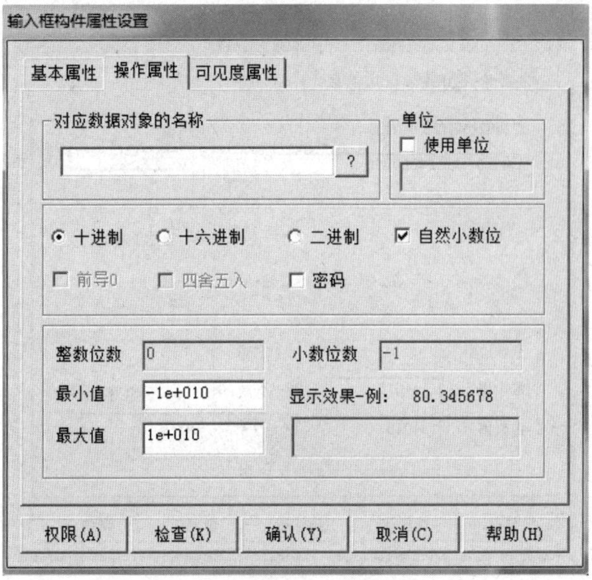

图 1-2-55　输入框属性设置

在操作属性页，单击对应数据对象的名称选项问号 ? 按钮进入“变量选择”对话框，选择“根据采集信息生成”，通道类型选择“D 数据寄存器”；通道地址设为“0”；数据类型选择“16 位无符号二进制”；读写类型选择“读写”，如图 1-2-56 所示。

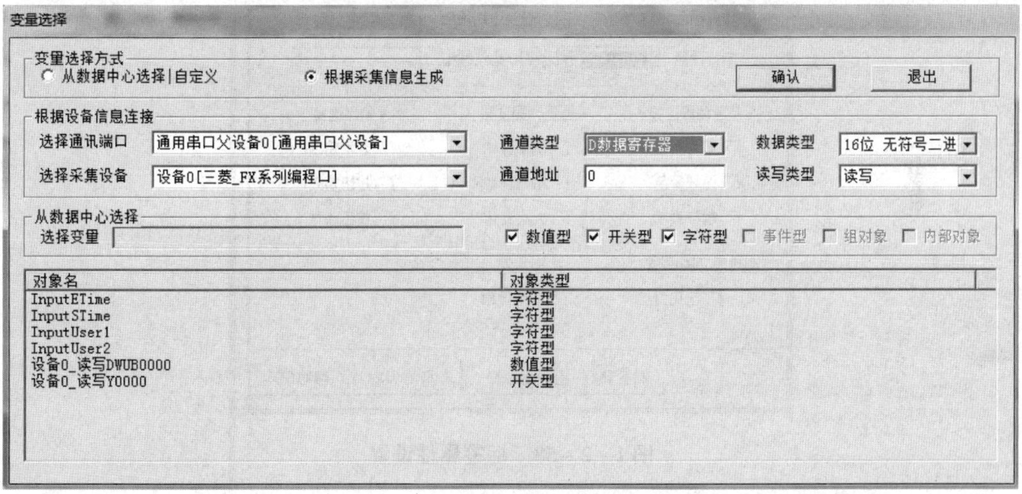

图 1-2-56　输入框变量选择设置

设置完成后单击“确认”按钮。返回如图 1-2-57 所示界面，单击“确认（Y）”完成输入框的数据连接。

按照同样的操作完成“定时器定时设定时间”标签右侧的输入框的数据连接，只不过这时选择的通道地址为“1”，其他相同。

4. 标签

双击“当前按动次数”标签旁边的空白标签构件，弹出“标签动画组态属性设置”对话框，如图 1-2-58 所示。

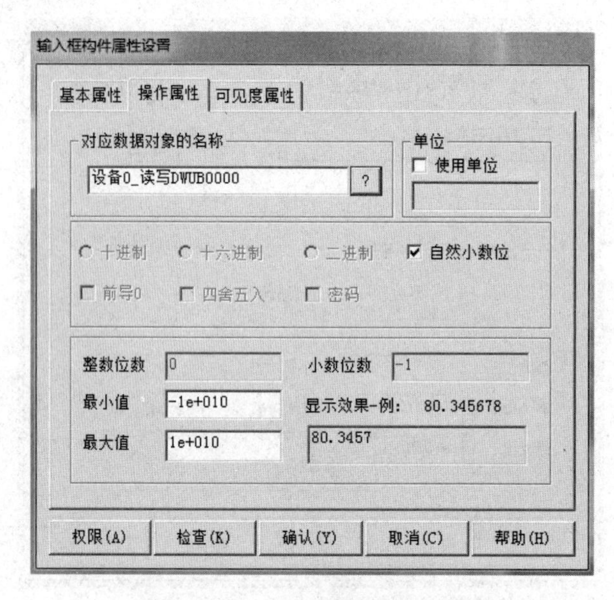

图 1-2-57　输入框操作属性设置

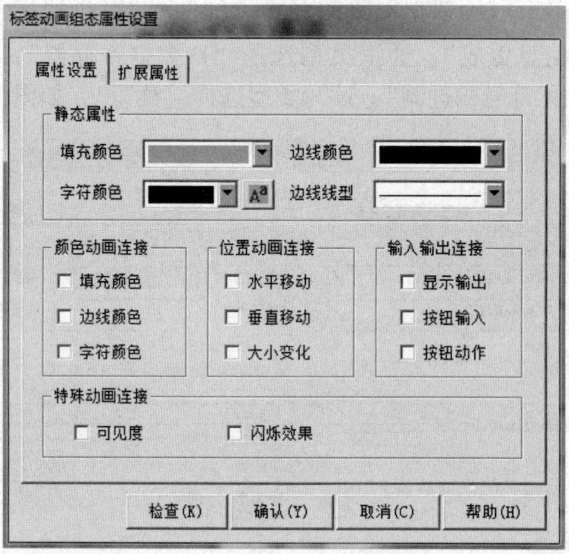

标签动画组态属性设置
属性设置　扩展属性
静态属性
填充颜色　边线颜色
字符颜色　边线线型
颜色动画连接　位置动画连接　输入输出连接
填充颜色　水平移动　显示输出
边线颜色　垂直移动　按钮输入
字符颜色　大小变化　按钮动作
特殊动画连接
可见度　闪烁效果
检查(K)　确认(Y)　取消(C)　帮助(H)

图 1-2-58　标签属性设置

选择“输入输出连接”对话框中的“显示输出”，则多出一个显示输出的栏目，如图 1-2-59 所示。

在图 1-2-59 中，单击“表达式”选项后面的问号 ? 按钮，进入“变量选择”对话框，选择“根据采集信息生成”；通道类型选择“CN 计数器值”；通道地址设为“0”；数据类型选择“16 位无符号二进制”；读写类型选择“读写”，如图 1-2-60 所示。

按照同样的操作完成“当前定时时间”标签右侧的标签的数据连接，只不过这时的通道类型选择“TN 计定时器值”；通道地址设为“0”；数据类型选择“16 位无符号二进制”；读写类型选择“读写”。

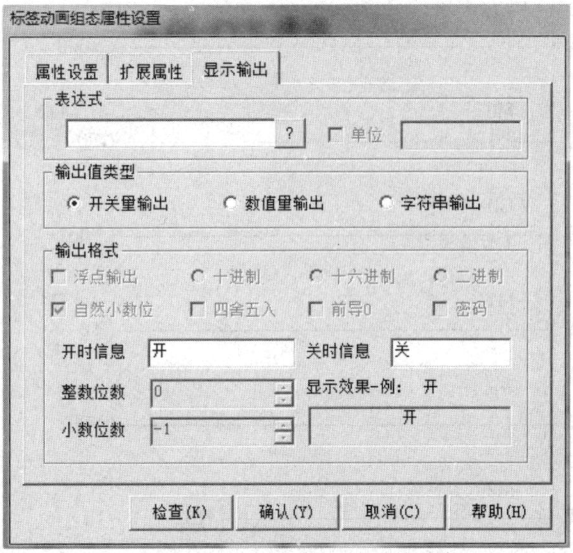

图 1-2-59　标签显示输出属性设置

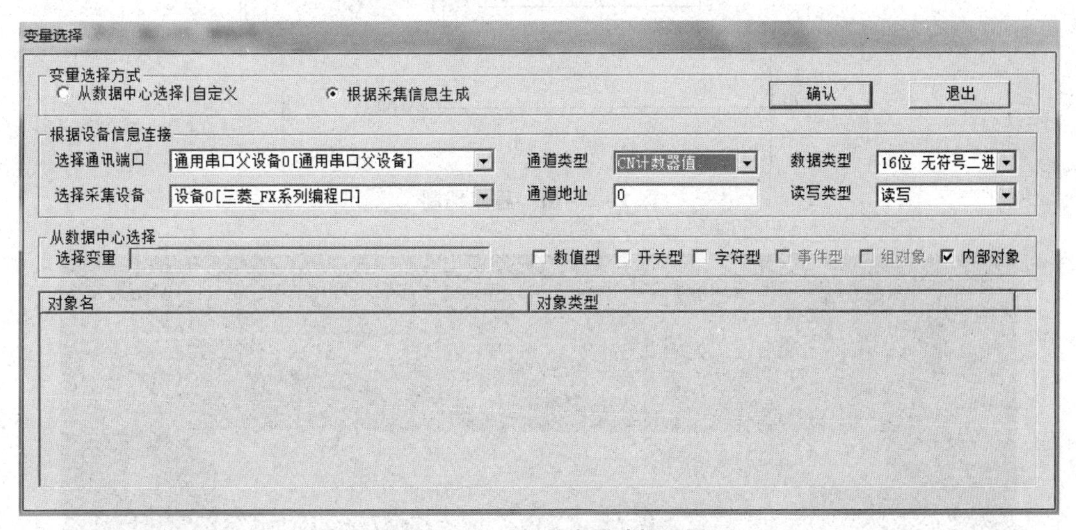

图 1-2-60　标签变量选择设置

注意：这两个标签的数据是与 PLC 运行时实际记录的次数和定时的时间相关联的，所以选择通道类型时不要选择“定时器触点”和“计数器触点”。

（七）下载工程

组态完成后，回到图 1-2-49 所示界面，参照前面的下载操作过程下载到 TPC7062K 中。

（八）PLC 程序编制

本任务较简单，程序编制如图 1-2-61 所示。

（九）运行

检查设备安全状况后，根据要求上电演示触摸屏控制是否满足要求。触摸屏运行画面如图 1-2-62 所示。

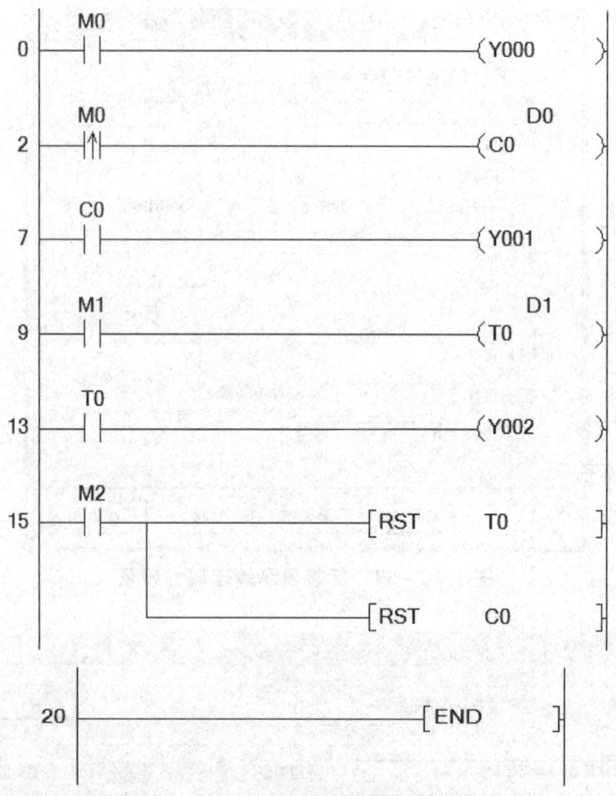

图 1-2-61 程序编制

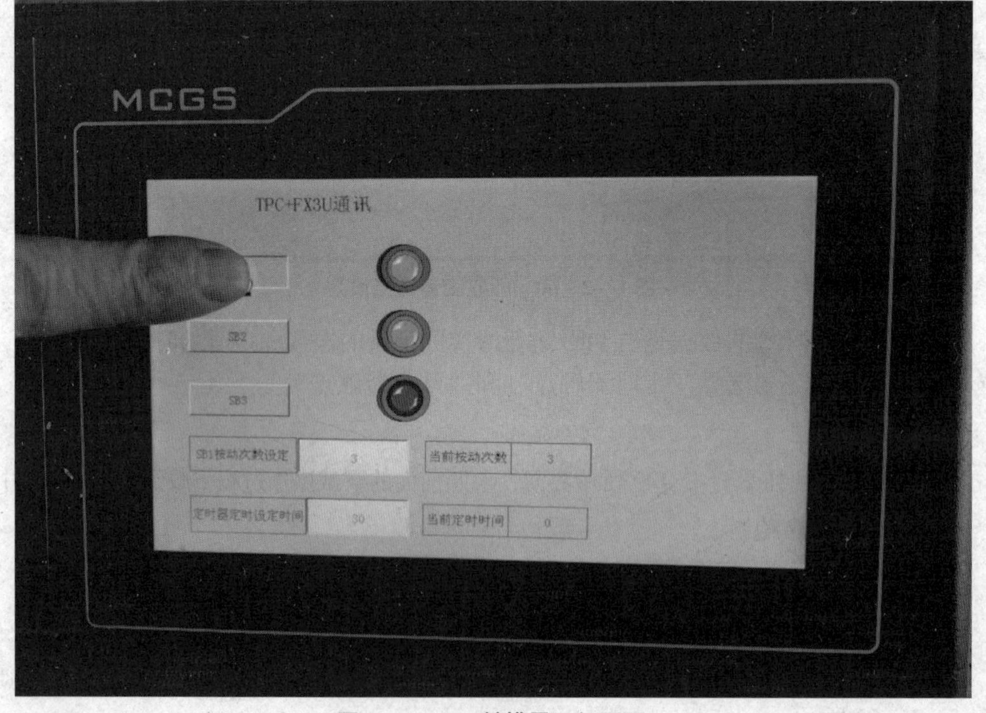

图 1-2-62 触摸屏运行画面

【任务总结】

通过本任务的学习，掌握 MCGS 嵌入版组态软件的组态使用和模拟运行以及 TPC7062K 触摸屏与 FX3UPLC 连接通信的方法。

任务三　基于 Modbus 通信的触摸屏控制电动机多段速运行

【任务目标】

本任务主要通过完成由触摸屏和 PLC 组成的调速系统的调速控制，使学生学会触摸屏与 PLC 的通信控制方法。

调速系统的具体控制要求如下：按下启动按钮 SB1，电动机以 30 Hz 频率正转，10 s 后以 25 Hz 频率反转，又 10 s 后以 40 Hz 频率反转，又 10 s 后以 15 Hz 频率正转，又 10 s 后以20 Hz频率正转，直到按下按钮 SB2，电动机停止运行。在运行过程中加减速的时间为 2 s，触摸屏能进行启动和停止控制，通过指示灯显示正反转运行，并能记录和显示这台设备的正转运行时间、反转运行时间以及总的运行时间。

【任务分析】

根据任务要求和前面介绍过的有关串口通信的知识，在这个任务中因为触摸屏只控制一台 PLC，属于点到点控制，所以 TPC7062K 触摸屏和 FX3UPLC 的通信采用 RS－232 串口通信。PLC 的输出端连接 E740 变频器的多段速和正反转等端子，通过控制 PLC 的输出端来控制电动机以一定的频率运行，PLC 与变频器之间没有通信协议，它们之间的通信由输出端子控制。由于需要记录运行时间，因此需要了解变频器有关知识和操作技能，以及触摸屏中有关运行策略的脚本程序。

【知识准备】

一、E740 变频器简介

变频器利用功率型半导体器件的通断作用，将固定频率的交流电转换为可变频的交流电。在电气传动控制领域，变频器的作用非常重要，应用也十分广泛。目前从一般要求的小范围调速传动到高精度、快响应、大范围的调速传动，从单机传动到多机协调运转，几乎都可以采用变频技术。变频器可以调整电动机的频率，实现电动机的变速运行，以达到省电的目的；变频器可以使电动机在零频率、零电压时逐步启动，以减少对电网的冲击；变频器可以使电动机按照用户的需要进行平滑加速；变频器可以控制电气设备的启停，使整个控制操作更加方便可靠，延长电器的使用寿命；变频器可以优化生产工艺过程，通过 PLC 或其他控制器来实现远程速度控制。

变频器的内部结构相当复杂，除了由整流、滤波、逆变组成的主电路，还有以微处理器为核心的运算、检测、保护、驱动等控制电路，但大多数用户只是把变频器作为一种电气设备整体来使用。

（一）变频器的结构

三菱 FR－E740 系列变频器的结构基本相同，整体外形为半封闭式，从外观上看，它主要由操作面板、端盖、器身和底座组成。三菱 FR－E740 系列变频器的外形如图 1－3－1 所示，其拆分结构如图 1－3－2 所示。

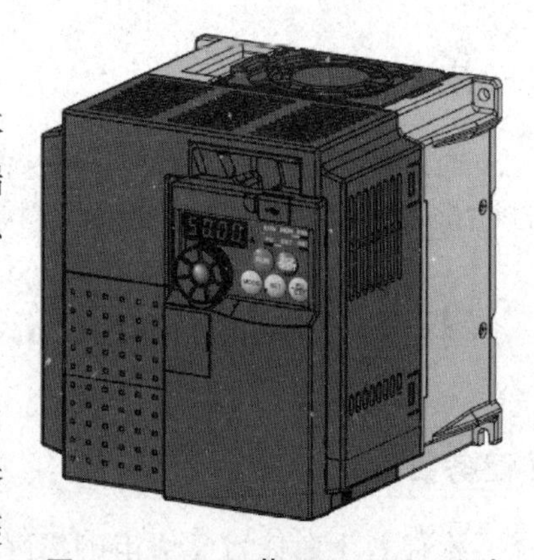

图 1－3－1 三菱 FR－E740 系列变频器的外形

（二）变频器的铭牌

铭牌是选择和使用变频器的重要依据和参考，其内容一般包括厂商、产品型号、编号或标识码、基本参数、电压级别和标准、可适配电动机容量等。三菱 FR－E740 系列变频器铭牌的设计非常独特，在变频器的器身上贴有大小两个铭牌，大铭牌是额定铭牌，主要用于标识变频器的型号、额定参数和功率指标；小铭牌是容量铭牌，主要用于标识变频器的型号和容量。大小铭牌的主要作用之一是方便用户识别变频器，如图 1－3－2 所示。

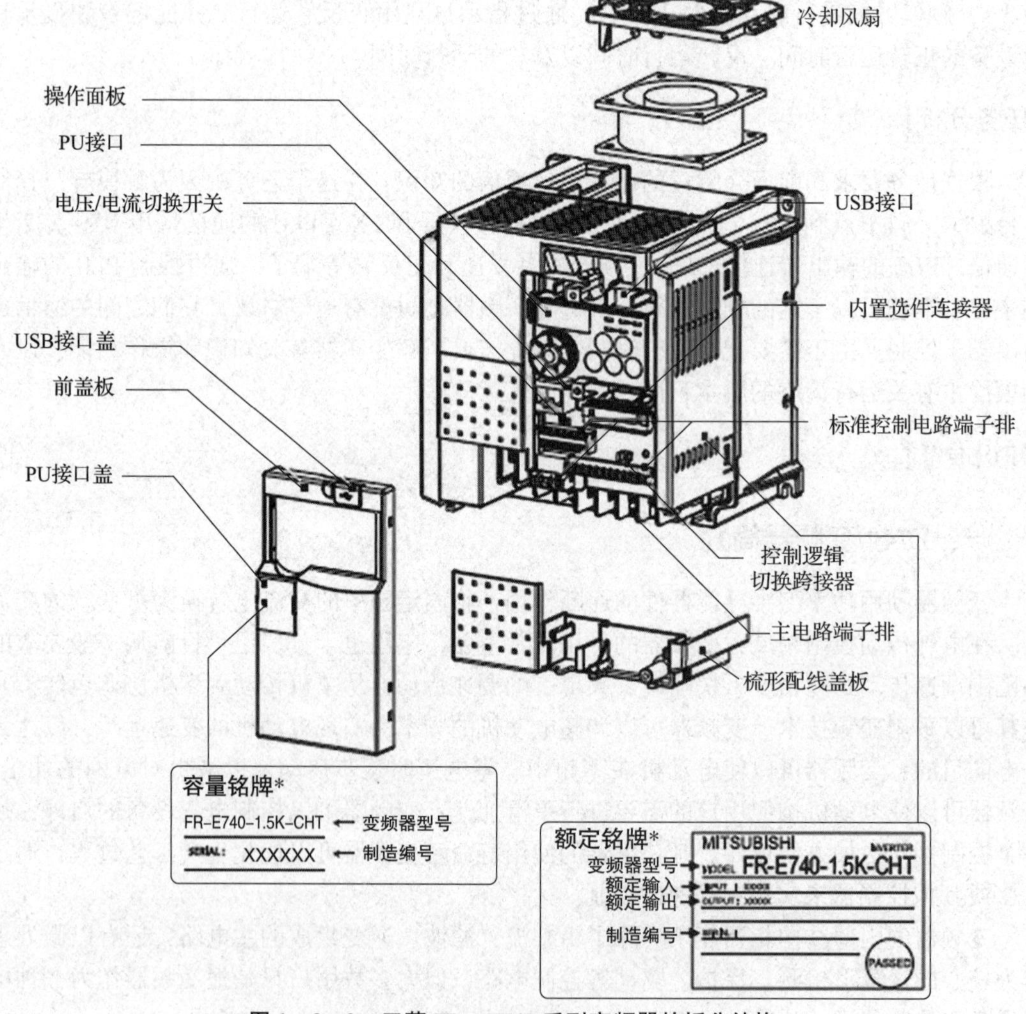

图 1－3－2 三菱 FR－E740 系列变频器的拆分结构

（三）接线图

1. 主电路

主电路接线示意如图 1－3－3 所示。

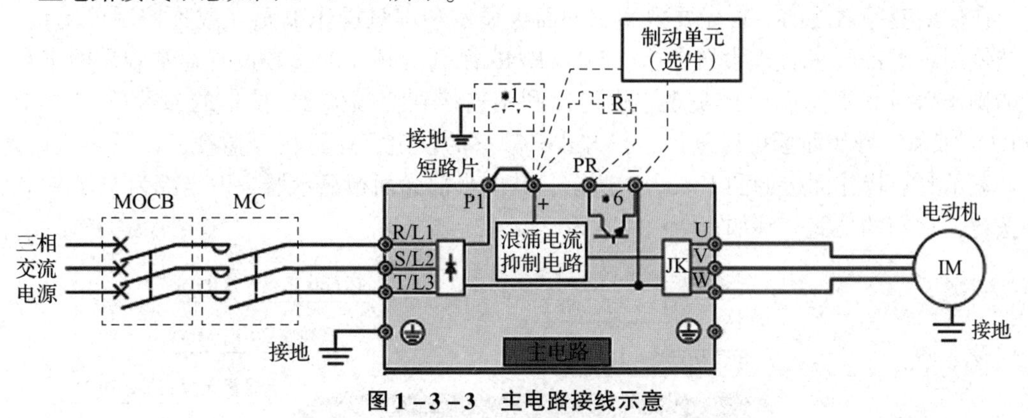

图 1－3－3　主电路接线示意

2. 控制电路

控制电路接线示意如图 1－3－4 所示。

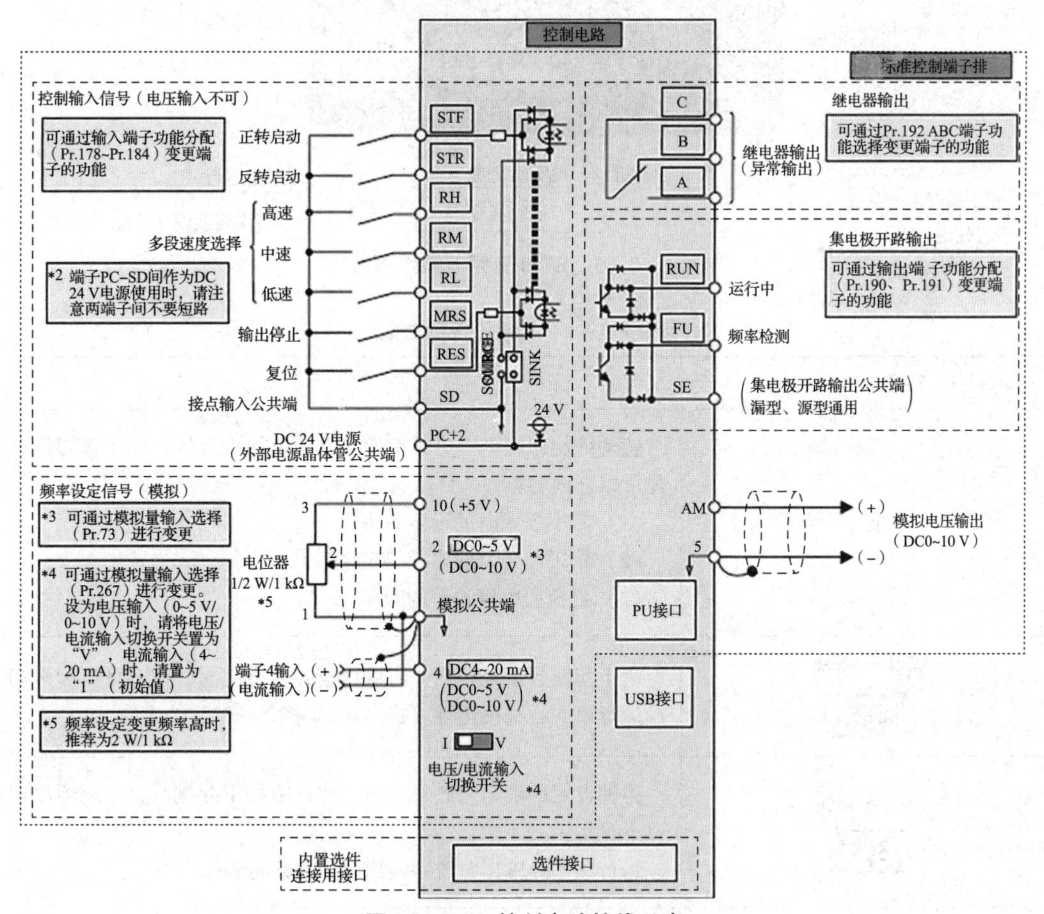

图 1－3－4　控制电路接线示意

二、E740 变频器基本操作

（一）E740 变频器的操作面板

在使用变频器之前，首先要熟悉它的面板显示和键盘操作单元（或称控制单元），并且按使用现场的要求合理设置参数。FR－E740 系列变频器的参数设置通常利用固定在其上的操作面板（不能拆下）实现，也可以利用连接到变频器 PU 接口的参数单元（FR－PU07）实现。操作面板可以进行运行方式、频率的设定，运行指令监视，以及参数设定、错误表示等。操作面板如图 1－3－5 所示，其上半部分为面板显示器，下半部为 M 旋钮和各种按键，它们的功能分别如表 1－3－1 和表 1－3－2 所示。

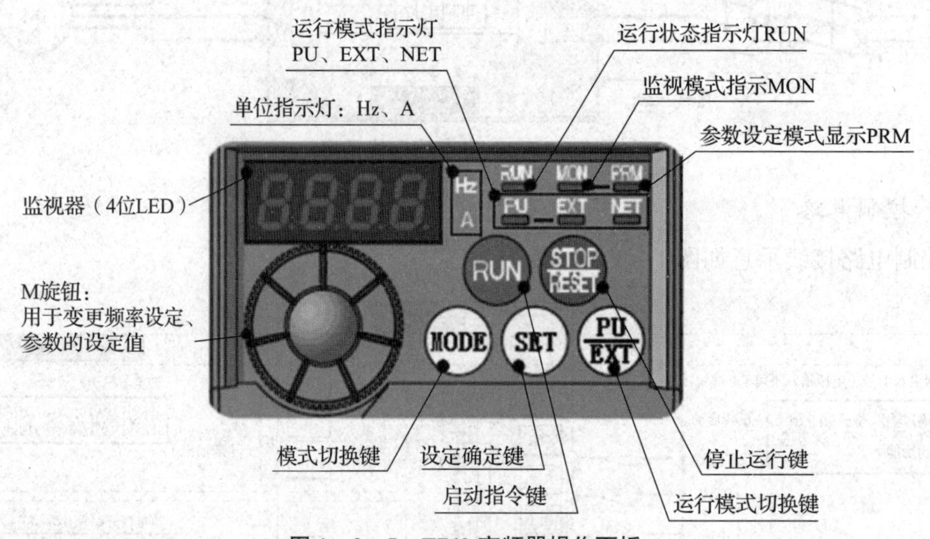

图 1－3－5　E740 变频器操作面板

表 1－3－1　旋钮、按键功能

旋钮、按键	功能
M 旋钮（三菱变频器旋钮）	旋动该旋钮用于变更频率设定、参数的设定值。按下该旋钮可显示以下内容： （1）监视模式时的设定频率； （2）校正模式时的当前设定值； （3）报警历史模式时的顺序
模式切换键 MODE	用于切换各设定模式；与运行模式切换键同时按下可以用来切换运行模式；长按此键（2 s）可以锁定操作
设定确定键 SET	各种设定的确定。此外，当在运行中按下此键时，监视器出现以下显示： 运行频率→输出电流→输出电压→运行频率

续表

旋钮、按键	功能
运行模式切换键 PU/EXT	用于切换 PU/外部运行模式； 使用外部运行模式（通过另接的频率设定电位器和启动信号启动的运行）时请按此键，使表示运行模式的 EXT 处于亮灯状态； 切换至组合模式时，可同时按 MODE 键 0.5 s，或者变更参数 Pr. 79
启动指令键 RUN	在 PU 模式下，按此键启动运行； 通过 Pr. 40 的设定，可以选择旋转方向
停止运行键 STOP/RESET	在 PU 模式下，按此键停止运转； 保护功能（严重故障）生效时，可以进行报警复位

表 1-3-2　面板显示器功能

面板显示器	功能
运行模式指示灯	PU：PU 运行模式时亮灯； EXT：外部运行模式时亮灯； NET：网络运行模式时亮灯
监视器（4 位 LED）	显示频率、参数编号等
单位指示灯	Hz：显示频率时亮灯； A：显示电流时亮灯 （显示电压时熄灯，显示设定频率监视时闪烁）
运行状态指示灯 RUN	当变频器动作时亮灯或者闪烁，其中 亮灯——正转运行中； 缓慢闪烁（1.4 s 循环）——反转运行中。 下列情况下出现快速闪烁（0.2 s 循环）： （1）按键或输入启动指令都无法运行时； （2）有启动指令，但频率运行状态显示指令在启动频率以下时； （3）输入 MRS 信号时
参数设定 模式显示 PRM	参数设定模式时亮灯
监视模式指示 MON	监视模式时亮灯

（二）变频器的运行模式

由表1－3－1和表1－3－2可知，在变频器不同的运行模式下，各种按键、M旋钮的功能各异。所谓运行模式，是指对输入变频器的启动指令和设定频率的命令来源的指定。一般来说，使用控制电路端子在外部设置电位器和开关来进行操作的是外部运行模式，使用操作面板或参数单元输入启动指令、设定频率的是PU运行模式，通过PU接口进行RS－485通信或使用通信选件的是网络运行模式（NET运行模式）。在进行变频器操作以前，必须了解各种运行模式，才能进行各项操作。

FR－E740系列变频器通过参数Pr.79的值来指定变频器的运行模式，设定值为0、1、2、3、4、6、7，七种运行模式的内容以及相关LED指示灯的状态如表1－3－3所示。

表1－3－3　七种运行模式的内容以及相关LED指示灯的状态

<table>
<tr><th>设定值</th><th colspan="2">内容</th><th>LED指示灯的状态
（▬：灭灯 ▭：亮灯）</th></tr>
<tr><td>0</td><td colspan="2">外部/PU切换模式，通过PU/EXT键可切换PU与外部运行模式
（注意：接通电源时为外部运行模式）</td><td>外部运行模式：
EXT
PU运行模式：
PU</td></tr>
<tr><td>1</td><td colspan="2">固定为PU运行模式</td><td>PU</td></tr>
<tr><td>2</td><td colspan="2">固定为外部运行模式，可以在外部、网络运行模式间切换运行</td><td>外部运行模式：
EXT
网络运行模式：
NET</td></tr>
<tr><td rowspan="3">3</td><td colspan="2">外部/PU组合运行模式1</td><td rowspan="3">PU EXT</td></tr>
<tr><td>频率指令</td><td>启动指令</td></tr>
<tr><td>用操作面板设定或用参数单元设定，或者外部信号输入[多段速设定，端子4、5间(AU信号ON时有效)]</td><td>外部信号输入（端子STF、STR）</td></tr>
</table>

续表

设定值	内容		LED 指示灯的状态 （▬：灭灯 ▭：亮灯）
4	外部/PU 组合运行模式 2		PU EXT
	频率指令	启动指令	
	外部信号输入（端子 2、4、JOG、多段速选择等）	通过操作面板的 RUN 键或通过参数单元的 FWD、REV 键来输入	
6	切换模式可以在保持运行状态的同时，进行 PU 运行、外部运行、网络运行的切换		PU 运行模式： PU 外部运行模式： EXT 网络运行模式： NET
7	外部运行模式（PU 运行互锁），当 X12 信号 ON 时，可切换到 PU 运行模式（外部运行中输出停止）；当 X12 信号 OFF 时，禁止切换到 PU 运行模式		PU 运行模式： PU 外部运行模式： EXT

变频器出厂时，参数 Pr. 79 设定值为 0。当变频器停止运行时，用户可以根据实际需要修改其设定值。修改 Pr. 79 设定值的一种方法是：按 MODE 键使变频器进入参数设定模式；旋动 M 旋钮，选择参数 Pr. 79，用 SET 键确定；再次旋动 M 旋钮，选择合适的设定值，用 SET 键确定；按两次 MODE 键后，变频器的运行模式将变更为设定的模式。

图 1－3－6 所示是设定参数 Pr. 79 实例，该实例把变频器从固定外部运行模式变更为组合运行模式 1。

（三）参数的设定

变频器参数的出厂设定值被设置为完成简单的变速运行。如果需要按照负载和操作要求设定参数，则应进入参数设定模式，先选定参数号，然后设置其参数值。设定参数分两种情况，一种是停机 STOP 时重新设定参数，这时可设定所有参数；另一种是在运行时设

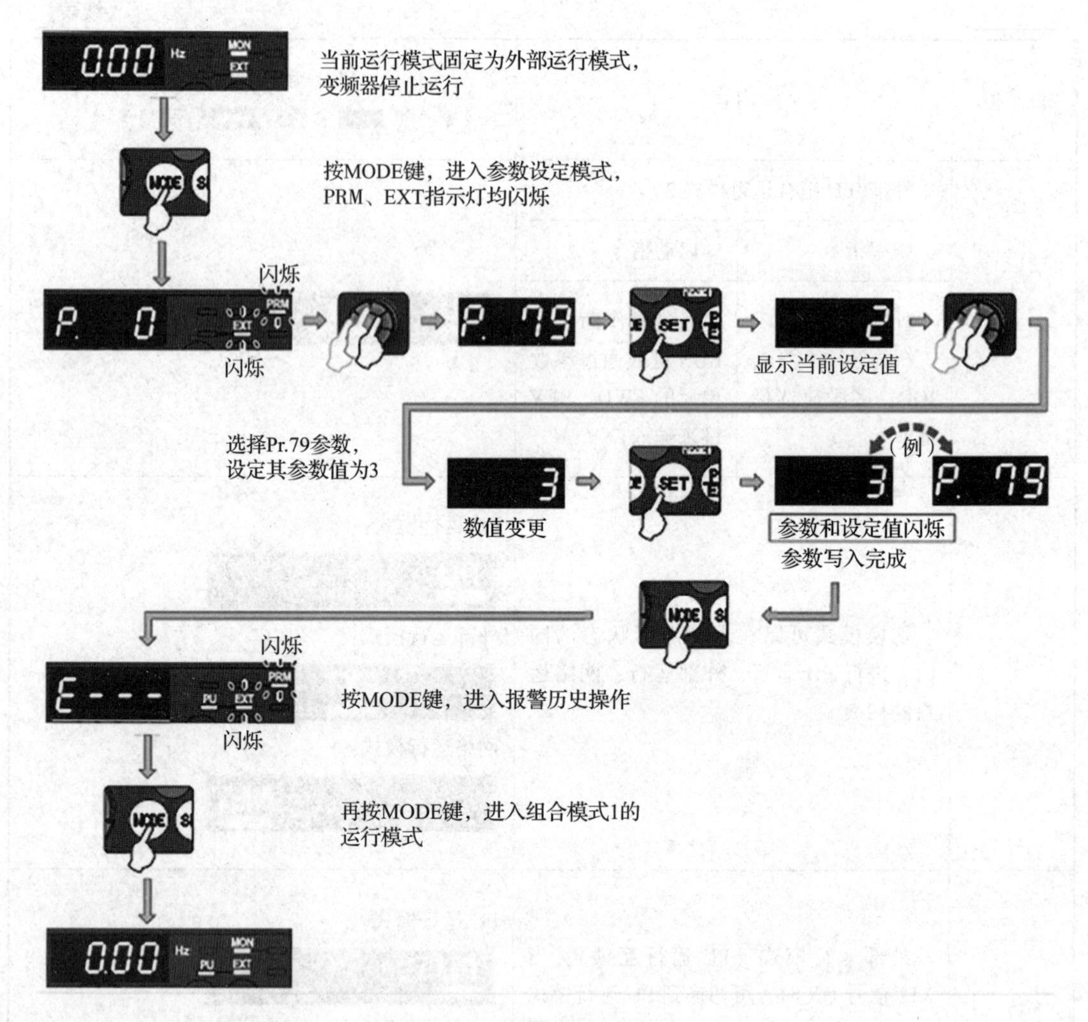

图 1－3－6　设定参数 Pr. 79 实例

定，这时只允许设定部分参数，但是可以核对所有参数号。图 1－3－7 所示是变更参数的设定值实例，该实例所完成的操作是把参数 Pr. 1（上限频率）从出厂设定值 120. 0 Hz 变更为 50. 0 Hz，假设当前运行模式为外部/PU 切换模式（Pr. 79＝0）。

FR－E740 系列变频器有几百个参数，在实际使用时，只需要根据使用现场的要求设定部分参数，其余按出厂设定即可。下面介绍一些常用参数的设定，关于参数设定更详细的说明请参阅 FR－E740 系列变频器使用手册。

1. 输出频率的限制（Pr. 1、Pr. 2、Pr. 18）

为了限制电动机的速度，应对变频器的输出频率加以限制。用 Pr. 1“上限频率”和 Pr. 2“下限频率”来设定时，可输出频率的上、下限位。当变频器在 120 Hz 以上运行时，用参数 Pr. 18“高速上限频率”设定高速输出频率的上限。

2. 加/减速时间（Pr. 7、Pr. 8、Pr. 20、Pr. 21）

变频器常用参数的含义及设定范围如表 1－3－4 所示。

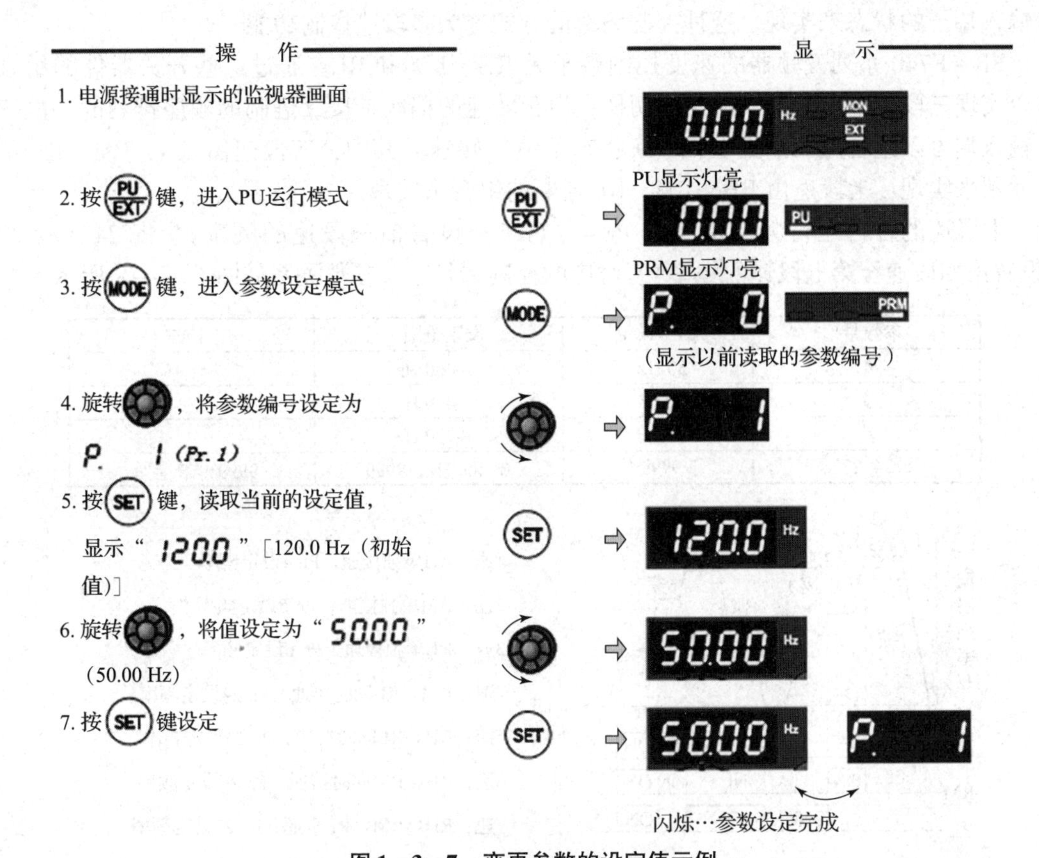

图 1-3-7　变更参数的设定值示例

表 1-3-4　变频器常用参数的含义及设定范围

参数号	参数含义	出厂设定	设定范围	备注
Pr. 7	加速时间	5 s	0～3 600/360 s	根据 Pr. 21 加/减速时间单位的设定值进行设定。初始值的设定范围为"0～3 600 s"，设定单位为"0.1 s"
Pr. 8	减速时间	5 s	0～3 600/360 s	
Pr. 20	加/减速基准频率	50 Hz	1～400 Hz	
Pr. 21	加/减速时间单位	0	0/1	0：0～3 600 s；单位：0.1 s 1：0～360 s；单位：0.01 s

设定说明：

（1）Pr. 20 为加/减速的基准频率，在我国将其选为 50 Hz。

（2）Pr. 7 加速时间用于设定从停止到 Pr. 20 加/减速基准频率的加速时间。

（3）Pr. 8 减速时间用于设定从 Pr. 20 加/减速基准频率到停止的减速时间。

3. 多段速运行模式的操作

在外部操作模式或组合操作模式 2 下，变频器可以通过外接的开关器件的组合通断改变输入端子的状态来实现。这种控制频率的方式称为多段速控制功能。

FR－E740 系列变频器的速度控制端子是 RH、RM 和 RL。通过这些开关器件的组合可以实现三段、七段控制。转速的切换：由于转速的挡次是按二进制的顺序排列的，故三个输入端可以组合成三挡至七挡（0 状态不计）转速。其中，三段速由 RH、RM、RL 单个通断来实现，七段速由 RH、RM、RL 通断的组合来实现。

七段速的各自运行频率由参数 Pr. 4 ~ Pr. 6（设置前三段速的频率）、Pr. 24 ~ Pr. 27（设置第四段速至第七段速的频率）。对应的控制端状态及参数关系如图 1－3－8 所示。

参数号	出厂设定	设定范围	备注
4	50 Hz	0~400 Hz	
5	30 Hz	0~400 Hz	
6	10 Hz	0~400 Hz	
24~27	9999	0~400 Hz，9999	9999：未选择

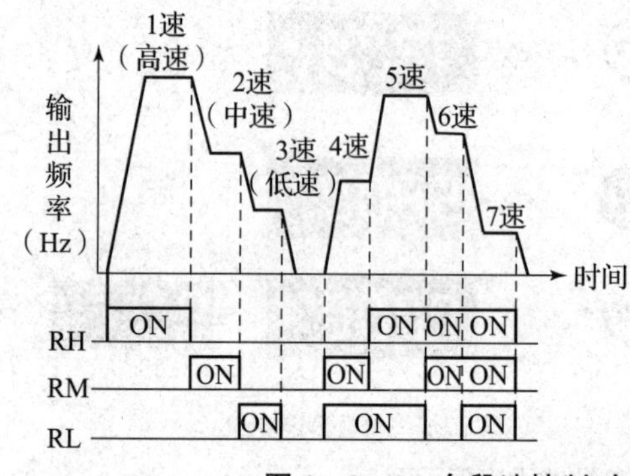

1速：RH单独接通，Pr. 4设定频率

2速：RM单独接通，Pr. 5设定频率

3速：RL单独接通，Pr. 6设定频率

4速：RM、RL同时接通，Pr. 24设定频率

5速：RH、RL同时接通，Pr. 25设定频率

6速：RH、RM同时接通，Pr. 26设定频率

7速：RH、RM、RL全通，Pr. 27设定频率

图 1－3－8　多段速控制对应的控制端状态及参数关系

多段速度在 PU 运行和外部运行中都可以设定。运行期间参数值也能被改变。在 3 速设定的场合（Pr. 24 ~ Pr. 27 设定为 9999），2 速以上同时被选择时，低速信号的设定频率优先。

需要指出的是，如果把参数 Pr. 183 设置为 8，将 RMS 端子的功能转换成多速段控制端 REX 的功能，就可以用 RH、RM、RL 和 REX 通断的组合来实现 15 段速，详细的说明请参阅 FR－E740 系列变频器使用手册。

（四）参数清除

如果用户在参数调试过程中遇到问题，并且需要重新开始调试，可用参数清除操作实现。在 PU 运行模式下，设定 Pr. CL 参数清除，ALLC 参数全部清除（均为“1”），可使参数恢复为初始值。但如果设定 Pr. 77 参数写入选择“1”，则无法清除。参数清除操作需要在参数设定模式下，用 M 旋钮选择参数编号为 Pr. CL 和 ALLC，把它们的值均置为 1。参数全部清除的操作步骤如图 1－3－9 所示。

三、脚本程序

用户脚本程序是由用户编制的、用来完成特定操作和处理的程序，脚本程序的编程语法与普通的 Basic 语言非常类似，但在概念和使用上更简单直观，力求做到使大多数普通用户都能正确、快速地掌握和使用。

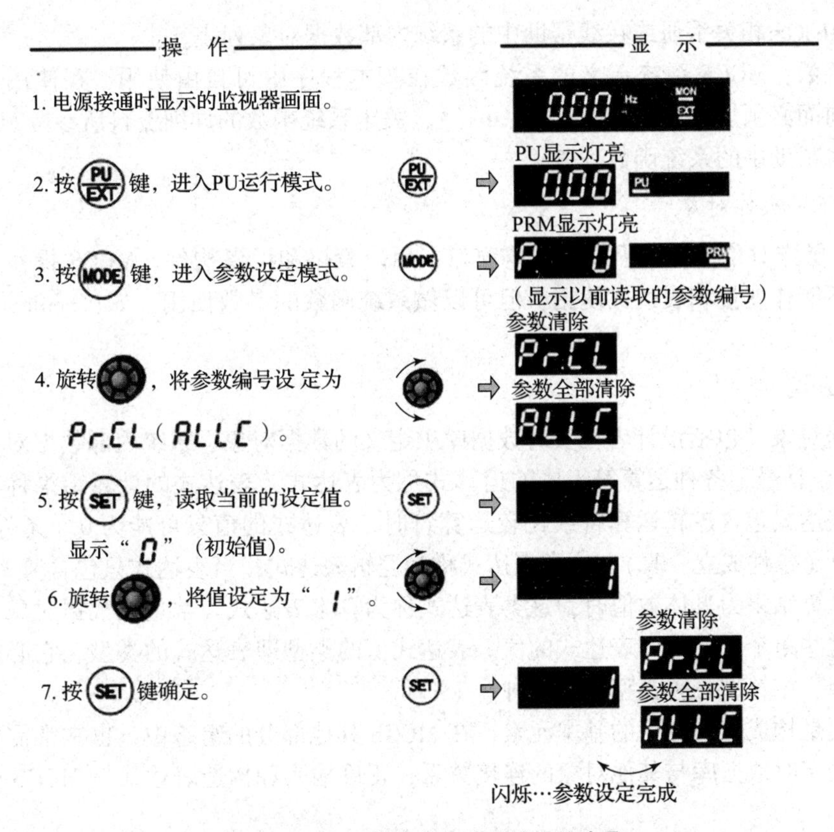

图 1－3－9　参数全部清除的操作步骤

（一）脚本程序语言要素

1. 数据类型

开关型值为 0 或 1；数值型值在 $3.4 \times 10^{-38} \sim 3.4 \times 10^{38}$；字符型值最多，为 512 字符组成的字符串。

2. 变量及常量

1）变量

在脚本程序中，用户不能自定义变量，也不能定义子程序和子函数，只能对实时数据库中的数据对象进行操作，用数据对象的名称来读写数据对象的值，但无法对数据对象的其他属性进行操作。用户可以把数据对象看作脚本程序中的全局变量，在所有的程序段共用。开关型、数值型、字符型三种数据对象分别对应于脚本程序中的三种数据类型。在脚本程序中不能对组对象和事件型数据对象进行读写操作，但可以对组对象进行存盘处理。

2）常量

开关型常量：0 或 1。

数值型常量：带小数点或不带小数点的数值，如 12.45、100。

字符型常量：双引号内的字符串，如“OK”“正常”。

系统变量：MCGS 系统定义的内部数据对象作为系统变量，在脚本程序中可自由使用，在使用内部变量时，变量前面必须加“＄”符号，如＄Date，关于内部变量的详细资料请参考 MCGS 相关手册或在线帮助中的系统内部数据对象列表。

系统函数：MCGS 系统定义的系统函数在脚本程序中可自由使用，在使用系统函数时，函数前面必须加“！”符号，如！abs( )，关于系统函数的详细资料请参考 MCGS 相关手册或在线帮助中的系统函数列表。

3. MCGS 操作对象

MCGS 操作对象包括工程中的用户窗口、用户策略和设备构件。MCGS 操作对象在脚本程序中不能作变量和表达式使用，但可以做系统函数的参数使用，如！Setdevice（设备0、1）。

4. 表达式

由数据对象（包括设计者在实时数据库中定义的数据对象、系统内部数据对象和系统内部函数）、括号和各种运算符组成的运算式称为表达式，表达式的计算结果称为表达式的值。当表达式包含逻辑运算符或比较运算符时，表达式的值只可能为 0（条件不成立，假）或非 0（条件成立，真），这类表达式称为逻辑表达式；当表达式只包含算术运算符，表达式的运算结果为具体数值时，这类表达式称为算术表达式。常量或数据对象是狭义的表达式，这些单个量的值即表达式的值。表达式值的类型即表达式的类型，它必须是开关型、数值型、字符型三种类型中的一种。

表达式是构成脚本程序的基本元素，在 MCGS 其他部分的组态中，也常常需要通过表达式来建立实时数据库与其他对象的连接关系，正确输入和构造表达式是 MCGS 的一项重要工作。

5. 运算符（见表 1－3－5）

表 1－3－5　运算符

类别	名称	符号
算术运算符	乘方	∧
	乘法	*
	除法	/
	整除	\
	加法	+
	减法	-
	取模运算	Mod
逻辑运算符	逻辑与	AND
	逻辑非	NOT
	逻辑或	OR
	逻辑异或	XOR

续表

<table>
<tr><th>类别</th><th>名称</th><th>符号</th></tr>
<tr><td rowspan="6">比较运算符</td><td>大于</td><td>></td></tr>
<tr><td>大于或等于</td><td>> =</td></tr>
<tr><td>等于</td><td>=</td></tr>
<tr><td>小于或等于</td><td>< =</td></tr>
<tr><td>小于</td><td><</td></tr>
<tr><td>不等于</td><td>< ></td></tr>
</table>

6. 运算符优先级

按照优先级从高到低的顺序，各个运算符的排列如表 1－3－6 所示。

表 1－3－6　各个运算符的排列

<table>
<tr><td>()</td><td rowspan="7">高优先级
↓
低优先级</td></tr>
<tr><td>∧</td></tr>
<tr><td>*，/，\，Mod</td></tr>
<tr><td>+，－</td></tr>
<tr><td><，>，< =，> =，=，< ></td></tr>
<tr><td>NOT</td></tr>
<tr><td>AND，OR，XOR</td></tr>
</table>

（二）脚本程序基本语句

由于 MCGS 脚本程序是为了实现某些多分支流程的控制及操作处理，因此只包括几种简单的语句：赋值语句、条件语句、退出语句和注释语句。所有脚本程序都可由这四种语句组成，当一个程序行需要包含多条语句时，各条语句之间须用“:”分开，程序行也可以是没有任何语句的空行。在大多数情况下，一个程序行只包含一条语句，赋值程序行根据需要可在一行上放置多条语句。

1. 赋值语句

赋值语句的形式为：数据对象 = 表达式。赋值语句用赋值号（“ = ”号）来表示，它具体的含义是把“ = ”右边表达式的运算值赋给左边的数据对象。赋值号左边必须是能够读写的数据对象，如开关型数据、数值型数据、事件型数据，以及能进行写操作的内部数据对象。而组对象、事件型数据、只读的内部数据对象、系统内部函数以及常量均不能出现在赋值号的左边，因为不能对这些对象进行写操作。赋值号的右边为表达式，表达式的类型必须与左边数据对象值的类型相符合，否则系统会提示“赋值语句类型不匹配”的错误信息。

2. 条件语句

条件语句有如下三种形式。

(1) If〖表达式〗Then〖赋值语句或退出语句〗

(2) If〖表达式〗Then

〖语句〗

End If

(3) If〖表达式〗Then

〖语句〗

Else

〖语句〗

End If

条件语句中的四个关键字“If”“Then”“Else ”“End If”不分大小写。如果拼写不正确，检查程序会提示出错信息。

条件语句允许多级嵌套，即条件语句可以包含新的条件语句，MCGS 脚本程序的条件语句最多可以有 8 级嵌套，为编制多分支流程的控制程序提供了可能。

If 语句的表达式一般为逻辑表达式，也可以是值为数值型的表达式，当表达式的值为非 0 时，条件成立，执行 Then 后的语句；否则，条件不成立，将不执行该条件块中包含的语句，开始执行该条件块后面的语句。

值为字符型的表达式不能作为 If 语句中的表达式。

3. 退出语句

退出语句为“Exit”，用于中断脚本程序的运行，停止执行后面的语句。一般在条件语句中使用退出语句，以便在某种条件下，停止并退出脚本程序的执行。

4. 注释语句

以单引号“'”开头的语句称为注释语句，注释语句在脚本程序中只起到注释说明的作用，在实际运行时，系统不对注释语句做任何处理。

【任务实施】

根据本任务的要求，结合学过的知识和技能，大概按照按以下流程来完成本任务。

一、根据控制要求画出控制系统原理图并完成硬件连接

本系统主要由 TPC7062K、FX3U－32MR、E740、三相异步电动机、RS－232 通信线缆、开关电源等组成。为了安全，在变频器的电源进线端增加一个交流接触器，并用紧急停止按钮 SB1 控制，控制系统原理如图 1－3－10 所示。根据工艺规范要求连接好硬件设备。

二、触摸屏组态设计

根据本任务要求，触摸屏组态画面需要添加两个按钮、四个标签以及两个指示灯，在数据连接时，“启动 SB1”“停止 SB2”分别与 M0、M1 关联，正转指示灯和反转指示灯分别与 Y10、Y11 关联。正反转运行时间可以增加一个运行策略加以解决。

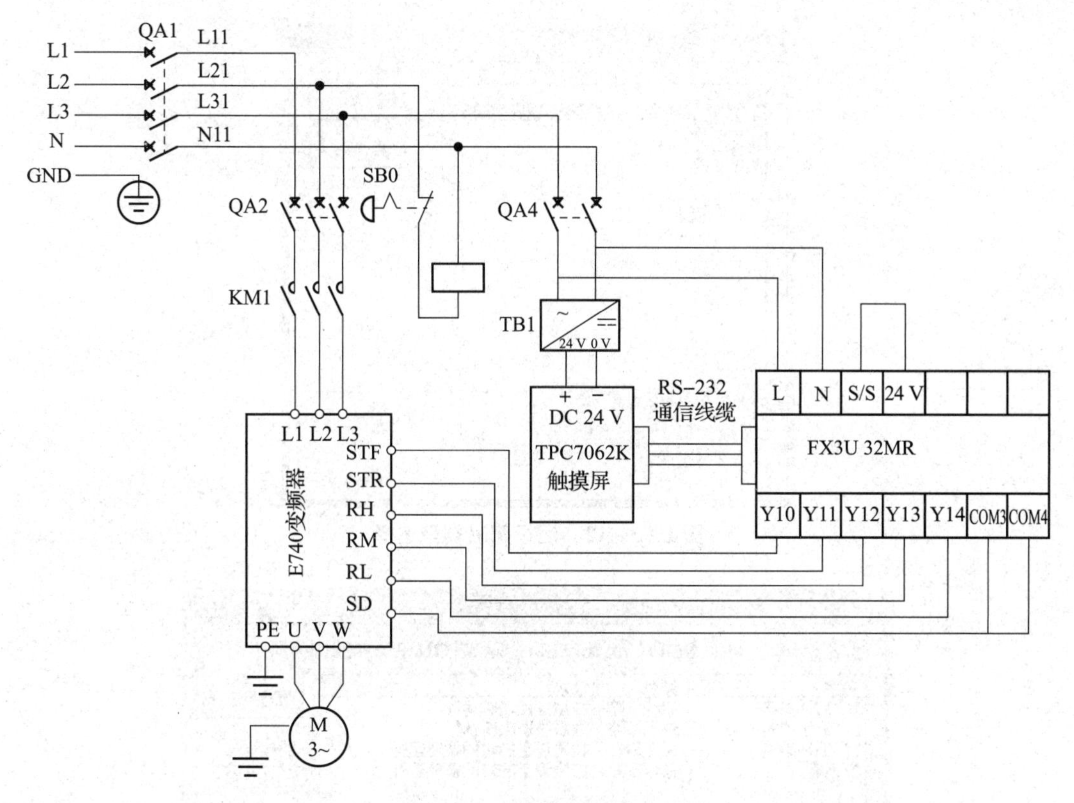

图 1-3-10　控制系统原理

增加运行策略时，先在“工作台”对话框中选择“运行策略”，如图 1-3-11 所示。

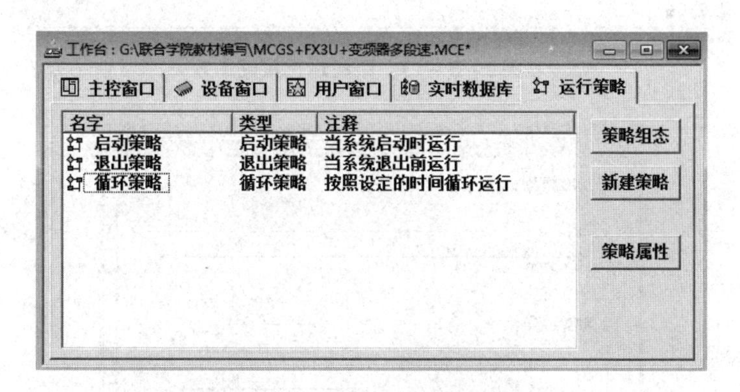

图 1-3-11　运行策略操作界面

再单击“新建策略”按钮，弹出“选择策略的类型”对话框如图 1-3-12 所示。

选择“循环策略”，单击“确定”按钮，在运行策略界面中增加了一个策略 1，如图 1-3-13 所示。

单击“策略属性”按钮，弹出“策略属性设置”对话框，将策略名称改为运行时间，循环时间设为 1 000 ms，这个数值正好对应 1 s，如图 1-3-14 所示。

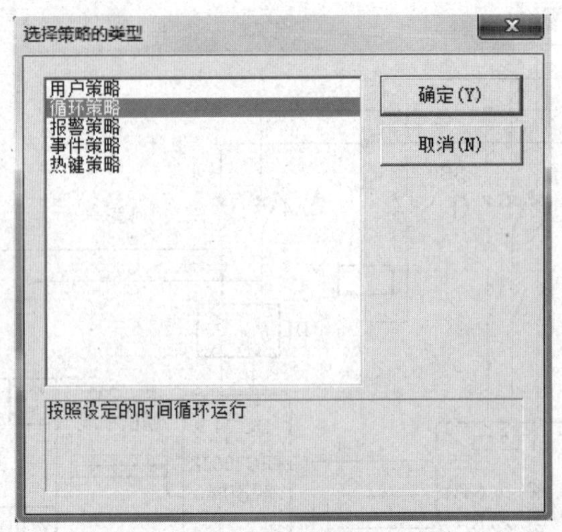

图 1－3－12　运行策略类型选择

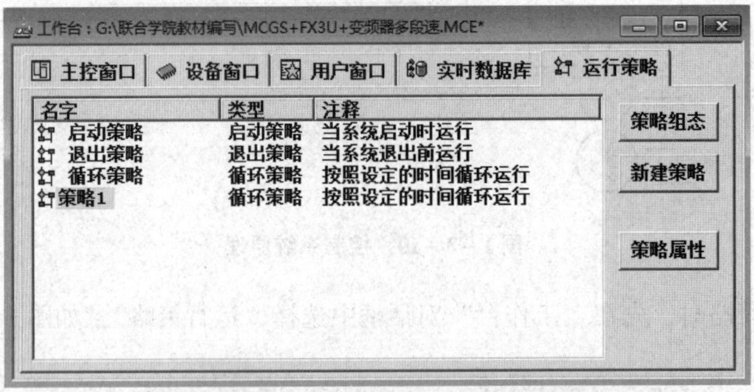

工作台：G:\联合学院教材编写\MCGS+FX3U+变频器多段速.MCE*

主控窗口　设备窗口　用户窗口　实时数据库　运行策略

名字	类型	注释
启动策略	启动策略	当系统启动时运行
退出策略	退出策略	当系统退出前运行
循环策略	循环策略	按照设定的时间循环运行
策略1	循环策略	按照设定的时间循环运行

策略组态　新建策略　策略属性

图 1－3－13　新建运行策略 1

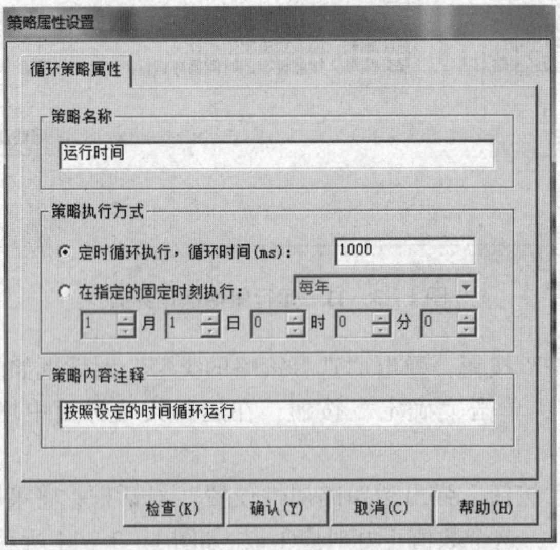

策略属性设置
循环策略属性
策略名称
运行时间
策略执行方式
定时循环执行，循环时间(ms)：1000
在指定的固定时刻执行：每年
1 月 1 日 0 时 0 分 0
策略内容注释
按照设定的时间循环运行
检查(K)　确认(Y)　取消(C)　帮助(H)

图 1－3－14　策略改名及运行时间设置

工作台中原来的策略 1 名称已经改为运行时间了，如图 1 – 3 – 15 所示。

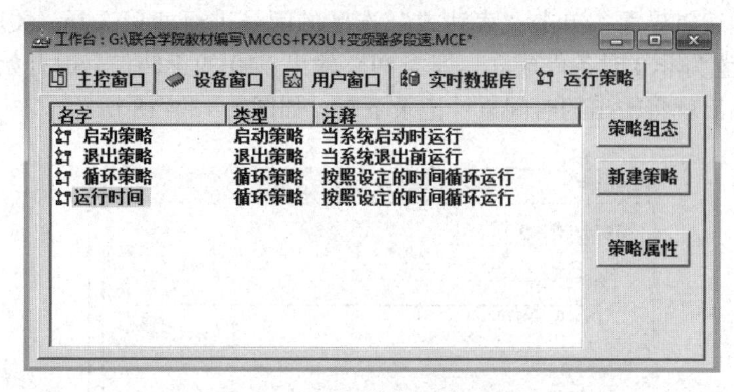

图 1 – 3 – 15　策略 1 改名完成

双击运行时间策略进行策略组态的编辑，如图 1 – 3 – 16 所示。

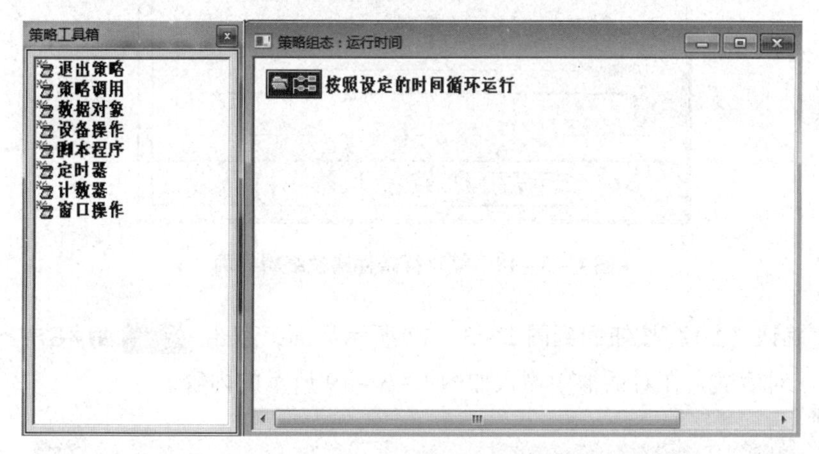

图 1 – 3 – 16　策略组态编辑

在编辑区域单击鼠标右键，在弹出的对话框中选择“新增策略行”，然后用鼠标将左边的脚本程序拖到编辑区域的 框上，如图 1 – 3 – 17 所示。

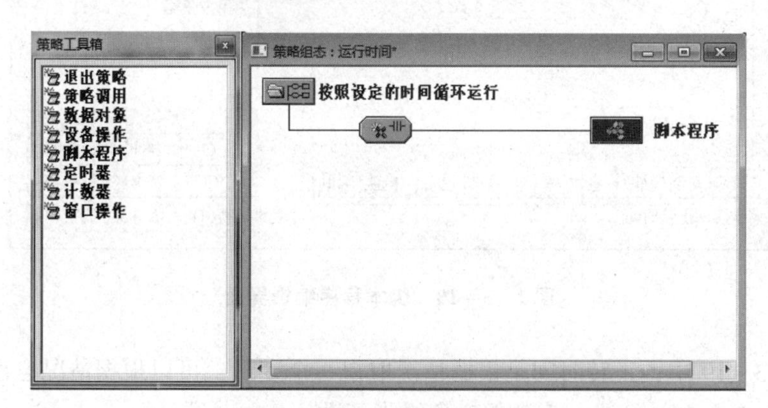

图 1 – 3 – 17　新增策略行

双击 或在编辑区域单击鼠标右键，在弹出的菜单中选择“属性”选项，进入策略行条件属性编辑界面，单击“表达式”选区的问号进行变量选择，关联设备0_读写Y0010，条件设置为非0时条件成立，即当PLC输出Y10的正转信号时开始计时，只要有这个正转信号输出就将输出的时间累计记录下来，如图1-3-18所示。

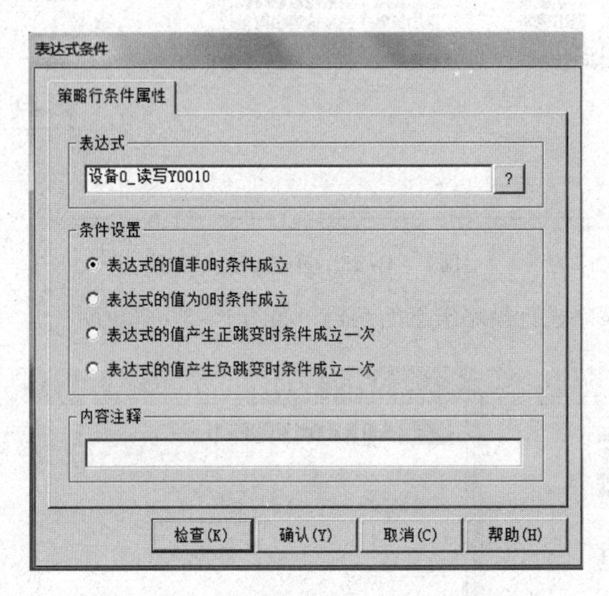

图1-3-18　策略行条件属性编辑界面

单击“确认（Y）”按钮回到图1-3-17所示界面，双击 **脚本程序** 图标，弹出“脚本程序”对话框，在对话框中输入如图1-3-19所示的内容。

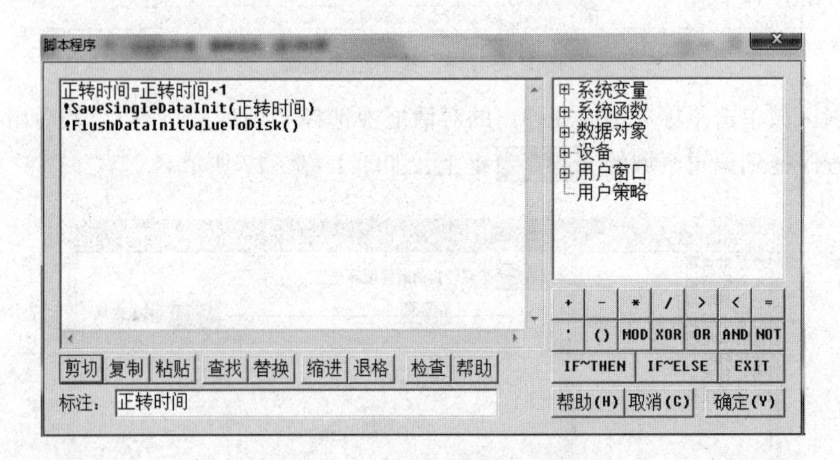

图1-3-19　脚本程序编辑界面

在图1-3-19中，正转时间是根据情况取得一个变量，可以根据情况自己选择。

! SaveSingleDataInit()是一个数据对象操作函数。

函数意义：本操作把数据对象的当前值设置为初始值，防止因突然断电而无法保存，以便MCGS嵌入版软件在下次启动时这些数据对象能自动恢复

其值。

返 回 值：数值型；

返回值 = 　0，调用正常；

返回值 < >0，调用不正常。

参　　数：Name，数据对象名。

实　　例：! SaveSingleDataInit(温度)

! FlushDataInitValueToDisk()' 执行成功，把温度的当前值设置成初始值，下次启动时温度的值为上次退出时的值

注意事项：此函数必须与! FlushDataInitValueToDisk() 函数一起使用，否则保存初值失败。

在这里我们为了记录设备总的正转运行时间和反转运行时间，所以才用这个函数来执行。

反转运行时间的脚本程序与正转运行时间的脚本程序的操作一样，只是! SaveSingleDataInit() 函数的对象名称不一样，可以改为反转时间。完成之后的策略组态如图 1－3－20 所示。

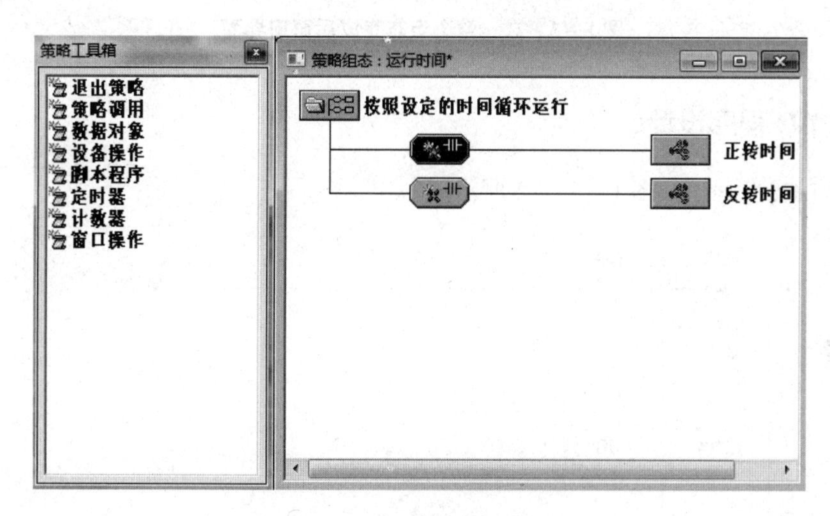

图 1－3－20　完成之后的策略组态

关闭图 1－3－20 所示的策略组态界面，如果变量语法等完全正确，则直接单击“确认”按钮保存；如果有语法等错误或没定义的变量，则按提示要求修改完成。

其他策略组态可以查阅相关参考书或系统帮助，同时学会查阅相关资料的方法。

整个组态完成后窗口界面如图 1－3－21 所示。

大家可以思考一下如何实现设备运行总时间（包含正转和反转）的显示以及如何用策略组态实现呢?

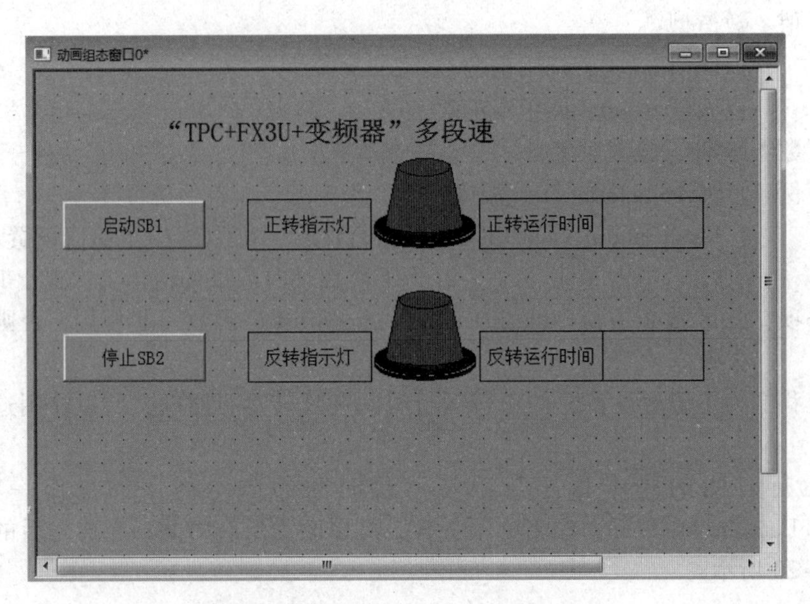

图 1-3-21　整个组态完成后窗口界面

三、PLC 程序设计

本任务的参考程序如图 1-3-22 所示。

```
0   M0      M1
  --| |--+--|/|------------------------(M100)
   M100  |
  --| |--+

4   M100    T0
  --| |--+--|/|------------------------(M10)
         |  T0
         +--|/|------------------------(M30)
         |  T0
         +--|/|------------------------(M40)
         |                              K100
         +-----------------------------(T0)
```

图 1-3-22　本任务的参考程序

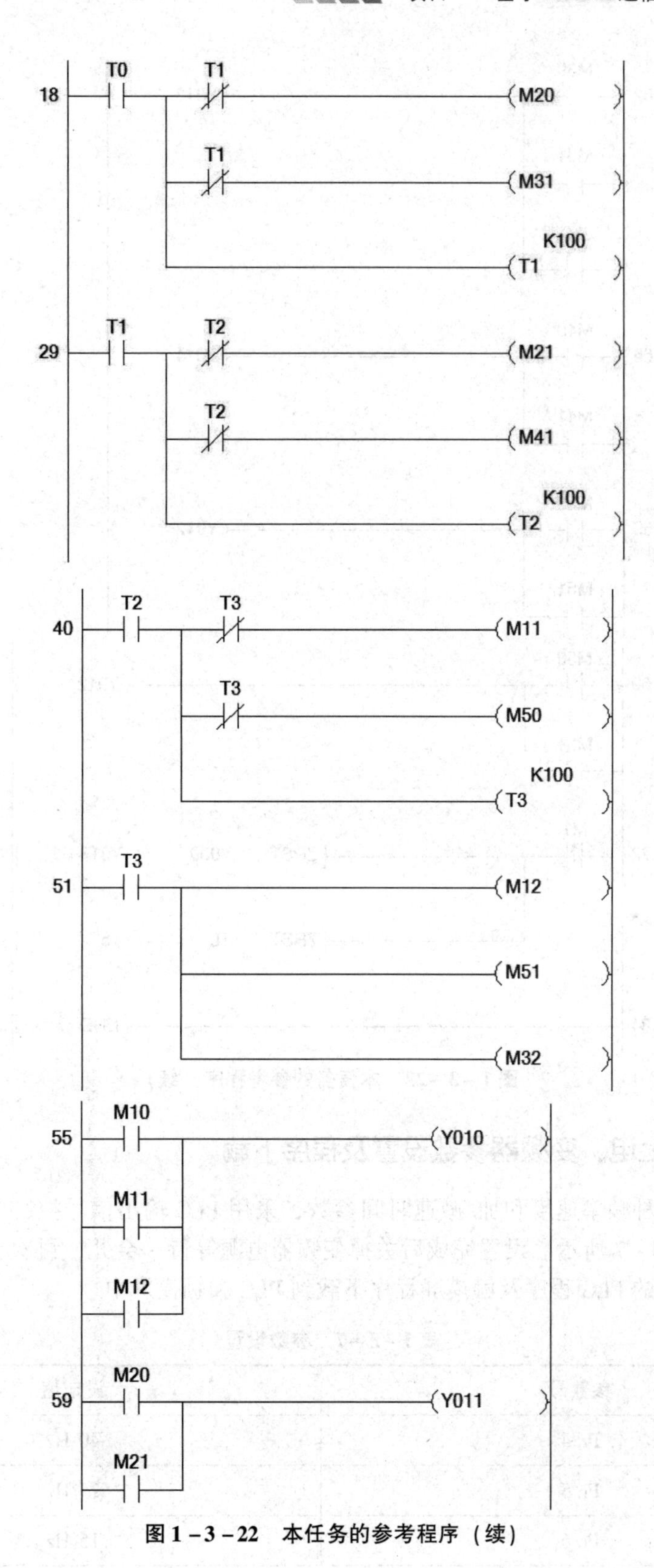

图 1-3-22　本任务的参考程序（续）

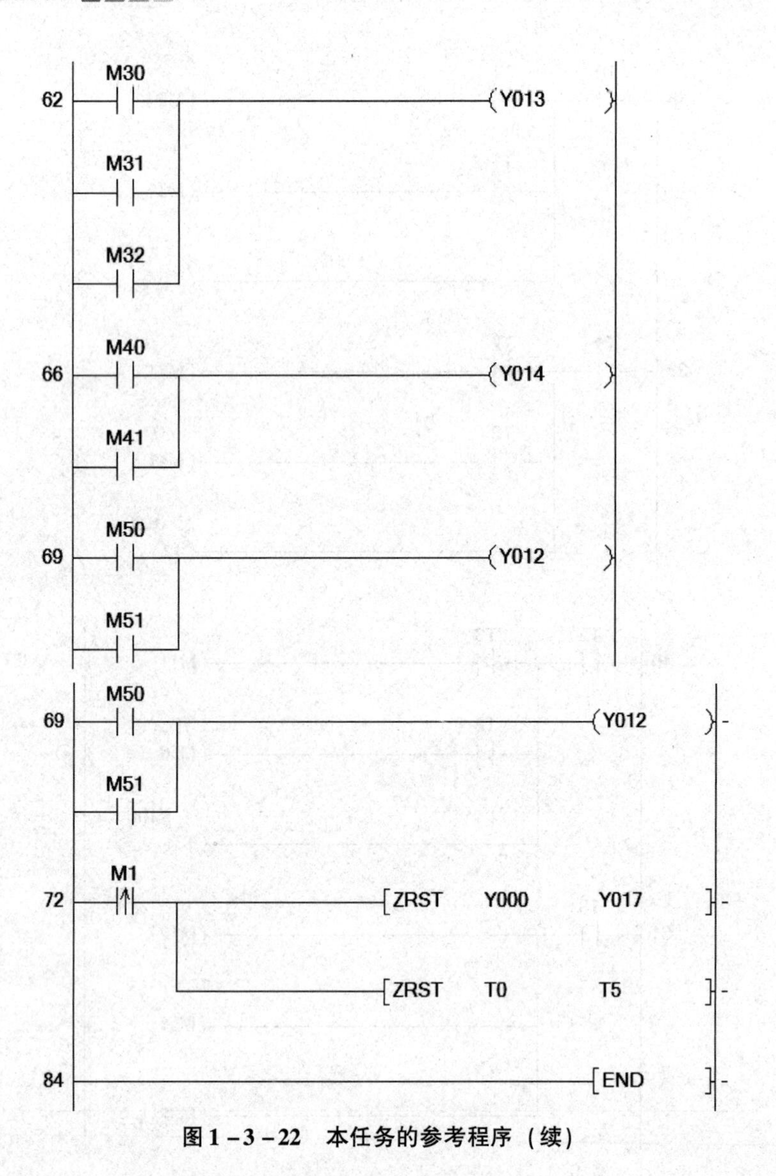

图 1-3-22 本任务的参考程序（续）

四、设备上电、变频器参数设置及程序下载

本任务有五种频率速度和加/减速时间参数，采用 PLC 输出信号控制变频器，所以参数设置如表 1-3-7 所示。设置完成后关掉变频器电源等待一会儿，再次上电以激活设定参数。将编写好的 PLC 程序及触摸屏程序下载到 PLC 和触摸屏中。

表 1-3-7 参数设置

参数号	设定值
Pr. 4	40 Hz
Pr. 5	25 Hz
Pr. 6	15 Hz

续表

参数号	设定值
Pr. 24	20 Hz
Pr. 25	30 Hz
Pr. 7	2 s
Pr. 8	2
Pr. 79	2

五、系统调试

在调试程序时，一定要弄清楚操作过程，注意观察触摸屏和变频器在运转过程中的变化情况。

【任务总结】

通过完成本任务，要求掌握在实际应用中应用比较广泛的多段速运行控制方法，特别是不要将不同输入端口组合对应的速度搞混了。

任务四　基于 Modbus 通信的触摸屏控制电动机调速运行

【任务目标】

本任务完成触摸屏以通信的方式运行和监控变频器，掌握 Modbus RTU 的通信方法的使用。

调速系统的具体控制要求如下：在触摸屏上设定转动的频率和方向，并实时显示转动的频率和方向；触摸屏能进行启动和停止控制。

【任务分析】

根据任务要求和查阅相关资料，我们知道在大多数情况下，触摸屏是先连接 PLC，然后通过 PLC 连接变频器的。但是触摸屏也可以不通过 PLC 直接连接变频器，以控制变频器的启动、停止、改变频率等。虽然 FX3U 有支持外部通信设备（变频器通信）的直接操作指令，使用也很方便，但这属于专用的变频器通信功能。在这个任务中我们既可以采用 RS－232 串口通信将 TPC7062K 触摸屏和 FX3UPLC 连接起来，PLC 扩展一个 FX3U－485ADP－MB 特殊适配器（FX3U－485BD 板不具有 Modbus RTU 通信功能）连接 E740 变频器的 PU 端口，通过 Modbus RTU 通信方式来控制和监视变频器的运行；同时我们还可以直接将 TPC7062K 触摸屏和 E740 变频器的 PU 端口连接，同样通过 Modbus RTU 通信方式来控制和监视变频器的运行。为了学习 Modbus RTU 通信，我们采用第二种方式来控制。

【知识准备】

一、Modbus 的传输模式

Modbus 定义了 ASCII（美国信息交换标准代码）模式和 RTU（远程终端单元）模式两种串行传输模式。在 Modbus 串行链路上，所有设备的传输模式及串行口参数必须相同，默认设置为 RTU 模式，所有设备必须实现 RTU 模式。若要使用 ASCII 模式，需要按照使用指南进行设置。在 Modbus 串行链路设备实现等级的基本等级中只要求实现 RTU 模式，常规等级要求实现 RTU 模式和 ASCII 模式。

（一）ASCII 模式

使用 ASCII 模式时，消息以冒号（:）字符（ASCII 码 3AH）开始，以回车换行符结束（ASCII 码 0DH、0AH）。

其他域使用的传输字符是十六进制的 0，1，…，9，A，B，…，F ASCII 码。网络上的设备不断侦测冒号字符，当接收到一个冒号字符时，每个设备都解码下一个域（地址域）来判断是否是发给自己的。

消息中字符间发送的时间间隔最长不能超过 1 s，否则接收设备将认为是传输错误。典型的 ASCII 消息帧结构如表 1－4－1 所示。

表 1－4－1　典型的 ASCII 消息帧结构

起始符	设备地址	功能代码	数据	LRC 校验	结束符
1 个字符	2 个字符	2 个字符	2 个字符	2 个字符	2 个字符

例如，向 1 号从站的 2000H 寄存器写入 12H 数据的 ASCII 消息帧格式，如表 1－4－2 所示。

表 1－4－2　ASCII 消息帧格式

段名	例子（HEX 格式）	说明
起始符	3A（:的 ASCII 码）	消息帧以冒号字符开始
设备地址	30（0 的 ASCII 码）	1 号从站
	31（1 的 ASCII 码）	
功能代码	30（0 的 ASCII 码）	写单个寄存器
	36（6 的 ASCII 码）	
寄存器地址	32（2 的 ASCII 码）	寄存器地址为 2000H
	30（0 的 ASCII 码）	
	30（0 的 ASCII 码）	
	30（0 的 ASCII 码）	

续表

段名	例子（HEX 格式）	说明
写入数据	30（0 的 ASCII 码）	写入寄存器的数据为 12H
	30（0 的 ASCII 码）	
	31（1 的 ASCII 码）	
	32（2 的 ASCII 码）	
LCR 校验	43（C 的 ASCII 码）	LCR 校验和为 C7H
	37（7 的 ASCII 码）	
结束符	0D（CR 的 ASCII 码）	消息帧以回车换行符结束
	0A（LF 的 ASCII 码）	

完整的 ASCII 消息帧为 3AH 30H 31H 30H 36H 32H 30H 30H 30H 30H 30H 31H 32H 43H 37H 0DH 0AH。

（二）RTU 模式

使用 RTU 模式时，消息发送至少要以 3.5 个字符时间的停顿间隔开始。传输的第一个域是设备地址，可以使用的传输字符是十六进制的 0，1，…，9，A，B，…，F。网络设备不断侦测网络总线，包括停顿间隔时间，当第一个域（地址域）被接收到时，每个设备都进行解码以判断是否是发往自己的。在最后一个传输字符之后，一个至少 3.5 个字符时间的停顿标定了消息的结束。一个新的消息可在此停顿后开始。

整个消息帧必须作为一个连续的流传输。如果在帧完成之前有超过 3.5 个字符时间的停顿间隔，接收设备将刷新不完整的消息，并假定下一个字节是一个新消息的地址域。同样，如果一个新消息在小于 3.5 个字符时间内接着前一个消息开始，接收设备将认为它是前一个消息的延续。这将导致一个错误，因为最后的 CRC 域的值不可能是正确的。典型的 RTU 消息帧结构如表 1-4-3 所示。

表 1-4-3　RTU 消息帧结构

起始符	设备地址	功能代码	数据	LRC 校验	结束符
3.5 个字符	8 bit	8 bit	n 个 8 bit	16 bit	3.5 个字符

例如，从 1 号站的 2000H 寄存器写入 12H 数据的 RTU 消息帧格式，如表 1-4-4 所示。

完整的 RTU 消息帧为 01H 06H 20H 00H 00H 12H 02H 01H。

二、Modbus 的功能码

Modbus 协议定义了公共功能码、用户定义功能码和保留功能码。

表 1－4－4　Modbus RTU 消息帧格式

段名	例子（HEX 格式）	说明
设备地址	01	1 号从站
功能代码	06	写单个寄存器
寄存器地址	20	寄存器地址（高字节）
	00	寄存器地址（低字节）
写入数据	00	数据（高字节）
	12	数据（低字节）
CRC 校验	02	CRC 校验码（高字节）
	01	CRC 校验码（低字节）

公共功能码是指被确切定义的、唯一的功能码，由 Modbus－IDA 组织确认，可进行一致性测试，且已归类为公开。

用户定义功能码是指用户无须 Modbus－IDA 组织的任何批准就可以选择和实现的功能码，但是不能保证用户定义功能码的使用是唯一的。

保留功能码是某些公司在传统产品上现行使用的功能码，不作为公共码使用。Modbus 功能码的作用如表 1－4－5 所示。

表 1－4－5　Modbus 功能码的作用

功能码	名称	作用
01	读线圈状态	取得一组逻辑线圈的当前状态（ON/OFF）
02	读输入状态	取得一组开关输入的当前状态（ON/OFF）
03	读保持寄存器	在一个或多个保持寄存器中取得当前的二进制值
04	读输入寄存器	在一个或多个输入寄存器中取得当前的二进制值
05	写单个线圈	强置一个逻辑线圈的通断状态
06	写单个寄存器	把具体二进制值装入一个保持寄存器
07	读取异常状态	取得八个内部线圈的通断状态，这八个线圈的地址由控制器决定，用户逻辑可以将这些线圈定义，以说明从机状态，短报文适合迅速读取状态
08	回送诊断校验	把诊断校验报文送至从机，以对通信处理进行评鉴
09	编程（只用于 484）	使主机模拟编程器作用，修改 PC 从机逻辑
10	控询（只用于 484）	可使主机与一台正在执行长程序任务的从机通信，探询该从机是否已完成其操作任务，仅在含有功能码 09 的报文发送后，本功能码才发送

续表

功能码	名称	作用
11	读取事件计数	可使主机发出单询问，并随即判定操作是否成功，尤其是在该命令或其他应答产生通信错误时
12	读取通信事件记录	可使主机检索每台从机的 Modbus 事务处理通信事件记录。如果某项事务处理完成，记录会给出相关错误
13	编程（184/384 484 584）	可使主机模拟编程器功能，修改 PC 从机逻辑
14	探询（184/384 484 584）	可使主机与正在执行任务的从机通信，定期探询该从机是否已完成其程序操作，仅在含有功能码 13 的报文发送后，本功能码才发送
15	强置线圈	强置一串连续逻辑线圈的通断
16	预置多寄存器	把具体的二进制值装入一串连续的保持寄存器中
17	报告从机标识	可使主机判断编址从机的类型及该从机运行指示灯的状态
18	编程（884 和 MICRO84）	可使主机模拟编程功能，修改 PC 状态逻辑
19	重置通信链路	发送非可修改错误后，使从机复位于已知状态，可重置顺序字节
20	读取通用参数（584L）	显示扩展存储器文件中的数据信息
21	写入通用参数（584L）	把通用参数写入扩展存储文件或修改扩展存储文件
22 ~ 64	保留作扩展功能备用	
65 ~ 72	保留以为用户功能所用	留作用户功能的扩展编码
73 ~ 119	非法功能	
120 ~ 127	保留	留作内部作用
128 ~ 255	保留	用于异常应答

Modbus 协议是为了读写 PLC 数据而产生的，主要支持输入离散量、输出线圈、输入寄存器和保持寄存器四种数据类型。Modbus 协议相当复杂，但常用的功能码主要是 01、02、03、04、05、06、15 和 16。

三、E740 变频器采用 RS－485 通信参数设定

在使用变频器的 PU 接口进行通信时，使用三菱变频器协议或 Modbus－RTU 协议可以进行参数设定、监视等操作。为使 TPC7062K 触摸屏能够与变频器通信，必须在变频器上进行通信规格的初始设定，这里变频器作为从站只接收数据。Modbus－RTU 协议使用专用

的信息帧，在主设备与从设备间进行串行通信。专用的信息帧具有读取和写入数据功能，使用这一功能可以从变频器读取或写入参数、写入变频器的输入指令以及确认运行状态等。主要通信参数设置如表 1－4－6 所示。

表 1－4－6　主要通信参数设置

<table>
<tr><th>参数编号</th><th>名称</th><th>初始值</th><th>设定范围</th><th colspan="2">内容</th></tr>
<tr><td>Pr. 117</td><td>PU 通信站号</td><td>0</td><td>0～31
(0～247)[1]</td><td colspan="2">变频器站号指定，一台控制器连接多台变频器时要设定变频器的站号</td></tr>
<tr><td>Pr. 118</td><td>PU 通信速率</td><td>192</td><td>48、96、
192、384</td><td colspan="2">设定值×100 即通信速率，如设定为 192 时通信速率为 19 200 bit/s</td></tr>
<tr><td rowspan="5">Pr. 119</td><td rowspan="5">PU 通信停止位长</td><td rowspan="5">1</td><td></td><td>停止位长</td><td>数据位长</td></tr>
<tr><td>0</td><td>1 bit</td><td rowspan="2">8 bit</td></tr>
<tr><td>1</td><td>2 bit</td></tr>
<tr><td>10</td><td>1 bit</td><td rowspan="2">7 bit</td></tr>
<tr><td>11</td><td>2 bit</td></tr>
<tr><td rowspan="3">Pr. 120</td><td rowspan="3">PU 通信奇偶校验</td><td rowspan="3">2</td><td>0</td><td colspan="2">0 无奇偶校验</td></tr>
<tr><td>1</td><td colspan="2">1 奇校验</td></tr>
<tr><td>2</td><td colspan="2">2 偶校验</td></tr>
<tr><td rowspan="2">Pr. 123</td><td rowspan="2">PU 通信等待时间设定</td><td rowspan="2">9999</td><td>0～150 ms</td><td colspan="2">设定向变频器发出数据后信息返回的等待时间</td></tr>
<tr><td>9999</td><td colspan="2">用通信数据进行设定</td></tr>
<tr><td rowspan="3">Pr. 124</td><td rowspan="3">PU 通信有无 CR/LF 选择</td><td rowspan="3">1</td><td>0</td><td colspan="2">无 CR、LF</td></tr>
<tr><td>1</td><td colspan="2">有 CR</td></tr>
<tr><td>2</td><td colspan="2">有 CR、LF</td></tr>
<tr><td rowspan="2">Pr. 549</td><td rowspan="2">协议选择</td><td rowspan="2">0</td><td>0</td><td colspan="2">三菱变频器（计算机连接）协议</td></tr>
<tr><td>1</td><td colspan="2">Modbus－RTU 协议</td></tr>
</table>

说明：上述参数在 Pr. 160 用户参数组读取选择等于 0 时可以设定。

1：当 Pr. 549＝“1”（Modbus－RTU 协议）时设定范围为括号内的。当主设备作为地址 0（站号 0）进行 Modbus－RTU 通信时，为广播通信，变频器不向主设备发送应答信息。需要变频器回复信息时，请设定 Pr. 117 PU 通信站号不等于 0（初始值 0）。

本变频器预先在保持寄存器区域（寄存器地址为 40 001～49 999）中对各变频器的数据进行分类。通过访问被分配的保持寄存器地址，主设备可以与作为从设备的变频器进行通信。保存寄存器主要有两大作用：一是系统环境变量写入和读取；二是实时监视数据。

系统环境变量寄存器如表 1－4－7 所示。

表 1－4－7　系统环境变量寄存器

寄存器号	定义	读取/写入	备注
40002	变频器复位	写入	写入值可任意设定
40003	参数清除	写入	写入值设定为 H965A
40004	参数全部清除	写入	写入值设定为 H99AA
40006	参数清除[1]	写入	写入值设定为 H5A96
40007	参数全部清除[1]	写入	写入值设定为 HAA99
40009	变频器状态/控制输入命令[2]	读取/写入	参照表 1－4－8 所示内容
40010	运行模式/变频器设定[3]	读取/写入	参照表 1－4－9 所示内容
40014	运行频率（RAM 值）	读取/写入	根据 Pr. 37 的设定，可切换频率和转速，转速单位是 1 r/min
40015	运行频率（EEPROM 值）	写入	

1：无法清除通信参数的设定值。

2：写入时作为控制输入命令来设定数据；读取时作为变频器的运行状态来读取数据。

3：写入时作为运行模式设定来设定数据；读取时作为运行模式状态来读取数据。

M40009 变频器状态/控制输入命令寄存器中各位的含义如表 1－4－8 所示。

表 1－4－8　M40009 变频器状态/控制输入命令寄存器中各位的含义

位	定义	
	控制输入命令	变频器状态
0	停止指令	RUN（变频器运行中）[2]
1	正转指令	正转中
2	反转指令	反转中
3	RH（高速指令）[1]	SU（频率到达）
4	RM（中速指令）[1]	OL（过载）
5	RL（低速指令）[1]	0
6	0	FU（频率检测）[2]
7	RT（第二功能选择）	ABC（异常）[2]
8	AU（电流输入选择）	0
9	0	0
10	MRS（输出停止）[1]	0
11	0	0
12	RES（复位）[1]	0

续表

位	定义	
	控制输入命令	变频器状态
13	0	0
14	0	0
15	0	异常发生

注：1、2：括号内的信号为初始状态下的信号。

M40010 运行模式/变频器设定寄存器的含义如表 1-4-9 所示。

表 1-4-9 M40010 运行模式/变频器设定寄存器的含义

模式	读取值	写入值
EXT	H0000	H0010
PU	H0001	—
EXT JOG	H0002	—
PU JOG	H0003	—
NET	H0004	H0014
PU + EXT	H0005	—

常用的实时监视寄存器如表 1-4-10 所示。

表 1-4-10 常用的实时监视寄存器

寄存器	内容	单位
40201	输出频率/转速	0.01 Hz/1
40202	输出电流	0.01 A
40203	输出电压	0.1 V
40205	频率设定值/转速设定值	0.01 Hz/1
40207	电动机转矩（电动机实际转矩与额定转矩百分比）	0.1%
40208	变流器输出电压	0.1 V
40209	再生制动器使用率	0.1%
40210	电子过电流保护负载率	0.1%
40211	输出电流峰值	0.01 A
40212	变流器输出电压峰值	0.1 V
40214	输出电力	0.01 kW
40215	输入端子状态	—
40216	输出端子状态	—
40220	累计通电时间	1 h
40223	实际运行时间	1 h

40215 寄存器输入端子状态各位的详细说明如图 1－4－1 所示。

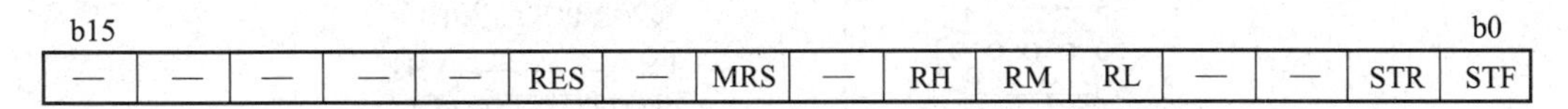

b15															b0
—	—	—	—	—	RES	—	MRS	—	RH	RM	RL	—	—	STR	STF

图 1－4－1　40215 寄存器输入端子状态各位的详细说明

40216 寄存器输出端子状态各位的详细说明如图 1－4－2 所示。

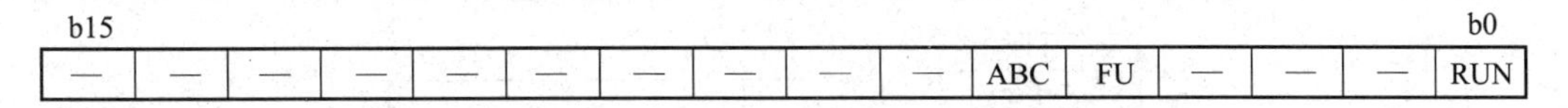

b15															b0
—	—	—	—	—	—	—	—	—	—	ABC	FU	—	—	—	RUN

图 1－4－2　40216 寄存器输出端子状态各位的详细说明

【任务实施】

根据本任务的要求，结合学过的知识和技能，大概按照以下流程来完成本任务。

一、根据控制要求画出控制系统原理图并完成硬件连接

本系统主要由 TPC7062K 触摸屏、E740 变频器、三相异步电动机、RS－485（RJ45）通信线缆、开关电源等组成。为了安全，在变频器的电源进线端增加一个交流接触器和紧急停止按钮，系统原理如图 1－4－3 所示。根据工艺规范要求连接好硬件设备。

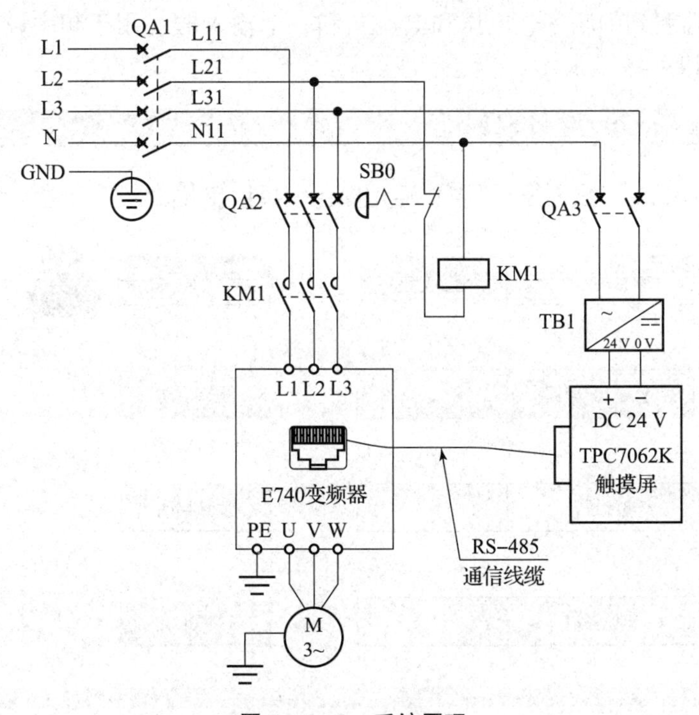

图 1－4－3　系统原理

RS－485 通信线缆采用两线式，两线式 RS－485 与 E740 变频器 RTU 通信线如图 1－4－4所示。

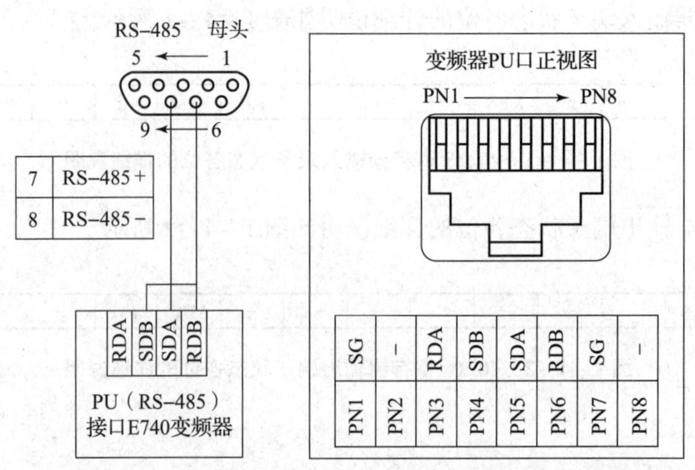

图 1-4-4 两线式 RS-485 与 E740 变频器 RTU 通信线

二、触摸屏组态

根据前面的分析，触摸屏组态编程是实现 Modbus RTU 通信的关键。

根据本任务要求，参照本项目上一任务的内容和操作步骤，触摸屏组态画面有三个按钮（停止按钮、正转启动按钮、反转启动按钮）、一个指示灯、五个文字显示标签（运行频率设定、实际运行频率监测、电流监测、电压监测、运行指示灯）、三个显示数据标签（用于显示实际监测到的频率、电压和电流）和一个输入框（用于频率设定的输入）。组态完成效果如图 1-4-5 所示。

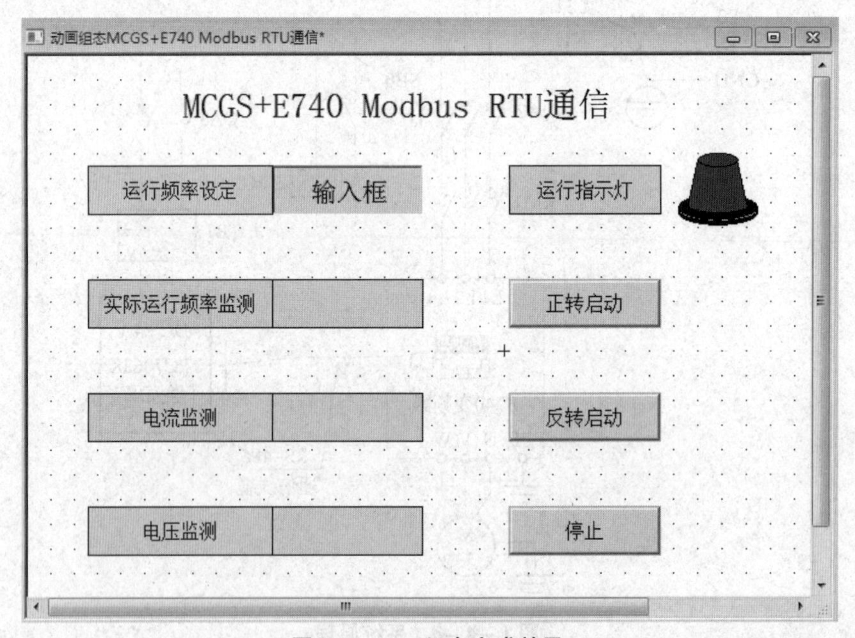

图 1-4-5 组态完成效果

在画面组态时要参照变频器的说明书，要特别注意有关按钮、指示灯以及频率的设定和监控值关联数据寄存器。

新建一个工程，双击“设备窗口”，出现设备工具箱和设备组态：设备窗口。单击“设备管理”按钮，弹出“设备管理”对话框，选择添加通用串口父设备和莫迪康ModbusRTU，如图1－4－6所示。

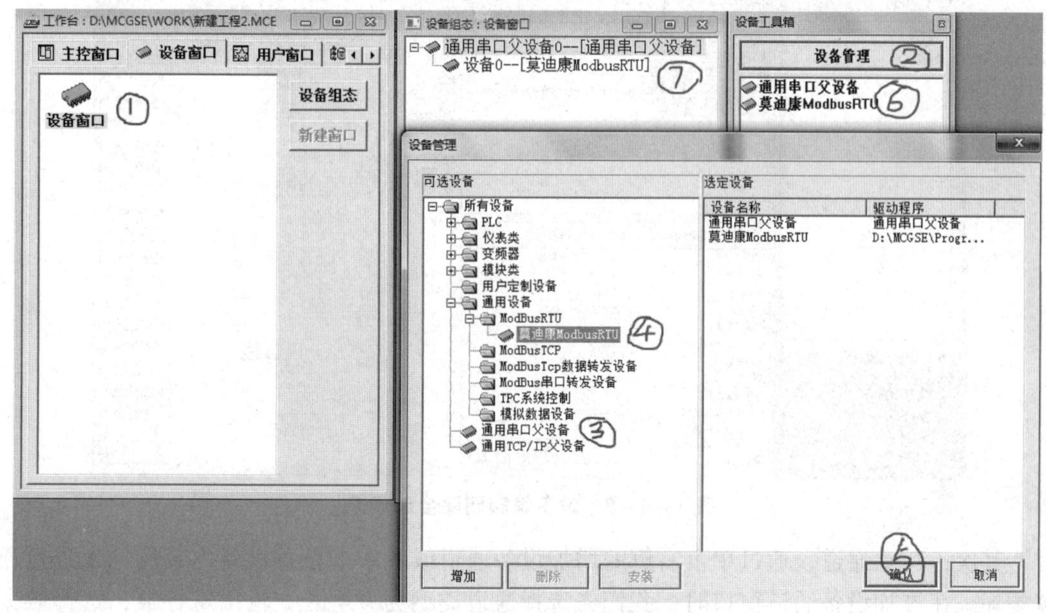

图1－4－6　添加串口父设备及子设备

双击“通用串口父设备0”，在弹出的属性编辑窗口中进行端口、波特率、奇偶校检等的设定。注意，这里的属性设置一定要与变频器相一致。串口父设备0属性设置如图1－4－7所示。

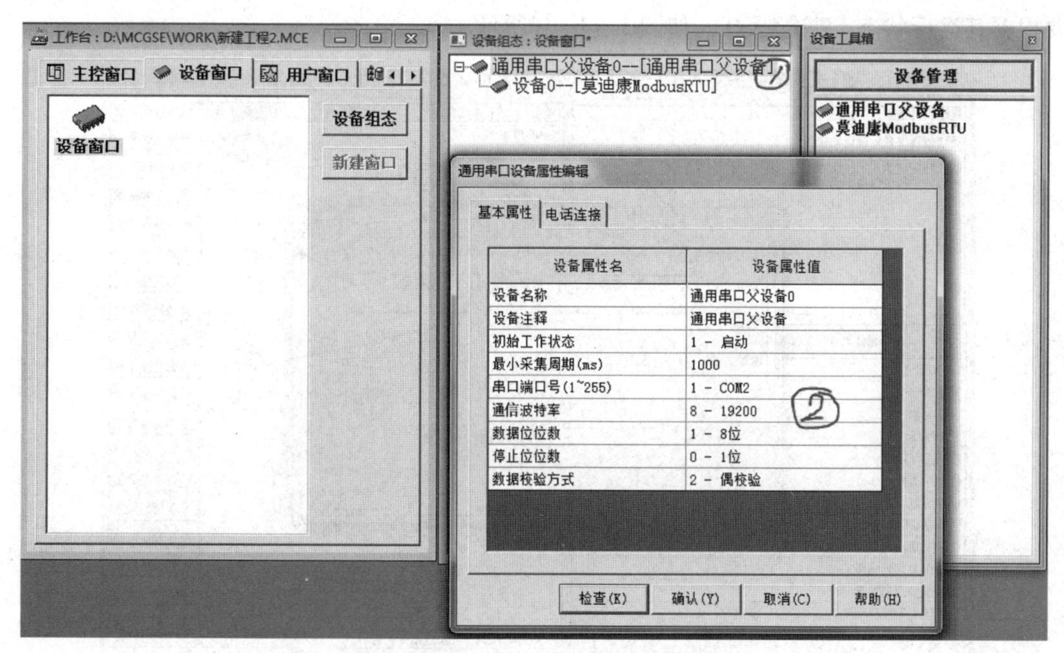

图1－4－7　串口父设备0属性设置

双击“设备0”，在弹出的设备编辑窗口中进行通道和变量的连接。首先，删除全部通道，如图1－4－8所示。

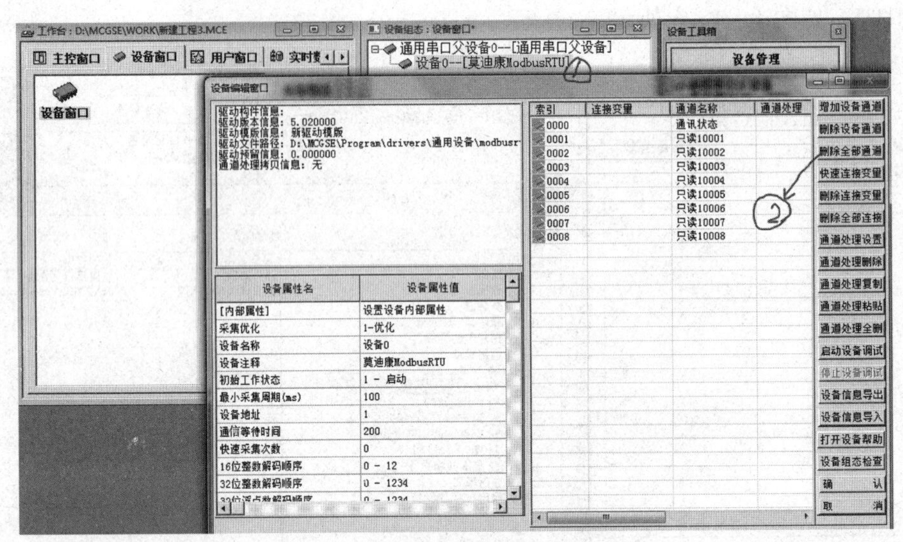

图1－4－8　设备编辑删除全部通道

其次，建立通道。通过单击右侧的增加设备通道或者单击设置设备内部属性来进行通道添加。在添加设备通道窗口时，我们先选择通道类型为［4区］输出寄存器，选择数据类型为16位无符号二进制数；再填写通道地址，这里添加的是运行控制用（正转、反转、停止）的寄存器，根据三菱变频器的说明书，我们知道这个通道地址为40 009，所以只需要写9就可以；最后进行通道数的设置，这里只有一个，然后进行读写方式设置，这里我们设置为读写方式，因为这个寄存器既要写入数据，以控制变频器正反转运行和停止，还要根据其运行状态点亮指示灯，如图1－4－9所示。

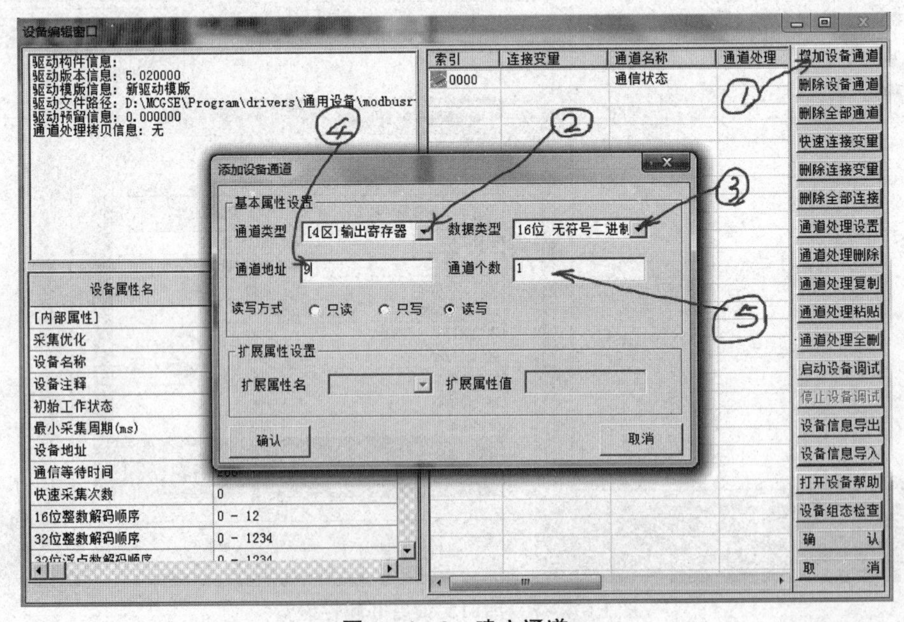

图1－4－9　建立通道

通道添加完成后，对这个通道进行变量连接。单击右侧的快速连接变量，在弹出的窗口中选择变量连接方式（自定义或默认），这里为了区分记忆采用自定义，在“数据对象”文本框中输入数据对象的名称“运行控制”，开始通道设为1，通道个数设为1；如图1－4－10所示。

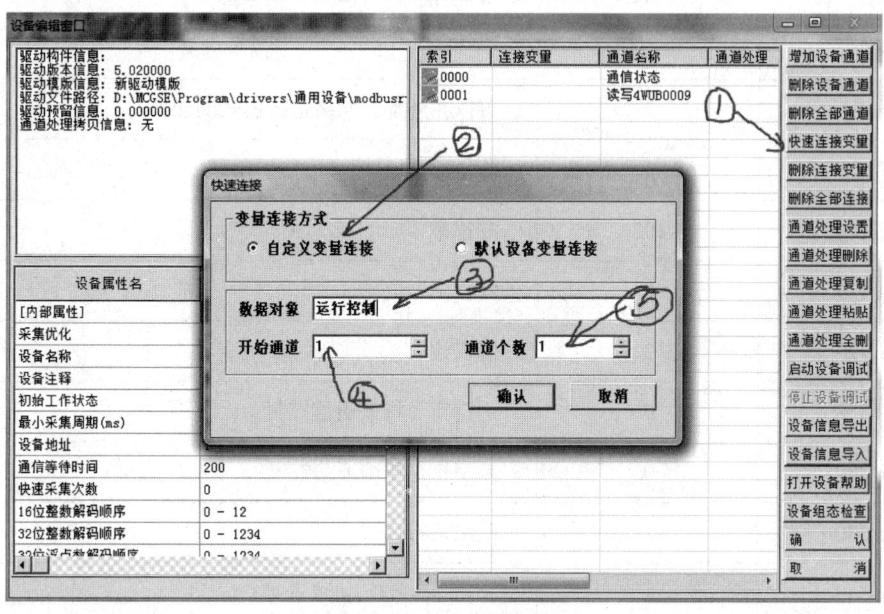

图1－4－10　变量连接

其他几个频率设定和监测，以及电压、电流监测，以此类推，只不过建立的通道地址不同。频率设定为40014，频率监测为40201，电流监测为40202，电压监测为40203，只不过监测数据只能读不能写。完成通道和变量连接的最后结果如图1－4－11所示。

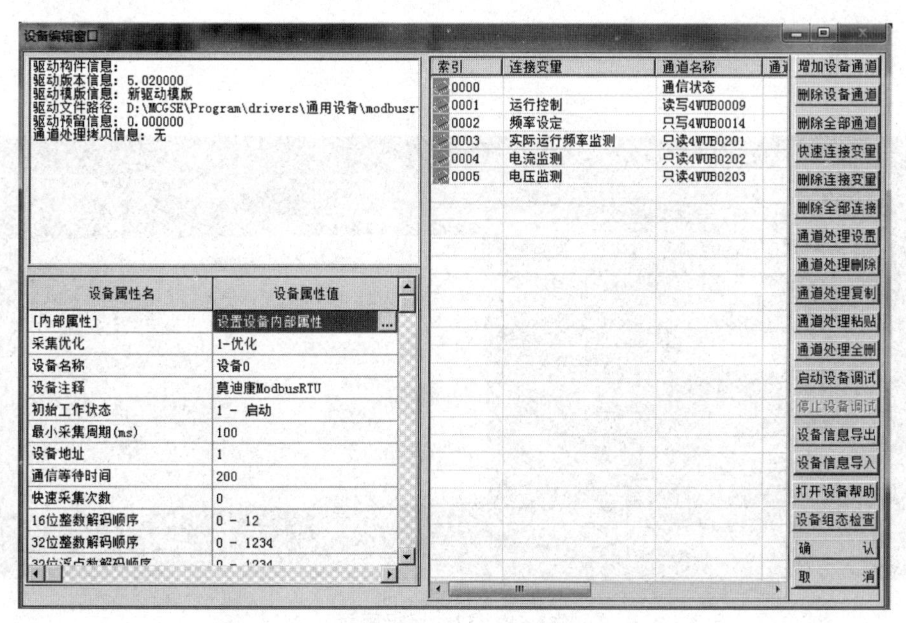

图1－4－11　完成通道和变量连接的最后结果

三、变频器 RS－485 通信参数设置

参照变频器手动参数操作说明步骤，将表 1－4－11 所示的变频器参数设置完成。

表 1－4－11　变频器 RS－485 通信参数设置

参数号	设定值	简单含义
Pr. 79	2	可以在外部、网络运行模式间切换
Pr. 117	1	站号位 1
Pr. 118	192	波特率
Pr. 119	0	停止位 1 位
Pr. 120	2	偶校检
Pr. 338	0	运行指令权由通信控制
Pr. 339	0	频率指令权由通信控制
Pr. 340	1	网络运行模式
Pr. 549	1	Modbus－RTU 协议选择
Pr. 37	0	以频率显示转速

四、联机调试

检查设备安全状况后，根据要求上电演示控制是否满足要求。运行画面如图 1－4－12 所示。

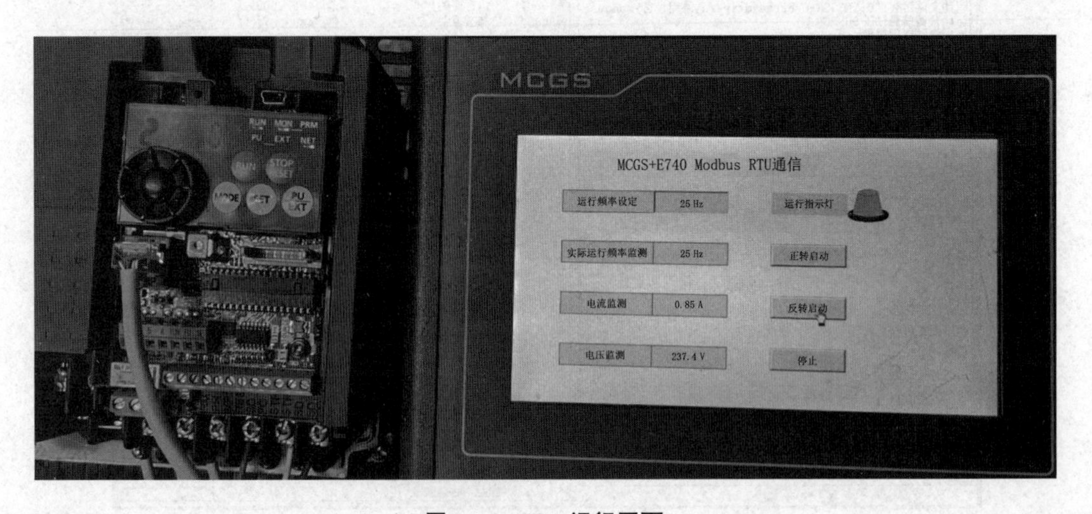

图 1－4－12　运行画面

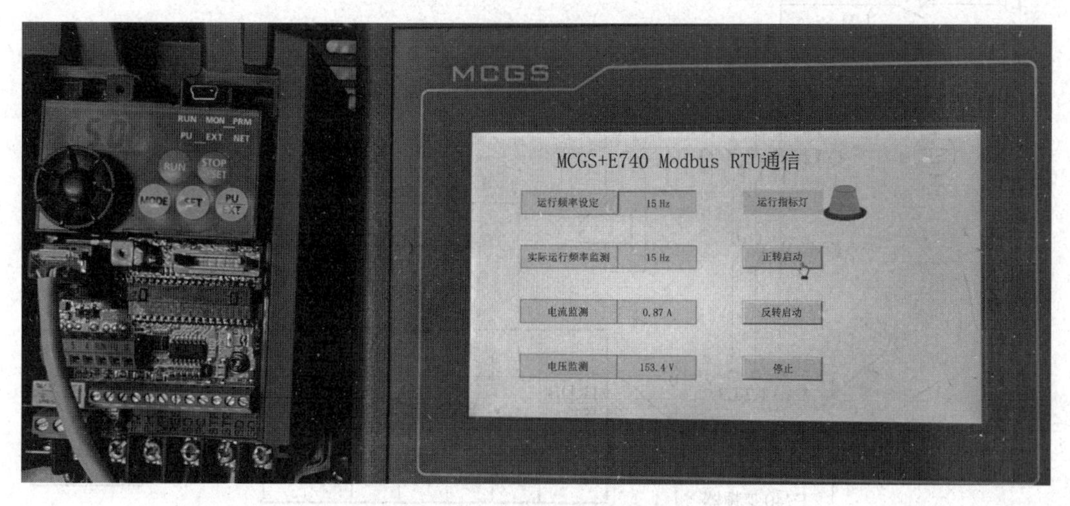

图 1-4-12　运行画面（续）

【任务总结】

通过完成这个项目任务，可以看到在使用 Modbus RTU 方式进行通信时，最重要的是要弄清楚变频器在这种通信模式下需要使用到的存储器有哪些，这些使用到的存储器中各个位所代表的具体含义以及该如何设置这些寄存器。

在这个任务中既使用了 MCGS 触摸屏的串口通信，也应用了 Modbus RTU 的通信方式来实现与其他设备进行远程通信。通过此任务，我们知道触摸屏不仅可以显示画面，也可以进行仪表通信控制，以减少工程师在 PLC 里面进行烦琐的编程。

请读者思考一下，如果用触摸屏连接 PLC，然后通过 PLC 连接变频器，采用 RS-232 串口通信将 TPC7062K 触摸屏和 FX3UPLC 连接起来，PLC 扩展一个 FX3U-485ADP-MB 特殊适配器连接 E740 变频器的 PU 端口，通过 Modbus RTU 通信方式来控制和监视变频器的运行，应该如何编程实现控制要求呢？FX3U 有支持外部通信设备（变频器通信）的直接操作指令，如 IVCK（变频器的运行监控）、IVDR（变频器的运行控制）、IVRD（变频器的参数读取）、IVWR（变频器的参数写入）、OVBWR（变频器的参数成批写入），使得操作起来很方便，这属于专用的变频器通信功能。因此，采用这个专用通信功能可以实现和变频器之间的通信。硬件连接如图 1-4-13 所示，指令使用方法参考有关说明书。

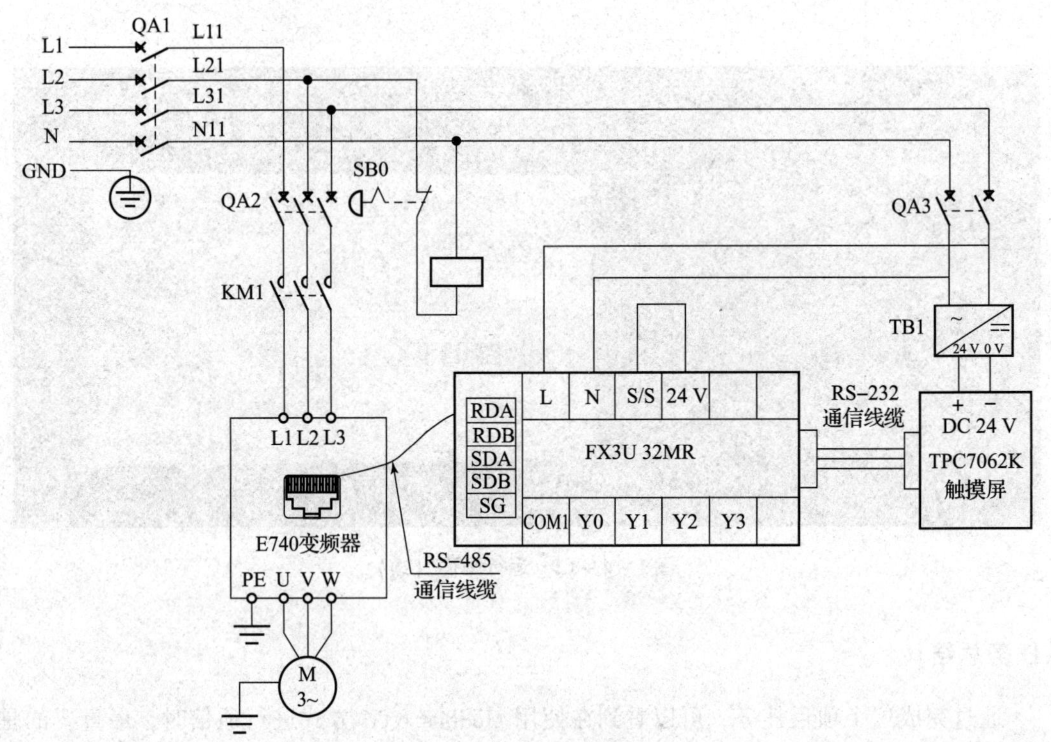
QA1
L1
L2
L3
N
GND
L11
L21
L31
N11
QA2
SB0
KM1
QA3
TB1
24 V 0 V
L1 L2 L3
E740变频器
PE U V W
M
3~
RDA
RDB
SDA
SDB
SG
L
N
S/S
24 V
FX3U 32MR
COM1
Y0
Y1
Y2
Y3
RS-485
通信线缆
RS-232
通信线缆
+ −
DC 24 V
TPC7062K
触摸屏

图 1-4-13　硬件连接

项目二　基于 Profibus - DP 及 Modbus TCP 通信的水位控制

项目需求

在工农业生产中，经常需要对锅炉、水箱等容器中的液位进行自动控制，使其保持一个可控可调的液位，以满足不同的生产需求。

项目工作场景

本项目采用 Profibus - DP 总线通信，实现 PLC 主站与远程站、变频器三者之间的数据采集与交换等功能，并通过 Modbus TCP 通信实现触摸屏与 PLC 的通信，将一些数据在触摸屏上显示以及可以设置一些数据控制驱动液压泵运行。

方案设计

根据项目控制要求及学生的认知规律，并结合所学知识，由简入繁、由易及难构建三个不同的任务，任务一是 Profibus - DP 现场总线认识，任务二是基于 Modbus TCP 的汇川 PLC 与触摸屏应用，任务三是基于 Profibus - DP 及 Modbus TCP 通信的水位控制。通过任务逐步完成整个控制要求。

相关知识和技能

相关知识：Profibus - DP 现场总线基础知识，汇川触摸屏基本应用，汇川中型 PLCAM610 的使用，PLC 与远程站、变频器、触摸屏通信的组网方式，通信程序的设计。

相关技能：Profibus - DP 通信线的制作，变频器参数的设置，PLC、触摸屏、变频器、远程站的硬件通信连接及系统软硬件调试。

任务一　Profibus - DP 现场总线认识

【任务目标】

了解 Profibus - DP 现场总线基本知识，掌握 Profibus - DP 通信总线的制作。

【任务分析】

本任务主要通过理论知识的学习以及各种文献资料的查阅，熟悉在工业控制网络中常见的 Profibus - DP 现场总线规范，通过练习能够熟练掌握 Profibus - DP 总线接头的制作规范和关键点。

【知识准备】

在众多现场总线标准中，Profibus 以技术的成熟性、完整性，以及应用的可靠性等多方面的优秀表现，成为现场总线技术领域的领导者。Profibus 不仅注重系统技术，而且侧重应用行规的开发，是能够全面覆盖工厂自动化和过程自动化应用领域的现场总线。目前，Profibus 是在世界范围内应用最广泛的现场总线技术之一。

一、Profibus 简介

Profibus 是 Process Field Bus 的简称，是 1987 年德国联邦科技部集中了 13 家公司和 5 家研究机构的力量按 ISO/OSI 参考模型制定的现场总线德国国家标准，并于 1991 年 4 月在 DIN19245 上发表，正式成为德国标准。最初的 Profibus 标准只有 Profibus - DP 和 Profibus - FMS，1994 年又推出了 Profibus - PA，它引用了 1993 年通过的 IEC 工业控制系统现场总线标准的物理层 IEC1158 - 2，从而可以在有爆炸危险的区域内连接通过总线馈电的本质安全型现场仪表，这使 Profibus 更加完善。Profibus 的发展历史如表 2 - 1 - 1 所示。

表 2 - 1 - 1　Profibus 的发展历史

时间	事件
1987 年	Profibus - DP 由 Siemens 公司等 13 家公司和 5 家研究机构联合开发
1989 年	Profibus - DP 被批准为德国工业标准 DIN19245
1996 年	Profibus - FMS/DP 被批准为欧洲标准 EN50170 V. 2
1998 年	Profibus - PA 被批准纳入 EN50170 V. 2，并成立 Profibus International
1999 年	Profibus 成为国际标准 IEC61158 的组成部分（Type3）
2001 年	Profibus - DP 被批准成为中国的行业标准 JB/T10308. 3—2001
2003 年	PROFINET 成为国际标准 IEC61158 的组成部分（Type10）
2006 年	PROFINET 成为中国国家标准

Profibus 标准是一种国际化、开放式、不依赖于设备生产商的现场总线标准，是无知识产权保护的标准。因此，世界上任何人都可以获得这个标准，并设计各自的软、硬件解决方案。

经过几十年的发展完善以及推广，Profibus 已经成为国际上使用非常广泛的一种现场总线。截至 2009 年年底，全球共安装了超过 3 000 万个 Profibus 站点，其中 500 万个站点用于过程工业领域，其中 Profibus - PA 站点大约有 63 万个。所有重要的设备生产商都支持 Profibus 标准，与此相关的产品和服务有 2 500 多种。先进的通信技术及丰富完善的应用行规使 Profibus 成为目前市场上唯一能够全面覆盖工厂自动化和过程自动化应用的现场总线。

二、Profibus 的通信参考模型

Profibus 通信模型如图 2 - 1 - 1 所示，该模型遵从 ISO/OSI 参考模型标准，只用了 ISO/OSI 参考模型的部分层。

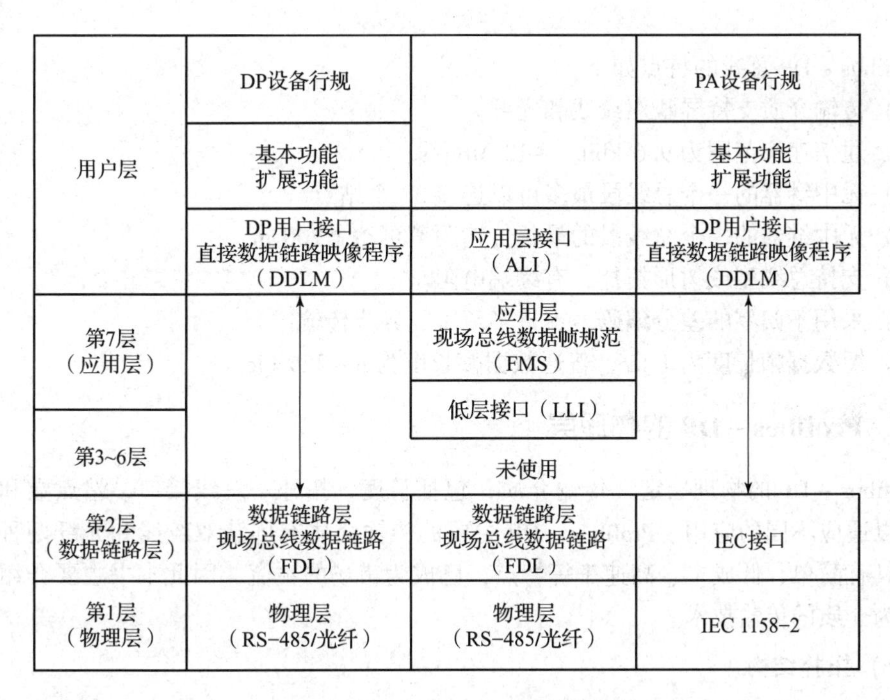

图 2 - 1 - 1　Profibus 通信模型

三、Profibus 的家族成员

Profibus 由三个兼容部分组成，即 Profibus - DP、Profibus - PA、Profibus - FMS。Profibus - DP 是一种高速低成本通信方式，特别适用于设备级控制系统的通信。使用 Profibus - DP 可取代 24V DC 或 4 ~ 20 mA 信号传输。Profibus - PA 专为过程自动化设计，可使传感器和执行机构连在一根总线上，并有本质安全规范。Profibus - FMS 用于车间级监控网络，是一个令牌结构的实时多主网络。Profibus - DP 具有设置简单、价格低廉、功能强大等特点，已经成为现在应用最多的 Profibus 系统之一。

（一）Profibus－PA

Profibus－PA 中的 PA 是 Process Automation 的简称，即过程自动化。Profibus－PA 将自动化系统和过程控制系统与压力、湿度和液位变送器等现场设备连接起来。

（二）Profibus－FMS

Profibus－FMS 中的 FMS 是 Field bus Message Specification 的简称，即现场总线数。根据帧规范，它的设计旨在解决车间监控级通信。车间监控级与设备级相比，其可编程控制器之间需要更大量的数据传送，但通信的实时性要求较低。

（三）Profibus－DP

Profibus－DP 中的 DP 是 Decentralized Periphery 的简称，即分散型外围设备，它主要用于设备级的高速数据传输。中央处理器通过总线同分散的现场设备进行通信，一般采用周期性的通信方式。这些数据交换所需的功能是由 Profibus－DP 的基本功能规定的。除了执行这些基本功能，现场设备还需要非周期性地进行通信，以进行组态、诊断和报警处理。

Profibus－DP 总线的特点如下。

（1）传输介质支持屏蔽双绞线和光纤。

（2）通信速率范围为 9.6 kbit/s～12 Mbit/s。

（3）无中继器的一个总线段最多可以连接 32 个站点。

（4）无中继器的一个总线段的最长传输距离可达 1 200 m。

（5）支持总线型或树形拓扑，有终端电阻。

（6）采用不归零的差分编码，支持半双工、异步传输。

（7）短数据帧长度为 1 bit，普通数据帧长度为 3～255 bit。

四、Profibus－DP 的物理层

Profibus－DP 的物理层定义传输介质，包括长度、拓扑、总线接口、站点数和通信速率等，以适应不同的应用。Profibus－DP 主要的传输介质有屏蔽双绞线和光纤两种，屏蔽双绞线具有简单、低成本、高速率等特点，已成为市场的主流，因此本书主要介绍以屏蔽双绞线为介质的传输技术。

（一）拓扑结构

Profibus－DP 的拓扑结构主要有总线型和树形两种。

1. 总线型拓扑结构

在总线型拓扑结构中，Profibus－DP 系统是一个两端有有源终端器的线性总线结构，也称为 RS－485 总线段（见图 2－1－2），在一个总线段上最多可连接 32 个站点。当需要连接的站点数超过 32 个时，必须将 Profibus－DP 系统分成若干个总线段，使用中继器连接各个总线段。

根据 RS－485 标准，在数据线 A 和 B 的两端均加接总线终端器。Profibus－DP 的总线终端器包含一个下拉电阻（与数据基准电位 DGND 相连接）和一个上拉电阻（与供电正电压 VP 相连接），如图 2－1－3 所示。当在总线上没有站点发送数据时，即两个数据帧之

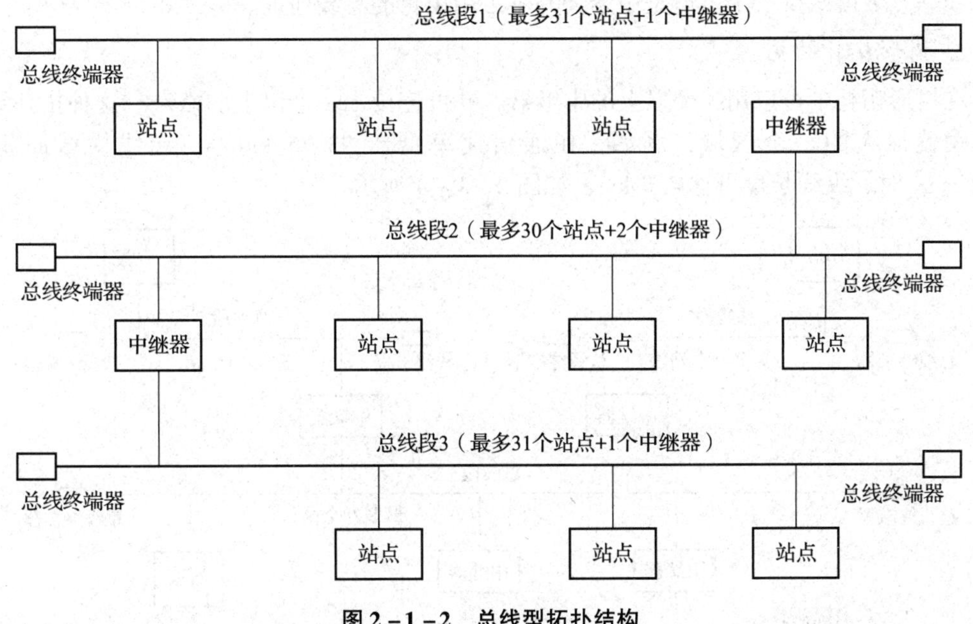

图 2-1-2　总线型拓扑结构

间总线处于空闲状态时，这两个电阻可以确保在总线上有一个确定的空闲电位。几乎在所有标准的 Profibus - DP 总线连接器上都组合了所需要的总线终端器，而且可以由跳接器或开关来启动。

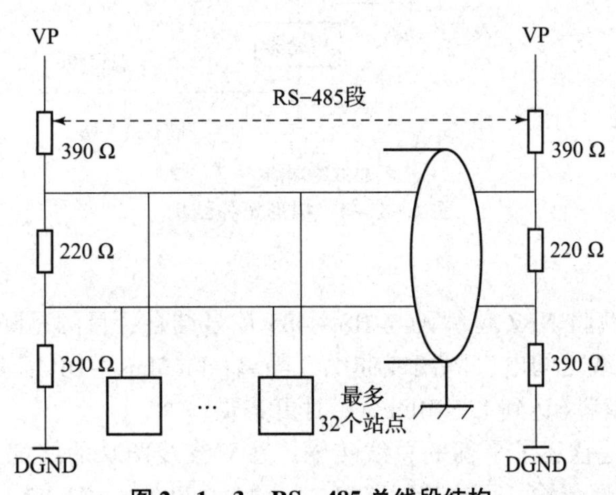

图 2-1-3　RS-485 总线段结构

中继器也称为线路放大器，用于放大传输信号的电平。采用中继器可以增加线缆长度和所连接的站数，两个站之间最多允许采用 3 个中继器。如果数据通信速率≤93.75 kbit/s，且链接的区域形成一条链（总线型拓扑），并假定导线的横截面积为 0.22 mm^2，则最大允许的拓扑如下。

（1）1 个中继器：2.4 km，62 个站点。

（2）2 个中继器：3.6 km，92 个站点。

（3）3 个中继器：4.8 km，122 个站点。

中继器是一个负载，因此在一个总线段内，中继器也计为一个站点，这样可运行的最大总线站点数就减少一个，但是中继器并不占用逻辑的总线地址。

2. 树形拓扑结构

在树形拓扑中可以用3个以上的中继器，并可连接122个以上的站点。这种拓扑结构可以覆盖很大的一个区域，例如，在通信速率低于93.75 kbit/s，导线横截面积为0.22 mm^2 时，纵线长度可达4.8 km，如图2-1-4所示。

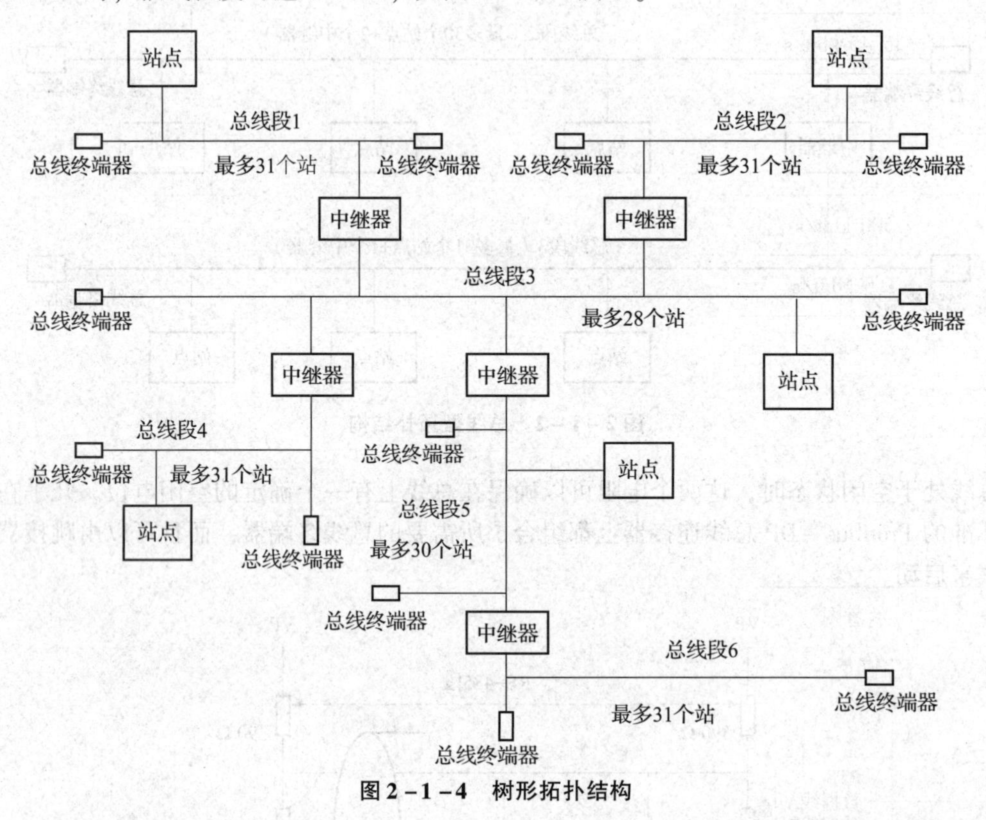

图2-1-4 树形拓扑结构

（二）电特性

Profibus-DP规范将NRZ位编码与RS-485信号结合，目的是降低总线耦合器成本，耦合器可以使站与总线之间电气隔离或非电气隔离；Profibus-DP需要总线终端器，特别是在较高数据通信速率（达到1.5 Mbit/s）时更需要。

Profibus-DP规范描述了平衡的总线传输。在双绞线两端的终端器使得Profibus-DP的物理层支持高速数据传输，可支持9.6 kbit/s、19.2 kbit/s、93.75 kbit/s、187.5 kbit/s、500 kbit/s、1.5 Mbit/s、3 Mbit/s、6 Mbit/s及12 Mbit/s等通信速率。

整个网络的长度以及每个总线段的长度都与通信速率有关，当通信速率小于或等于93.75 kbit/s时，最大电缆长度为1 200 m；当通信速率等于1.5 Mbit/s时，最大长度为200 m。不同通信速率下所允许的网络及总线段长度如表2-1-2所示。

（三）连接器

国际性的Profibus-DP标准EN50170推荐使用9针D形连接器用于总线站与总线的相互连接。D形连接器的插座与总线站相连接，而D形连接器的插头与总线电缆相连接。9针D形连接器的针脚分配如表2-1-3所示。

表 2－1－2 不同通信速率下所允许的网络及总线段长度

通信速率	最大总线段长度	网络最大延伸长度
9.6 kbit/s	1 200 m	6 000 m
19.2 kbit/s	1 200 m	6 000 m
45.45 kbit/s	1 200 m	6 000 m
93.75 kbit/s	1 200 m	6 000 m
187.5 kbit/s	1 000 m	5 000 m
500 kbit/s	400 m	2 000 m
1.5 Mbit/s	200 m	1 000 m
3 Mbit/s	100 m	500 m
6 Mbit/s	100 m	500 m
12 Mbit/s	100 m	500 m

表 2－1－3 9 针 D 形连接器的针脚分配

<table>
<tr><th>示意图</th><th>针脚号</th><th>端子名称</th><th>功能说明</th></tr>
<tr><td rowspan="6">5 GND
9
4 RTS
8 数据线A
3 数据线B
7
2
6 +5 V
1
内部悬空</td><td>1，2，7，9</td><td>NC</td><td>内部悬空</td></tr>
<tr><td>3</td><td>数据线 B</td><td>数据线正极</td></tr>
<tr><td>4</td><td>RTS</td><td>请求发送信号</td></tr>
<tr><td>5</td><td>GND</td><td>隔离 5 V 电源地</td></tr>
<tr><td>6</td><td>+5 V</td><td>隔离 5 V 电源</td></tr>
<tr><td>8</td><td>数据线 A</td><td>数据线负极</td></tr>
</table>

当总线系统运行的通信速率大于 1.5 Mbit/s 时，由于所连接站的电容性负载会引起导线反射，因此必须使用附加有轴向电感的总线连接插头。

（四）电缆

Profibus－DP 总线的主要传输介质是一种屏蔽双绞线，屏蔽有助于改善电磁兼容性。如果没有严重的电磁干扰，也可以使用无屏蔽的双绞线电缆。

Profibus－DP 电缆的特征阻抗应为 100～200 Ω，电缆的电容应小于 60 pF/m，导线的横截面积应大于或等于 0.22 mm^2。Profibus－DP 电缆的技术规范如表 3－1－4 所示。

表 3-1-4　Profibus-DP 电缆的技术规范

电缆参数名称	参数值
阻抗	135~165 Ω（*f* 为 3~20 MHz）
电容	<30 pF/m
电阻	<110 Ω/km
导体横截面积	≥0.34 mm^2
非 IS 护套的颜色	紫色
IS 护套的颜色	蓝色
内部电缆导体 A 的颜色（RXD/TXD-N）	绿色
内部电缆导体 B 的颜色（RXD/TXD-P）	红色

【任务实施】

随着 Profibus 的大量应用，许多用户开始接触并使用现场总线。但由于用户对现场总线技术的了解程度不同，再加上施工现场情况复杂，因而很有可能导致许多项目的现场总线在通信方面存在一些隐患，如果不能及时发现和处理，将有可能导致系统出现通信故障，从而影响整个系统的正常运行。

Profibus 网络通信的本质是 RS-485 串口通信。Profibus-DP 电缆很简单，只有两根线在里面，一根是红色的，另一根是绿色的，外面有屏蔽层。接线时，要把屏蔽层接好，不能和里面的电线接触。要分清楚进去的线和出去的线分别是哪个，可能是一串的，即一根总线下去，中间不断接入分站，这是很常用的方法。在总线两端的两个接头，线都要接在进去的那个孔里，不能是出去的那个孔，然后把这两个接头的开关置为“ON”状态，这时就只有进去的那个接线是通的，而出去的那个接线是断的。其余中间的接头都置为“OFF”状态，它们的进、出两个接线都是通的（记忆方法：“ON”表示接入终端电阻，所以两端的接头拨至“ON”；“OFF”表示断开终端电阻，所以中间的接头要拨至“OFF”），整体结构示意如图 2-1-5 所示。

Profibus-DP 电缆制作过程如下。

（1）工具材料准备。Profibus-DP 电缆制作用到的主要部件是电缆和剥线器，如图 2-1-6所示。

（2）打开 Profibus 网络连接器。先打开电缆张力释放压块，然后掀开芯线锁，如图 2-1-7所示。

（3）去除 Profibus 电缆芯线外的保护层，将芯线按照相应的颜色标记插入芯线锁，再把锁块用力压下，使内部导体接触。注意：电缆剥出的屏蔽层与屏蔽连接压片接触，如图 2-1-8 所示。

由于通信频率比较高，因此通信电缆采用双端接地，电缆两端都要连接屏蔽层。

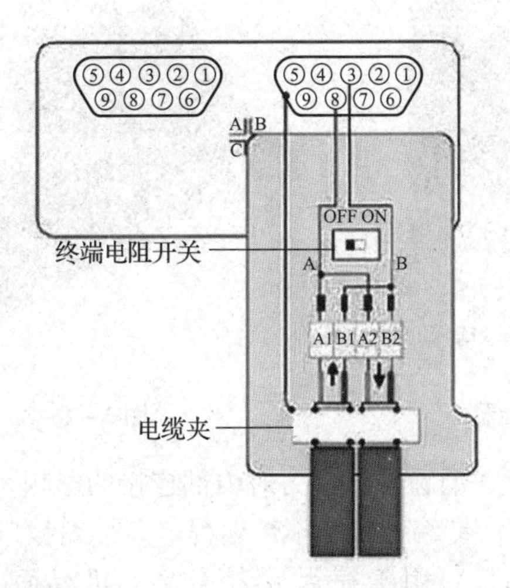

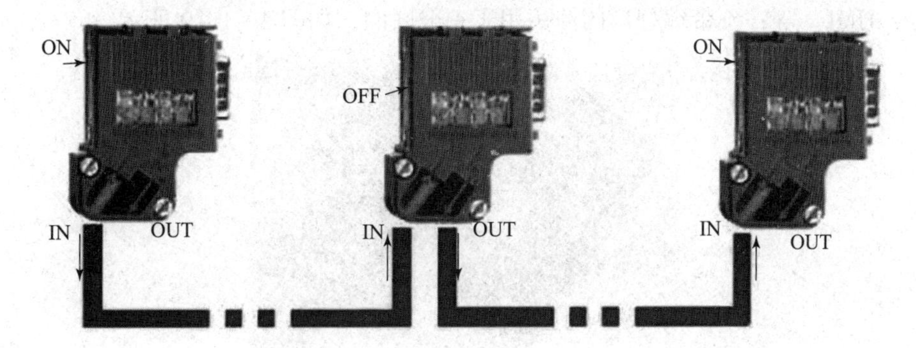

图 2-1-5　Profibus - DP 电缆整体连接示意

图 2-1-6　Profibus 电缆与剥线器

图 2-1-7 打开的 Profibus 连接器

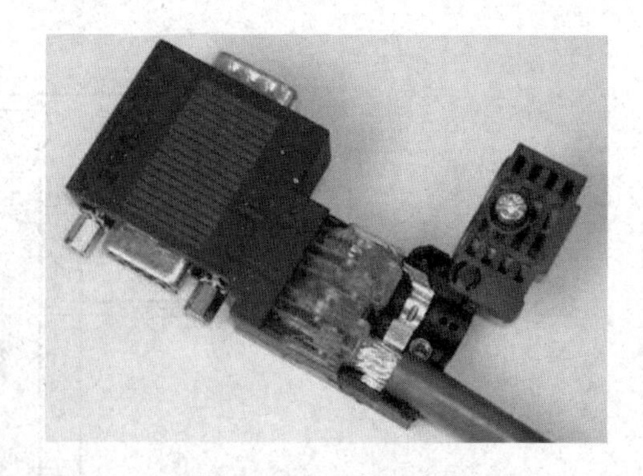

图 2-1-8 插入电缆

（4）复位电缆压块，拧紧螺丝，消除外部拉力对内部连接的影响。

网络连接器主要分为两种类型：带编程口和不带编程口。带编程口的插头可以在联网的同时仍然提供一个编程连接端口，用于编程或者连接人机界面（Human - Machine Interface，HMI）等；不带编程口的插头用于一般联网，如图 2-1-9 所示。

图 2-1-9 不带编程口的网络连接器（左侧）和带编程口的网络连接器（右侧）

（5）通过 Profibus 电缆连接网络插头，构成总线型网络结构，如图 2-1-10 所示。

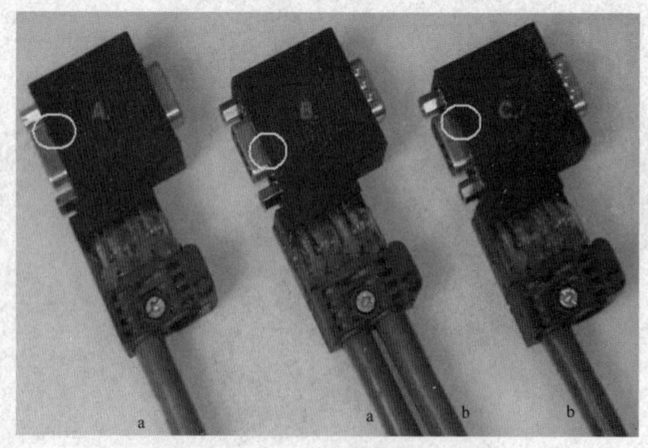

图 2-1-10 总线型网络连接

在图 2-1-10 中，网络连接器 A、B、C 分别插到三个通信站点的通信口上；电缆 a 连接插头 A 和 B，电缆 b 连接插头 B 和 C。总线型结构可以照此扩展。

注意：圆圈内是终端电阻开关设置。网络终端插头的终端电阻开关必须放在“ON”

位置；中间站点插头的终端电阻开关应放在“OFF”位置。

【任务总结】

在制作 Profibus - DP 电缆时要注意以下要点。

（1）接线无松动，线芯无损伤。

（2）屏蔽层不能触碰到信号线。

（3）紫色外皮应压在固定位置。

（4）盒盖紧固严密，无松动。

任务二　基于 Modbus TCP 的汇川 PLC 与触摸屏应用

【任务目标】

熟悉汇川 IT6100E - J 触摸屏、汇川 AM610PLC，掌握触摸屏及 PLC 编程设计软件基本操作。采用 Modbus TCP 工业以太网通信，设计一个简单的控制应用，用触摸屏按钮控制 PLC 输出点亮指示灯。

【任务分析】

本任务主要通过理论知识的学习以及各种文献资料的查阅，熟悉汇川 IT6000 触摸屏和 AM610PLC；掌握 InoTouch Editor 及 InoProShop 编程软件的安装方法和步骤，学习 InoTouch Editor 及 InoProShop 编程软件工程建立、组态、下载与模拟运行的一般过程；掌握 Modbus TCP 通信设置；学会 IT6000 触摸屏及 AM610PLC 的接线方法及软件的使用。

【知识准备】

一、汇川 IT6100E - J 触摸屏

IT6100E - J 触摸屏如图 2 - 2 - 1 所示，它属于 IT6000 系列 HMI 产品，是汇川新一代人机交互产品。相比 IT5000 系列，IT6000 系列的运算性能有 3 ~ 4 倍的提升，能轻松应对复杂工程页面切换延迟问题，同时还具备更多的良好 UI 控件，使得人机交互体验极佳。

图 2 - 2 - 1　IT6100E - J 触摸屏

（一）IT6100E - J 触摸屏基础

在开始对 InoTouch 系列人机画面进行编程之前，需要先了解 InoTouch 系列触摸屏的

系统设定。下面主要介绍如何设定 InoTouch 系列触摸屏的 IP 地址、上传/下载程序的密码等。

1. 进入触摸屏系统

上电时，按住触摸面板不放，系统启动后就会出现进入系统输入密码画面，如图 2－2－2 所示。

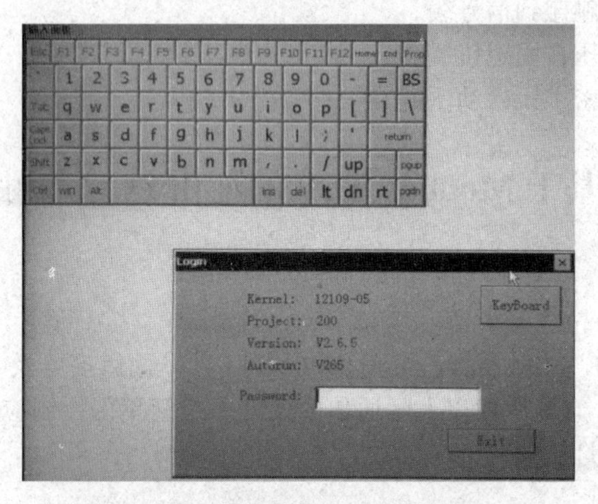

图 2－2－2 进入系统输入密码画面

为了系统安全，进入系统时需要输入密码，输入正确密码（默认密码：111111）后才会自动进入系统设定画面，如图 2－2－3 所示。

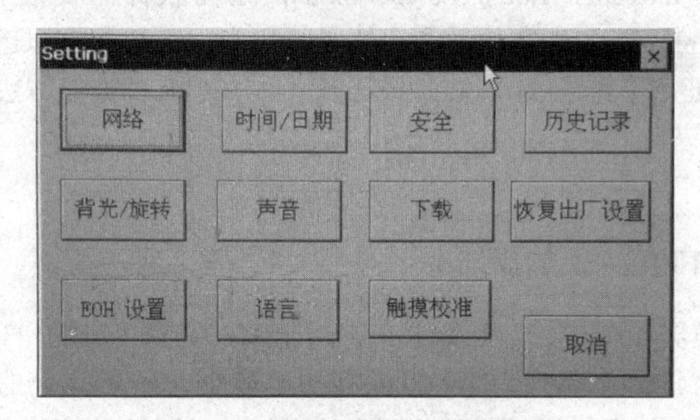

图 2－2－3 系统设定选择画面

2. 设定触摸屏的 IP 地址

在图 2－2－3 中单击“网络”进入触摸屏 IP 地址设定画面，如图 2－2－4 所示。选择“自动获得 IP 地址”时，会由局域网的 DHCP 服务器自动分配 IP 地址，此时 InoTouch Editor 触摸屏就相当于该局域网里面的一台计算机，IT5000 触摸屏接到计算机所在的局域网时，可以选择此项。

选择“手动配置 IP 地址”时，手动设定人机画面的 IP 地址，一般适合计算机和人机画面直接连接的情况。手动设定 IP 地址时，必须使用网线直接连接触摸屏本身，两者都必须是手动设定静态 IP 地址，且两者的 IP 地址必须是在同一个网段。例如，触摸屏的 IP 地址设定为 192.168.1.11，那么计算机的 IP 地址可以设定为 192.168.1.18 等。

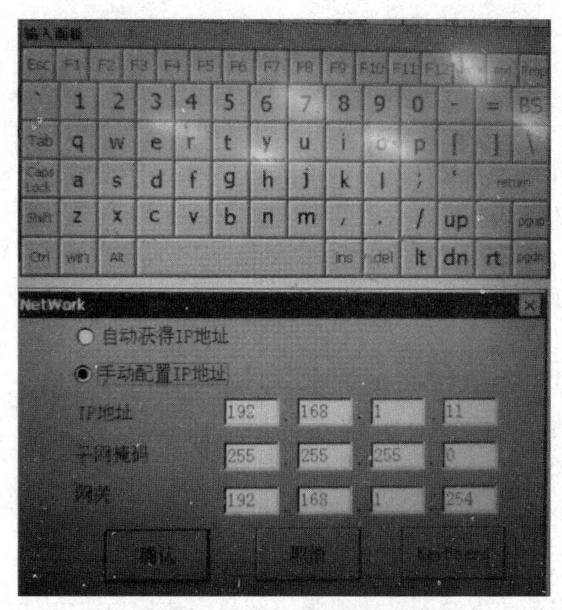

图 2-2-4　IP 地址设定画面

3. 将触摸屏恢复到系统密码的方法

如果不小心忘记了给触摸屏设定的各种密码，如进入系统的密码、上传/下载程序的密码等，此时就无法在触摸屏上下载程序了。在此情况下，只要将触摸屏恢复到系统密码，这些密码就会恢复为系统统一密码：111111，同时也恢复上传/下载密码为 000000。操作如下。

将触摸屏背面五个拨码开关中的第 2 个、第 3 个和第 5 个设置为“ON”，其余 2 个拨码开关设置为“OFF”，如图 2-2-5 所示。

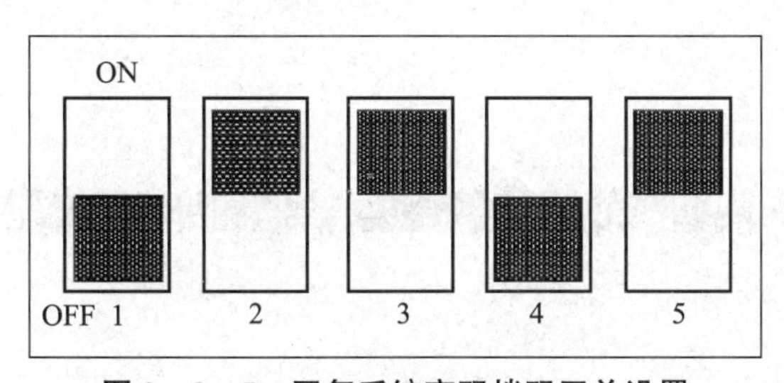

图 2-2-5　回复系统密码拨码开关设置

拨完之后重新上电，会弹出如图 2-2-6 所示对话框，询问是否要恢复为出厂设置密码。

单击“YES”按钮即可恢复为出厂设置密码。注意：此时单击“YES”按钮，触摸屏中的画面程序和所有保存的资料，如配方数据、资料取样数据、报警记录等将会被全部清除。执行上述恢复系统设置过程后，触摸屏的系统密码（Local Password）会恢复为 111111；上传/下载程序密码会恢复为 000000。

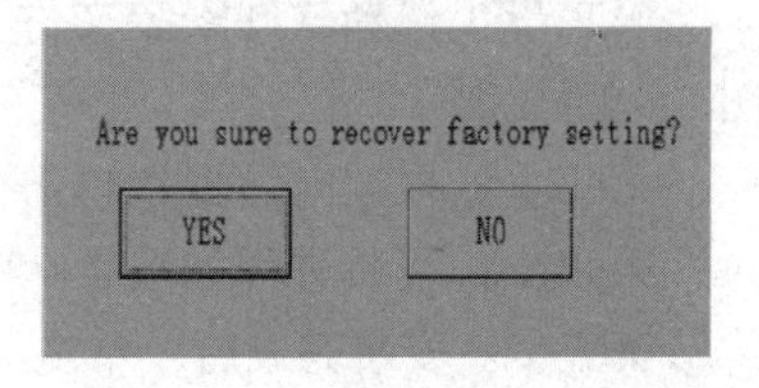

图 2-2-6　回复系统密码选择

（二）InoTouch Editor 软件基础

1. 软件来源及计算机配置要求

InoTouch Editor 软件是由汇川控制技术有限公司自主开发的，可向 HMI 供应商索取，或者在深圳汇川技术官网上下载（网站地址为 http://www.inovance.cn），也可在中国工控网汇川主题上下载，从而获取最新的软件安装包。

计算机配置要求（建议配置要求）如下。

CPU：主频 1 GB 以上的 Intel 或 AMD 产品。

内存：512 MB 或以上。

硬盘：最少有 500 MB 的空闲磁盘空间。

显示器：支持分辨率 1 024 ppi ×768 ppi 以上的彩色显示器。

Ethernet 端口或 USB 口：下载画面程序时使用。

操作系统：Windows XP/Windows Vista/Windows 7/Windows 2000。

2. 软件安装

第一步：将软件安装包下载到计算机里，解压完成后单击文件内的 setup 图标，屏幕将显示安装画面，如图 2－2－7 所示，此时根据安装向导提示，单击“下一步（N）>”按钮。

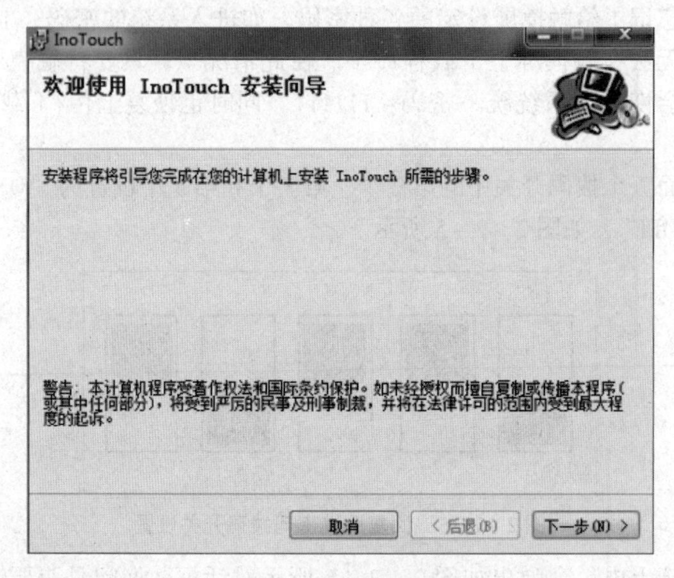

图 2－2－7　安装画面

第二步：选择软件安装文件夹或选择默认路径，并单击“下一步（N）>”按钮，如图 2－2－8 所示。

第三步：根据向导提示单击“下一步（N）>”按钮确认安装，如图 2－2－9 所示。

第四步：安装进程如图 2－2－10 所示。

第五步：安装完成后，单击“关闭（C）”按钮即成功安装了编程软件，如图 2－2－11 所示。

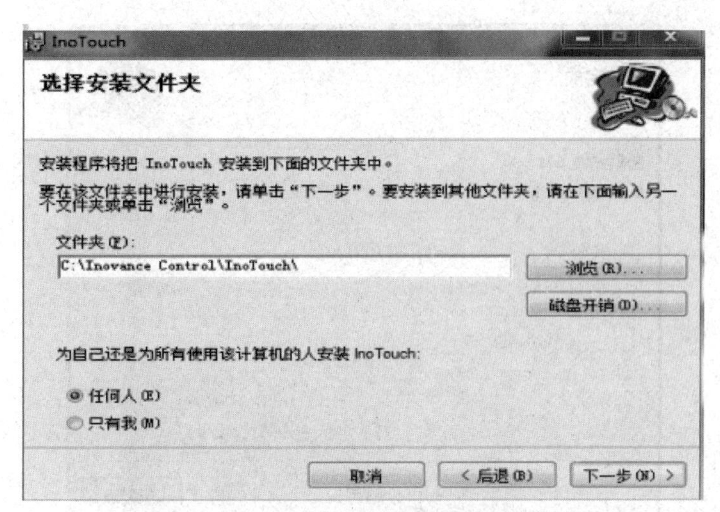

图 2-2-8　选择安装路径

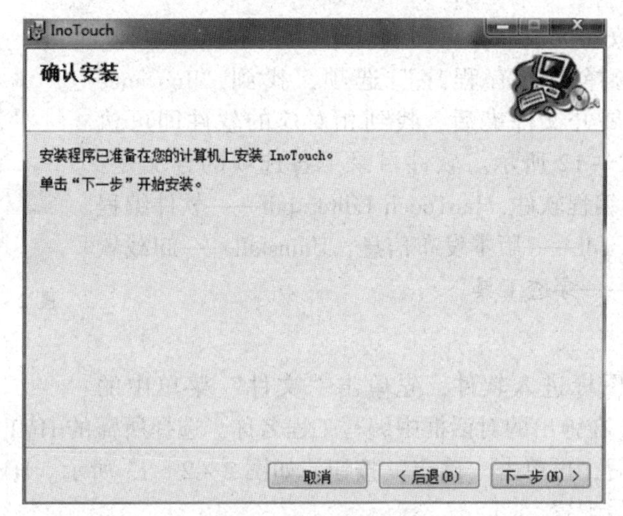

图 2-2-9　确认安装

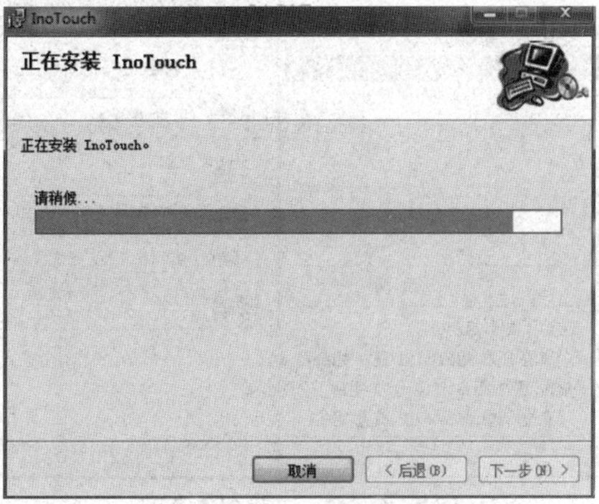

InoTouch

正在安装 InoTouch

正在安装 InoTouch。

请稍候...

取消　< 后退(B)　下一步(N) >

图 2-2-10　安装进程

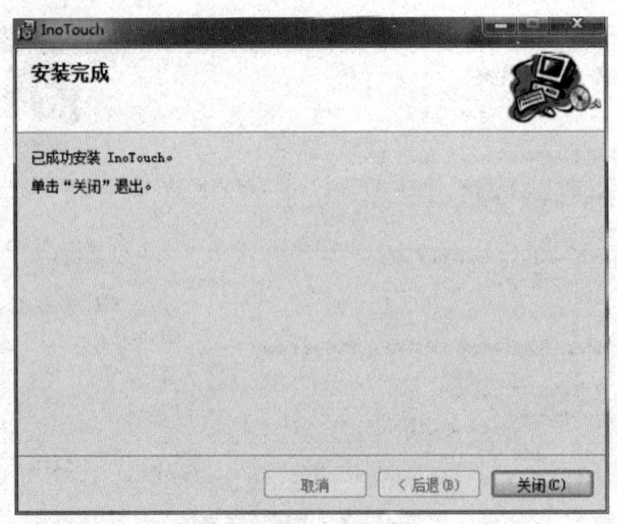

图 2-2-11　安装结束

第六步：软件安装完成后，桌面上自动创建图标，也可从"开始"菜单中选择"所有程序"选项，找到"Inovance Control"文件夹，展开文件夹后，找到相对应的软件即可执行程序，如图 2-2-12 所示。软件目录下各选项的含义是：InoTouch Editor——编程软件，InoTouch Editor. pdf——软件编程手册，ReleaseNotes. pdf——版本发布信息，Uninstall——卸载软件，VSVComVCPP——穿透工具。

图 2-2-12　软件目录选项

3. 工程制作

第一步：单击图标进入软件，先单击"文件"菜单中的"新建工程"选项，在弹出的对话框中编写工程名称，选择所需的 HMI 型号和保存工程的路径等，设置完毕后，再单击"确定"按钮，如图 2-2-13 所示。HMI 型号的选择根据实际发货清单的型号配置。

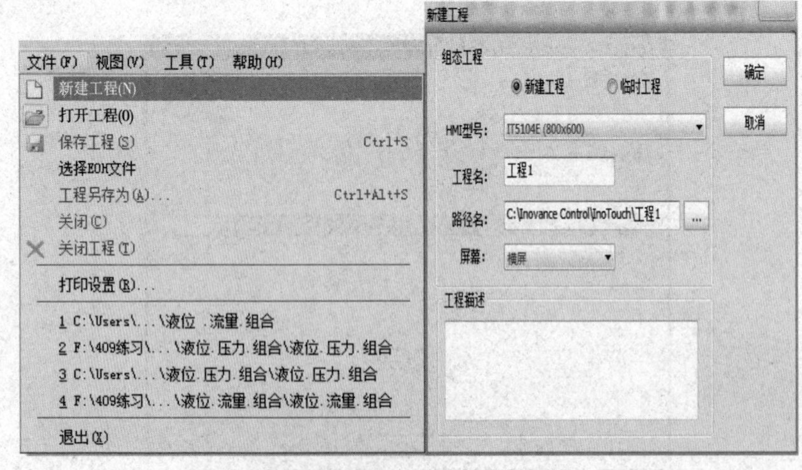

图 2-2-13　工程创建画面

第二步：如图 2-2-14 所示，在“项目管理”菜单中找到“通信连接”选项，并在其“本地设备”中选中“Ethernet”，右击选择“添加设备”，在弹出的对话框中对设备名称、制造厂商、设备型号、连接端口、PLC IP 地址、预设站号和端口号等进行设置。注意：通常情况下触摸屏作为主站使用，PLC 作为从站使用，在这里主要设置触摸屏采用什么样的端口与 PLC 连接以及所连接的 PLC IP 地址。

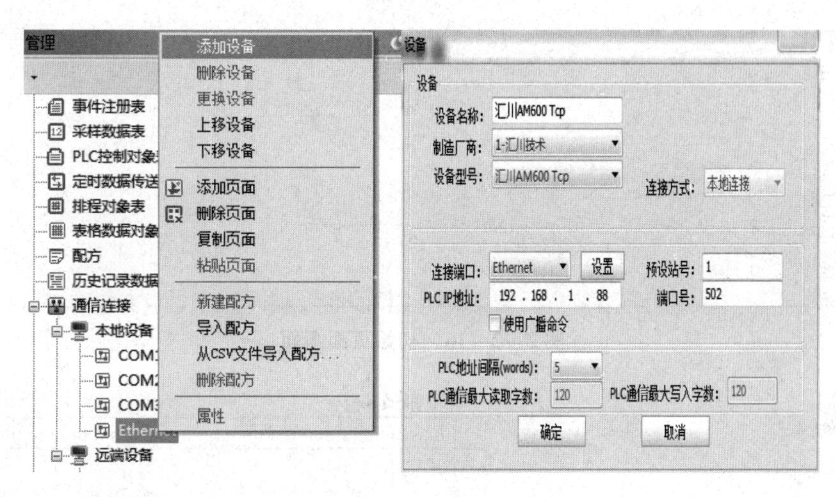

图 2-2-14　设备添加画面

第三步：如图 2-2-15 所示，“汇川 AM600 T_{cp}（本地设备）以太网设备 1”添加成功。

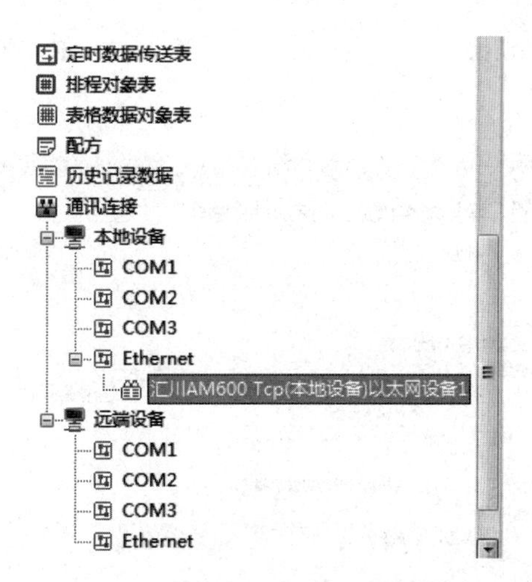

图 2-2-15　设备添加成功画面

第四步：在“初始页面”中进行绘制，如图 2-2-16 所示。

若要增加一个“位状态切换开关”控件，可通过“简单控件工具栏”，如图 2-2-17 所示，在画面中单击鼠标，就建立了“位状态切换开关”控件，如图 2-2-18 所示。

第五步：选择画面中建立的“位状态切换开关”控件，双击或单击鼠标右键，选择“编辑控件属性”对它进行编辑，如图 2-2-19 所示。

图 2－2－16　初始页面画面

图 2－2－17　“位状态切换开关”控件

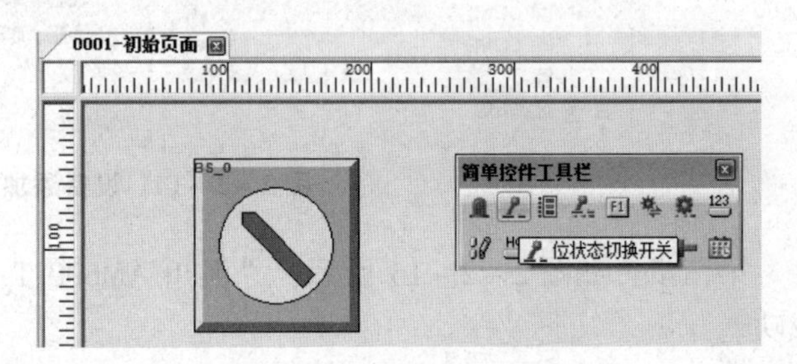

图 2－2－18　建立控件画面

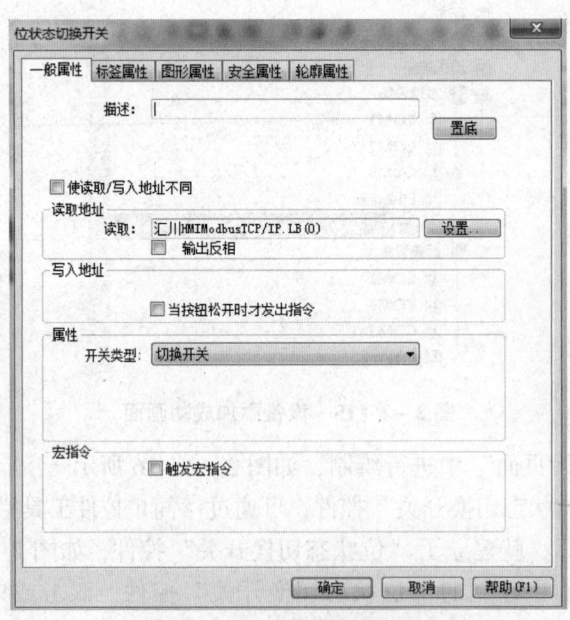

图 2－2－19　编辑控件属性画面

同理，若要增加一个“位状态指示灯”控件，可通过“简单控件工具栏”，如图 2 - 2 - 20 所示，在画面中单击鼠标，就建立了“位状态指示灯”控件，如图 2 - 2 - 21 所示。

图 2 - 2 - 20　“位状态指示灯”控件

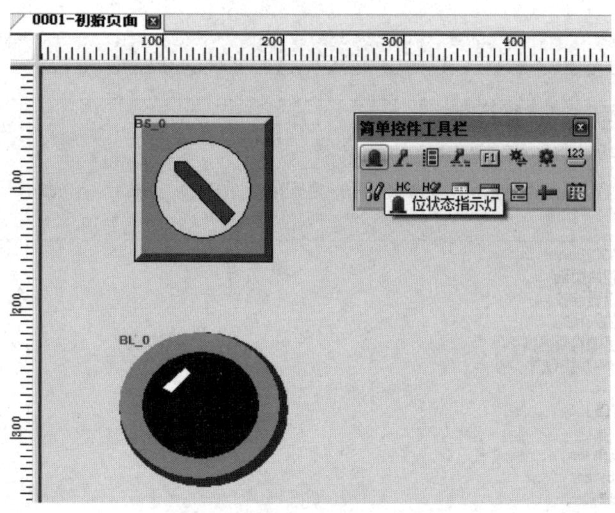

图 2 - 2 - 21　建立控件画面

第六步：选择画面中建立的“位状态指示灯”控件，双击或单击鼠标右键，选择“编辑控件属性”对它进行编辑，如图 2 - 2 - 22 所示。

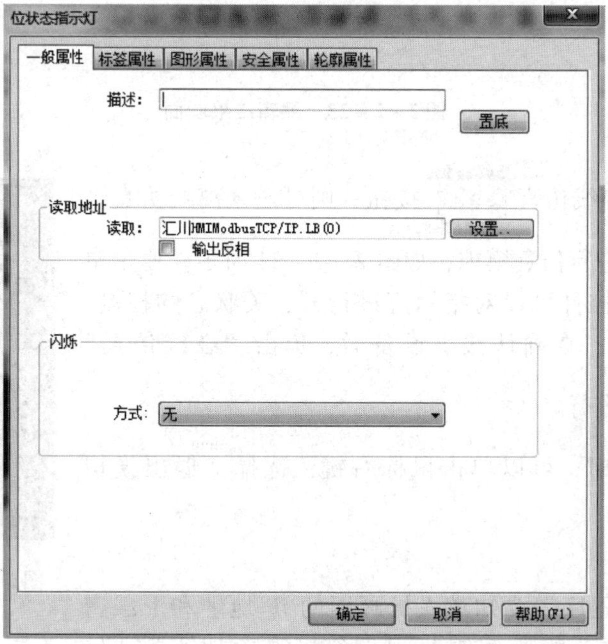

图 2 - 2 - 22　编辑控件属性画面

第七步：单击 图标，保存工程。InoTouch Editor 软件编辑生成的工程文件扩展名为 . afs。

第八步：存盘完成后使用者可以使用编译功能，检查画面规划是否正确，编译功能的执行按钮为 ，编译后生成的输出文件扩展名为 . EOH。

若编译结果不存在任何错误（见图 2-2-23），即可执行离线仿真功能。

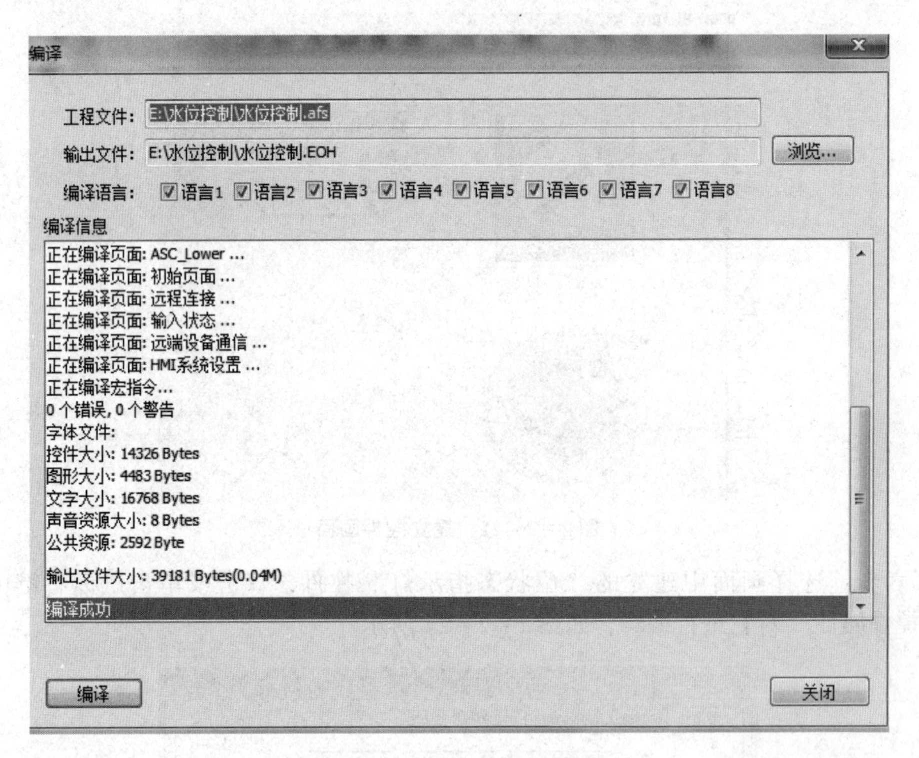

图 2-2-23　编辑结果画面

第九步：单击离线仿真 按钮，则可进入离线仿真画面，对绘制的画面进行仿真模拟，如图 2-2-24 所示。通过单击仿真画面的开关控件可以对指示灯进行开、关状态的控制。若要进行在线仿真，在确认接上设备后，单击“在线仿真” 按按钮即可进行。

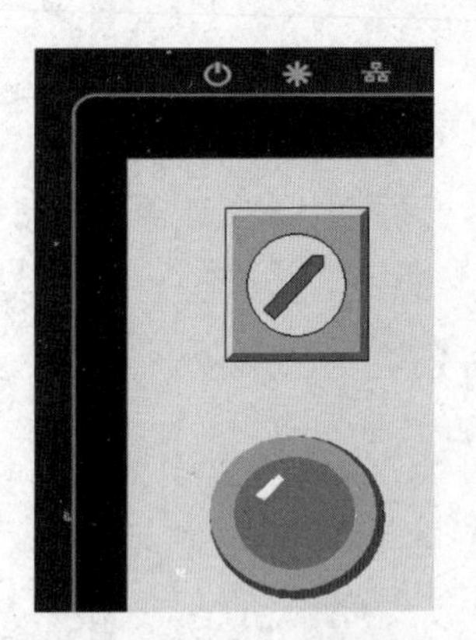

图 2-2-24　仿真画面

退出仿真画面时，可以单击鼠标右键，选择“退出模拟器”。

4. 工程下载

使用网线下载程序需要知道人机画面的 IP 地址和下载密码，若计算机直接与人机画面连接，则计算机的 IP 地址必须设置为与人机画面的 IP 地址在同一个网段，但两地址的端口号不一样。若 IP 地址表示为 A、B、C、D 形式，则 A、B、C 要一致，但 D 不能一致。例如，触摸屏的 IP 地址为 192.168.1.11，计算机的 IP 地址为 192.168.1.18。下载密码为初始密码 000000，单击 InoTouch Editor 软件菜单“工具/下载”或按下快捷键 F7 或单击工具栏上的图标，将会弹出如图 2-2-25 所示的对话框。

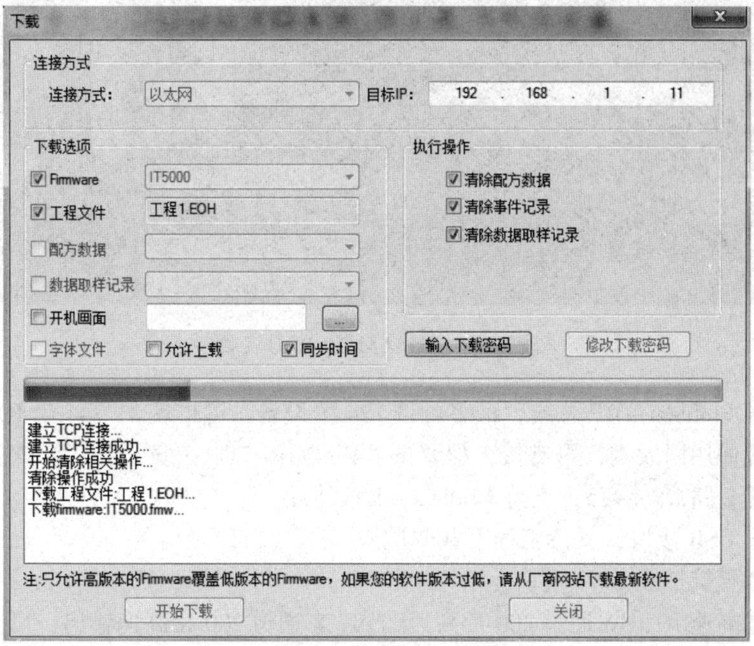

图 2-2-25 工程下载画面

在该对话框内设置下载方式为“以太网”，并正确设置“HMI 地址”和下载密码。若是第一次给人机画面下载程序或第一次使用更新的软件版本，请勾选“Firmware”，其他选项可以根据实际需要勾选。设置完之后，单击“开始下载”按钮，即可将程序下载到人机画面里面。

二、汇川 AM610 PLC

（一）AM610 PLC 基础

AM600 系列中型 PLC 是汇川技术基于 CoDeSys + A8 的软硬件平台自主研发的高性能中型 PLC。汇川技术凭借十余载对工控设备的研究，打造出了坚固可靠的工业大脑，具备一站式解决方案，包括强大的运动控制、大规模分布式 IO 控制、多层次网络等方案，可同时承载工业自动化与信息化的中心枢纽功能，适用于大规模控制的工厂自动化、产线自动化、过程自动化领域，以及高端自动化设备。AM600 PLC 专注于运动控制运算，AM610 PLC 专注于过程控制运算。

如图 2-2-26 所示，AM610 PLC 中从左至右依次是 PLC 电源模块、远程通信模块、PLC CPU、数字量高速输入模块、数字量输出模块、模拟量输入模块、内置 IO 转接端子台。

AM610 PLC 具有以下功能。

图2-2-26 AM610 PLC实物

(1) 内置Profibus-DP总线，最多可带124个设备，可扩展31 744个IO。

(2) 内置通用以太网，可支持工程调试、Modbus-TCP（服务器、客户端）。

(3) 内置2路RS-485，支持Modbus-RTU协议。

(4) 内置USB接口，支持工程下载调试。

(5) 支持直接扩展16个模块。

(6) 内置高速IO，16通道200 K高速输入，8通道200 K高速输出，可支持4轴脉冲运动控制。

(7) 支持IEC-61131-3六种编程语言IL、LD、FBD、SFC、CFC、ST。

(8) 逻辑位指令1 ns，字传送指令4 ns。

(9) 程序容量10 MB，数据容量8 MB，支持TF扩展存储容量。

(二) AM610 CPU模块

1. AM610 CPU模块规格

AM610 CPU模块规格如表2-2-1所示。

表2-2-1 AM610 CPU模块规格

项目	规格描述
编程方式	IEC 61131-3编程语言（LD、FBD、IL、ST、SFC、CFC）
程序执行方式	编译执行
用户程序存储空间	4 MB
Flash掉电保持空间	512 KB
SD卡存储卡容量	可达32 GB通用SD卡

续表

<table>
<tr><th>项目</th><th colspan="6">规格描述</th></tr>
<tr><td rowspan="8">软元件及特性</td><td rowspan="2">元件</td><td rowspan="2">名称</td><td rowspan="2">个数</td><td colspan="3">存储特性</td></tr>
<tr><td>默认</td><td>存储属性可更改</td><td>说明</td></tr>
<tr><td>I</td><td>输入继电器</td><td>64 K Words</td><td>不保存</td><td>否</td><td rowspan="4">X：1 位
B：8 位
W：16 位
D：32 位
L：64 位</td></tr>
<tr><td>Q</td><td>输出继电器</td><td>64 K Words</td><td>不保存</td><td>否</td></tr>
<tr><td rowspan="2">M</td><td rowspan="2">辅助继电器</td><td rowspan="2">240 K Words</td><td>—</td><td>—</td></tr>
<tr><td>保存</td><td>可</td></tr>
<tr><td>SM</td><td>特殊标志</td><td>10 000 bit</td><td>保存</td><td>特殊使用</td><td>特殊标志</td></tr>
<tr><td>SD</td><td>特殊寄存器</td><td>10 000 Words</td><td>保存</td><td>特殊使用</td><td>特殊寄存器</td></tr>
<tr><td>程序掉电保持方式</td><td colspan="6">Flash 保持/SD 卡保持可选（如果上电时间小于 35 s 时发生掉电，不进行掉电保存）</td></tr>
<tr><td>内部 5 V 电源输出电流</td><td colspan="6">1 500 mA（额定值）</td></tr>
<tr><td>中断模式</td><td colspan="6">8 点输入中断（CPU 模块高速 DI），支持上升沿和下降沿中断</td></tr>
</table>

2. AM610 CPU 模块对外接口

AM610 CPU 模块对外接口如图 2－2－27 所示。

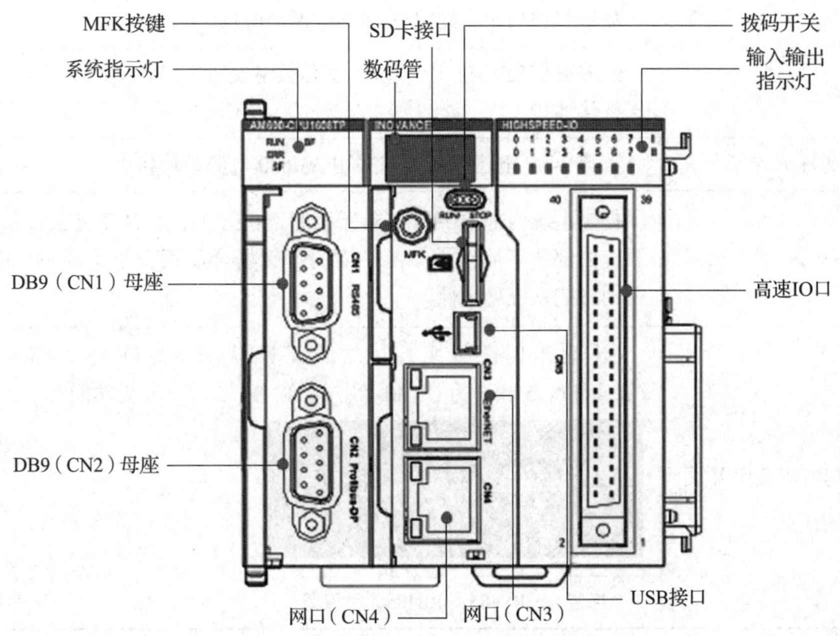

图 2－2－27 AM610 CPU 模块对外接口

AM610 CPU 模块对外接口参数如表 2－2－2 所示。

表 2－2－2　AM610 CPU 模块对外接口参数

接口名称	功能定义
DB9（CN1）/（母座）	2 路 RS－485 接口，支持 Modbus－RTU 协议
DB9（CN2）/（母座）	Profibus－DP 协议
网口（CN4）	无
网口（CN3）	1. Modbus－TCP 2. 标准以太网功能 3. 系统程序调试 4. 用户程序下载与调试（只支持 IPV4）
USB	程序下载及调试
高速 IO	16 点高速输入/8 点高速输出
输入输出指示灯	16 路输入/8 路输出信号有效指示灯
拨码开关	RUN/STOP 拨码开关
SD 卡接口	用于存储用户程序与用户数据
MFK	按键 MFK 多功能按键
指示灯	运行指示灯 RUN
	CPU 模块运行错误指示灯 ERR
	系统错误指示灯 SF
	通信错误指示灯 BF
数码管	显示告警信息、MFK 按键响应提示信息
本地扩展总线接口	最多可扩展 16 个 IO 模块，实际数量及组态以各模块功耗进行限定。不支持热插拔
24 V 电源输入端子	直流 24 V 电压输入，需采用 AM600 电源模块供电
接地开关	提供系统内部数字地与机壳地的连接开关，默认不连接。仅在需要把系统内部数字地作为参考平面的特殊场合使用，不建议用户随意操作，否则影响系统稳定性
通信匹配电阻拨码开关	ON 表示匹配电阻接入（出厂默认全为 OFF），3 和 4 为 COM1（RS485），5 和 6 为 COM0（RS485），1、2、7、8 无功能 ON 1 2 3 4 5 6 7 8 保留　RS485　RS485　保留

三、InoProShop 软件基础

（一）软件来源及计算机配置要求

通过汇川 DVD 存储的软件光碟，或者在汇川官网上下载中型 PLC 编程软件 InoProShop V1. 1. 0 或其更高版本来安装。本书以 InoProShop V1. 4. 5 版本为例进行讲解。

配有 Windows7/Winodws8 操作系统的台式 PC 或便携计算机；计算机 RAM 容量为 2 GB，硬盘或 SSD 的剩余空间在 5 GB 以上；推荐计算机 CPU 主频在 2 GHz 以上。

（二）软件安装

解压安装包，将压缩文件解压到当前文件夹，打开文件夹，双击图标打开安装文件，如图 2 - 2 - 28 所示，Microsoft .NET Framework 安装画面如图 2 - 2 - 29 所示。

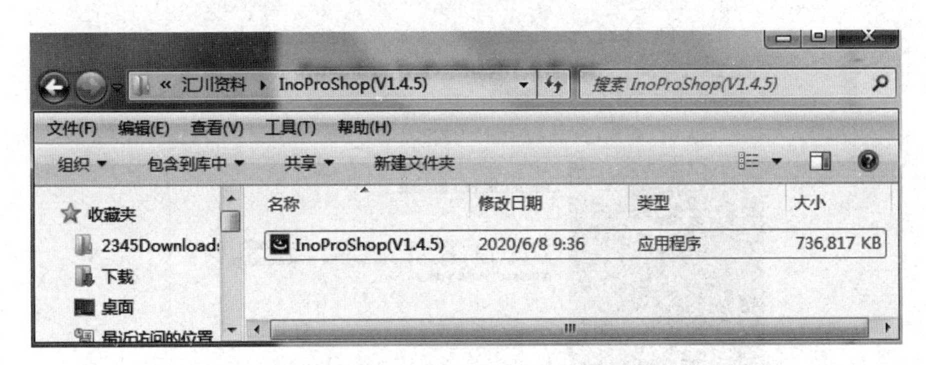

图 2 - 2 - 28　打开安装文件

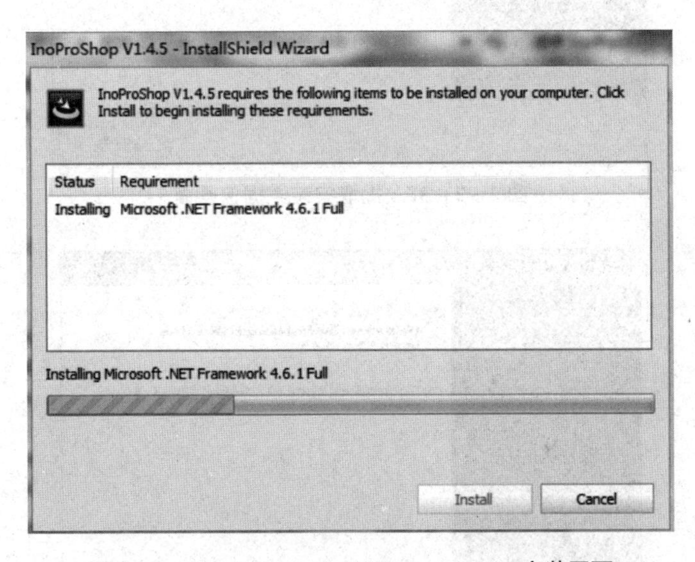

图 2 - 2 - 29　Microsoft .NET Framework 安装画面

安装 Microsoft .NET Framework 等待画面，如图 2 - 2 - 30 所示。

Microsoft .NET Framework 安装完毕后进入图 2 - 2 - 31 所示画面，提取安装数据包。

提取安装数据包完成后，弹出如图 2 - 2 - 32 所示画面。

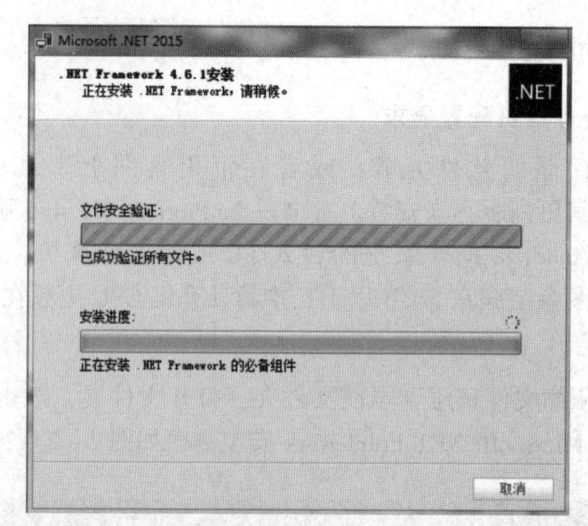

图 2-2-30　安装 Microsoft .NET Framework 等待画面

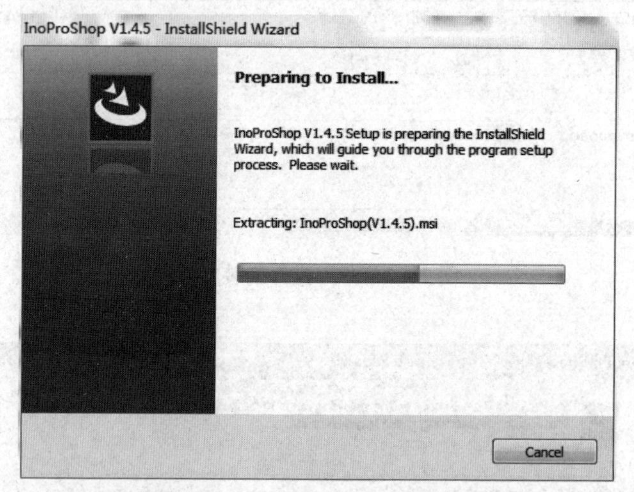

图 2-2-31　提取安装数据包画面

图 2-2-32　Microsoft .NET Framework 及提取安装数据包安装完成画面

单击“Next >”按钮，进入 InoProShop 安装画面，在安装过程中选择默认或同意选项一级合适的安装路径，单击“Next >”按钮即可，如图 2 – 2 – 33 所示。

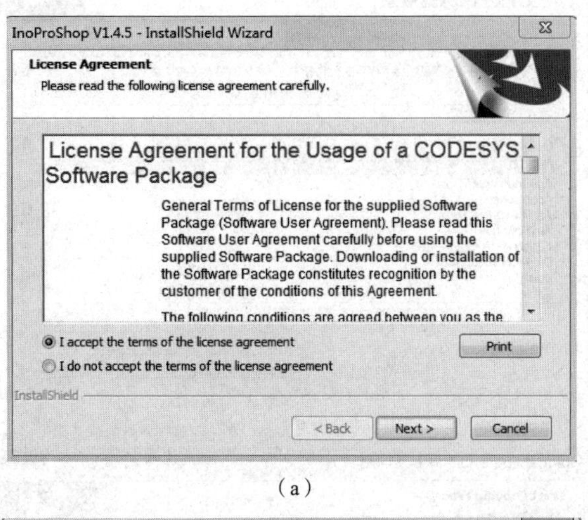

(a)

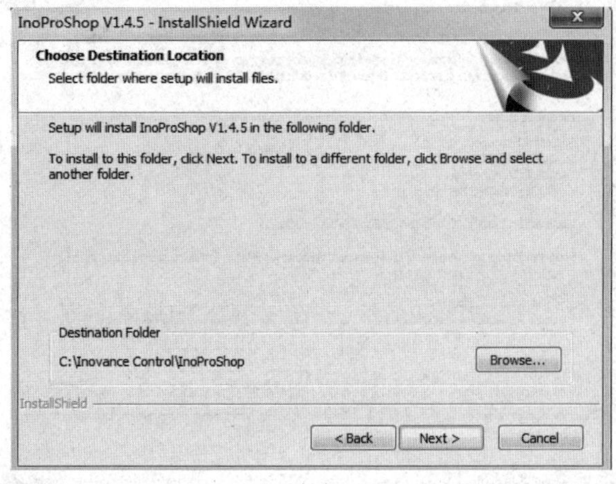

(b)

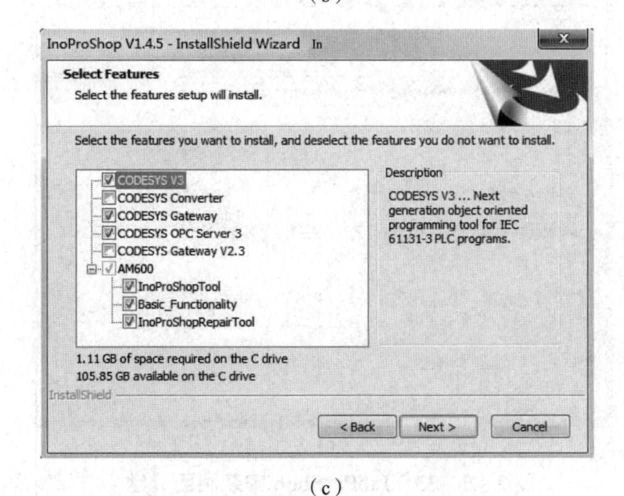

(c)

图 2 – 2 – 33　InoProShop 安装画面

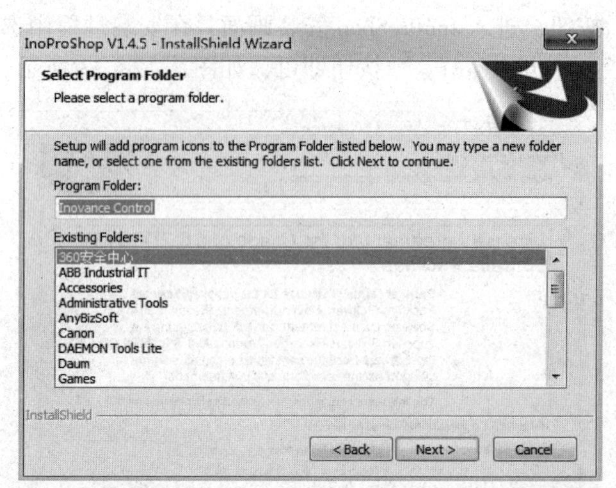

(d)

InoProShop V1.4.5 - InstallShield Wizard

Start Copying Files

Review settings before copying files.

Setup has enough information to start copying the program files. If you want to review or change any settings, click Back. If you are satisfied with the settings, click Next to begin copying files.

Current Settings:

Selected Features:
CODESYS V3
CODESYS Gateway
CODESYS OPC Server 3

Destination Folder: C:\Inovance Control\InoProShop\

Program Folder: C:\ProgramData\Microsoft\Windows\Start Menu\Programs\Inovance C

InstallShield

< Back　Next >　Cancel

(e)

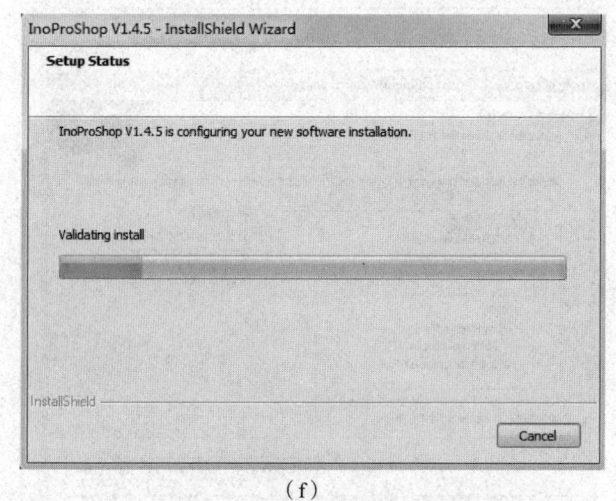

(f)

图 2-2-33　InoProShop 安装画面（续）

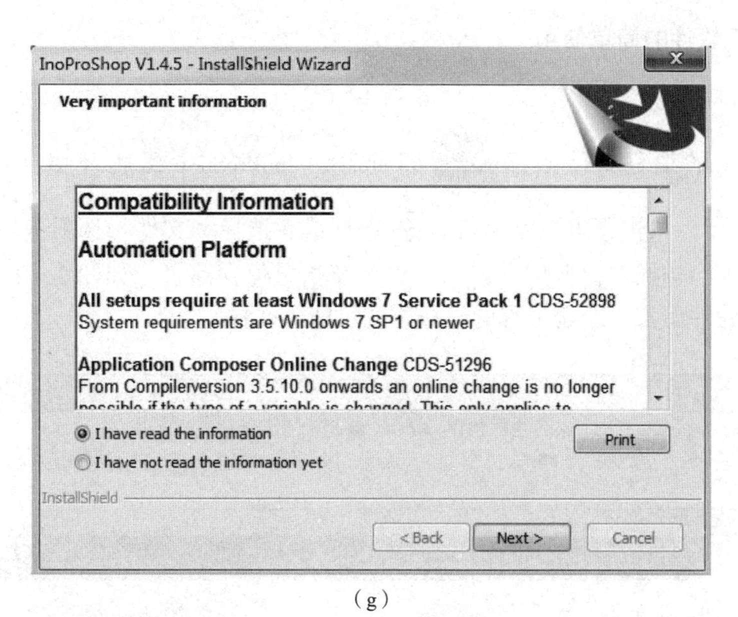

（g）

InoProShop V1.4.5 - InstallShield Wizard

InstallShield Wizard Complete

The InstallShield Wizard has successfully installed InoProShop V1.4.5. Click Finish to exit the wizard.

< Back　Finish　Cancel

（h）

图 2 – 2 – 33　InoProShop 安装画面（续）

安装完成后，桌面会出现如图 2 – 2 – 34 所示的快捷图标。

图 2 – 2 – 34　快捷图标

（三）编程软件的简单使用

1. 启动编程环境

双击桌面上的编程软件图标 即可启动 InoProShop 编程环境，起始页画面如图 2－2－35 所示。单击菜单栏左上角的 图标或者选择“文件”选项卡的“新建工程”选项来新建工程，选择工程类型并输入工程名及指定保存路径，如图 2－2－36 所示。对于不同版本的软件而言，新建工程的模板样式可能不一样。

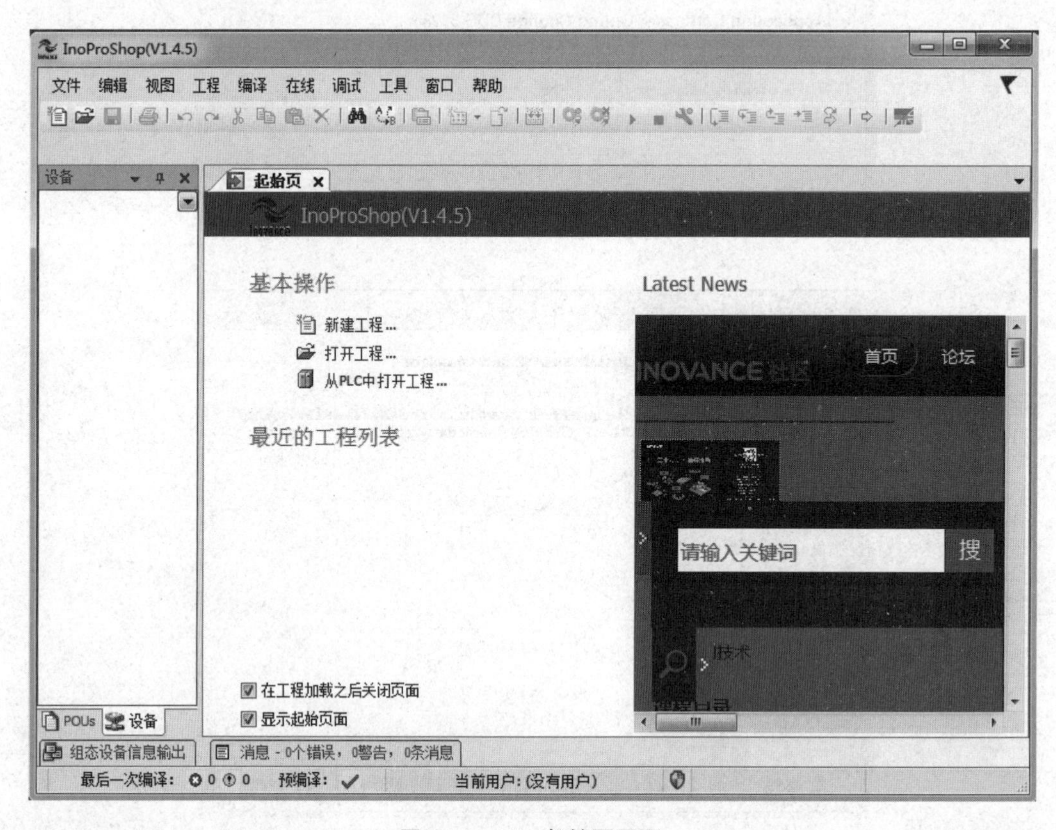

图 2－2－35　起始页画面

单击如图 2－2－36 所示画面中的“确定”按钮，进入标准工程画面，用户可以选择设备类型和编程语言，如图 2－2－37 所示。

单击如图 2－2－37 所示画面中的“确定”按钮后，进入系统组态配置与编程画面。常用的按钮与画面分布如图 2－2－38 所示。

2. 用户系统的配置操作

在如图 2－2－38 所示的画面中，双击左侧设备树中的“LocalBus Config”选项，进入 PLC 主机架的硬件配置画面，根据实际应用系统使用的模块型号、安装顺序，从右侧的扩展模块库中依次双击选中模块，将其添加到“安装机架”上；若需要删除某个模块，选中该模块后按删除“Delete”键即可。

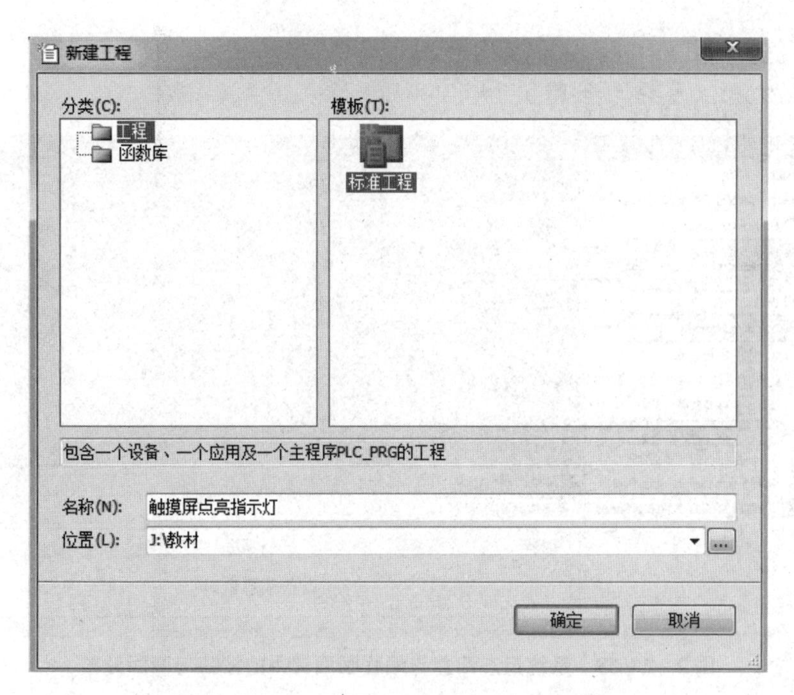

图 2-2-36　工程名及保存路径设置画面

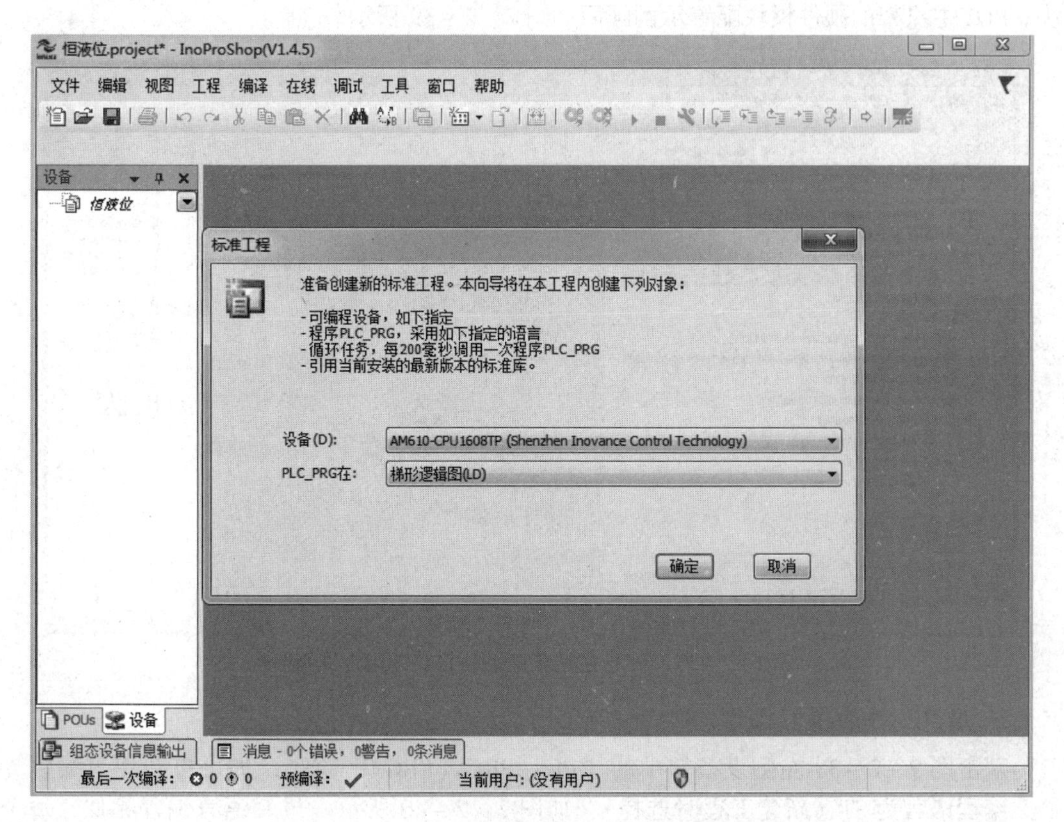

图 2-2-37　设备类型和编程语言选择画面

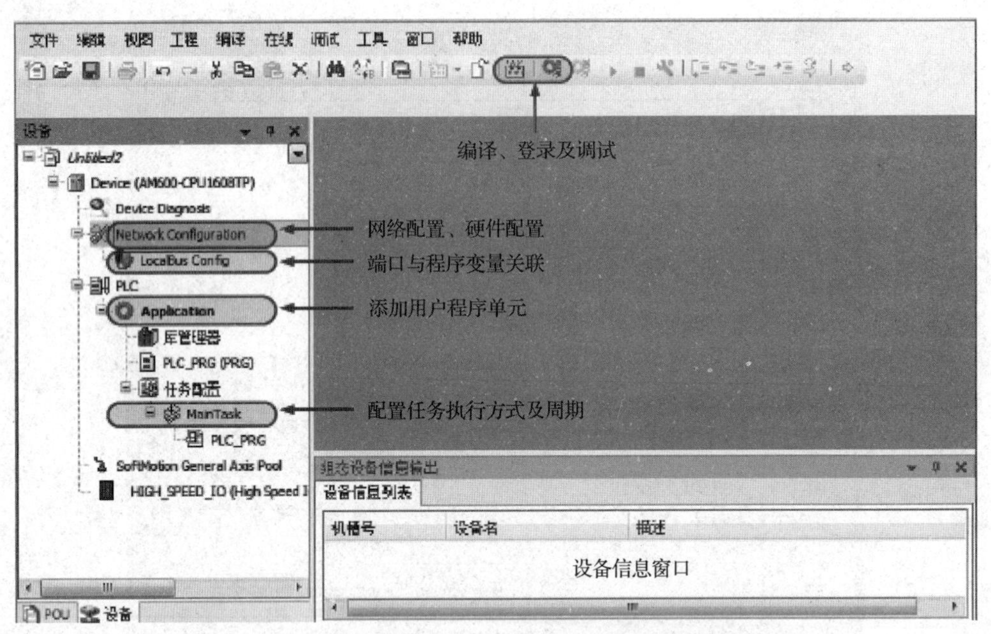

图 2-2-38　系统组态配置与编程画面常用的按钮与画面分布

以 AM610 为例，主机架上最多可以接入 16 个扩展模块，其中可以接入 8 个模拟量模块。PLC 主机架的硬件模块配置示例画面如图 2-2-39 所示。

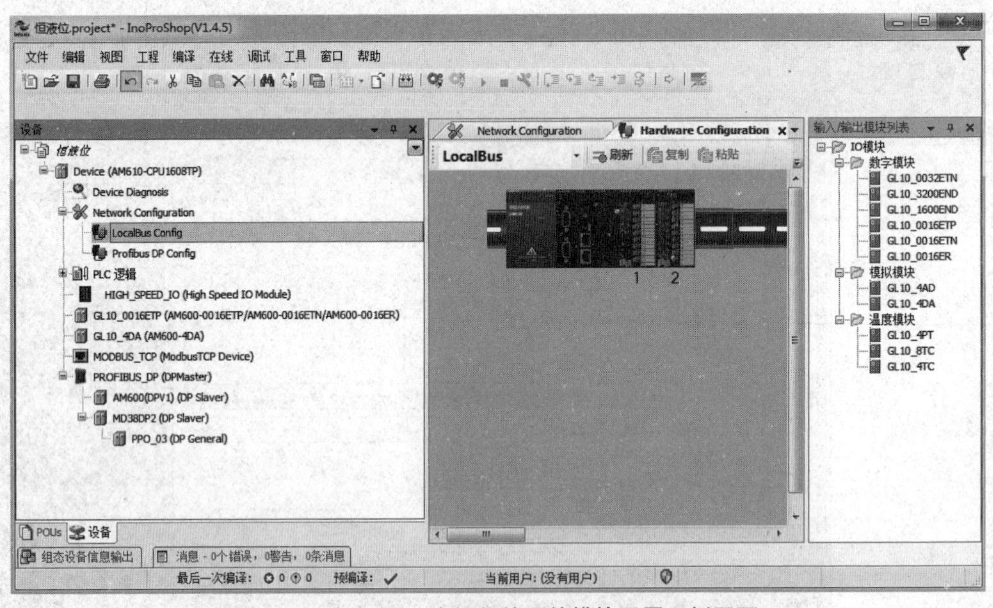

图 2-2-39　PLC 主机架的硬件模块配置示例画面

3. 用户程序的编写操作

双击图 2-2-38 左侧设备树中的“PLC_PRG（PRG）”选项，即可打开用户编程界面，编程语言为 ST（新建工程时选择），如图 2-2-40 所示。与 C 语言编程相似，每个变量需要声明后才能使用；如果直接编写程序语句，回车时编程环境会自动弹出声明框；经用户填写并单击“确定”按钮后，变量声明界面会自动增加该变量的声明语句，这样就简化了编程。即使选择梯形图编程语言，在使用未定义的变量时也会弹出变量声明对话框。有关编程更加详细的使用方法可以参考相关的使用手册。

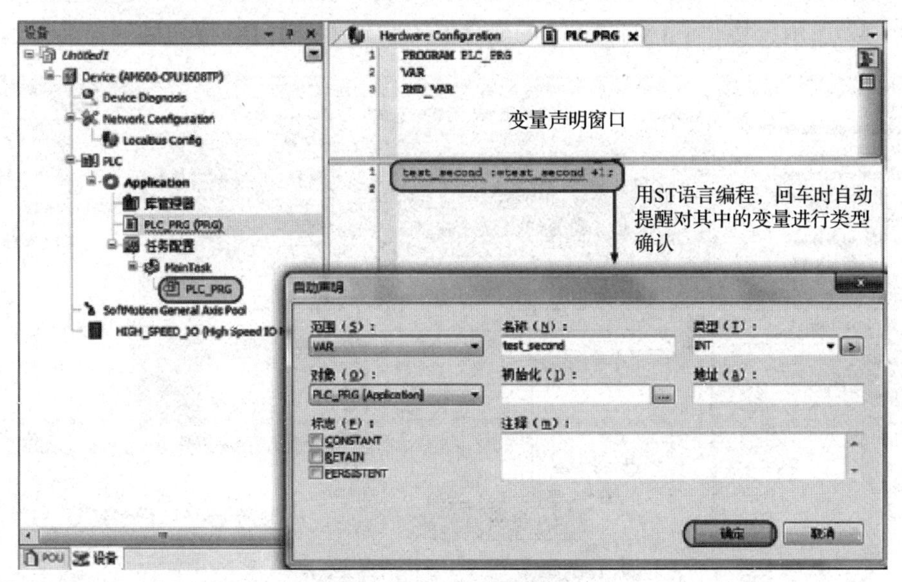

图 2 - 2 - 40　编程界面

编写一个简单示例：将第二个变量赋值给第一个变量，然后递增，如图 2 - 2 - 41 所示。

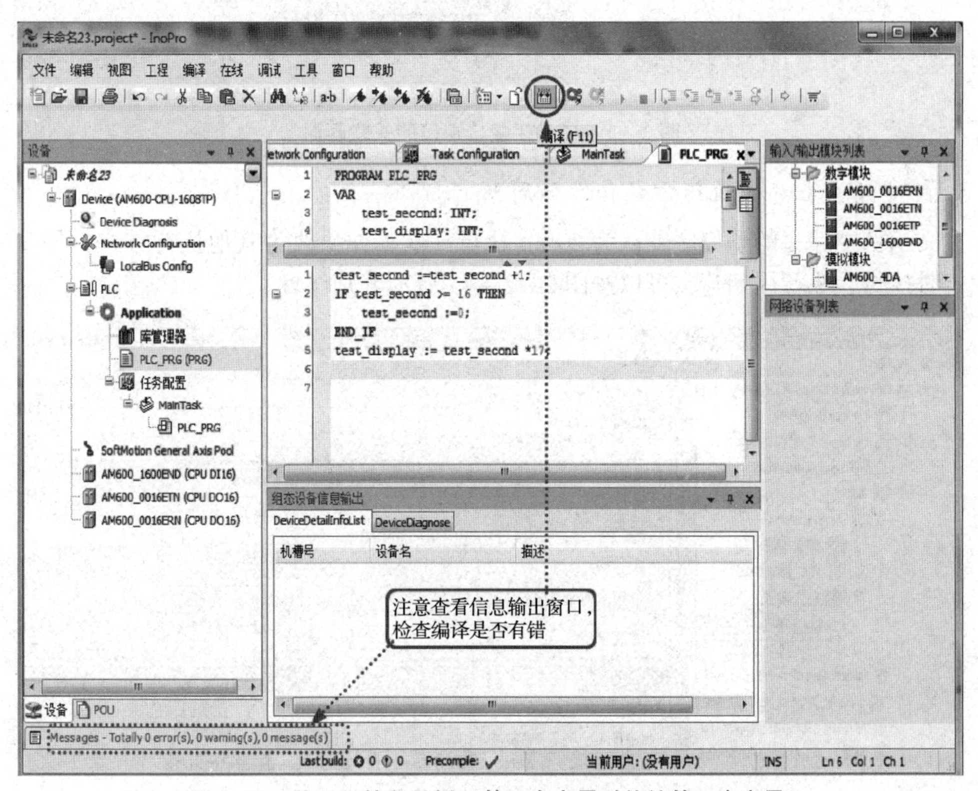

图 2 - 2 - 41　ST 编程示例（第二个变量赋值给第一个变量）

4. 用户程序变量与端口的关联配置

在本地总线配置界面，将需要关联的硬件端口与用户程序中的变量进行关联。如图 2－2－42 所示，将“test_display”的变量值关联到第一个 DO 模块的输出端口。

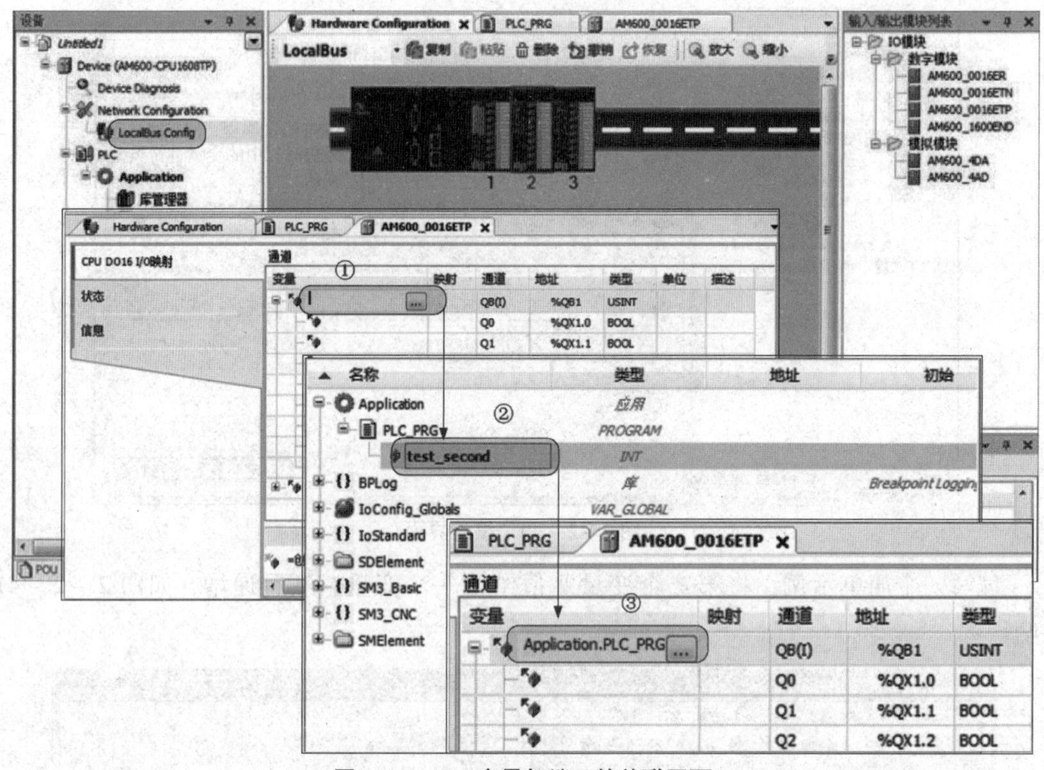

图 2－2－42　变量与端口的关联画面

5. 配置用户程序的执行方式和运行周期

上文示例中编写的子程序默认为 20 ms 执行一次，如果改为其他执行方式，如反复执行、定时执行、执行周期等，可以按图 2－2－43 所示分别设置。

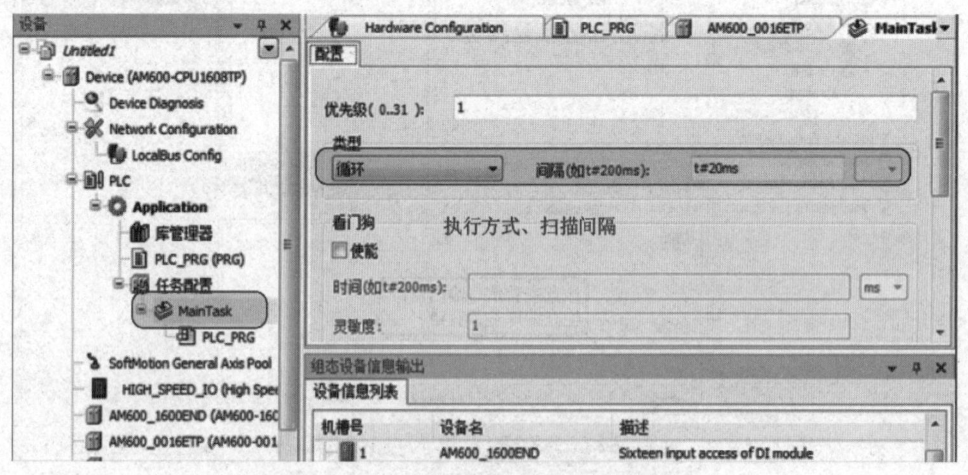

图 2－2－43　执行方式和运行周期设置

6. 用户程序的编译、登录下载

完成上文的程序编写后编译程序，查看是否有错；若有错，单击错误信息行可定位到用户程序的报错点，方便修改，直到错误全部排除。

相关编译信息会显示在如图 2－2－44 所示的编译信息框中。

Messages - Totally 0 error(s), 0 warning(s), 5 message(s)

编译　　0 个错误　0 个警告　5 个消息

描述	工程
代码和数据所有已分配的内存容量：3:1456字节	Untitled1
内存区 0包括 数据, 输入, 输出 和 代码：最常使用地址:1048576,最大连续内存空闲：737120...	Untitled1
内存区 3包括 内存：最常使用地址:10<8576,最大连续内存空闲：1018576（97%）	Untitled1
完整编译 -- 0错误, 0 警告	

预编译：✔ OK

图 2－2－44　编译信息框

编译无误后，单击“登录到”按钮，可以让 InoPro 登录到 AM600 以进行程序的下载、调试，如图 2－2－45 所示。

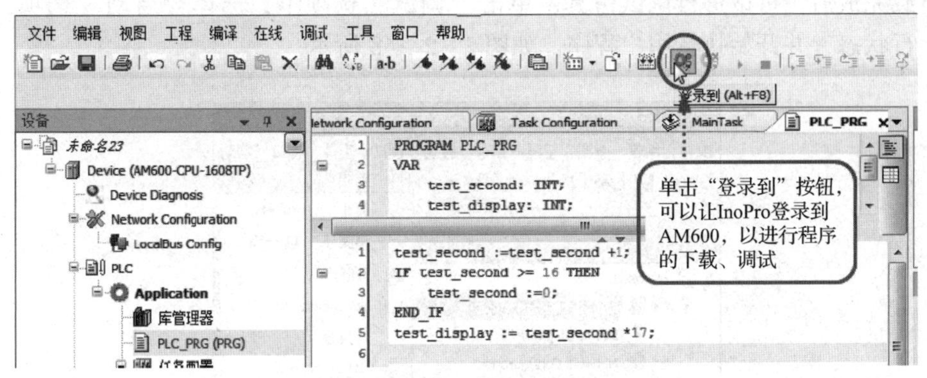

图 2－2－45　在线登录画面

然后弹出如图 2－2－46 所示的对话框，选择是否创建程序并继续下载。

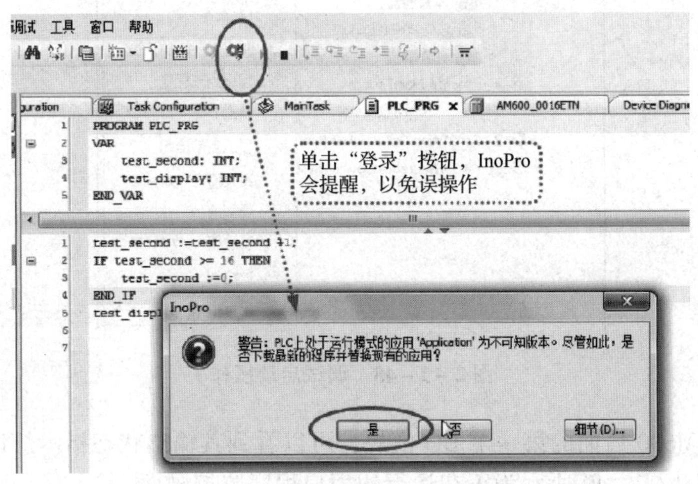

图 2－2－46　确定是否登录对话框

单击“是”按钮，上位机与设备建立连接并保持，初始状态为停止状态，如图2-2-47所示。

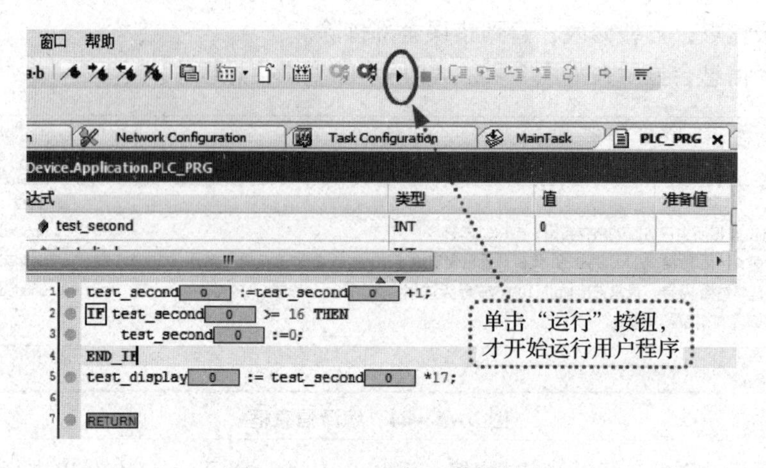

图2-2-47　程序下载操作

下载完成后，可以进行调试仿真，单击“调试”选项卡，选择“启动”选项，设备进入运行状态，并开始执行用户程序，如图2-2-48所示。

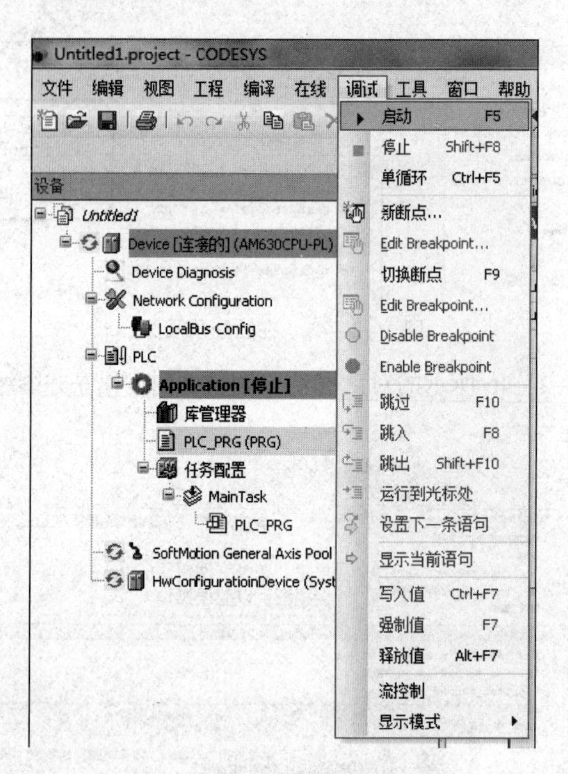

图2-2-48　调试启动操作

此时查看AM600后面的第一个DO模块，可以看到其输出状态指示灯以二进制计数方式循环计数。图2-2-49所示为正在运行的用户程序监控画面。

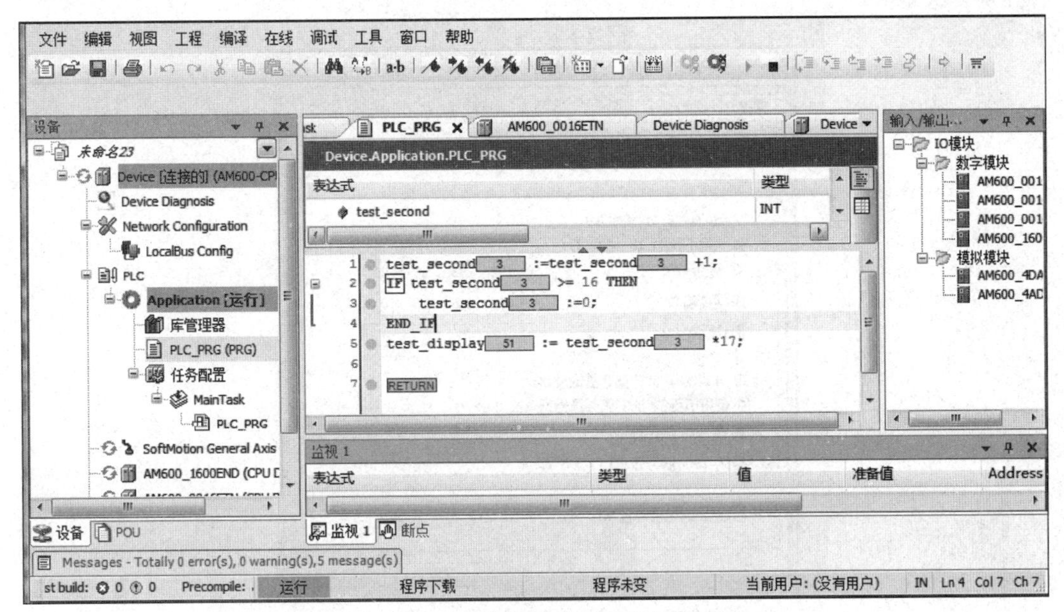

图 2 - 2 - 49　正在运行的用户程序监控画面

【任务实施】

在任务实施中主要通过一个简单的触摸屏控制 PLC 输出点亮指示灯，学习触摸屏和 PLC 编程软件的使用以及 Modbus TCP 通信协议如何进行组网。

为了任务实施方便，我们应先将 PLC、触摸屏和网关按照规范要求连接上电源。

一、计算机与 AM610PLC 和 IT6100E - J 触摸屏的连接

计算机与 PLC 和触摸屏之间可以采用 1 对 1 的直连，也可以通过网关连接，还可以采用 USB 连接。这个任务要求采用工业以太网 Modbus TCP 通信协议来实现控制要求，触摸屏和 PLC 通过以太网将触摸屏和 PLC 的 IP 地址设置在同一网段内，如果二者的 IP 地址为 192. 168. 1. ×（× 为 0 ~ 254，但触摸屏和 PLC 不能重复），整个网络组成框架如图 2 - 2 - 50 所示。

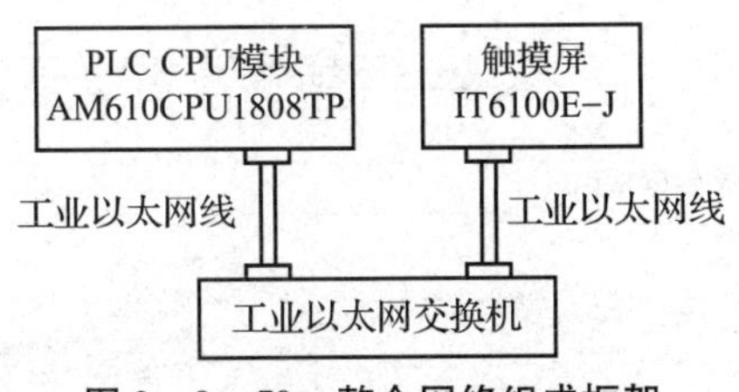

图 2 - 2 - 50　整个网络组成框架

（1）计算机、PLC、触摸屏本地 IP 设置。AM610 PLC 的出厂默认 IP 地址为 192. 168. 1. 88，可以通过 InoProShop 后台软件修改 AM610 PLC 的 IP 地址。为了简便，AM610 PLC 的 IP 地址采用默认值，因此在设定计算机和触摸屏的 IP 地址时，不能与 AM610 PLC 的 IP 地址的最后一位相同。设置计算机的本地 IP，如图 2 - 2 - 51 所示。触摸屏的 IP 地址设置参考图 2 - 2 - 51 所示的操作即可。

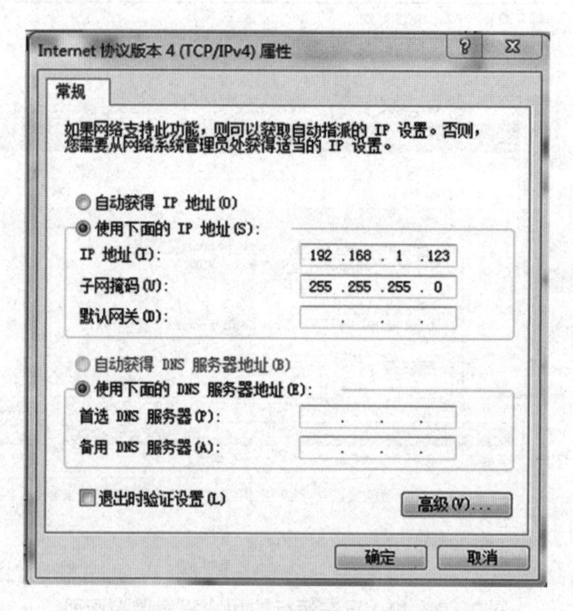

图 2-2-51 设置计算机的本地 IP

（2）打开 InoProShop 软件，单击“文件”选项卡，选择“新建工程”选项，弹出如图 2-2-52 所示的对话框，在图中选择标准工程模板，并输入工程文件名称及指定保存路径，然后单击“确定”按钮，弹出如图 2-2-53 所示的设备及编程语言选择画面。

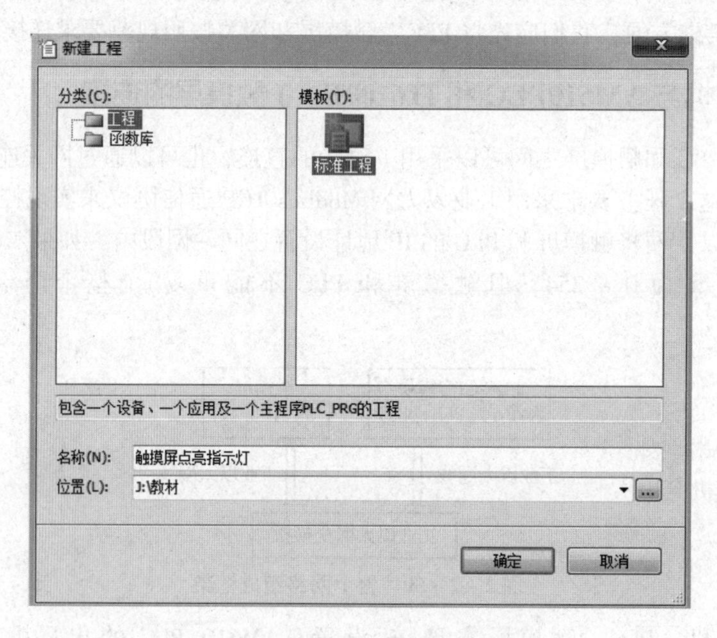

图 2-2-52 新建工程

（3）在图 2-2-53 中，用户可以选择设备型号和编程语言。设备型号选择主模块的机型，编程语言选择梯形逻辑图（LD），也可以选择其他编程语言，如结构化文本（ST）等。单击“确定”按钮回到编辑主界面，如图 2-2-54 所示。

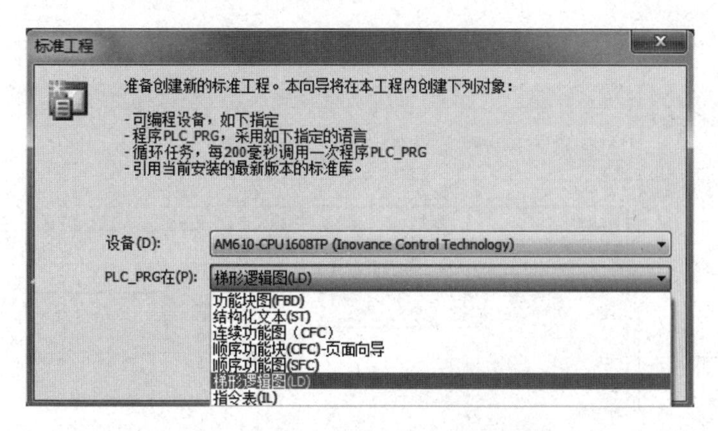

图 2-2-53　设备及编程语言选择

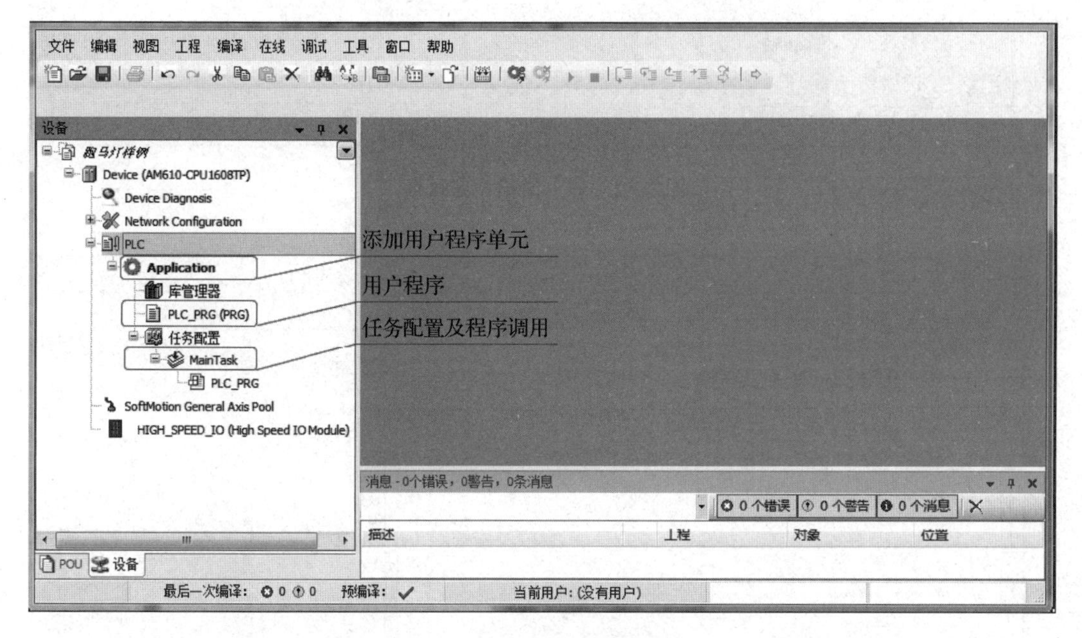

图 2-2-54　编辑主界面

(4) 在图 2-2-54 中，双击左侧树形目录“设备”中的“Device (AM610-CPU1608TP)”，出现如图 2-2-55 所示的对话框。在正常情况下，网关旁边会出现绿色圆圈，表示计算机与网关连接是正常的；若出现灰色或红色圆圈，则表示计算机与网关连接有问题，请检查计算机及硬件接线。在图 2-2-55 中单击“扫描网络”命令，弹出如图 2-2-56 所示的画面。单击“Gateway-1”，即可看到下拉菜单有连接在这个网络里面的硬件设备型号，这里选中“AM610-CPU1608TP”，并单击“确定”按钮，即可在右侧显示这个硬件的信息，如图 2-2-57 所示。

选择好设备之后，在正常情况下，在图 2-2-55 中网关右侧设备右下角会出现第二个绿色圆圈，表示计算机与 AM610 PLC 通过网关已经连接成功，如图 2-2-58 所示。若仍显示灰色圆圈，请检查上面的步骤。

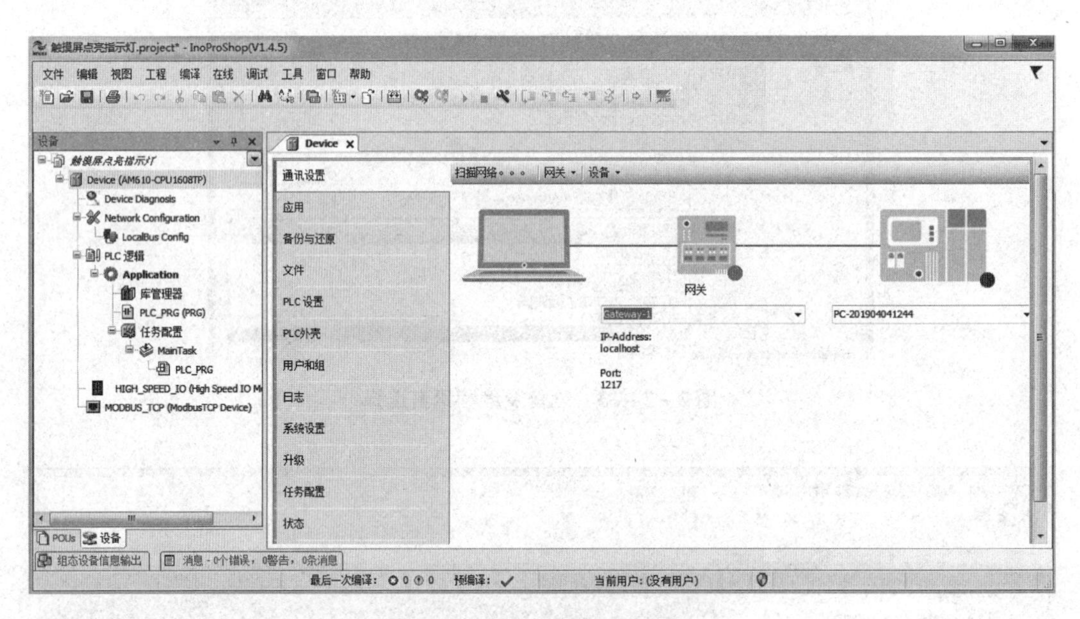

图 2-2-55　通信设置画面

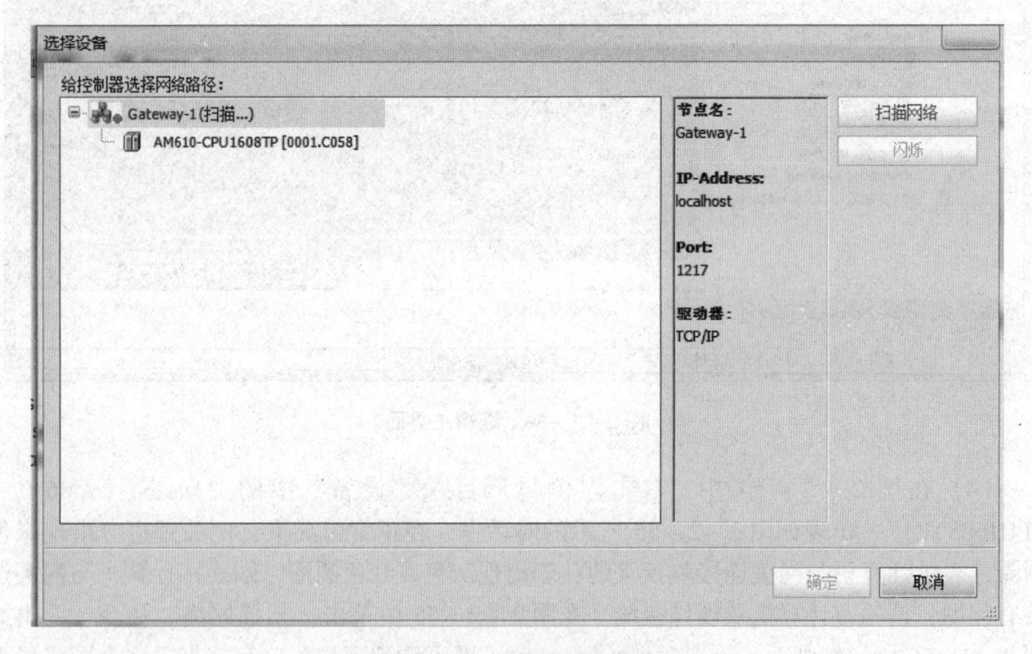

图 2-2-56　通信选择设备画面

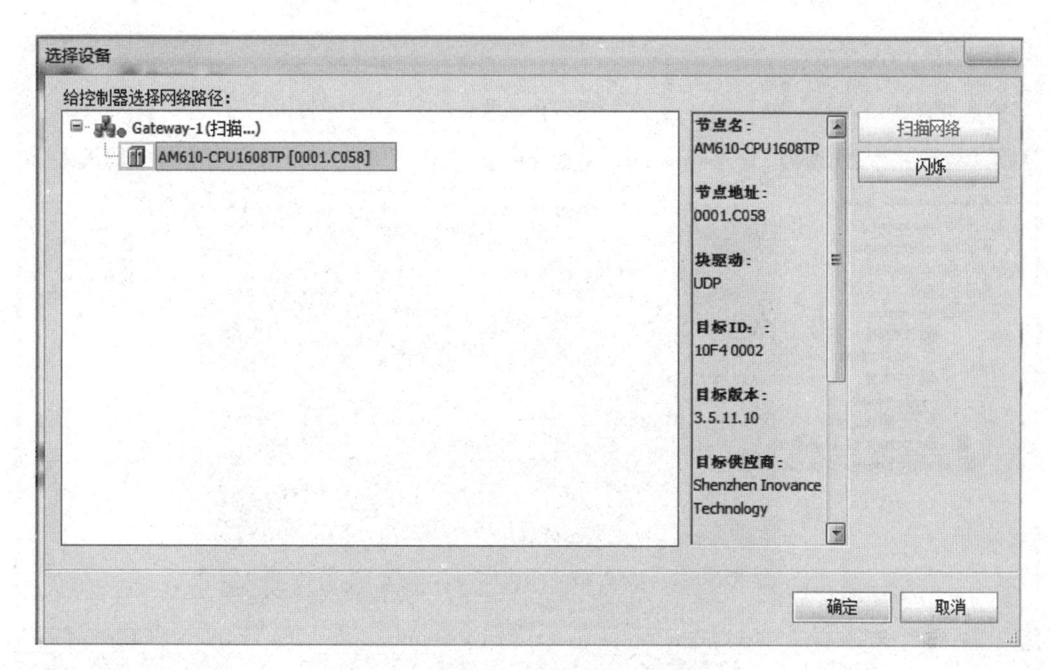

图 2 – 2 – 57　通信选择设备信息画面

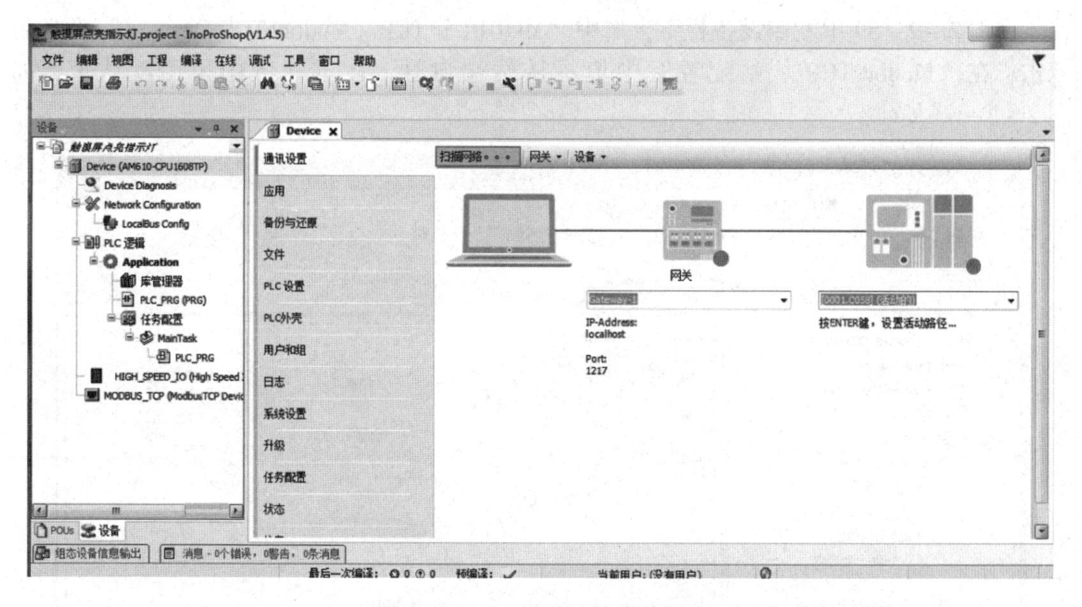

图 2 – 2 – 58　网关连接成功画面

二、Modbus TCP 从站设置

因为在本任务中，触摸屏是主站，PLC 是从站，所以在图 2 – 2 – 58 中，双击左侧树形目录“Network Configuration”，选中 PLC CPU 图标，在通信配置中勾选“ModbusTCP 从站”，在左侧设备栏下方会自动添加“MODBUS_TCP（ModbusTCP Device)”如图 2 – 2 – 59 所示。

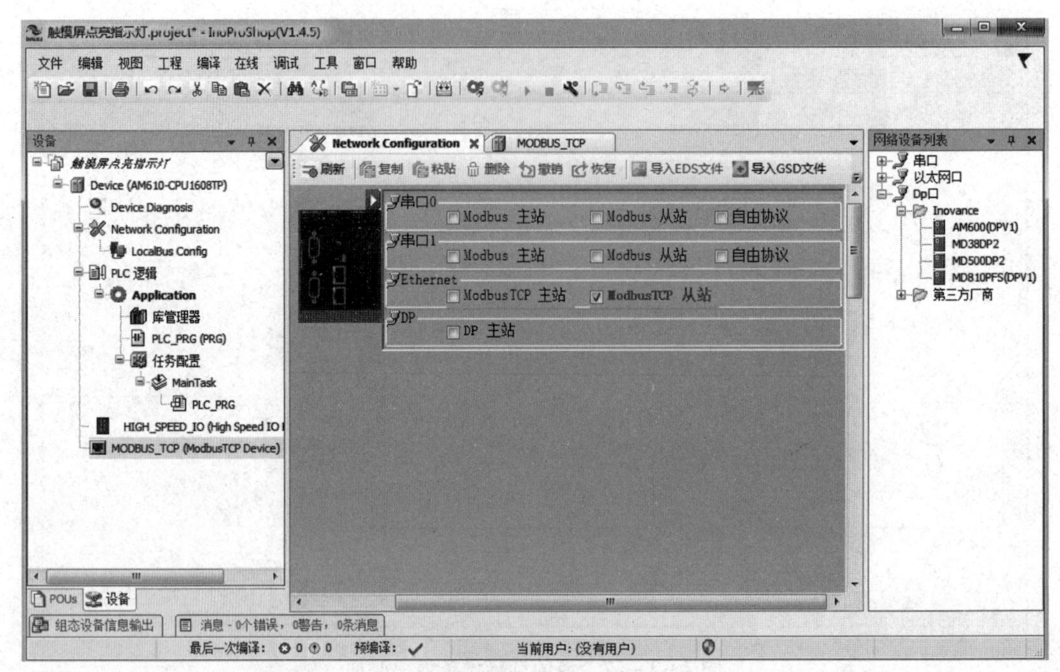

图 2-2-59　在通信配置中勾选“ModbusTCP 从站”

在图 2-2-59 中左侧设备栏下，选中“MODBUS_TCP（ModbusTCP Device）”设备后双击，在“ModbusTCP 从站配置”中填写从站端口号，在本任务中采用默认值，如图 2-2-60 所示。

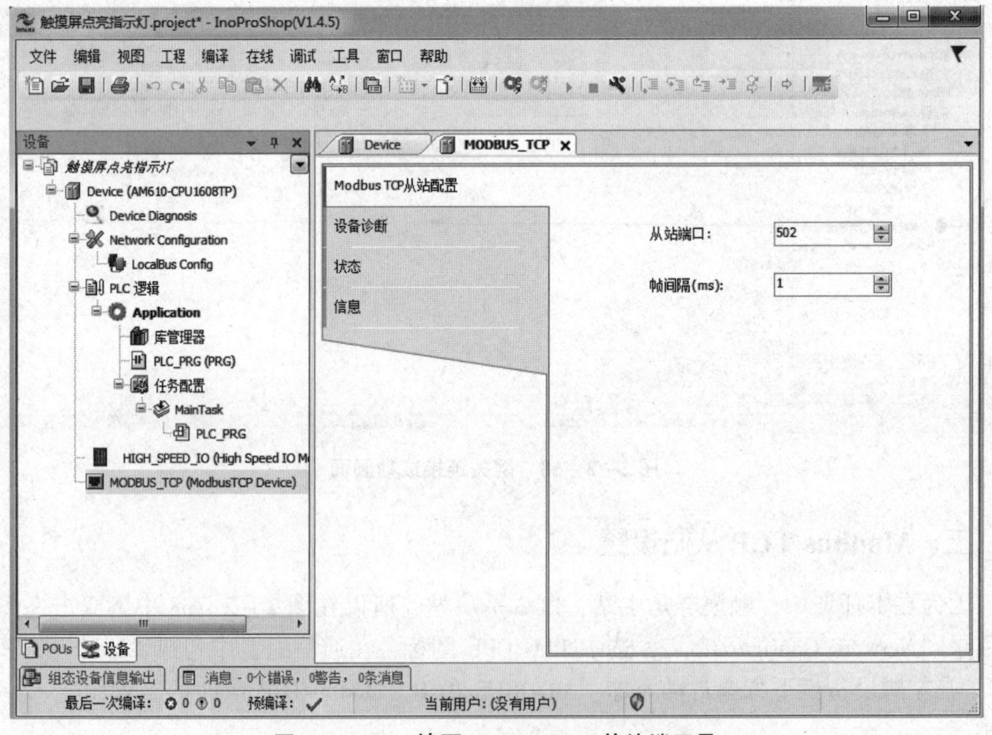

图 2-2-60　填写 ModbusTCP 从站端口号

至此 PLC 的从站通信设置完成。

三、PLC 编写程序

本任务根据要求，可以简化为按下外部启动按钮 SB1 或触摸屏开灯按钮，指示灯被点亮；按下外部停止按钮 SB2 或触摸屏关灯按钮，指示灯熄灭。

在图 2－2－60 中，双击左侧树形目录中的“PLC_PRG”，打开“PLC_PRG”程序组织单元。在程序段内编写 PLC 程序，参考程序如图 2－2－61 所示。

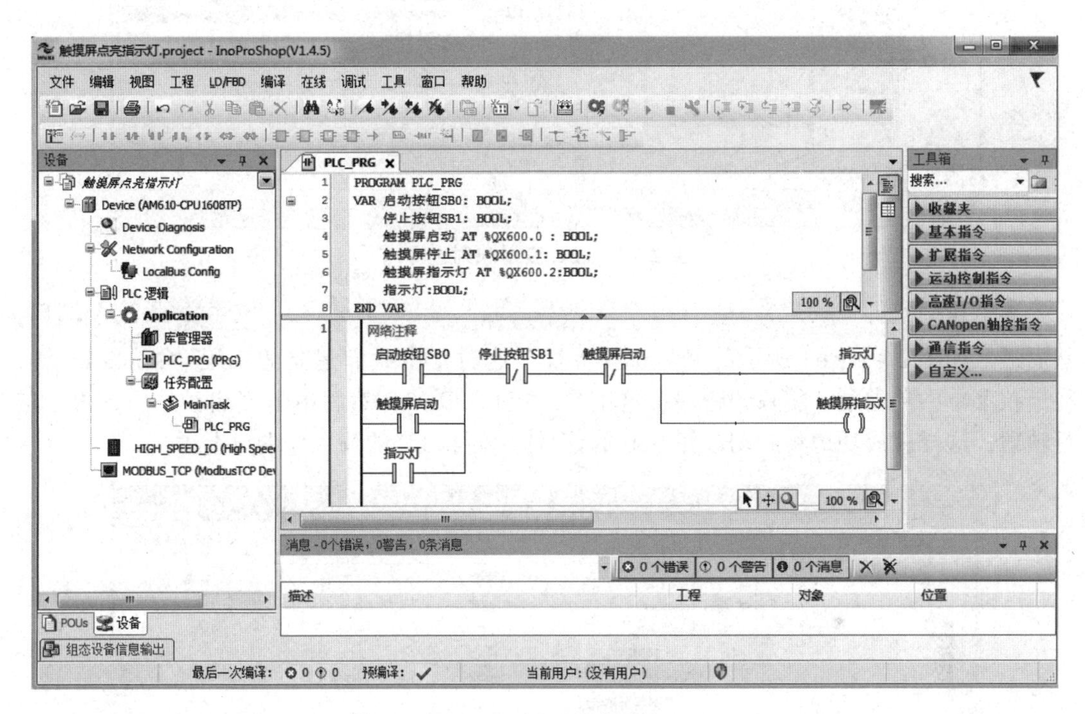

图 2－2－61　参考程序

在编写程序时我们先定义编程时需要的一些变量，程序编写完成后再将这些变量进行 I/O 映射。这里要注意和小型 PLC 编程时变量处理不一样的地方。本程序定义了启动按钮 SB0、停止按钮 SB1、指示灯、触摸屏启动、触摸屏停止、触摸屏指示灯六个 BOOL 型变量。在这六个变量中需要 I/O 映射的只有启动按钮 SB0、停止按钮 SB1、指示灯三个变量，因为只有这三个变量是与 PLC 的 I/O 有关联的，其余变量是 PLC 内部的寄存器，这些内部寄存器的作用是与触摸屏进行数据交换，所以在定义变量时是不一样的，它们直接就与内部寄存器关联了。注意，InoProShop 在默认状态下是不识别中文名称变量的，需要设置一下，单击菜单栏中的“工程”选项卡，在下拉菜单中单击“工程设置”命令，然后单击“编译选项”命令，在“编译选项”对话框中勾选“允许标识符为非编码字符”即可。

程序写好后需要将变量进行 I/O 映射，双击图 2－2－61 左边设备栏中的“HIGH_SPEED_IO”，然后单击“Internal I/O 映射”，双击需要选择的变量，如图 2－2－62 所示。

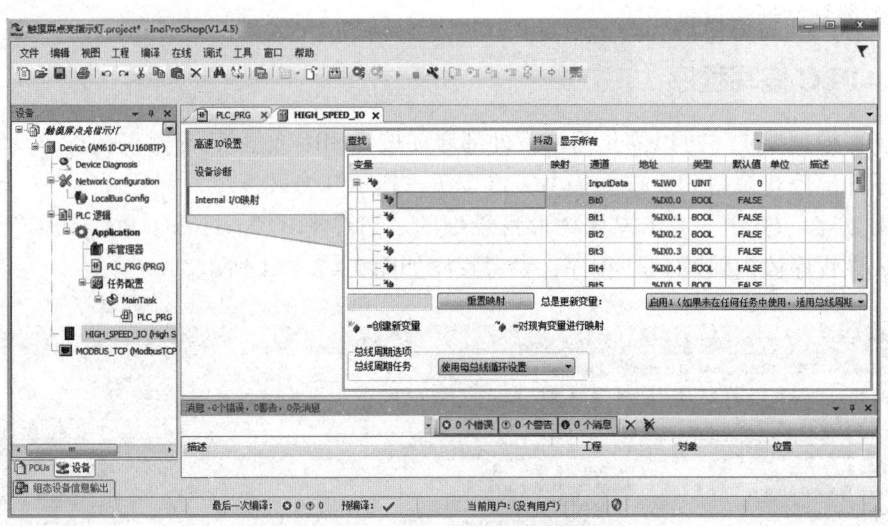

图 2-2-62 变量映射选择

这里我们选择 Bit0 %IX0.0 BOOL 这个端口，然后进入如图 2-2-63 所示的变量选择界面。这时单击我们建立的工程“Application”，在下拉菜单中单击刚才编写的程序，这里是“PLC_PRG”，然后单击“启动按钮 SB0”进行映射，这样就成功地将启动按钮 SB0 的信号映射到 PLC 的输入 0 端口上了。

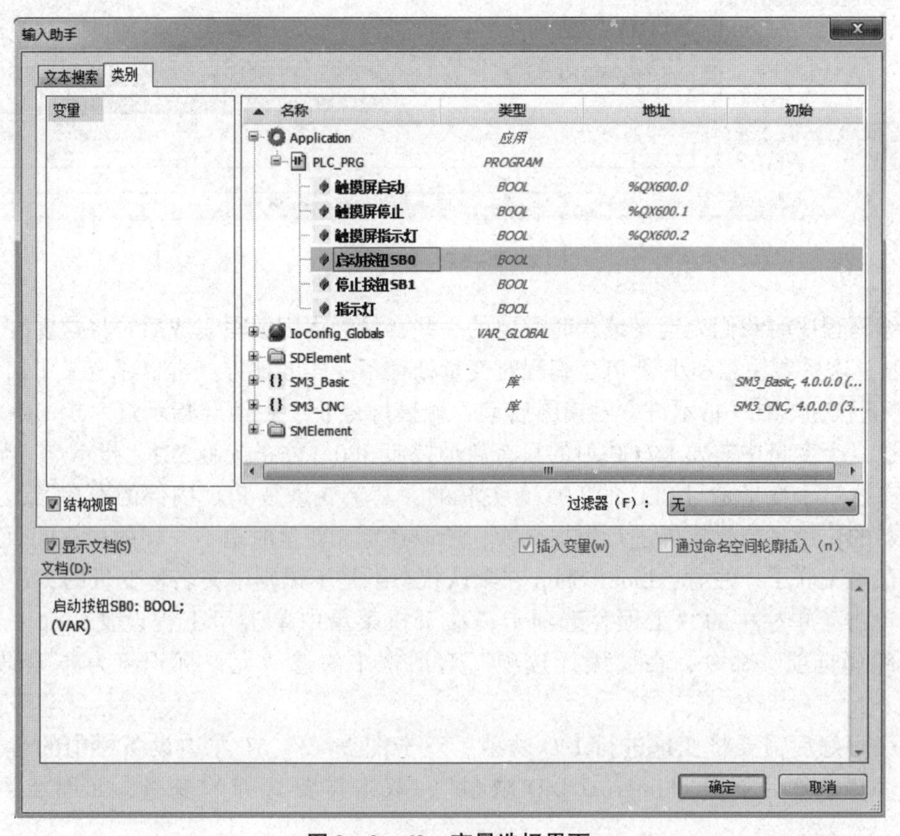

图 2-2-63 变量选择界面

启动按钮 SB0 映射完成的画面如图 2 - 2 - 64 所示。从图 2 - 2 - 64 可以看出启动按钮 SB0 的信号已经和 PLC 的 IX0. 0 关联上了。

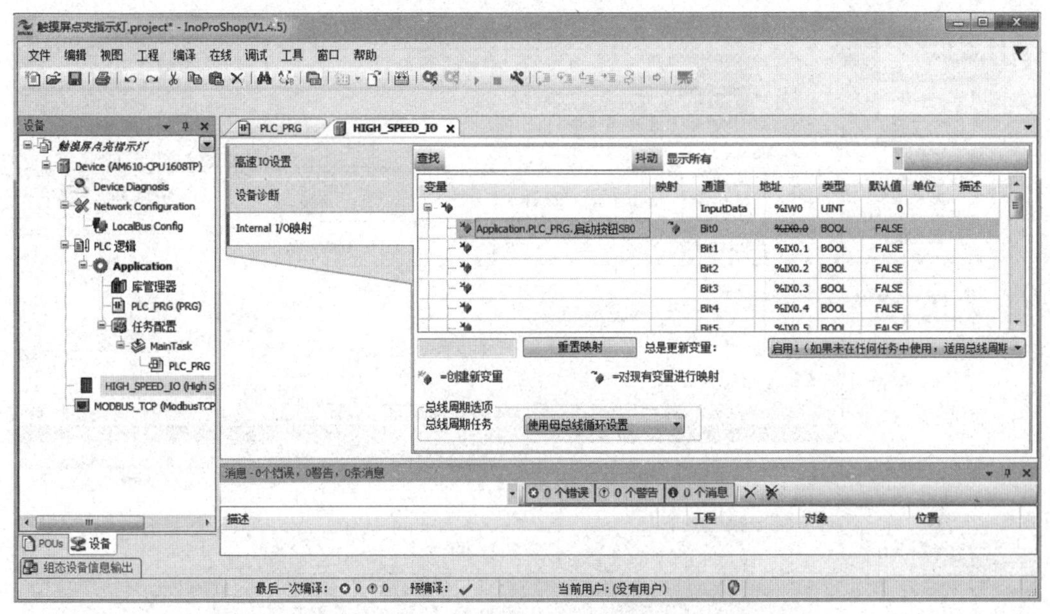

图 2 - 2 - 64 启动按钮 SB0 映射完成的画面

其余几个变量按照同样的方法进行 I/O 映射，只不过在映射时指示灯要选择输出端子。关联映射完成后的画面如图 2 - 2 - 65 所示。

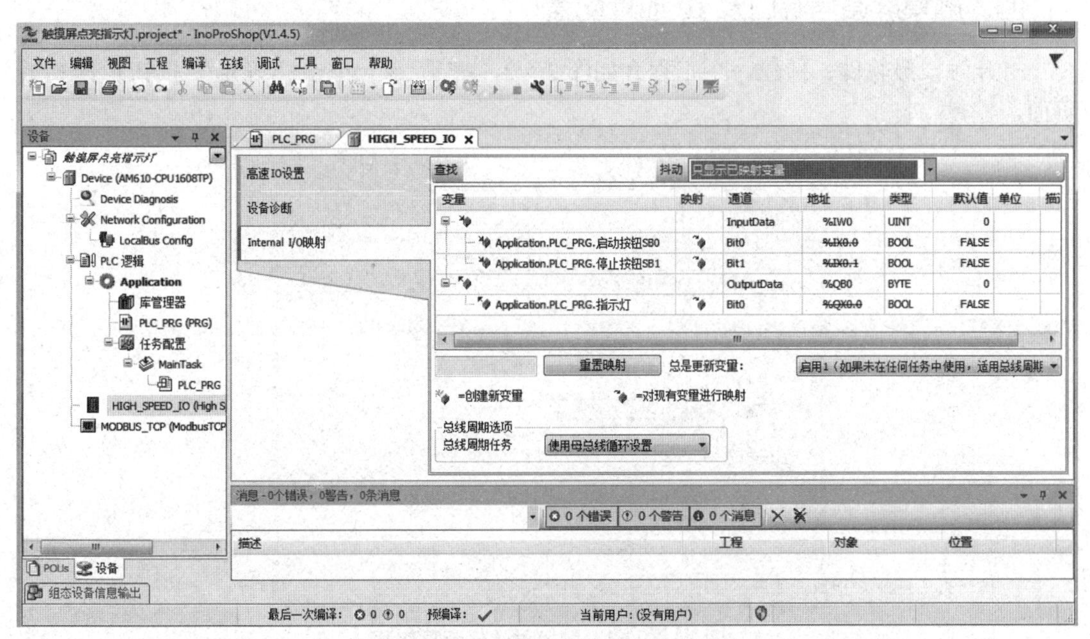

图 2 - 2 - 65 关联映射完成后的画面

程序编写完成后需要进行编译而且没有错误时才能下载在 PLC 中。编译完成的画面如图 2 - 2 - 66 所示。

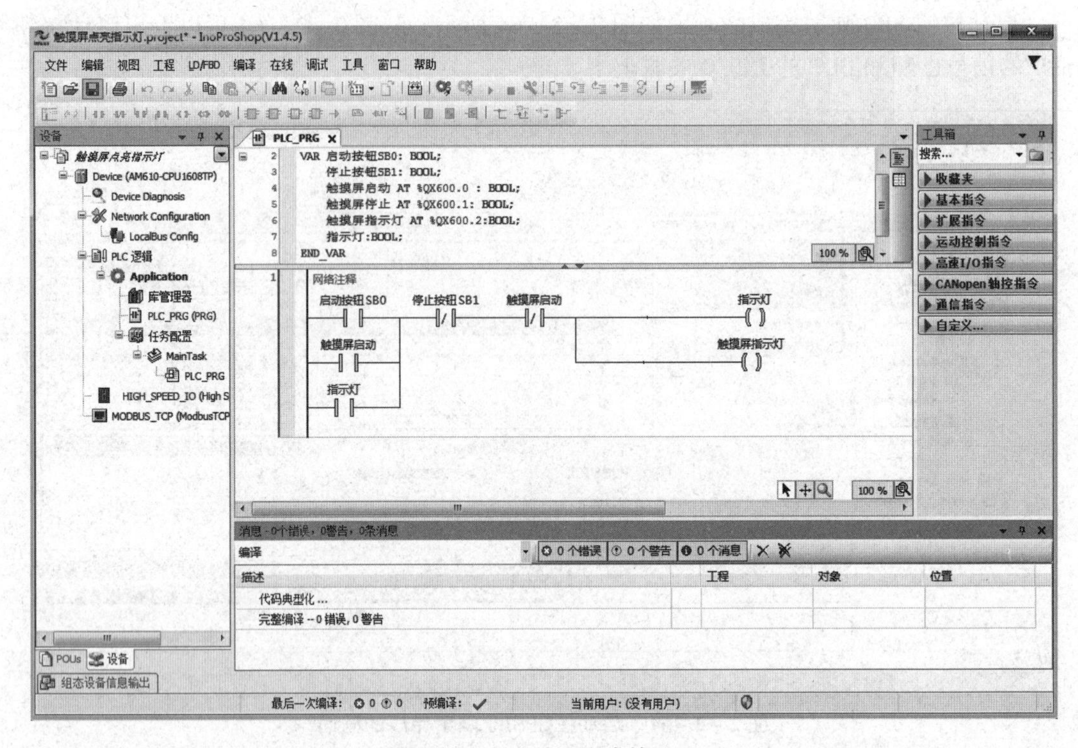

图 2-2-66 编译完成的画面

四、触摸屏通信端口及 IP 地址配置

打开触摸屏软件，新建一个工程，如图 2-2-67 所示。单击“确定”按钮返回初始页面。

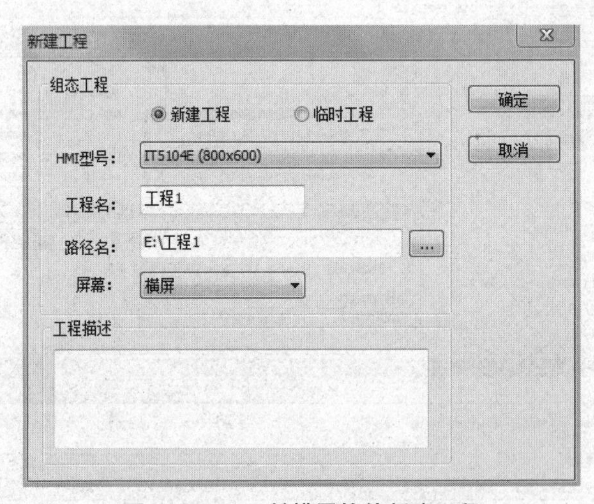

图 2-2-67 触摸屏软件新建工程

(2) 在初始页面的右侧项目管理栏中，选择“通信连接”→“本地设备”→“Ethernet”，右击“Ethernet”，选择“添加设备”，在弹出的设备对话框中选择制造厂商为“1-汇川技术”，设备型号为“汇川 AM600 Tcp”，连接端口为“Ethernet”，应注意此

时的 PLC IP 地址是作为从站的 IP 地址，端口号为图 2 - 2 - 60 中所填的 PLC 端口号，如图 2 - 2 - 68 所示。

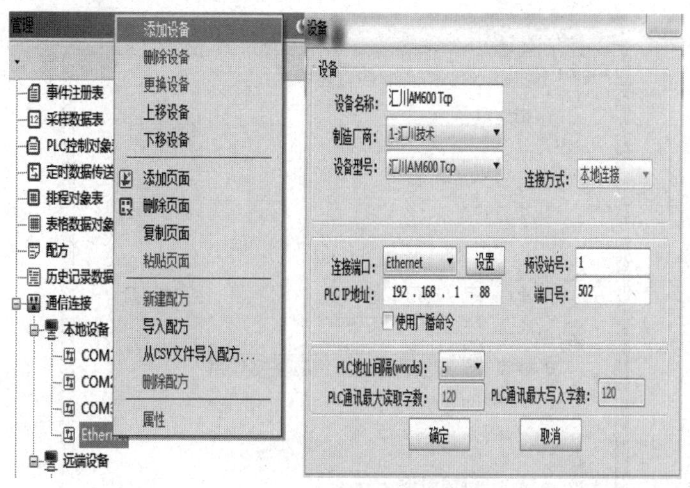

图 2 - 2 - 68　触摸屏通信设备端口和 IP 地址设置

五、触摸屏组态

（一）新建控件

单击触摸屏软件左侧项目管理栏中的“组态画面”→“0001 - 初始画面”进入初始页面，在工具栏中选择“控件”→“状态设置”→“位状态设置”以及选择“控件”→“状态指示灯”→“位状态指示灯”，新建两个按钮控件及一个指示灯控件，调整好尺寸和位置，如图 2 - 2 - 69 所示。

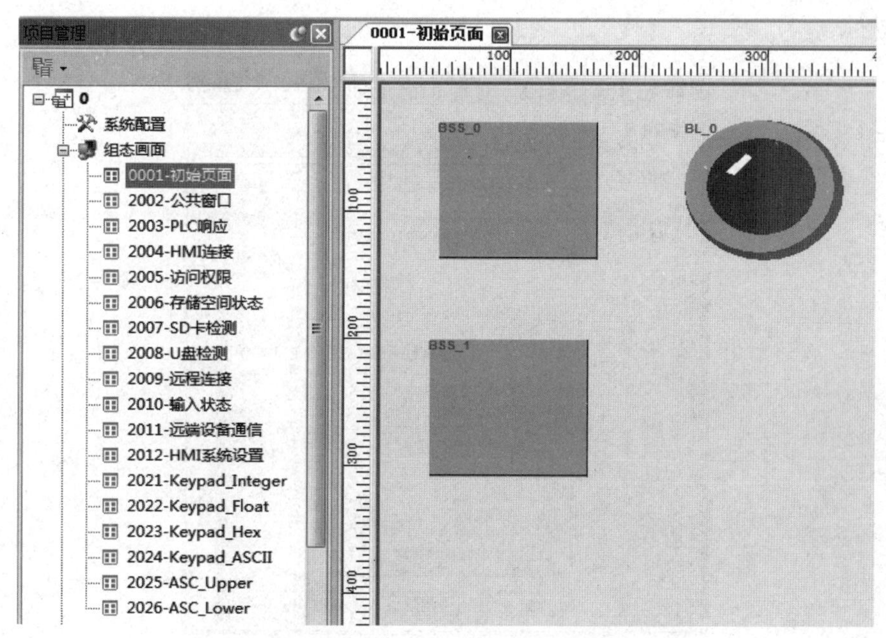

图 2 - 2 - 69　新建按钮与指示灯控件

（二）控件属性修改

双击新建的按钮控件，弹出如图 2－2－70 所示画面，进行属性设置。

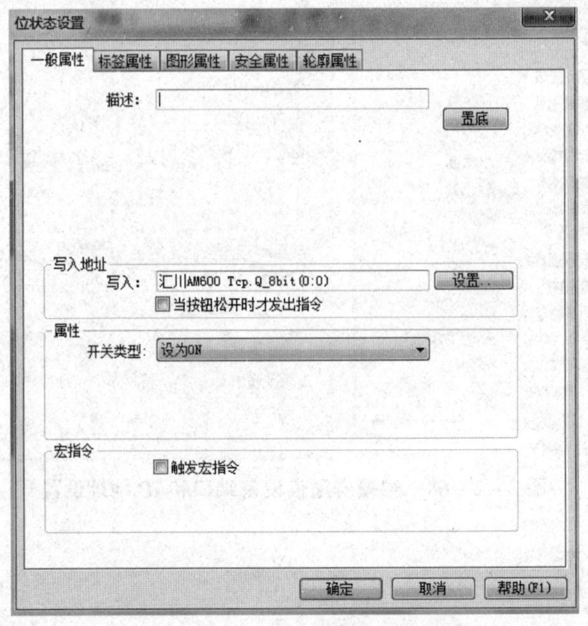

图 2－2－70　控件属性设置画面

一般属性栏主要设置读/写地址。单击“设置”按钮，弹出如图 2－2－71 所示画面，按图示进行 PLC 名称、地址类型、地址的选择和填写。PLC 名称选择“汇川 AM600 Tcp”表示与这个触摸屏通信的 PLC 名称，地址类型选择“Q_8 bit”表示输出位地址类型，地址输入“600：0”表示输出地址偏移了 600 个的第 0 位，它与 PLC 程序里的触摸屏通信地址相一致。

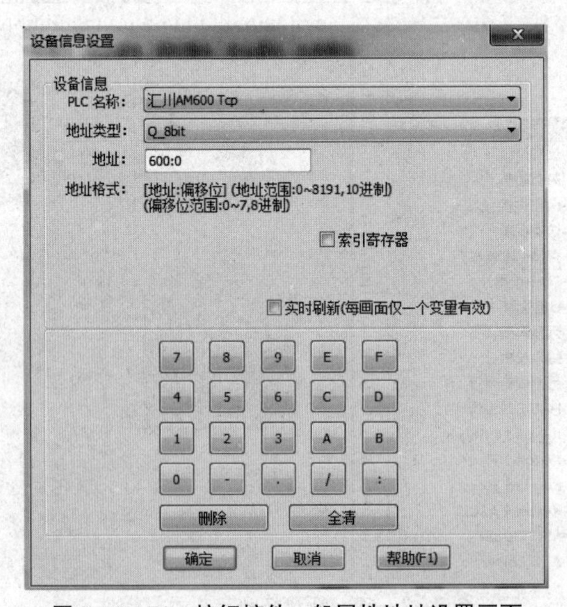

图 2－2－71　按钮控件一般属性地址设置画面

一般属性的开关类型设置选择为“复归型”，即该控件按下为 1，松开为 0，完成画面如图 2 - 2 - 72 所示。

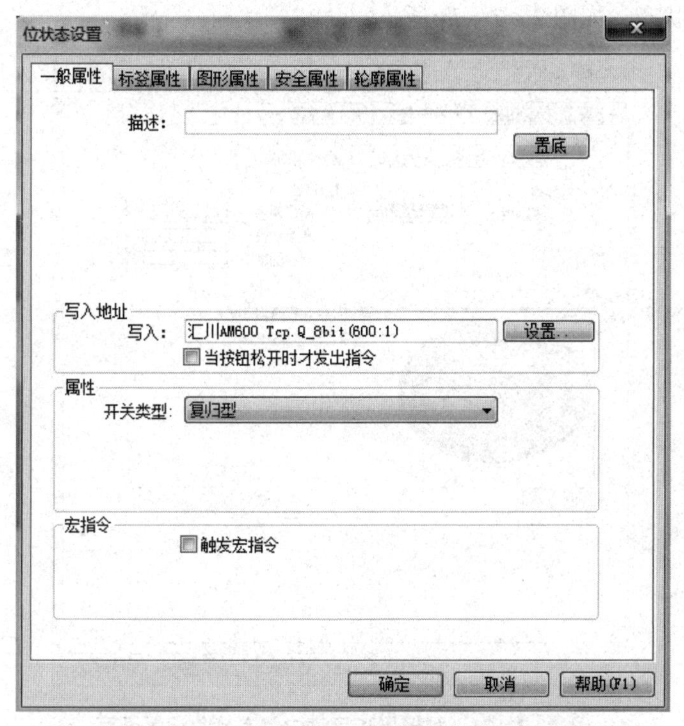

图 2 - 2 - 72　按钮控件一般属性设置完成画面

标签属性设置选择“使用文字标签”，内容为“触摸屏启动”，如图 2 - 2 - 73 所示。

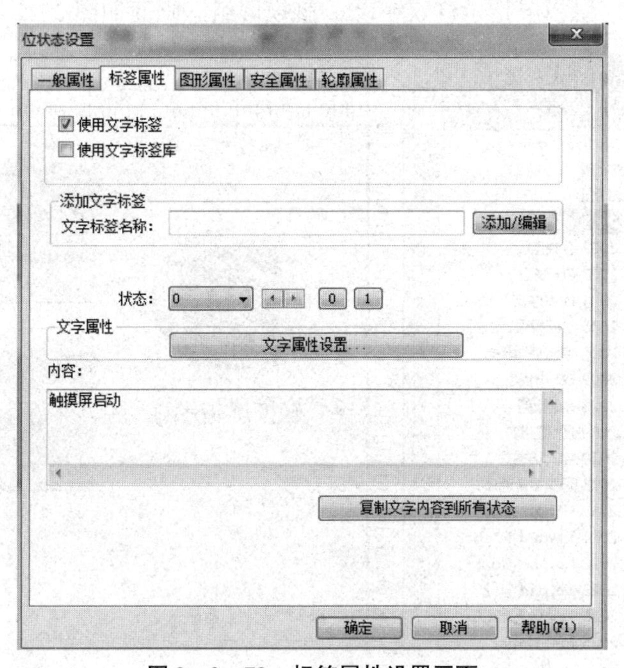

图 2 - 2 - 73　标签属性设置画面

其他属性可以采用默认值，也可以根据实际要求修改，有关操作可以参考相关说明书。在位状态指示灯的“图形属性”中，分别设置指示灯为0和1时的对应颜色，以便观察指示灯的输出状态，如图2-2-74所示。

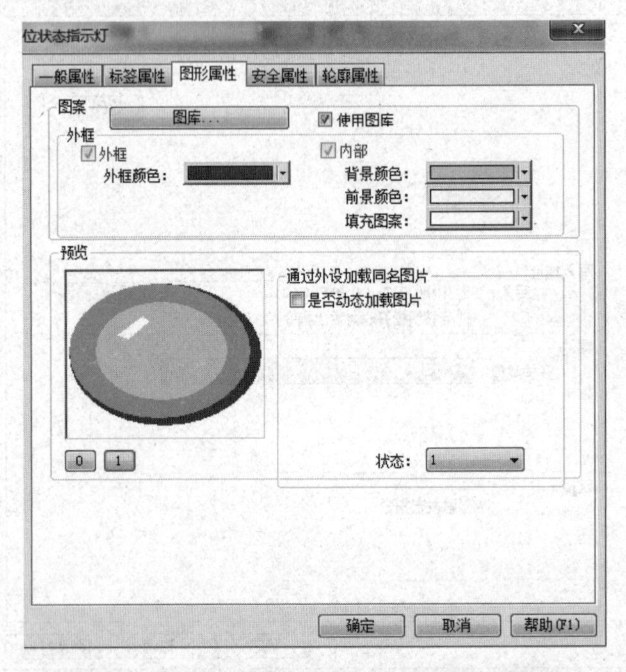

图2-2-74　触摸屏指示灯位状态颜色设置画面

按照上述方法设置完成三个控件的属性，三个控件的地址分别为触摸屏启动600：0、触摸屏停止600：1、触摸屏指示灯600：2。触摸屏组态画面如图2-2-75所示。

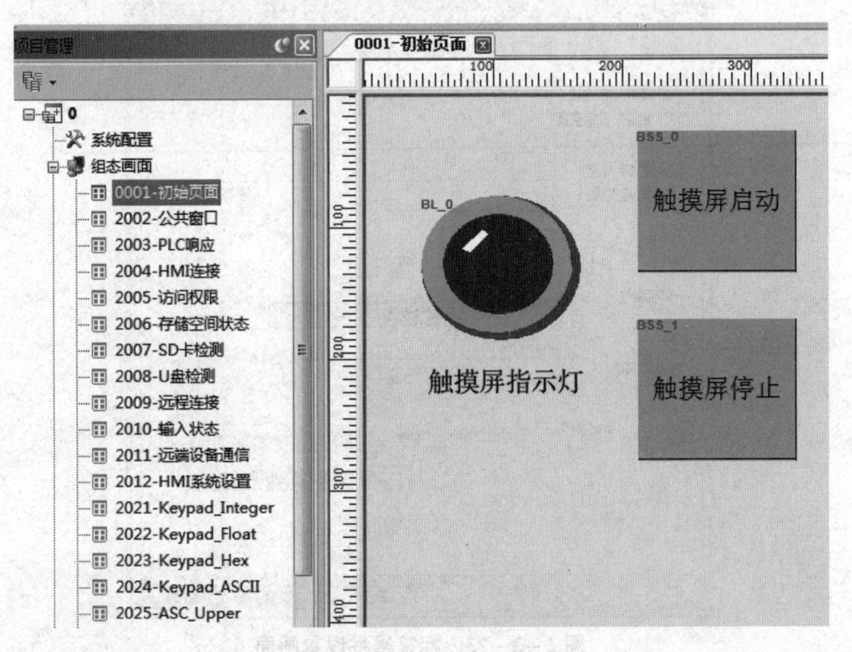

图2-2-75　触摸屏组态画面

六、触摸屏组态编译及下载

在触摸屏软件的工具栏中选择“工具”→“编译”，将工程编译完成无报错后，输出 . EOH文件。编译完成画面如图 2 - 2 - 76 所示。

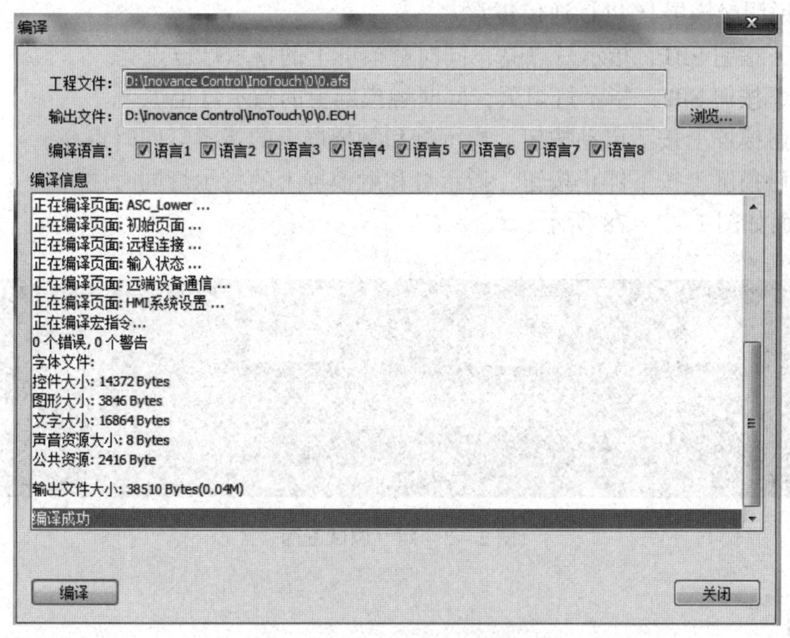

图 2 - 2 - 76　编译完成画面

确认网线连接触摸屏与计算机线路正常，选择“工具”→“下载工程”，在弹出的下载画面中选择连接方式为“以太网”，目标 IP 为 192. 168. 1. 11，之后单击“开始下载”，等待下载完成。触摸屏下载画面如图 2 - 2 - 77 所示。

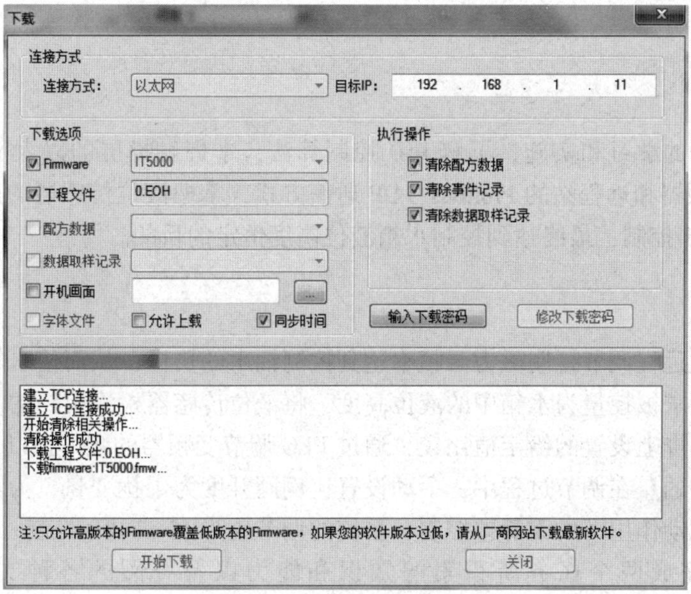

图 2 - 2 - 77　触摸屏下载画面

七、联机调试

（1）检查电源电路、通信线路无误后，设备上电。

（2）确认 PLC AM610 状态开关拨至“RUN”位置，待程序运行，触摸屏上红色网络指示灯亮，说明触摸屏与 PLC 通信正常。

（3）按下按钮 SB1，指示灯点亮，同时触摸屏上的指示灯也点亮。

（4）按下按钮 SB2，指示灯熄灭，同时触摸屏上的指示灯也熄灭。

（5）在触摸屏上按下启动按钮，指示灯和触摸屏上的指示灯同时点亮。

（6）在触摸屏上按下停止按钮，指示灯和触摸屏上的指示灯同时熄灭。

调试画面如图 2-2-78 所示。

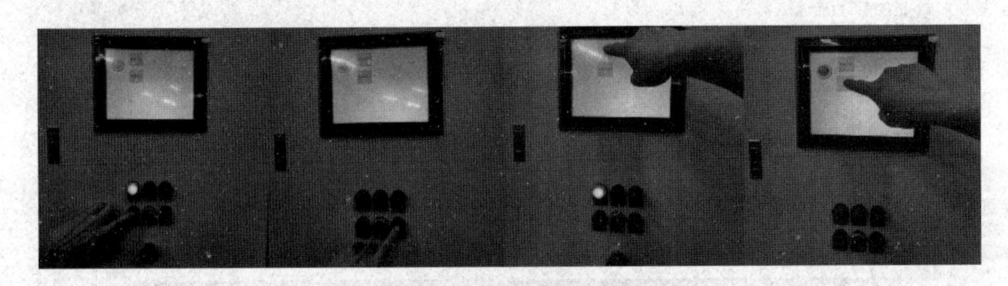

图 2-2-78 调试画面

【任务总结】

通过本任务的学习和实施，掌握汇川中型 PLC 和触摸屏的使用方法，以及 PLC 与触摸屏之间通过工业以太网进行 Modbus TCP 通信的网络配置。

任务三 基于 Profibus-DP 及 Modbus TCP 通信的水位控制

【任务目标】

通过本任务的学习和实施，了解 PID 控制算法，掌握触摸屏的以太网通信方式以及 PLC CPU 与变频器和远程站的 Profibus-DP 通信方式，掌握液位传感器的用法，掌握 PLC 模拟量输入/输出控制，最终达到控制水箱液位高度恒定的目的。

【任务分析】

本任务通过远程调节控制磁力泵频率达到控制抽水的快慢，从而使水箱液位稳定在给定值。本任务要求被控量为水箱中的液位高度，将液位传感器检测得到的液位信号作为反馈信号，与触摸屏上设置的给定值比较，通过 PLC 调节变频器的频率，以达到控制水箱液位高度恒定的目的。在调节过程中，手动设置比例阀开度为干扰变量，为了实现系统在阶跃给定和阶跃扰动作用下的无静差控制，系统的调节应为 PI 或 PID 控制。

根据前面完成两个任务所积累的知识和能力以及查阅的各种文献资料，采用 Profibus-DP 总线通信，实现 PLC 主站与远程站、变频器三者之间的数据交换，要求将能实现远程站采集传感器输出的模拟量信号上传至 PLC CPU 模块，再采用 Modbus TCP 通信协议由 PLC 上传至触摸屏；同时，触摸屏上可以设置 *P* 值、*T*n 值（*I* 值的倒数）、目标液位值以及比例阀开度。将这个任务分解成以下几部分：整体框架设计、线路连接、PLC 程序设计及通信组网、触摸屏组态程序设计、参数设置、调试。

【知识准备】

一、MD380 变频器基础

MD380 变频器如图 2－3－1 所示。MD380 变频器是一款通用高性能电流矢量变频器，主要用于控制和调节三相交流异步电动机的速度。MD380 变频器采用高性能的矢量控制技术，低速高转矩输出；具有良好的动态特性、超强的过载能力，增加了用户可编程功能和后台监控软件，以及通信总线功能；支持多种 PG 卡等；组合功能丰富、强大，性能稳定，可用于纺织、造纸、拉丝、包装、食品及各种自动化生产设备的驱动。

图 2－3－1　MD380 变频器

（一）MD380 变频器性能

（1）支持多种电动机的矢量控制，支持三相交流异步电动机、三相交流同步电动机的矢量控制，支持不带绝对位置反馈的永磁同步电动机的矢量控制。

（2）全新的无速度传感器矢量控制性能。无速度传感器矢量控制，可以堵转运动，在 0.5 Hz 输出 150% 额定力矩。无传感器矢量控制，对电动机参数的敏感性降低，提高了现场适应性。可应用于卷绕控制，多电动机拖动同一负载下的负荷分配等场合。高启动转矩特性，MD380 变频器在 0.5 Hz 可提供 150% 的启动转矩（无传感器矢量控制）。在 0 Hz 可提供 180% 的零速转矩（有传感器矢量控制）。

（3）超群的响应性。在无传感器矢量控制下，转矩响应小于 20 ms；在有传感器矢量控制下，转矩响应小于 5 ms。

（4）保护机械的转矩限制。MD380 变频器可以提供转矩限制，当转矩指令超过机械能够承受的最大转矩时，变频器可以将转矩限制在所设定的最大转矩以内，在发挥机械最大效率的前提下更妥善地保护设备的安全。

（二）MD380 变频器功能

（1）虚拟 I/O 功能。可设定五组虚拟 DI/DO，虚拟 DI 端子的状态可以直接由功能码给定或绑定对应的虚拟 DO 功能。

（2）灵活实用的模拟量输入/输出口。每个模拟量输入（AI1 ~ AI3）可分别设置四个点的曲线，使用更灵活；AI1 ~ AI3 可出厂校正或用户现场校正线性曲线，校正后精度达 20 mV；AO 可出厂校正或用户现场校正线性曲线零漂和增益，校正后精度达 20 mV；AI1 ~ AI3 均可作为 DI 使用；AI3 为隔离输入口，可作为 PT100、PT1000 或 ±10 V 输入口。

（3）快速限流功能。快速限流功能可以避免变频器频繁地出现过流报警。当电流超过电流保护点时，快速限流功能可以将电流快速限制在电流保护点以内，从而保护设备的安全，避免由于突加负载或者干扰造成过电流报警。瞬停不停功能是指在瞬时停电时变频器不会停机。在瞬时停电或电压突然降低的情况下，变频器降低输出速度，通过负载回馈能量，补偿电压的降低，以维持变频器在短时间内继续运行。

（4）电动机过热保护。选用输入输出扩展卡，模拟量输入 AI3 可接收电动机温度传感器输入（PT100、PT1000）。当电动机温度超过预警值时，变频器输出脉冲信号提示过热；当电动机温度超过过热保护值时，变频器故障输出给电动机妥善的保护。

（5）多电机切换。具备四组电动机参数，可实现四个电动机切换控制，也可实现同步电动机与异步电动机的切换。

（三）MD380 变频器应用

MD380 变频器具有强大的后台软件，可实现变频器参数的上传与下载功能、实时示波器功能。可以恢复用户参数，当调试或误操作导致参数混乱时，可选择恢复出厂参数，也可选择恢复用户之前自行保存的参数，这样不容易造成参数混乱。

MD380 变频器支持多种现场总线通信模式，方便连接各种外围设置。支持类型为 RS - 485、Profibus - DP、CANopen、CANlink。CANlink 为汇川技术自有的现场总线协议。

二、MD380 变频器使用

（一）典型接线

使用 MD380 变频器控制异步电动机构成控制系统时，需要在变频器的输入/输出侧安装各类电器元件，以保证系统的安全稳定。另外，MD380 变频器配有多种选配和扩展卡件，从而实现多种功能。MD380 变频器有很多种型号，不同型号的接线要求各不相同，在实际使用中一定要仔细阅读有关使用手册。三相 220 V 变频器的典型接线示意如图 2 - 3 - 2 所示。

（二）信号输入端子接线说明

1. AI 模拟输入端子

因为微弱的模拟电压信号特别容易受到外部干扰，所以 AI 模拟输入端子一般需要用屏蔽电缆，而且配线距离尽量短，不要超过 20 m，模拟量输入端子接线示意如图 2 - 3 - 3 所示。在某些模拟信号受到严重干扰的场合，模拟信号源侧需要加滤波电容器件或贴氧体磁芯。

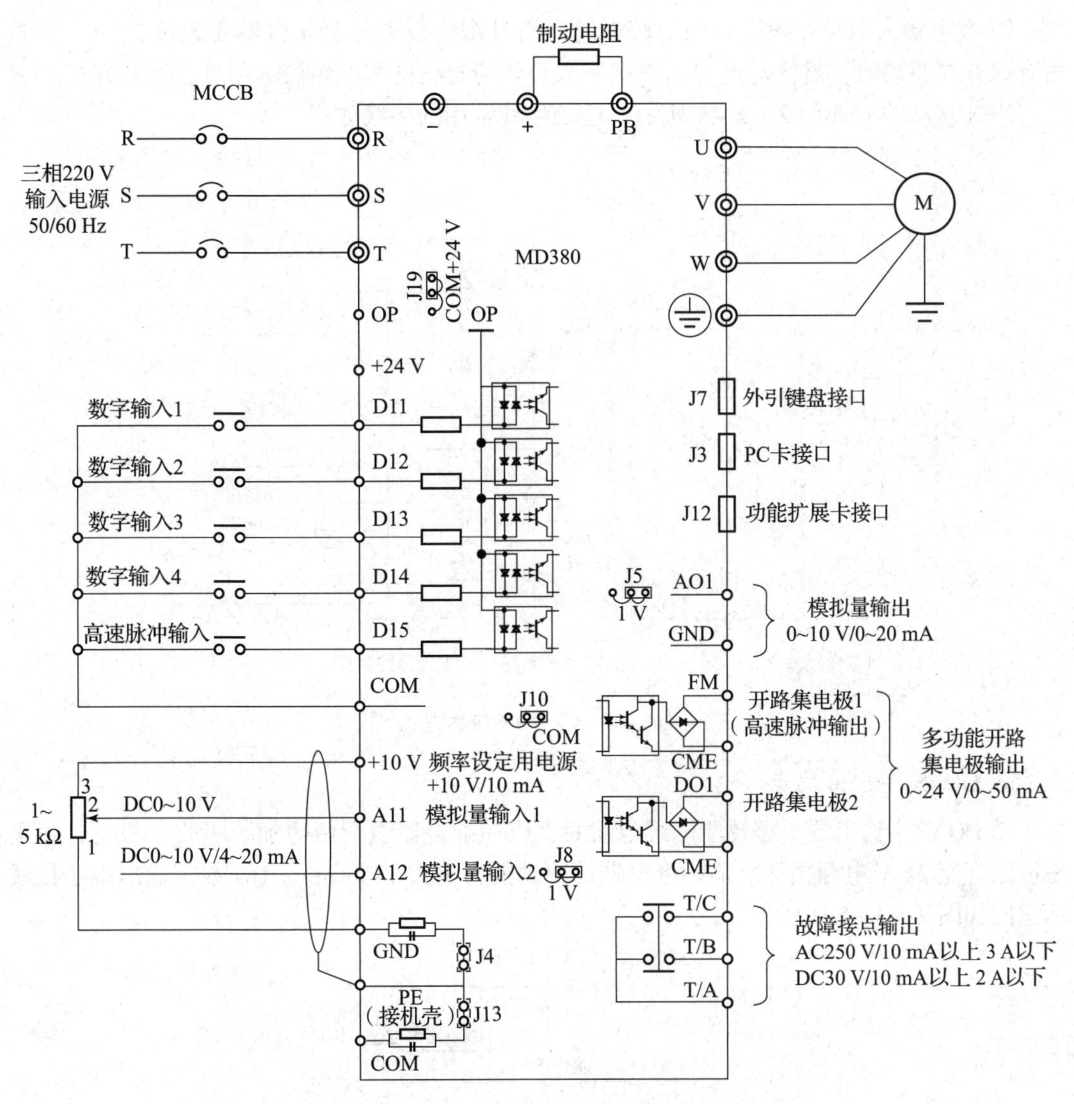

图 2－3－2 三相 220 V 变频器的典型接线示意

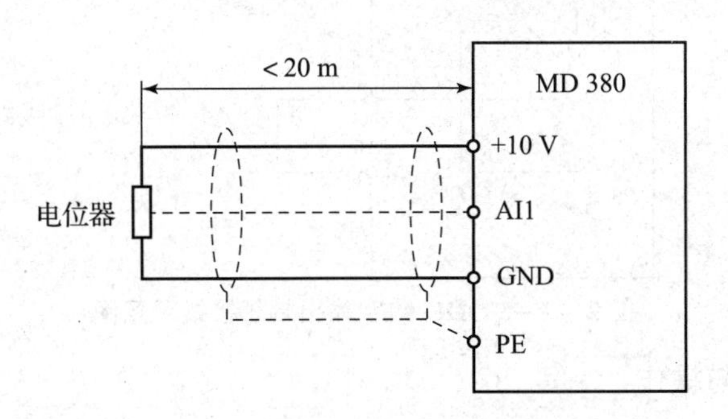

图 2－3－3 模拟量输入端子接线示意

2. DI 数字输入端子

DI 数字输入端子一般需要用屏蔽电缆，而且配线距离尽量短，不要超过 20 m。当选用有源方式驱动时，需要对电源的串扰采取必要的滤波措施。建议选用触点控制方式。

NPN 接线方式如图 2－3－4 所示，这是一种常用的接线方式。

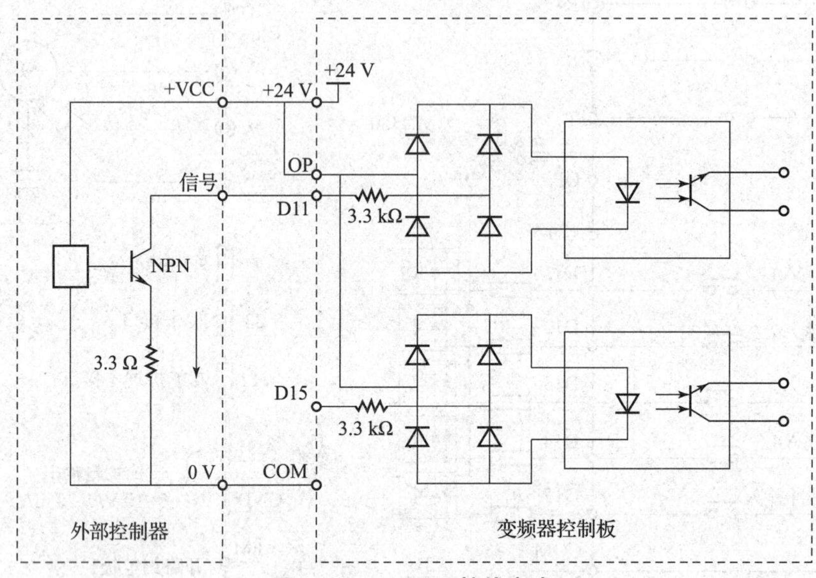

图 2－3－4　NPN 接线方式

3. DO 数字输出端子

当 DO 数字输出端子需要驱动继电器时，应在继电器线圈两边加装吸收二极管，否则易造成直流 24 V 电源损坏。驱动继电器的驱动能力不大于 50 mA。DO 数字输出端子接线示意图如图 2－3－5 所示。

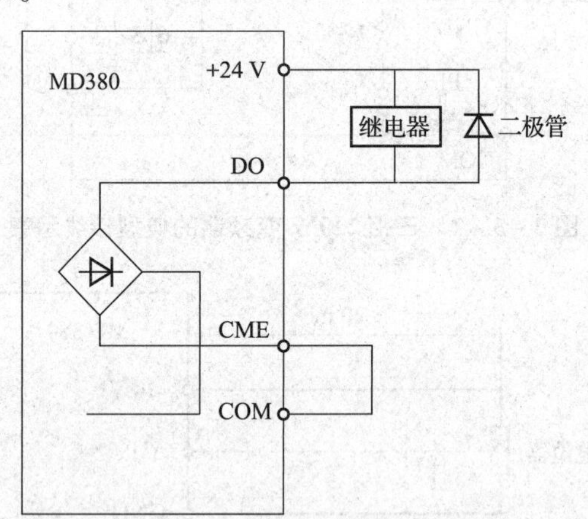

图 2－3－5　DO 数字输出端子接线示意图

（三）显示画面与操作

用操作面板可对变频器进行功能参数修改、变频器工作状态监控和变频器运行控制（启动、停止）等操作。操作面板的外形及功能区如图 2－3－6 所示。各个指示灯和操作按键的含义请参阅 MD380 使用手册。

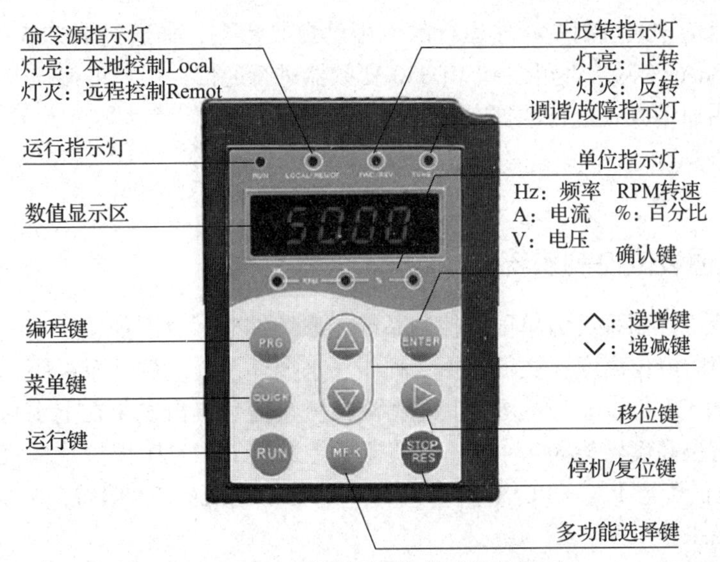

图 2-3-6　操作面板的外形及功能区

MD380 变频器的操作面板采用三级菜单结构进行参数设置等操作。三级菜单分别为功能参数组（Ⅰ级菜单）、功能码（Ⅱ级菜单）、功能码设定值（Ⅲ级菜单）。三级菜单操作流程如图 2-3-7 所示。

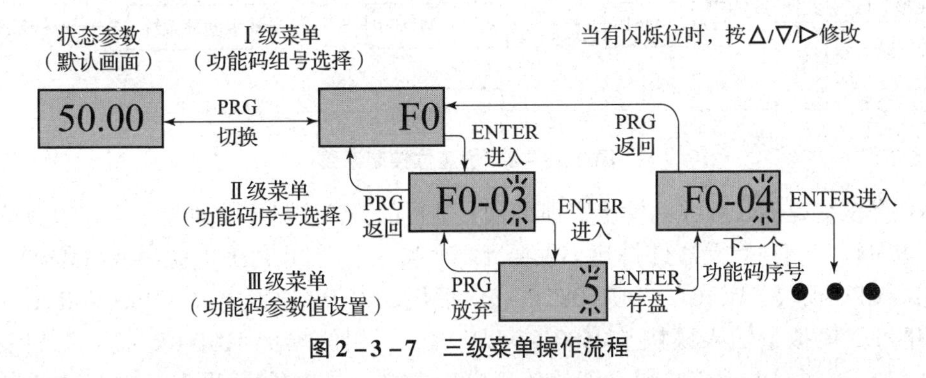

图 2-3-7　三级菜单操作流程

说明：在进行三级菜单操作时，可按 PRG 键或 ENTER 键返回二级菜单。两者的区别是：按 ENTER 键将设定参数保存后返回二级菜单，并自动转移到下一个功能码；而按 PRG 键则是放弃当前的参数修改，直接返回当前功能码序号的二级菜单。

（四）变频器启停控制

变频器的启停控制命令有三个来源，分别是面板控制、端子控制、通信控制，功能参数 F0-02 选择如表 2-3-1 所示。

表 2-3-1　功能参数 F0-02 选择

F0-02	命令源选择		出厂值：0	说明
	设定范围	0	操作面板命令通道（LED 灭）	按 RUN、STOP 键启停机
		1	端子命令通道（LED 亮）	需将 DI 端定义为启停命令端
		2	通信命令通道（LED 闪烁）	采用 Modbus RTU 协议

上位机以通信方式控制变频器运行的应用已愈来愈多，如通过 RS485、Profibus - DP，CANlink、CANopen 等网络都可以和 MD380 变频器进行通信，用户可编程卡与 MD380 变频器之间也是采用通信方式进行数据交互的。

【任务实施】

一、建立恒液位控制系统

本项目恒液位控制系统为单回路控制系统，系统结构示意图如图 2 - 3 - 8 所示。被控变量 y 为上水箱的液位高度；执行器由变频器、水循环系统（磁力泵、阀）构成；干扰变量 f 为放水口阀门开度和比例阀开度；F_m 为液位测量信号，由安装在上水箱中的液位传感器将水箱中的液位高度转换为 4 ~ 20 mA 模拟量传送至 PLC AD 模拟量采集模块，再经过 Profibus - DP 通信传至 PLC CPU AM610 得到；F_S 为设定值；e 为偏差，它是 F_m 与 F_S 比较运算后得到的结果；

本系统按 PI 调节规律输出信号经过 Profibus - DP 通信调节变频器频率，控制磁力泵抽水速度，达到恒定水箱中液位的目的。

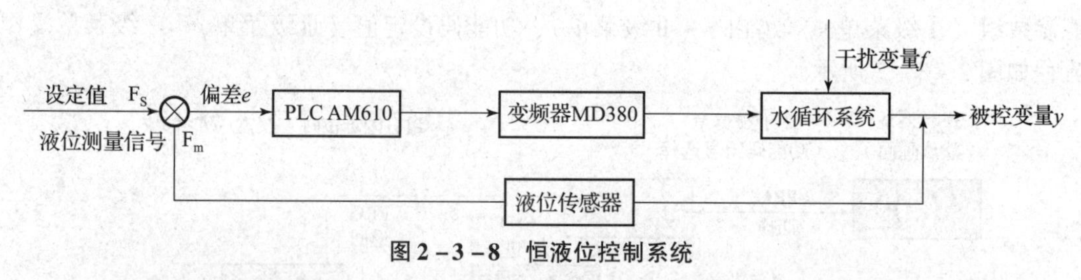

图 2 - 3 - 8　恒液位控制系统

本任务实施是在工业控制网络实训平台上进行的，该实训平台如图 2 - 3 - 9 所示。当然自己也可以采用独立元器件搭建，主要元器件如下：汇川 PLC 电源模块 AM600 - PS2、汇川 PLC CPU 模块 AM610 - CPU1608TP - J、汇川 PLC DP 通信模块 AM600 - RTU - DP - J、汇川 PLC 模拟量输入模块 AM600 - 4AD - J、汇川触摸屏 IT6100E - J、汇川变频器 MD380、Profibus - DP 通信电缆、液位传感器。主站（左）和远程站（右）内部结构如图 2 - 3 - 10所示。

二、设计通信及控制线路并完成线路的连接

本项目任务包含 PLC 与触摸屏、PLC CPU 与远程站和变频器通信。整个通信框架机构如图 2 - 3 - 11 所示。

PLC 主站以及远程站的内部部分电气原理如图 2 - 3 - 12 所示。按照设计电路完成线路接线，注意电源电压等级和接口定义。

三、汇川 PLC 远程通信模块及变频器参数设置

（一）汇川 DP 通信模块的从站地址设置

在远程站通信模块 AM600 - RTU - DP - J 上将拨码开关打到 02 位置，如图 2 - 3 - 13 所示。设置完成后需要将模块重新上电。

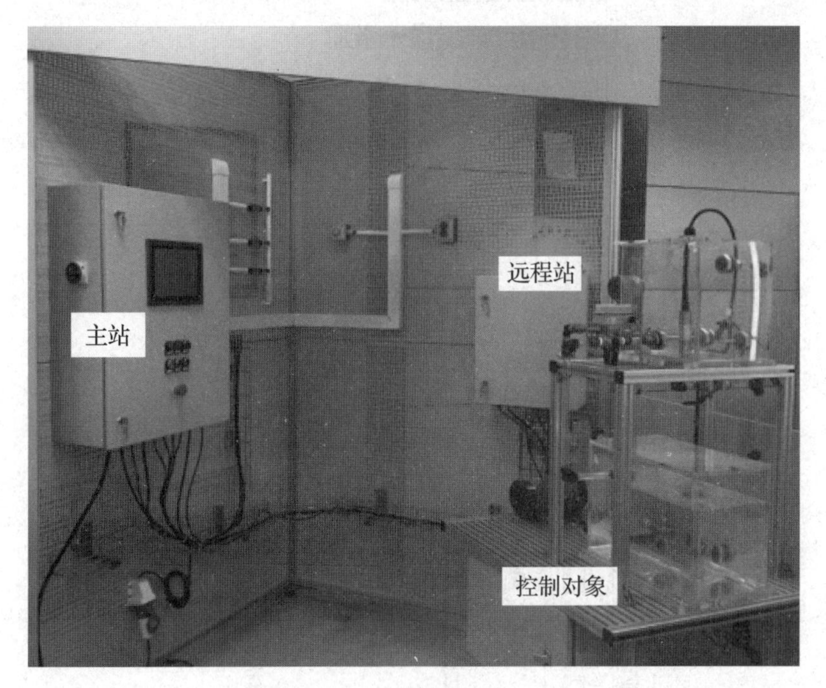

图 2-3-9 工业网络实训平台

图 2-3-10 主站（左）和远程站（右）内部结构

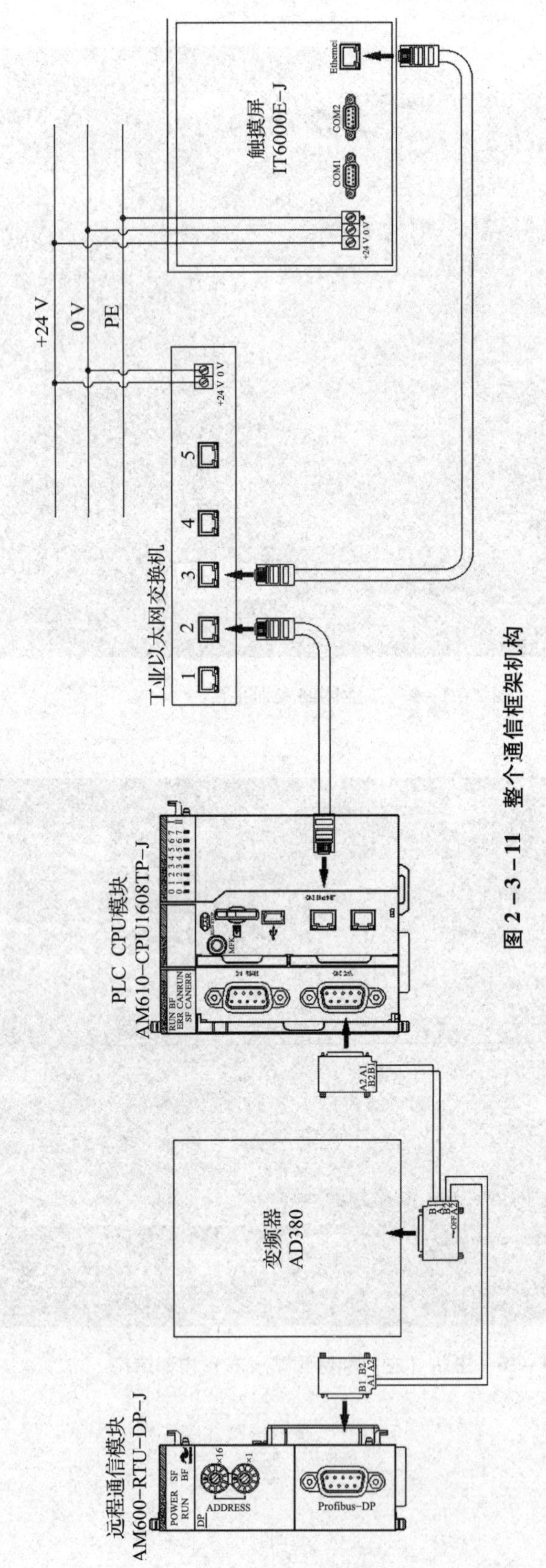

图 2-3-11　整个通信框架机构

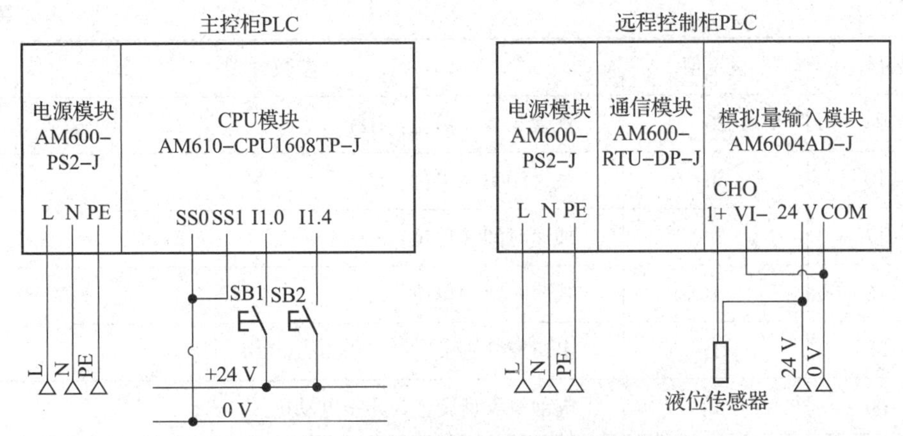

图 2-3-12 PLC 主站以及远程站的内部部分电气原理

(二) 汇川变频器从站地址设置及通信参数设置

首先是汇川变频器的从站地址设置。打开变频器外壳，按照图 2-3-14 设置 DP2 通信卡的拨码开关。将 DIP7 与 DIP8 设置为 ON，其余的设置为 OFF。此时 Profibus-DP 站号为 3。设置完成后，将变频器重新上电。

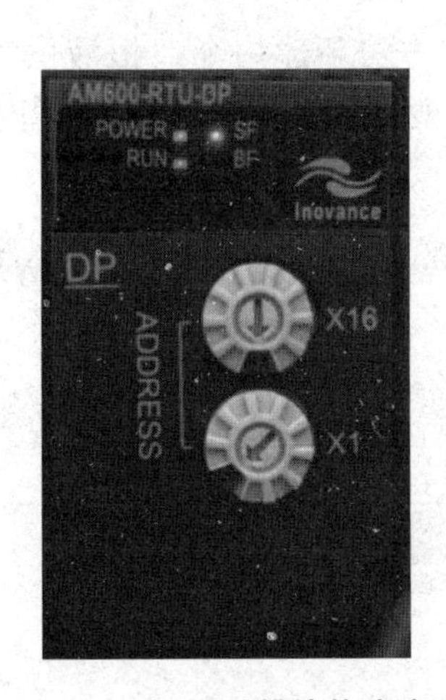

图 2-3-13 DP 通信模块从站地址设置

图 2-3-14 变频器从站地址设置

其次是变频器参数设置。在变频器操作面板上按照表 2-3-2 设置参数，具体功能请参考变频器手册。

表 2-3-2 变频器参数设置表

参数号	设定值	参数含义
FP-01	1	恢复出厂设置
F0-02	2	选择通信作为命令源，选择后 LED 闪烁
F0-03	9	主频率源由通信给定

续表

参数号	设定值	参数含义
F0 - 08	20	预置频率（单位：Hz）
F0 - 10	50	最大频率（单位：Hz）
F0 - 17	1	加速时间（单位：s）
F0 - 18	1	减速时间（单位：s）
F0 - 28	1	串口通信协议选择（Profibus - DP）
F1 - 00	1	电动机类型设置为异步电动机
FD - 00	5009	通信波特率
FD - 02	3	本机地址
FD - 05	20	Profibus - DP 通信数据格式

四、网络组网及硬件配置

（1）打开 InProShop 软件，按照本项目任务二所学的方法新建一个“恒液位”工程。输入工程名称“恒液位”，选择保存位置为“E:\教材”，使用的 PLC 设备型号为“AM610”，编程语言为“梯形逻辑图”，如图 2 - 3 - 15 所示。

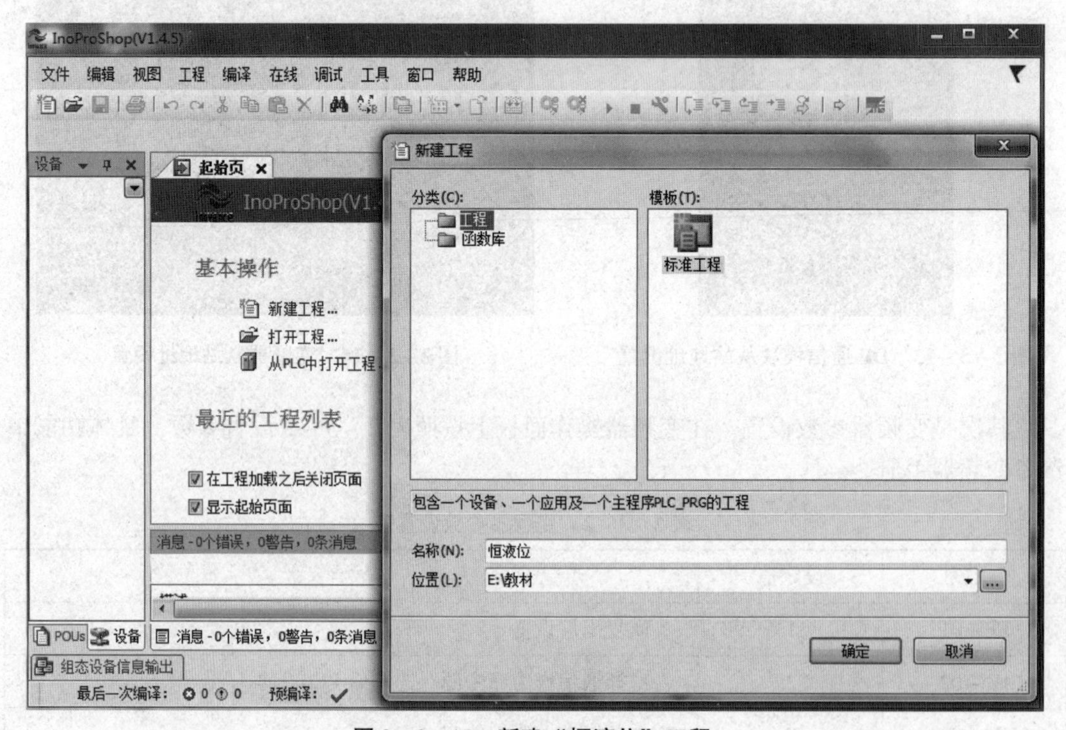

图 2 - 3 - 15　新建“恒液位”工程

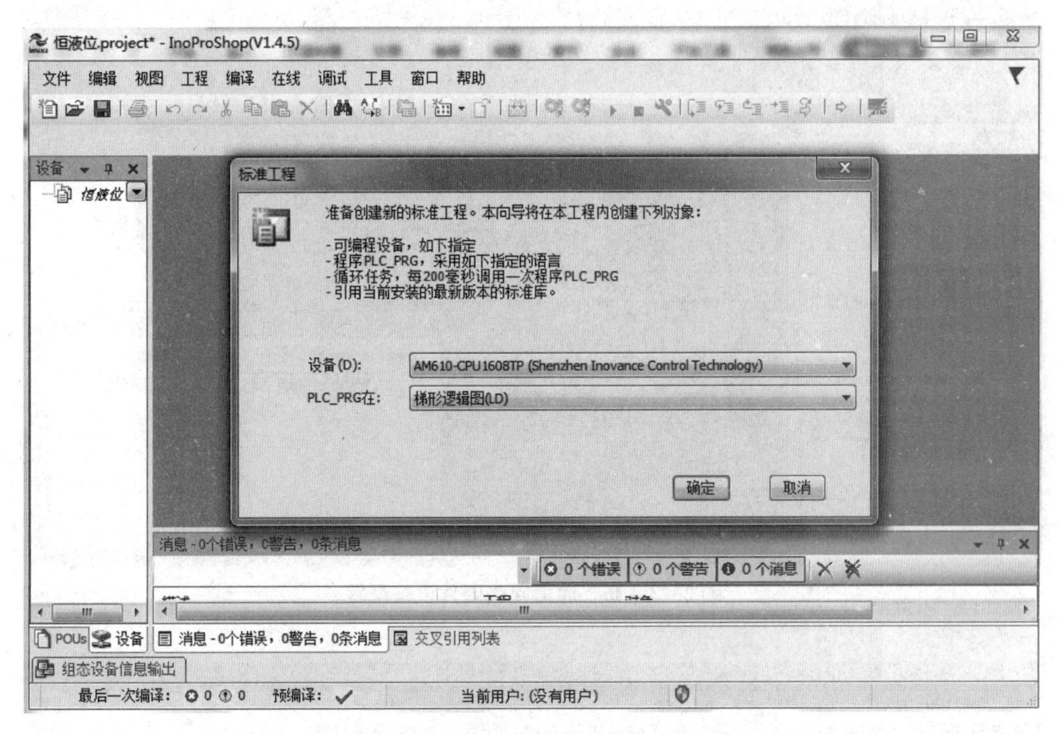

图 2-3-15　新建“恒液位”工程（续）

(2) 网络设备硬件配置。在工程设备栏中的“Network Configuration”中，除了勾选“ModbusTCP 从站”，还要勾选“DP 主站”，选择后新增紫色的 DP 总线。为什么既要选择 PLC 作为 DP 主站又要选择 PLC 作为 Modbus TCP 从站呢？这是因为在这个系统中，PLC 与触摸屏之间采用工业以太网通过 Modbus TCP 进行通信，此时的 PLC 属于从站，触摸屏属于主站。而 PLC 与变频器和远程站三者之间是采用 Profibus – DP 协议进行通信的，此时 PLC 属于 DP 主站，变频器和远程站属于从站。勾选好主站和从站后，会在右侧出现网络设备列表，在右侧的网络设备列表中，双击添加设备通信模块“AM600（DPV1）”和变频器“MD380DP2”作为 DP 从站，注意在添加变频器从站时要选择模块名称为 PPO_03；添加完成这些网络通信设备后会在左侧设备树形目录中显示出来。通信网络硬件设备配置如图 2-3-16 所示。

(3) 添加所有硬件模块。整个系统由于需要进行模拟量的输入/输出以及数字量的输入/输出，所以我们必须在 DP 主站和从站添加一些模块。双击图 2-3-16 中的“AM600（DPV1）”图标进入“Hardware Configuration”硬件配置画面，将右侧输入/输出模块列表里的“GL10_4AD”（AM600-4AD）模块和“GL10_0016ETP”（AM600-0016ETP）模块依次拖动到 PLC 主站导轨上（双击该模块也可以直接自动添加到机架上）。将“AM600-4DA”模块和“AM600-4AD”模块以及“AM600_1600END”模块依次添加至远程站“Node ID:2”导轨上，注意添加这些模块时的次序一定要和实际的模块顺序一致；添加完成后在左侧设备树形目录中会显示出各个主站和从站模块的名称。硬件模块添加配置如图 2-3-17 所示。

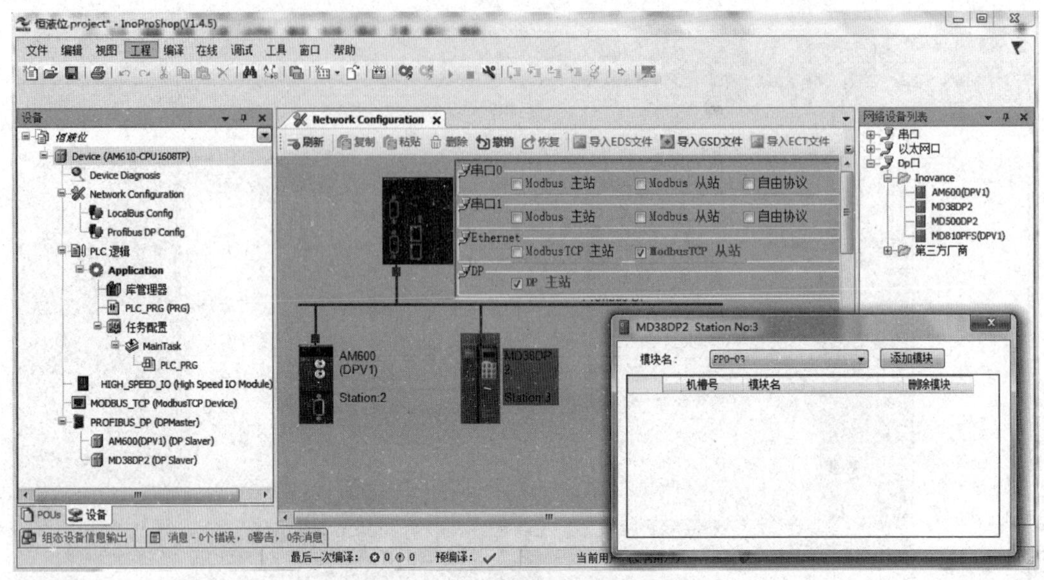

图 2-3-16　通信网络硬件设备配置

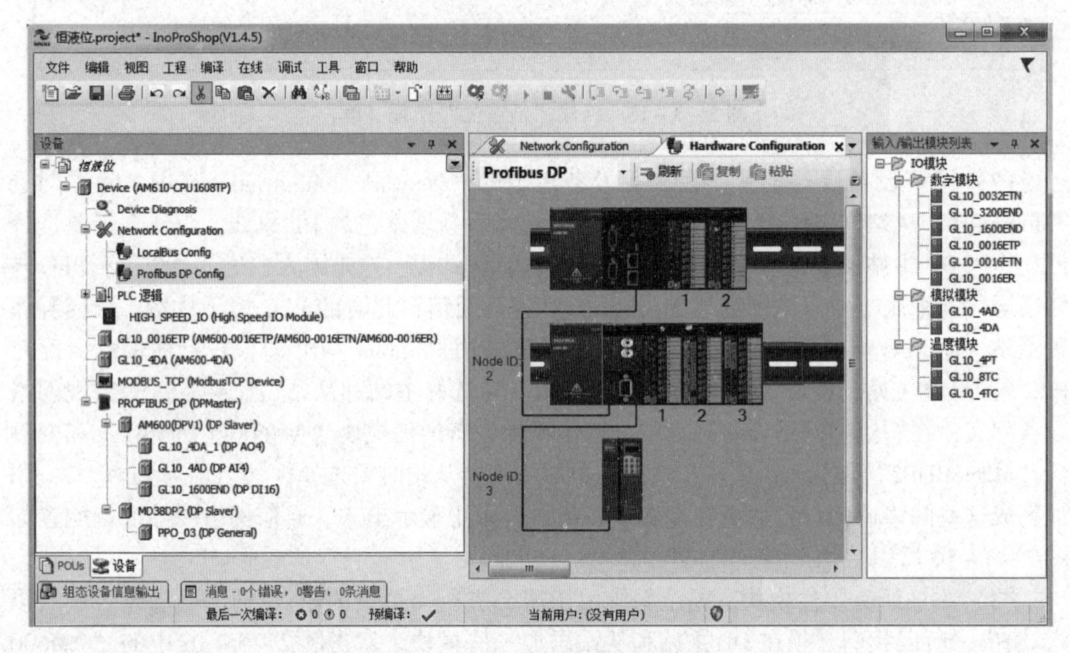

图 2-3-17　硬件模块添加配置

（4）DP 从站参数设置。

双击图 2-3-16 中的“AM600（DP V1）（DP Slaver）”模块图标或在左侧设备栏中“Profibus_DP”里选择 AM600 DP 模块，在弹出的 DP 从站参数画面里将“站地址”设置为 2，与图 2-3-13 中该模块拨码对应，如图 2-3-18 所示。

用同样的方法选择变频器模块，设置变频器从站地址为 3，与变频器的拨码开关对应，如图 2-3-19 所示。

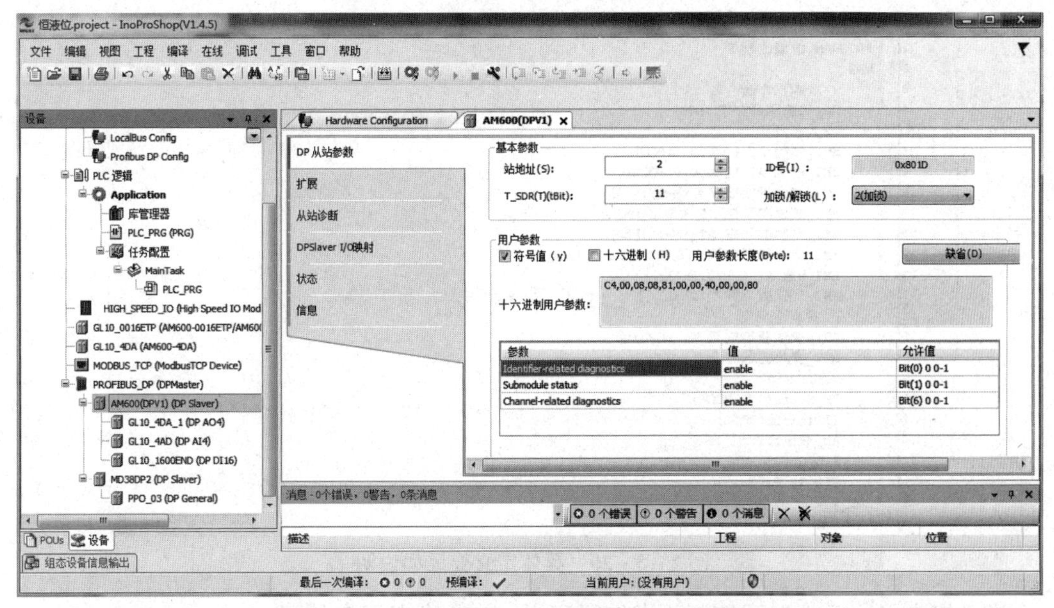

图 2-3-18 远程站 AM600 DP 模块从站参数设置

图 2-3-19 变频器从站参数设置

五、程序设计

(一) PLC 程序设计

本任务主要对水箱中的水位进行检测，然后根据 PI 算法控制液位稳定在设定值。有关 PID 算法可以参考相关资料，这里主要确定 P 值和 I 值然后直接利用 PID 指令进行控制即可。在程序中要定义使用到的一些变量的地址和数据类型，以便与触摸屏、变频器、AD/DA 模块等关联。具体定义变量和说明如图 2-3-20 所示。

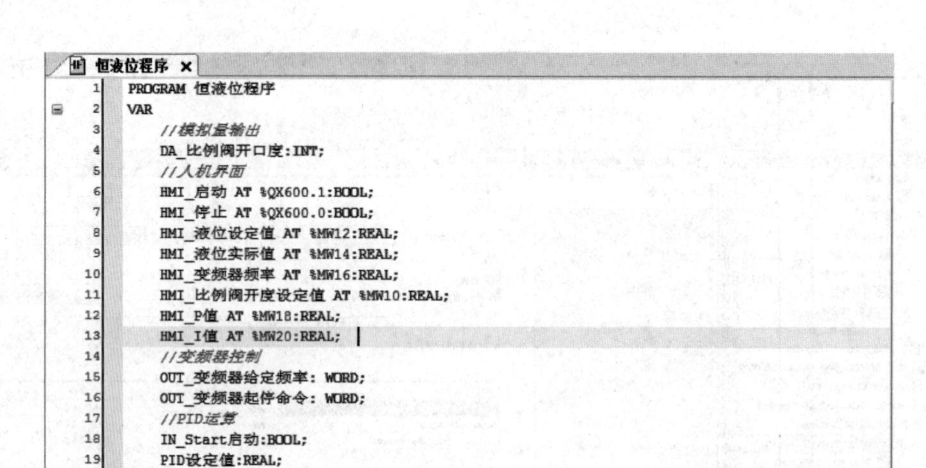

图 2-3-20　具体定义变量和说明

定义好变量之后就按照控制要求编写程序，PLC 参考程序如图 2-3-21 所示。

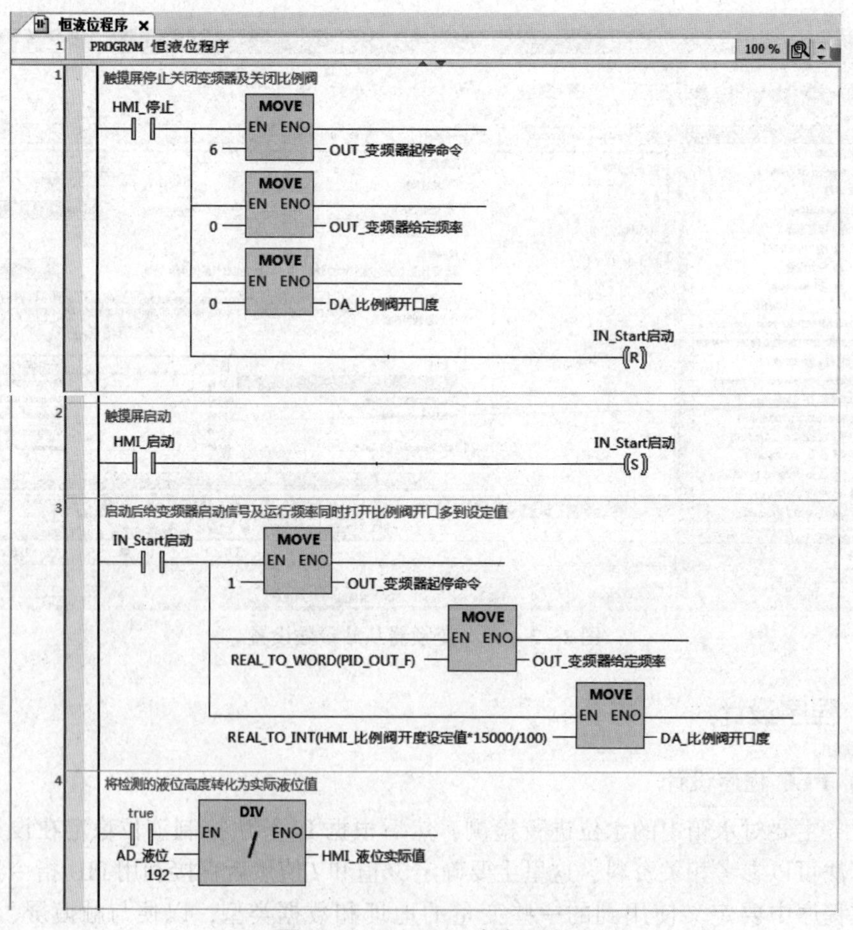

图 2-3-21　PLC 参考程序

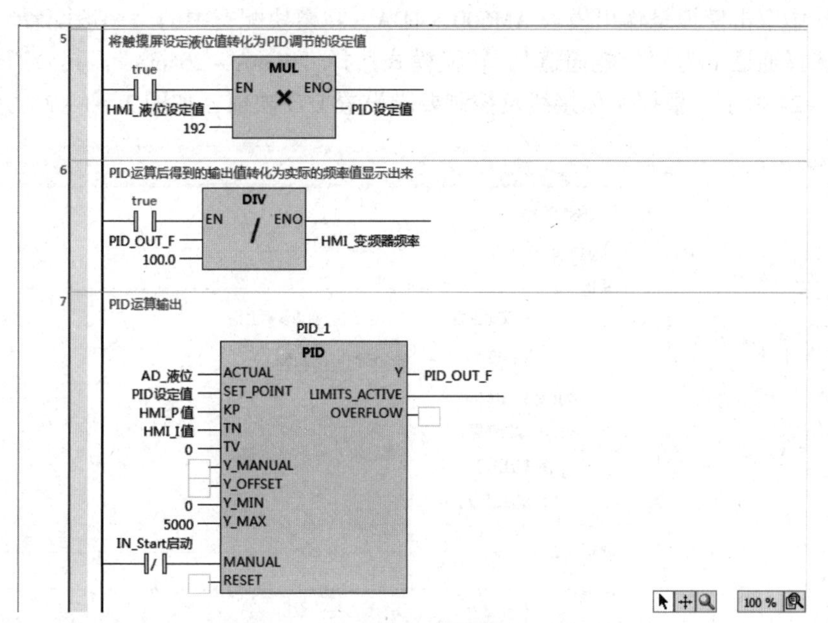

图 2-3-21　PLC 参考程序（续）

（二）模块通道设置及 I/O 映射

在前面的 PLC 程序中我们已经将输入输出变量定义好了，那么在实际运行中就要将这些变量和实际的 A/D 或 D/A 通道关联起来。

在从站中双击模拟量输入模块 AM600 - 4AD，在模块配置中的“一般配置”栏中，液位检测选择通道 0 为“使能通道”，转换模式选择“4 mA ~ 20 mA”，其余通道不选择，如图 2-3-22 所示。根据实际接线及控制要求设置 I/O 映射，如图 2-3-23 所示。

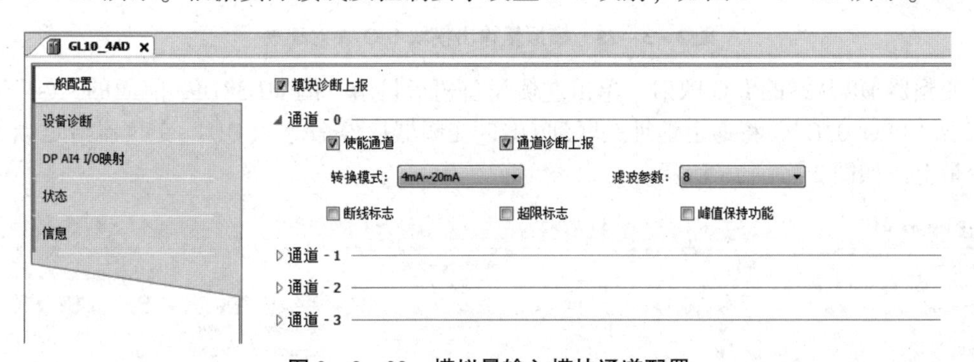

图 2-3-22　模拟量输入模块通道配置

GL10_4AD

一般配置　设备诊断　DP AI4 I/O映射　状态　信息

查找　　抖动　显示所有

变量	映射	通道	地址	类型	单位	描述
		AIValue	%IW1	ARRAY [0..3] OF INT		
Application.恒液位程序.AD_液位		AIValue[0]	%IW1	INT		
		AIValue[1]	%IW2	INT		
		AIValue[2]	%IW3	INT		
		AIValue[3]	%IW4	INT		

图 2-3-23　模拟量输入模块 I/O 映射配置

在从站中双击模拟量输出模块 AM600－4DA，在模块配置中的“一般配置”栏，比例阀开口度选择通道 1 为“使能通道”，转换模式选择“4 mA～20 mA”，其余通道不选择，如图 2－3－24 所示。根据实际接线及控制要求设置 I/O 映射，如图 2－3－25 所示。

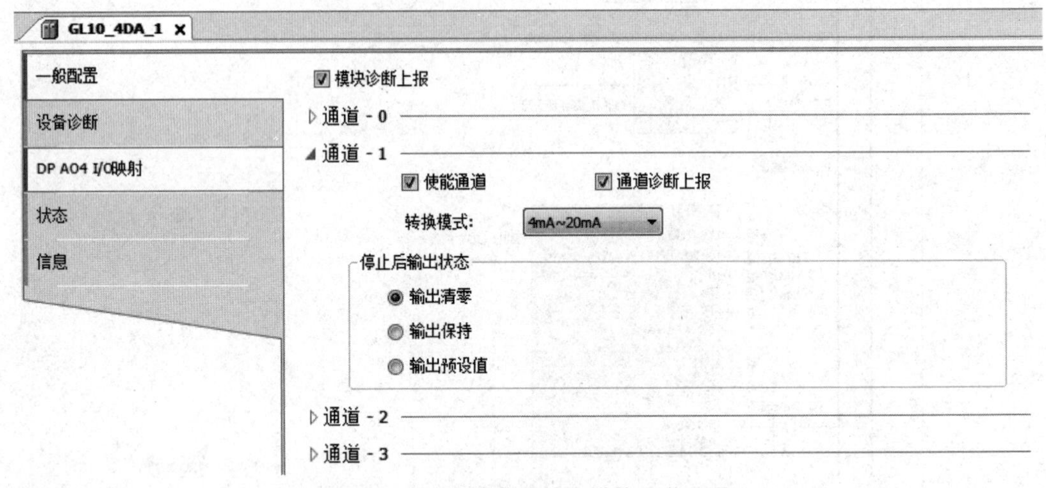

图 2－3－24　模拟量输出模块通道配置

GL10_4DA_1

一般配置 / 设备诊断 / DP AO4 I/O映射 / 状态 / 信息

查找　　抖动 显示所有

变量	映射	通道	地址	类型	单位	描述
		AOValue	%QW6	ARRAY [0..3] OF INT		
		AOValue[0]	%QW6	INT		
Application.恒液位程序.DA_比例阀开口度		AOValue[1]	%QW7	INT		
		AOValue[2]	%QW8	INT		
		AOValue[3]	%QW9	INT		

图 2－3－25　模拟量输出模块 I/O 映射配置

变频器 DP 从站的 I/O 映射。单击左侧设备树形目录下的 MD38DP2 前面的“＋”号，再双击“PPO_03C”，将通道地址关联到 OUT_变频器启停命令和 OUT_变频器给定频率两个变量上，如图 2－3－26 所示。

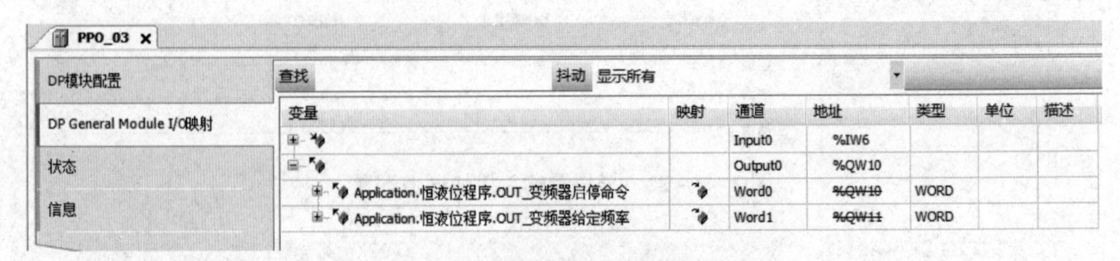

PPO_03

DP模块配置 / DP General Module I/O映射 / 状态 / 信息

查找　　抖动 显示所有

变量	映射	通道	地址	类型	单位	描述
		Input0	%IW6			
		Output0	%QW10			
Application.恒液位程序.OUT_变频器启停命令		Word0	%QW10	WORD		
Application.恒液位程序.OUT_变频器给定频率		Word1	%QW11	WORD		

图 2－3－26　变频器 DP 从站的 I/O 映射

（三）编译

编译完成的画面如图 2－3－27 所示。

（四）触摸屏程序设计

根据控制要求，参照任务二的操作方法，按照如下所示步骤设计绘制出所需画面。在

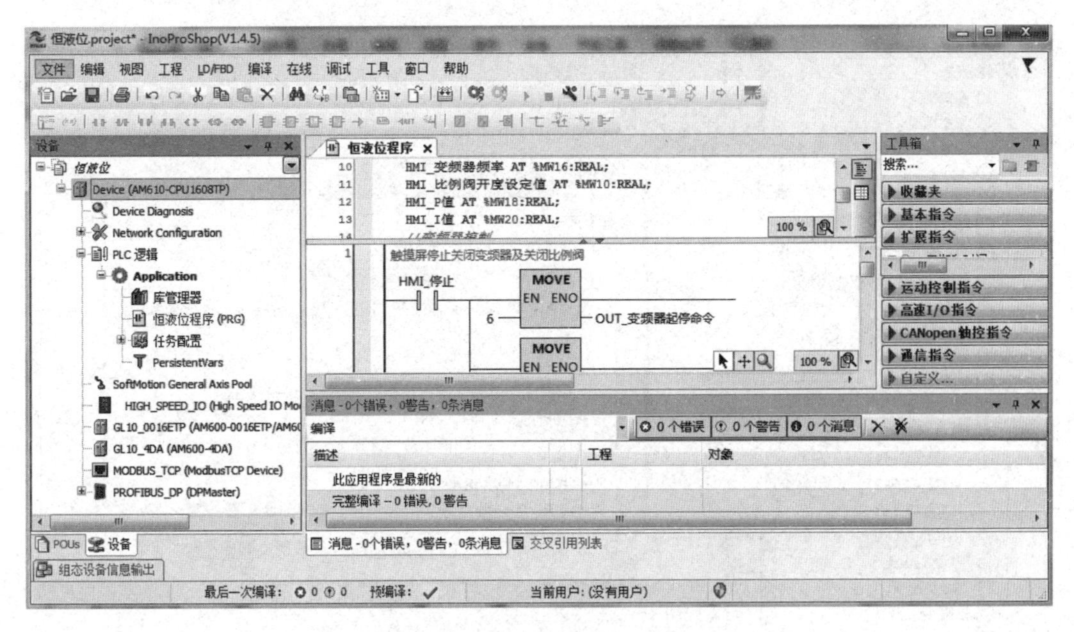

图 2 - 3 - 27　编译完成的画面

这个触摸屏界面中有六个输入对话框和两个按钮以及一个趋势图。输入对话框及按钮组态简单，主要是将有关数据的关联地址弄清楚，在 PLC 程序设计时已经定义好了有关触摸屏的变量地址，直接使用即可，新建触摸屏工程如图 2 - 3 - 28 所示。

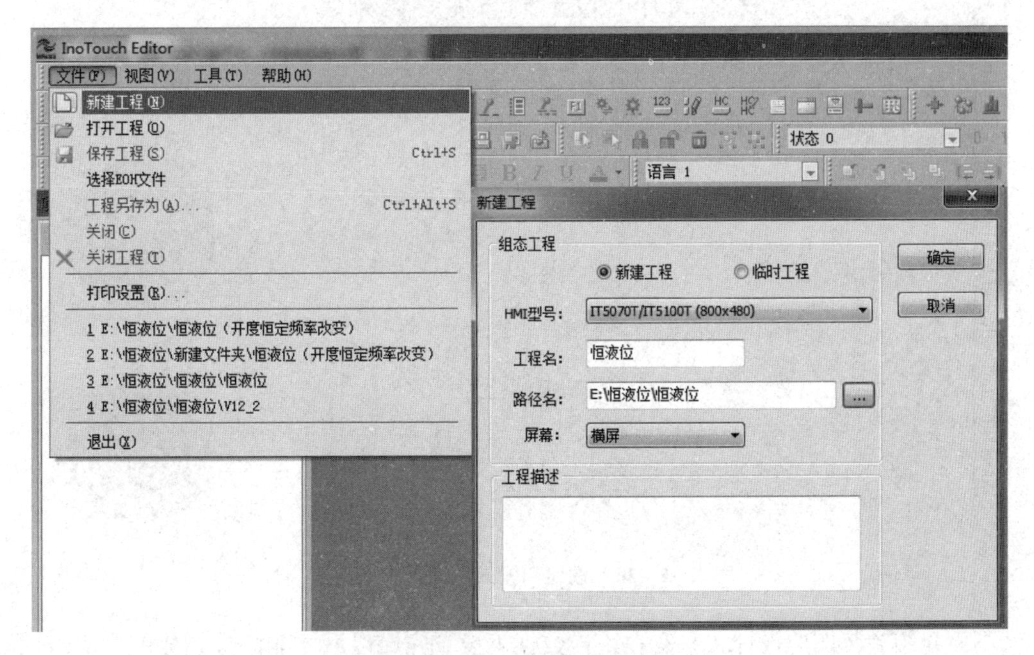

图 2 - 3 - 28　新建触摸屏工程

工程新建好之后，进行通信设置，通信设置如图 2 - 3 - 29 所示。然后按照按钮和输入框的设计方法将需要的两个按钮和六个输入框设计完成，如图 2 - 3 - 30 所示。

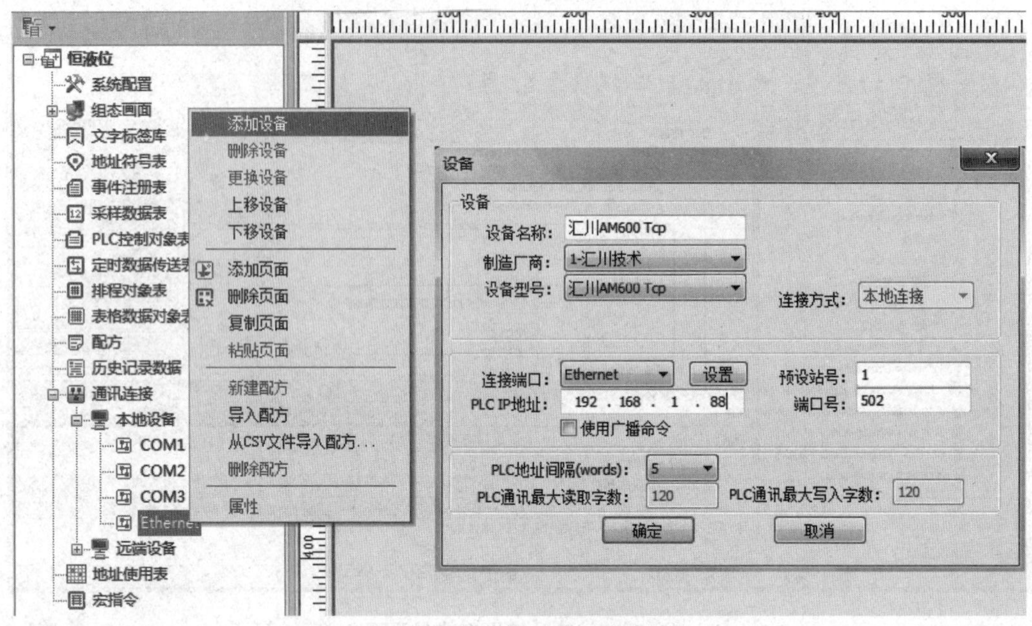

图 2-3-29　通信设置

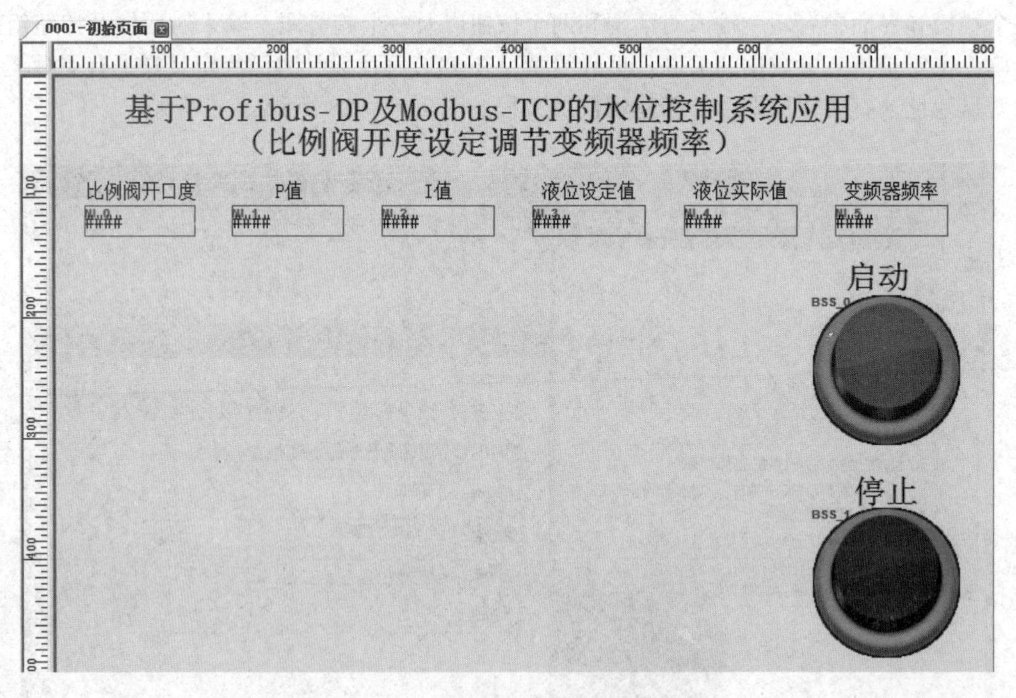

图 2-3-30　按钮和输入框设计完成画面

下面介绍趋势图的设计，只有在采样数据表设置完成以后才能添加趋势图。双击项目管理下的采样数据表，弹出如图 2-3-31 所示的资料取样设置初始画面。

首先设定读取地址，单击“读取地址”对话框右侧的按钮，弹出如图 2-3-32 所示的设备信息设置界面，将地址设置为 MW14。

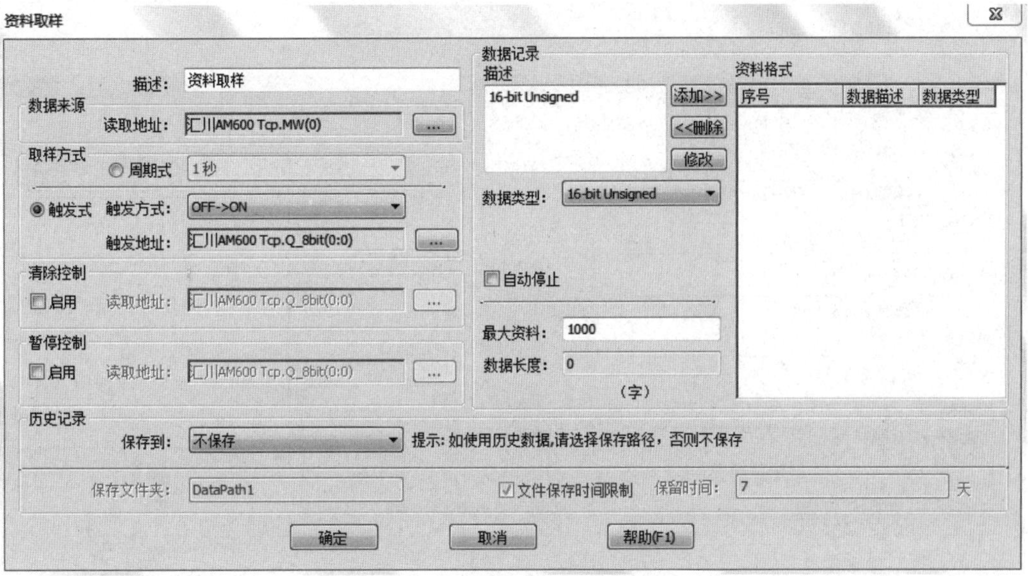

资料取样

数据来源　描述：资料取样　读取地址：汇川AM600 Tcp.MW(0)

取样方式　周期式　1秒　触发式　触发方式：OFF->ON　触发地址：汇川AM600 Tcp.Q_8bit(0:0)

清除控制　启用　读取地址：汇川AM600 Tcp.Q_8bit(0:0)

暂停控制　启用　读取地址：汇川AM600 Tcp.Q_8bit(0:0)

数据记录　描述　16-bit Unsigned　添加>>　<<删除　修改

数据类型：16-bit Unsigned

自动停止　最大资料：1000　数据长度：0（字）

资料格式　序号　数据描述　数据类型

历史记录　保存到：不保存　提示：如使用历史数据，请选择保存路径，否则不保存

保存文件夹：DataPath1　文件保存时间限制　保留时间：7　天

确定　取消　帮助(F1)

图 2-3-31　资料取样设置初始画面

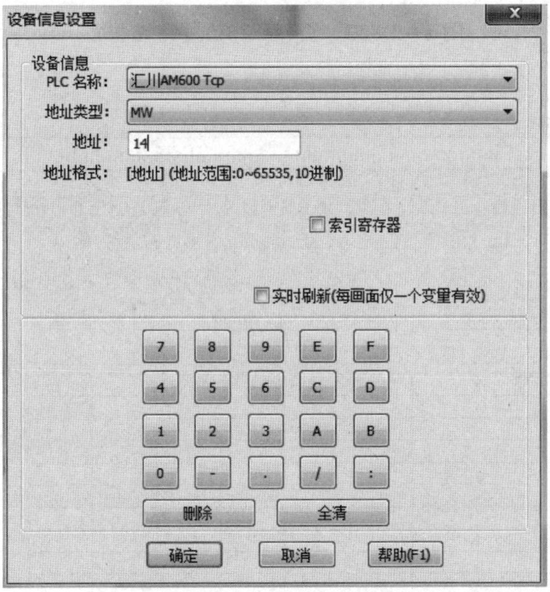

设备信息设置

设备信息　PLC 名称：汇川AM600 Tcp　地址类型：MW　地址：14

地址格式：[地址] (地址范围:0~65535,10进制)

索引寄存器

实时刷新(每画面仅一个变量有效)

7　8　9　E　F
4　5　6　C　D
1　2　3　A　B
0　-　.　/　:

删除　全清

确定　取消　帮助(F1)

图 2-3-32　设备信息设置界面

取样方式的选择有周期式和触发式两种，在这里采用周期式，周期时间设置为“2秒”。数据类型选择为“32 - bit Float”，然后将其添加到资料格式中，其他选项采用默认值，这样就完成了对采样数据的设置，如图 2-3-33 所示。

单击趋势图图标或通过菜单：控件→采样功能→趋势图就可以将趋势图添加在画面编辑区内，如图 2-3-34 所示。为了将实际的液位显示出来，需要对趋势图进行设置。双击趋势图，打开趋势图控件属性画面，根据实际需要主要进行一般属性、通道、趋势图、轮廓属性等设置，如图 2-3-35 所示。*X* 轴和 *Y* 轴的网格设置以及轮廓尺寸根据实际需求设置，这里主要是建立起显示数据的通道。

资料取样

描述：资料取样

数据来源

读取地址：汇川AM600 Tcp.MW(0)

取样方式

◉ 周期式 2秒

○ 触发式 触发方式：OFF->ON

触发地址：汇川AM600 Tcp.Q_8bit(0:0)

清除控制

☐ 启用 读取地址：汇川AM600 Tcp.Q_8bit(0:0)

暂停控制

☐ 启用 读取地址：汇川AM600 Tcp.Q_8bit(0:0)

数据记录

描述

32-bit Float

添加>>

<<删除

修改

数据类型：32-bit Float

☐ 自动停止

最大资料：1000

数据长度：2

（字）

资料格式

序号	数据描述	数据类型
0	32-bit Float	T_32FLOA

历史记录

保存到：不保存 提示：如使用历史数据，请选择保存路径，否则不保存

保存文件夹：DataPath1 ☑ 文件保存时间限制 保留时间：7 天

确定 取消 帮助(F1)

图 2－3－33 资料取样设置完成画面

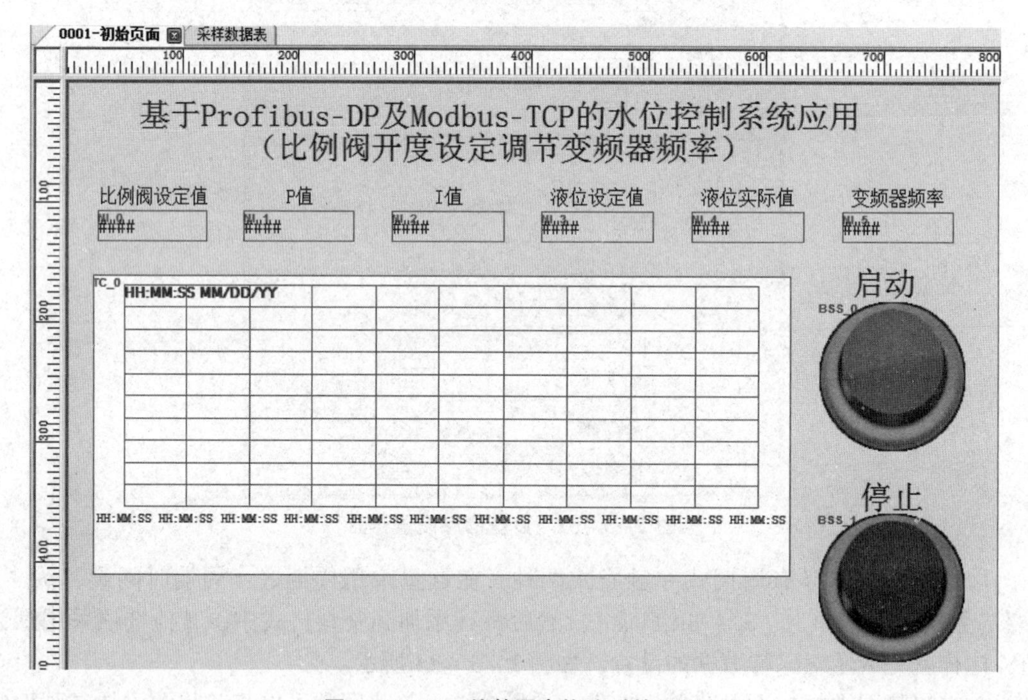

图 2－3－34 趋势图未修改时的画面

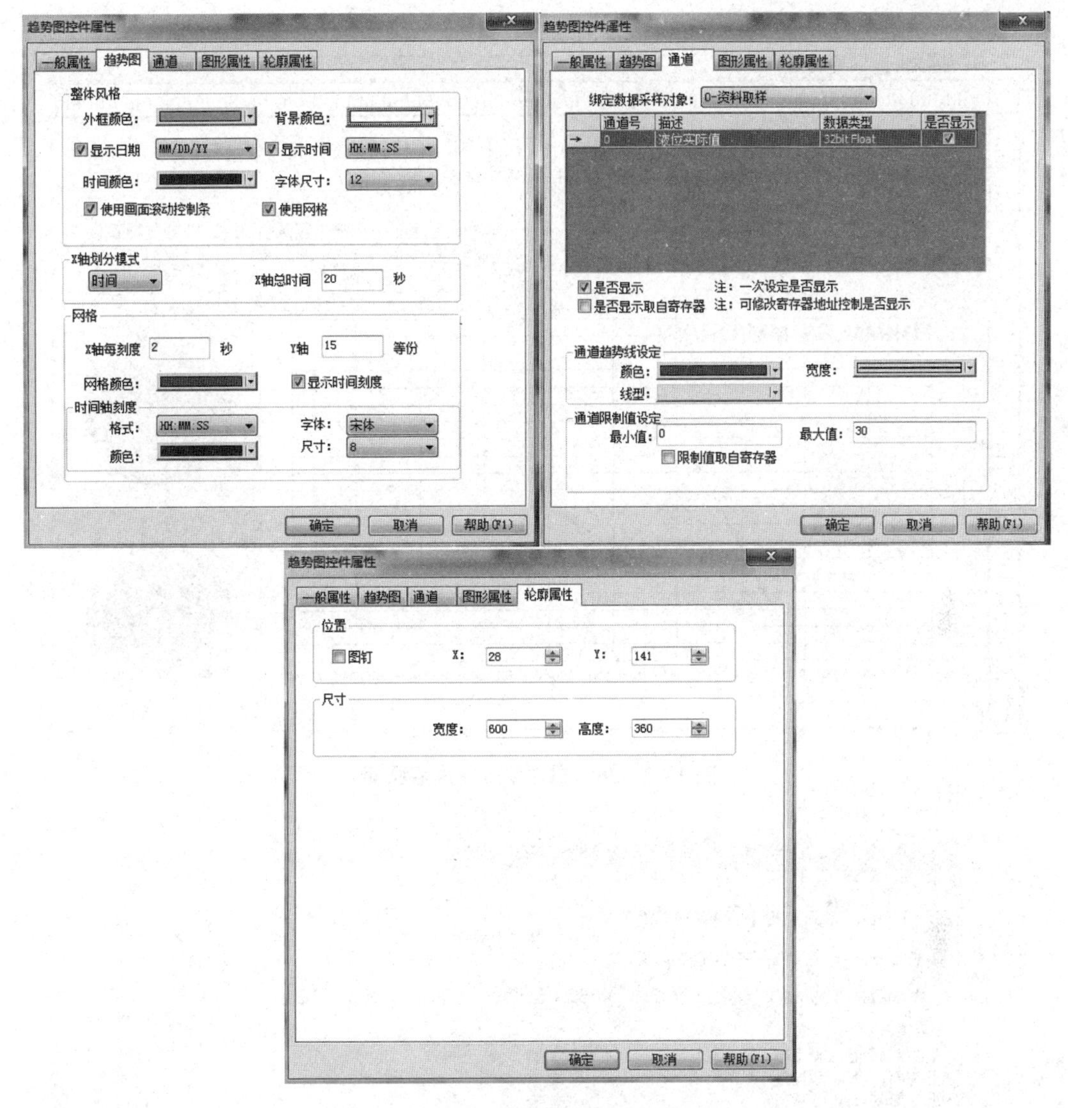

图 2–3–35　趋势图控件属性设置画面

控件属性修改完成后得到最终的触摸屏画面，如图 2–3–36 所示。

编译所设计的触摸屏程序，如有问题应进行修改，编译成功画面如图 2–3–37 所示。至此触摸屏程序设计完成。

六、调试

（1）关闭远程控制对象底部的排水阀，在下水箱中加入适量的纯净自来水，打开磁力泵上方的上水阀。

（2）检查电源电路、通信线路无误后设备上电。

（3）确认 PLC AM610 状态开关拨在“RUN”位置，待程序运行，触摸屏上红色网络图标亮起，说明触摸屏和 PLC 通信正常；远程控制端的 PLC 扩展模块“RUN”指示灯亮起，说明 PLC 远程通信模块 Profibus – DP 通信正常。

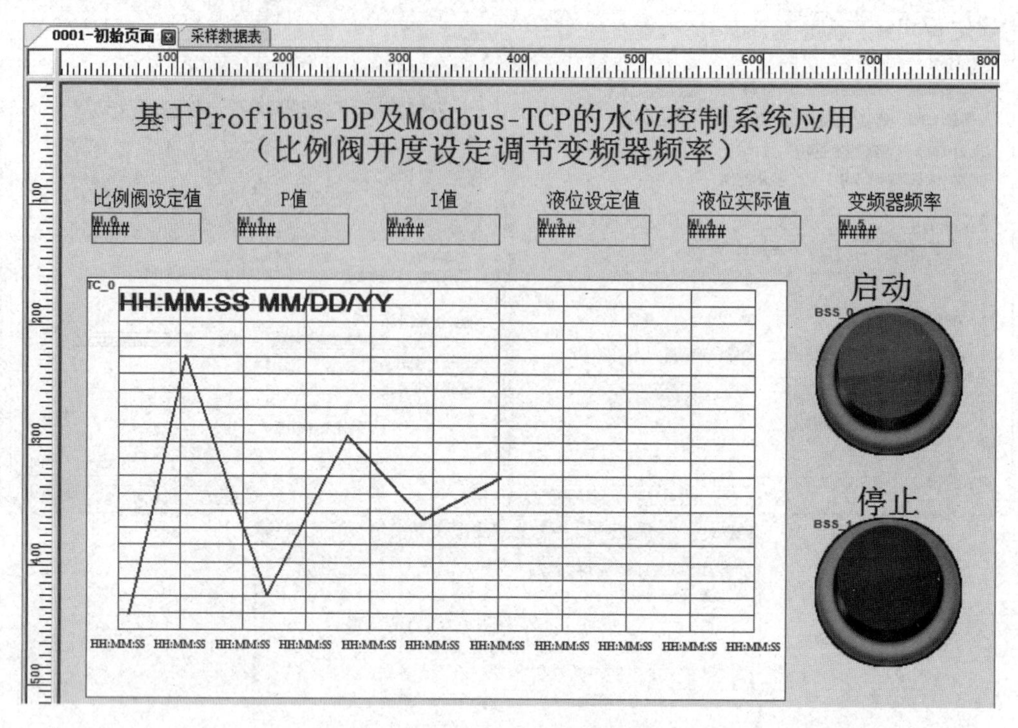

图2-3-36　属性修改完成后画面

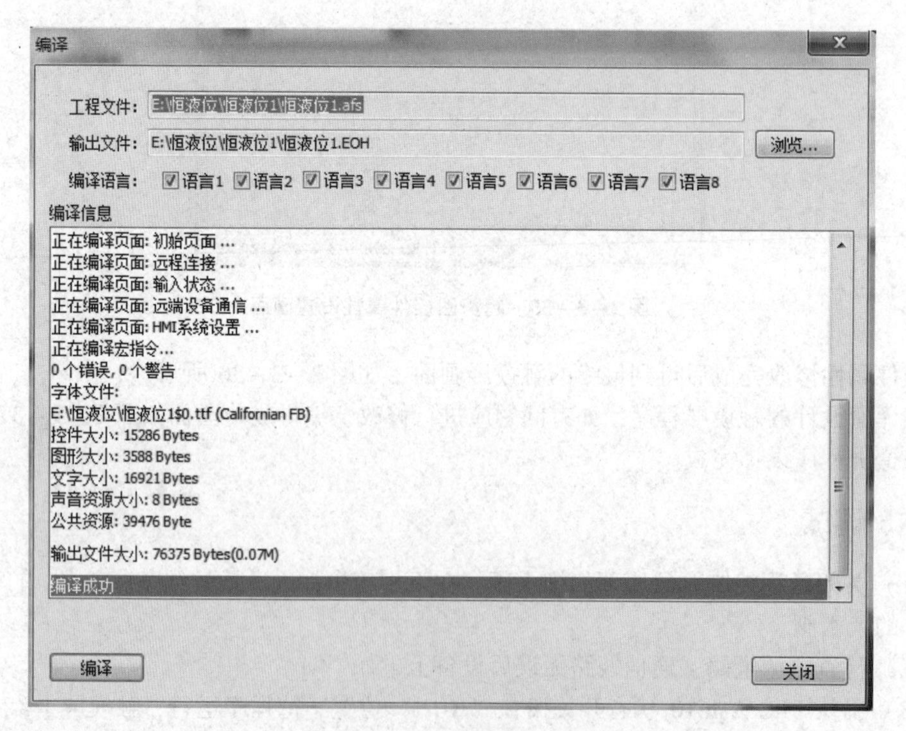

图2-3-37　编译成功画面

（4）在触摸屏上输入比例阀开度设定值、PID 调节的 *P* 值和 *I* 值以及设置液位值，按下触摸屏上的启动按钮，变频器以一定的频率运行，磁力泵工作，开始将下水箱中的水抽至上水箱，在运行过程中我们可以观察到水位和频率都在发生变化，最后会基本稳定在一定的频率和液位上，如图 2 - 3 - 38 所示。输入的开度以及 *P* 值和 *I* 值不同，这个变化过程持续时间的长短也不同。

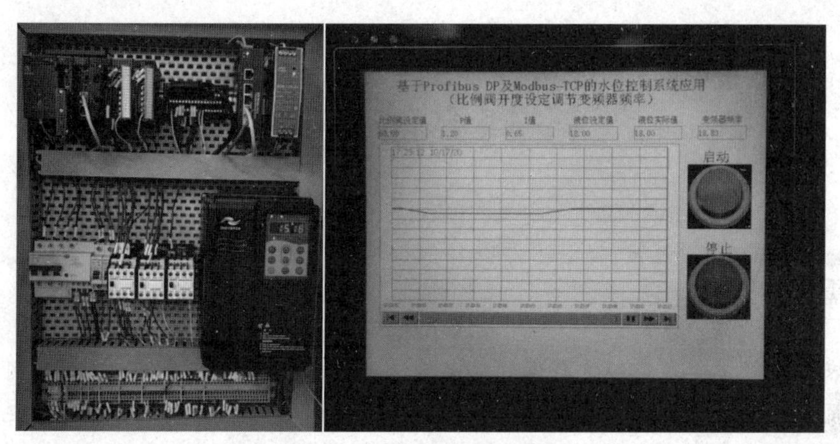

图 2 - 3 - 38　实际运行画面

（5）在触摸屏上改变比例阀开度设定值、PID 调节的 *P* 值和 *I* 值以及设定新的液位值，变频器会以新的频率运行。

（6）在按下触摸屏上停止按钮时，磁力泵停止工作，同时比例阀也关闭。

【任务总结】

通过本任务的学习和实施，大家要掌握汇川中型 PLC 与触摸屏之间的以太网通信方式、汇川中型 PLC 与变频器和远程站的 Profibus - DP 通信方式，以及有关模拟量和数字量的输入/输出转换；掌握在一个控制系统中有不同通信方式时的通信网络构建操作方法；了解与 PID 调节有关的基本知识。

项目三　基于 CC－Link 的温度控制系统应用

项目需求

在工农业生产中，我们经常会遇到对温度进行控制，使其保持在一个可控可调的温度范围以满足不同的生产需求的情况。例如，某一温室大棚为了满足某种蔬菜的生长，要求能根据需要设定温度控制范围，方便地实现手动和自动调节，从而实现温度控制。

项目工作场景

本项目采用 CC－Link 总线通信，实现 PLC 主站与远程智能设备站之间的通信功能，并通过 RS－232 串口通信实现触摸屏与 PLC 的通信。在触摸屏上既可以显示当前实际监测到的温度，还可以设定控制的最高温度值和最低温度值，同时在触摸屏上设定有自动和手动运行两种工作模式，并实时显示当前的工作状态。系统工作时先设定温度调节范围，然后进行自动或手动操作。

方案设计

根据项目控制要求和学生的认知规律，并结合所学知识，由简入繁、由易及难构建两个不同的任务，任务一是 CC－Link 现场总线认识及网络系统配置，任务二是基于 CC－Link的温度控制系统应用，通过任务逐步达到整个控制要求。

相关知识和技能

相关知识：CC－Link 现场总线基础知识、CC－Link 网络系统配置、CC－Link 通信程序的设计。

相关技能：PLC 与触摸屏、CC－Link 通信模块及温度传感器等硬件的连接及系统调试。

任务一　CC－Link 现场总线认识及网络系统配置

【任务目标】

了解 CC－Link 现场总线基本知识，理解 CC－Link 现场总线的通信基础，掌握 CC－Link 通信线的制作；认识、了解三菱 Q 系列的 QJ61BT11N 主站模块和 FX3U－64CCL 接口模块，掌握 CC－Link 通信的硬件连接和参数设置，构建一个能够完成温度控制的硬件连接。

【任务分析】

本任务主要通过理论知识的学习以及各种文献资料的查阅，熟悉在工业控制网络中常见的 CC－Link 现场总线知识。一步一步地了解、熟悉 CC－Link 各种模块的结构特点和参数设置，然后将这些模块连接成需要的网络。

【知识准备】

由于三菱公司逐渐淘汰了 2N 系列产品，所以这里主要针对 FX3U 系列的 CC－Link 模块和 Q 系列的 QJ61BT11N 模块进行介绍。

一、CC－Link 现场总线基础知识

CC－Link 是 Control&Communication Link（控制与通信链路系统）的缩写，在 1996 年 11 月，由以三菱电机为主导的多家公司推出，其增长势头迅猛，在亚洲占有较大份额，目前在欧洲和北美发展迅速。CC－Link 现场总线可以将控制和信息数据同时以 10 Mbit/s 高速传送至现场网络，具有性能卓越、使用简单、应用广泛、节省成本等优点，其不仅解决了工业现场配线复杂的问题，还具有优异的抗噪性和兼容性。CC－Link 是一个以设备层为主的网络，同时可覆盖较高层次的控制层和较低层次的传感层。2005 年 7 月，CC－Link 被中国国家标准委员会批准为中国国家标准指导性技术文件。

CC－Link 是一种可以同时高速处理控制和信息数据的现场网络系统，可以提供高效、一体化的工厂和过程自动化控制。在 10 Mbit/s 的通信速率下传输距离达到 100 m，并能够连接 64 个站，其卓越的性能使之通过 ISO 认证成为国际标准。在现代化的复杂生产线中，使用 CC－Link 现场总线可以显著减少控制和配电所使用的电缆，它不仅可以节省电缆成本，还大大减少了布线和日后维护工作的工作量。

（一）CC－Link 现场总线的性能特点

1. 高速度、大容量的数据传送

使用者在使用时可设定介于 156 kbit/s 到 10 Mbit/s 之间可供选择的五种通信速度的一种。总长度由最大通信速度决定。每个循环传送数据为 24 B，150 B 用于通信传送，8 B（64 bit）用于位数据传送，16 B（4 点 RWr、4 点 RWw）用于字传送。每次链接扫描的最大容量是 2 048 个位和 512 个字。在 64 个远程 I/O 站的情况下，链接扫描时间为 3.7 ms。

稳定快速的通信速度是 CC－Link 现场总线的最大优势。CC－Link 现场总线有足够卓越的性能，可应用于大范围的系统。当通信速度为 10 Mbit/s 时，最大通信距离是 100 m；当通信速度为 156 kbit/s 时，最大通信距离为 1 200 m。如果使用中继器，还可以扩展通信网络的总长度，通信电缆的长度可以延长到 13.2 km。

2. 多种拓扑结构

拓扑结构有多点接入、T 形分支、星形结构三种类型，利用电缆及连接器能将 CC－Link 元件接入任何机器和系统。

3. CC－Link 现场总线使分布控制成为现实

CC－Link 现场总线用于低价的中间控制层网络。所有本地站和智能站可以访问循环数据，如到达从站或来自从站的 RX、RY、RWr、RWw，但不可改变这些数据。这些循环数据可以保证高速应答和稳定刷新时间，使中间控制通信、中央控制系统变成现实。有些应用要求有控制层和元件层两种网络，这样的系统可以只用 CC－Link 现场总线。CC－Link每个站都有固定的循环数据范围，这可能使循环数据受到限制。

4. 自动刷新功能、预约站功能

将 PLC 作为 CC－Link 的主站，由主站模块管理整个网络的运行和数据刷新，主站模块与 PLC 中的 CPU 数据刷新参数在主站参数中设置，可将所有网络通信数据和网络系统监视数据自动刷新到 PLC 的 CPU 中，不需要编写刷新程序，也不必考虑 CC－Link 主站模块缓冲寄存区的结构和数据类型与缓冲区的对应关系，简化编程指令，减少程序运行步骤，缩短扫描周期，保证系统实时运行。预约站功能在系统的可扩展性上显示出极大的优越性，也为系统开发提供了极大的方便。预约站功能指 CC－Link 网络组态时，可以事先将暂时不挂接到网络上而计划将来挂接到网络上的 CC－Link 设备系统信息（站类型、占用数据量和站号等）在主站中登录，而且可以将相关程序编写好，这些预约站挂接到网络中后，便可以自动投入运行，不需要重新进行网络组态。当预约站没有挂接到网络中时，CC－Link 同样可以正常运行。

5. 完善的 RAS 功能

RAS 是 Reliability（可靠性）、Availability（有效性）、Serviceability（可维护性）的缩写。备用主站功能、在线更换功能、通信自动恢复功能、网络监视功能和网络诊断功能提供了一个可以信赖的网络系统，帮助用户在最短的时间内恢复网络系统。

6. 优异的抗噪性和兼容性

为了保证多厂家网络的良好兼容性，一致性测试是非常重要的，通常只是对接口部分进行测试。另外，CC－Link 现场总线的一致性测试程序包含噪声测试。因此，所有 CC－Link 现场总线兼容产品具有高水平的抗噪性。除了产品本身具有卓越的抗噪性，光缆中继器为网络系统提供了更加可靠、更加稳定的抗噪能力。

7. 互操作性和即插即用

CC－Link 为合作厂商提供了描述每种类型产品的数据配置文档，这种文档称为内存映射表，用来定义控制信号和数据存储单元（地址）。合作厂商可按照这种映射表的规定，进行 CC－Link 现场总线兼容性产品的开发。以模拟量 I/O 映射表为例，在映射表中位数据 RX0 被定义为读准备好信号，字数据 RWr0 被定义为模报量数据。由不同的 A 公司和 B 公司生产的同类型产品，在数据配置上是完全一样的，用户根本不需要考虑在编程和使用上 A 公司与 B 公司的不同。另外，如果用户换用同类型的不同公司的产品，程序基本不用修改，即可实现连接设备即插即用。

8. 瞬时传送功能

CC - Link 系统的底层通信协议遵循 R485，采用主从通信方式。一个 CC - Link 系统必须有主站且只能有一个主站，主站负责控制整个网络的运行。但为防止主站出现故障而导致整个系统瘫痪，CC - Link 系统允许设置备用主站，即当主站出现故障时，系统可自动切换到备用主站上。

CC - Link 系统的通信形式可分为两种：循环通信和瞬时传送。

（1）循环通信：主要采用广播轮询的方式进行通信。主站将刷新的数据（RY/RW）发送到所有站，与此同时，轮询从站 1；从站 1 对主站的轮询做出响应（RX/RWr），同时将该响应告知其他从站；然后主站轮询从站 2（此时并不发送刷新数据），从站 2 给出响应，并将该响应告知其他站。以此类推，循环往复。循环通信的数据传输率非常高，最多发送 2 048 个位和 512 个字。

（2）瞬时传送：采用专用指令实现一对一的通信。这种通信方式适用于循环通信的数据量不够，或者需要传送比较大的数据（最大 960 B）的场合。

（二）CC - Link 现场总线的应用领域

CC - Link 现场总线有广阔的应用领域，包括半导体、电子、汽车、纺织、水处理、楼宇自动化、医药、冰箱、空调、立体仓库、机械设备制造、机场、化学、食品、搬运、印刷及烟草等行业。

1. 汽车组装生产线

汽车组装生产线用 CC - Link 现场总线可以节省配线。系统用 CC - Link 现场总线连接了机器人、伺服驱动器、变频器和指示设备。在旧系统中，这些设备采用并行的电缆连接，在 PLC 和变频器之间需要大量的并行电缆，需要花费大量的接线时间，而且在接线过程中极易出现错误。另外，在变频器和电动机之间需要又粗又长且较昂贵的电源电缆。CC - Link 现场总线可以帮助用户节省接线时间并减少接线中的错误，因为 CC - Link 现场总线只需要简单的串行电缆连接 PLC 和变频器，不需要大量的电缆。另外，变频器可以放置在电动机附近，用户可以大幅度减少变频器和电动机之间电源电缆的长度。

2. 电气设备生产线

电气设备生产线应用 CC - Link 现场总线可以节省安装空间。监视和操作变频器可通过 CC - Link 现场总线用人机界面实现，如在旧设备中用控制盘和电源盘实现。在 CC - Link 系统中，变频器安装在电动机附近，所以电源盘是不必要的，用户可以节省大约 60% 的安装空间。

3. 机电一体化设备

机电一体化设备中使用 CC - Link 现场总线可实现分布式控制。CC - Link 现场总线可以用于内部控制网络，用户可以将 PLC 安装在线上的任意位置并独立地对每台 PLC 进行编程和调试，最后只调试各 PLC 之间的连接信号即可，使系统程序的调试变得非常简单。如果用户想改变一些设备或添加一些设备，只需要改变应用程序即可。CC－Link 现场总线是用于局域控制的低廉网络。

4. CC－Link 现场总线用于分布式控制（半导体制造设备）

CC－Link 是高性能、稳定的循环通信系统，能够快速准确地接收、发送和实时监视必要的处理数据。换句话说，CC－Link 是一种传感器、执行器网络，使实时监视及实时处理控制成为现实。分布式控制系统大多可以采用 CC－Link 实现，它通常由 1 个主站控制所有子站，如果用 3 个主站实现控制，每个块包含此子站，可以独立安装，一共可节省大约 60% 的启动时间。

5. 大规模设备（地铁空调系统）

CC－Link 在地铁空调系统中应用广泛。实现对分布在地铁车站长达几百米设备的准确控制是非常重要的，CC－Link 采用双绞线，最大距离可达 1 200 m，如果用光中继器，则可将电缆总长度延伸到 7 600 m。每台设备的内存映射关系已经由内存映射表明确规定，模拟量 I/O 模块内存的第一个地址表示模拟量转换出的数字量值。在内存映射表中，如果其他供应商的设备要求预留出空间，由于内存分配方法是相同的，用户可以用同样的映射表很方便地将程序编写和调试完成。在这个系统中，PLC 是主站，控制从设备的开关量 I/O模块、模拟量 I/O 模块等，CC－Link 长距离的连接将广泛分布在地铁中的空调系统紧密地联系起来。内存映射表可以节省大约 50% 的接线工作。

二、CC－Link 系统结构

（一）CC－Link 系统中站的类型

CC－Link 系统是用专用电缆将分散配置的输入输出单元、智能功能单元及特殊功能单元等连接起来并通过可编程控制器对这些单元进行控制所需的系统。CC－Link 系统至少有 1 个主站，可以连接远程 I/O 站、远程设备站、本地站、备用主站、智能设备站等，我们一定要弄清楚这些站的类型，因为在实际应用中需要选择合适的站类型来满足控制要求。例如，控制要求中有数据转换和传输以及开关量控制，那么就必须选择远程设备站或智能设备站而不能选择远程 I/O 站。FX3U16CCL－M 最多可以连接 16 个远程站及智能设备站（不同的主站模块连接的站数和输入输出点数是不同的）。CC－Link 站的类型如表 3－1－1 所示。

表 3－1－1　CC－Link 站的类型

站的类型	内容
主站	控制数据链接系统的站点，控制 CC－Link 系统上全部站，并需要设定参数的站。每个系统中必须有 1 个主站
本地站	在 MELSEC－A/QnA/Q 系列的 CC－ Link 系统中与 CPU 配置在一起的站，可以与主站和其他本地站进行通信

续表

站的类型	内容
备用主站（待机主站）	在 MELSEC－A/QnA/Q 系列的 CC－Link 系统中，当主站由于 PLC 的 CPU、电源或者其他异常而断开时，作为备用来接管数据链接的站
从站	远程 I/O 站、远程设备站及智能设备站的总称
远程站	远程 I/O 站及远程设备站的总称，通过主站进行控制
远程 I/O 站	仅仅处理位信息的远程站（执行 I/O 与外部设备之间的工作），如远程 I/O 模块、电磁阀等
远程设备站	处理位信息和字信息的远程站（执行 I/O 与外部设备之间的工作以及进行模拟量数据的交换），如 A/D 转换模块、D/A 转换模块、变频器等
智能设备站	在 MELSEC－FX3U/A/QnA/Q 系列的 CC－Link 系统中可以进行瞬间传送的站点，可处理位信息及字信息，而且可完成不定期数据传送的站，如 FX3U/XA/QnA/Q 系列 PLC、人机界面等

（二）CC－Link 系统的通信方式

1. 循环通信方式

循环传送就是将远程输入输出、远程寄存器中的内容进行定期通信的传送手段。CC－Link系统采用广播循环通信方式。在 CC－Link 系统中，主站、本地站的循环数据区与各个远程 I/O 站、远程设备站、智能设备站相对应，远程输入输出及远程寄存器中的数据将被自动刷新。另外，因为主站向远程 I/O 站、远程设备站、智能设备站发出的信息也会传送到其他本地站，所以在本地站也可以了解远程站的动作状态。

每一个 CC－Link 系统可以进行数据循环通信，通过链接元件来完成与远程 I/O、模拟量模块、人机界面、变频器等工业自动化设备产品间的高速通信。

CC－Link 系统的链接元件有远程输入（RX）、远程输出（RY）、远程寄存器（RWw）和远程寄存器（RWr）四种。远程输入（RX）是从远程站向主站输入的开/关信号（位数据）；远程输出（RY）是从主站向远程站输出的开/关信号（位数据）；远程寄存器（RWw）是从主站向远程站输出的数字数据（字数据）；远程寄存器（RWr）是从远程站向主站输入的数字数据（字数据）。

2. 瞬时传送通信

瞬时传送就是以任意时机指定对象并以 1∶1 进行通信的传送手段。在 CC－Link 系统中，除了自动刷新的循环通信方式，还可以使用不定期收发信息的瞬时传送通信方式。瞬时传送通信可以由主站、本地站、智能设备站发起，可以进行以下的处理。

（1）某一 PLC 站读写另一 PLC 站的软元件数据。

（2）主站 PLC 对智能设备站读写数据。

（3）用 GX Developer 或 GX Works2 软件对另一 PLC 站的程序进行读写或监控。

（4）上位 PC 等设备读写一台 PLC 站内的软元件数据。

三、CC－Link 系统的性能规格

不同 CC－Link 系列的主站模块性能各不相同，如表 3－1－2 所示。

表 3－1－2　不同 CC－Link 系列的主站模块性能

	FX2N－16CCL－M	FX3U－16CCL－M	QJ61BT11N
对应功能	主站功能（无本地站和备用主站功能）	主站功能（无本地站、待机主站功能）	主站功能
CC－Link 对应版本	Ver. 1. 10	Ver. 2. 00（含 Ver. 1. 10）	Ver. 2. 00（含 Ver. 1. 10）
站号	0 号（通过旋转开关设置）	0 号（通过旋转开关设置）	0 号（通过旋转开关设置）
传送速度	156 kbit/s、625 kbit/s、2. 5 Mbit/s、5 Mbit/s、10 Mbit/s（通过旋转开关设置）	156 kbit/s、625 kbit/s、2. 5 Mbit/s、5 Mbit/s、10 Mbit/s（通过旋转开关设置）	156 kbit/s、625 kbit/s、2. 5 Mbit/s、5 Mbit/s、10 Mbit/s（通过旋转开关设置）
最大电缆延长总长（最大传送距离）	最大 1 200 m（因传送速度而异）	最大 1 200 m（因传送速度而异）	最大 1 200 m（因传送速度而异）
最多连接站数	15 （1）远程 I/O 站：7 个 （2）远程设备站：8 个 但是必须满足下列条件： $[(1\cdot a)+(2\cdot b)+(3\cdot c)+(4\cdot d)]\leqslant 8$ a：占用 1 个站的模块数 b：占用 2 个站的模块数 c：占用 3 个站的模块数 d：占用 4 个站的模块数	16 （1）远程 I/O 站：最多 8 个 （2）远程设备站＋智能设备站合计：最多 8 个 但是必须满足下列条件： $[(1\cdot a)+(2\cdot b)+(3\cdot c)+(4\cdot d)]\leqslant 8$ a：占用 1 个站的模块数 b：占用 2 个站的模块数 c：占用 3 个站的模块数 d：占用 4 个站的模块数	64 但是必须满足下列条件： $[(1\cdot a)+(2\cdot b)+(3\cdot c)+(4\cdot d)]\leqslant 64$ a：占用 1 个站的模块数 b：占用 2 个站的模块数 c：占用 3 个站的模块数 d：占用 4 个站的模块数 $[(16\cdot A)+(54\cdot B)+(88\cdot C)]\leqslant 2\,304$ A：远程 I/O 站的数量 ≤64 B：远程设备站的数量 ≤42 C：本地站、备用主站或智能设备站的数量≤26

续表

	FX2N－16CCL－M	FX3U－16CCL－M	QJ61BT11N
每个系统的最大链接点数	FX2N PLC时合计256点 PLC的实际I/O点数＋特殊扩展模块占用的I/O点数＋（16CCL－M占用的点数：8点）＋32×远程I/O站的站数≤256点	FX3UPLC时下述（1）与（2）相加等于384点 （1）PLC的实际I/O点数＋特殊扩展模块占用的I/O点数＋（16CCL－M占用的点数：8点）≤256点 （2）32×远程I/O站的站数≤256点	远程I/O（RX，RY）：2 048点 远程寄存器（RWw）：256点（主站→远程设备站/本地站/智能设备站/备用主站） 远程寄存器（RWr）：256点（远程设备站/本地站/智能设备站/备用主站→主站）
每站的链接点数	远程输入输出（RX、RY）：32点 远程寄存器（RWw）：4点（主站→远程设备站/智能设备站） 远程寄存器（RWr）：4点（远程设备站/智能设备站→主站）	远程I/O（RX、RY）：32点 远程寄存器（RWw）：4点（主站→远程设备站/智能设备站） 远程寄存器（RWr）：4点（远程设备站/智能设备站→主站）	远程/O（RX、RY）：32点（本地站是30点） 远程寄存器（RWw）：4点（主站→远程设备站/本地站/智能设备站/备用主站） 远程寄存器（RWr）：4点（远程设备站/本地站/智能设备站/备用主站→主站）
传送路径形式	总线（RS－485）	总线（RS－485）	总线（RS－485）
通信方式	轮询方式	轮询方式	轮询方式
RAS功能	自动恢复功能； 从站断开功能； 通过链接特殊继电器/寄存器进行异常检测	自动恢复功能； 从站断开功能； 通过链接特殊继电器/寄存器进行异常检测	自动恢复功能； 从站断开功能； 通过链接特殊继电器/寄存器进行异常检测
与PLC的通信	通过FROM/TO指令或缓冲存储器的直接指定等经由缓冲存储器进行	通过FROM/TO指令或缓冲存储器的直接指定等经由缓冲存储器进行	通过FROM/TO指令或缓冲存储器的直接指定等经由缓冲存储器进行

说明：1个从站占用的站数不能超过4个，模块数是物理连接中的模块数目，站数是指模块所占用的站数，图3－1－1中第4个模块的模块数是4，占用了4个站，其站号为4。当连接占用2个或2个以上模块时，必须考虑占用站的数目。

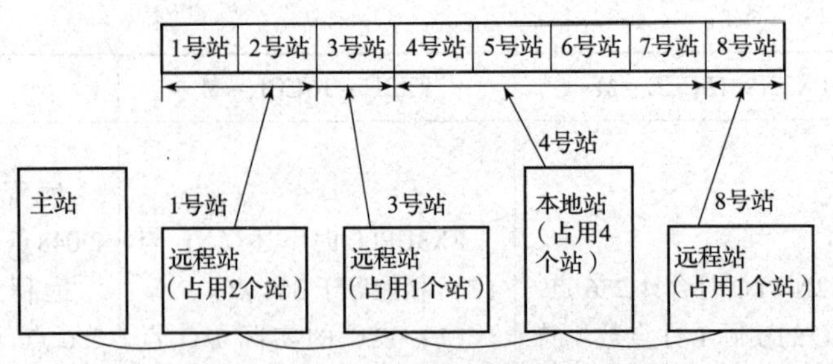

图 3-1-1　CC-Link 网络系统结构

在图 3-1-1 中，第一个远程站模块占用了 2 个站，即 1 号站和 2 号站；第二个远程站模块占用了 1 个站，由于第一个远程站模块占用了 2 个站，即占用了 1 号站和 2 号站，所以第二个远程站模块的开始站号就是 3；第三个远程站模块占用了 4 个站，即 4、5、6、7 号站；第四个远程站模块占用了 1 个站，即 8 号站。

四、CC-Link 模块

（一）QJ61BT11N 模块结构

QJ61BT11N 模块结构如图 3-1-2 所示。

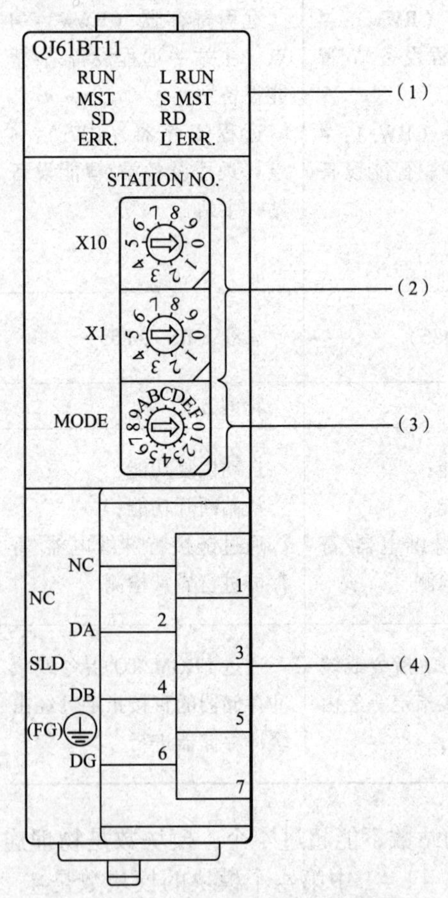

图 3-1-2　QJ61BT11N 模块结构

各部分含义如下。

（1）LED显示。LED指示灯名称及所表示内容的含义如表3－1－3所示。

表3－1－3 LED指示灯名称及所表示内容的含义

LED名称	含义说明
RUN	On：模块正常运行时 Off：警戒定时器出错时
ERR.	On：所有站有通信错误或发生下列错误时也会亮起 ①开关类型设置不对 ②在同一条线上有一个以上的主站 ③参数内容中有一个错误 ④激活了数据链接监视定时器，断开电缆连接 闪烁：某个站有通信错误
MST	On：作为主站运行（数据链接控制期间）
S MST	On：作为备用主站运行（备用期间）
L RUN	On：正在进行数据链接
L ERR.	On：通信错误（上位机） 以固定时间间隔闪烁：通电时改变开关（2）和（3）的设置 以不固定时间间隔闪烁：没有装终端电阻
SD	On：正在进行数据发送
RD	On：正在进行数据接收

（2）站号设置开关。使用2个站号设置开关（设置范围：0～9）进行站号设置。设置范围如下。

主站：0；

本地站：1～64；

备用主站：1～64。

如果设置了0～64之外的数字，则“ERR.”LED指示灯会点亮。

（3）传送速率/模式设置开关。传送速度设置开关与传输速率的对应关系如表3－1－4所示。

表3－1－4 传送速度设置开关与传输速率的对应关系

设置	传送速度设置	模式
0	传送速度设置为156 kbit/s	在线 传送速度测试
1	传送速度设置为625 kbit/s	
2	传送速度设置为2.5 Mbit/s	
3	传送速度设置为5 Mbit/s	
4	传送速度设置为10 Mbit/s	

续表

设置	传送速度设置	模式
5	传送速度设置为 156 kbit/s	线路测试 站号设置开关为 0 时，线路测试 1 站号设置开关为 1 ~ 16 时，线路测试 2
6	传送速度设置为 625 kbit/s	
7	传送速度设置为 2.5 Mbit/s	
8	传送速度设置为 5 Mbit/s	
9	传送速度设置为 10 Mbit/s	
A	传送速度设置为 156 kbit/s	硬件测试
B	传送速度设置为 625 kbit/s	
C	传送速度设置为 2.5 Mbit/s	
D	传送速度设置为 5 Mbit/s	
E	传送速度设置为 10 Mbit/s	
F	禁止设置	禁止设置

（4）端子排。端子排的含义及内容如表 3 – 1 – 5 所示。

表 3 – 1 – 5　端子排的含义及内容

端子排名称	内容
	接地端子（功能接地）
DA	收发数据
DB	收发数据
DG	数据接地
SLD	屏蔽

（二）FX3U – 64CCL 接口模块结构

FX3U – 64CCL 接口模块结构如图 3 – 1 – 3 所示。

CC – Link 连接用端子排 3、传送速度设置开关 5 和站号设置开关 6，操作与 QJ61BT11N 模块完全一样，各种设置数据的具体含义参照前面的内容即可。这里主要说明一下占用站数、扩展循环设置开关 4，其含义是用来设置当前 FX3U – 64CCL 连接的远程站占用的站的个数，使用右下方（COM SETTING、STATION）的旋转开关（设置范围：0 ~ 9、C）进行占用站数设置和扩展循环设置，其含义如表 3 – 1 – 6 所示。

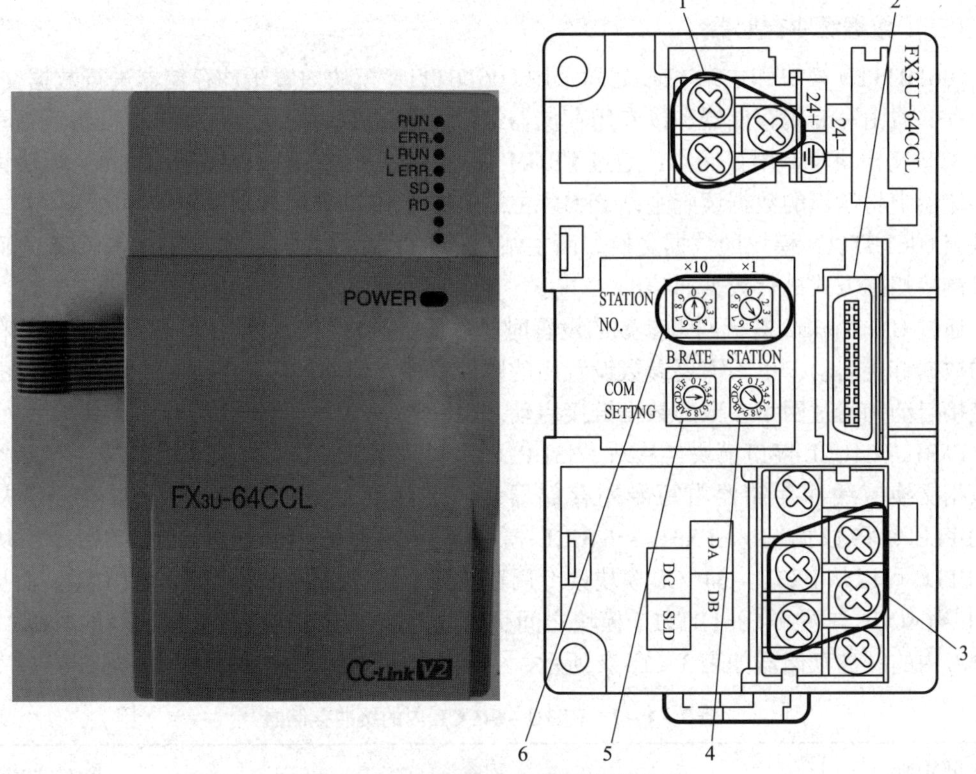

图 3－1－3　FX3U－64CCL 模块结构

1—电源用端子排；2—下段扩展连接器；3—CC－Link 连接用端子排；
4—占用站数、扩展循环设置开关；5—传送速度设置开关；6—站号设置开关

表 3－1－6　占用站数设置、扩展循环设置含义

设置	占用站数	扩展循环设置	主站的设置
0	占用 1 站	1 倍设置	应作为 Ver. 1 智能设备站进行设置
1	占用 2 站	1 倍设置	
2	占用 3 站	1 倍设置	
3	占用 4 站	1 倍设置	
4	占用 1 站	2 倍设置	应作为 Ver. 2 智能设备站进行设置
5	占用 2 站	2 倍设置	
6	占用 3 站	2 倍设置	
7	占用 4 站	2 倍设置	
8	占用 1 站	4 倍设置	
9	占用 2 站	4 倍设置	
A、B	禁止设置	禁止设置	禁止设置
C	占用 1 站	8 倍设置	应作为 Ver. 2 智能设备站进行设置
D、E、F	禁止设置	禁止设置	禁止设置

（三）数据缓冲存储器

QJ61BT11N 模块和主站 PLC 之间采用 QJ61BT11N 模块内置缓冲存储器进行数据交换，缓冲存储器由写专用存储器和读专用存储器组成。通过 TO 指令，主站 PLC 可将数据写入 QJ61BT11N 模块写专用存储器；通过 FROM 指令，主站 PLC 可以从 QJ61BT11N 模块读专用存储器中将读出的数据读到主站 PLC。主站 PLC 也可以采用自动更新缓冲区通信方式来实现与 QJ61BT11N 模块的数据交换。而主站 QJ61BT11N 模块与从站 FX3U－64CCL 之间是通过链接扫描方式进行数据通信的。

通过 GX Works2 进行网络参数的设置时，数据链接将自动启动，不需要通过缓冲存储器的数据链接启动，也不需要参数设置用的顺控程序。请勿同时进行通过缓冲存储器的数据链接启动和通过网络参数的数据链接启动。

FX3U－64CCL 接口模块与从站 FX3UPLC 之间采用 FX3U－64CCL 内置缓冲存储器进行数据交换，缓冲存储器由写专用存储器和读专用存储器组成。通过 TO 指令，从站 FX3UPLC 可将数据写入 FX3U－64CCL 模块写专用存储器；通过 FROM 指令，从站 FX3UPLC 可以从 FX3U－64CCL 模块读专用存储器中将读出的数据读到 FX3UPLC。而从站 FX3U－64CCL 与主站 QJ61BT11N 模块之间是通过链接扫描方式进行数据通信的。FX3U－64CCL 内的缓冲存储器如表 3－1－7 所示。

表 3－1－7　FX3U－64CCL 内的缓冲存储器

BFM No.	内容	Read/Write
#0～#7	FROM 指令时：远程输出（RY） TO 指令时：远程输入（RX）	R/W
#8～#23	FROM 指令时：远程寄存器（RWw） TO 指令时：远程寄存器（RWr）	R/W
#24	传送速度、硬件测试的设置值	R
#25	通信状态	R
#26	CC－Link 机型代码	R
#27	本站站号的设置值	R
#28	占用站数、扩展循环的设置值	R
#29	出错代码	R/W
#30	FX 系列机型代码	R
#31	不可使用	—
#32、#33	链接数据的处理	R/W
#34、#35	不可使用	—
#36	单元状态	R

续表

BFM No.	内容	Read/Write
#37～#59	不可使用	—
#60～#63	一致性控制	R/W
#64～#77	远程输入（RX000～RX0DF）224点通过TO指令（或缓冲存储器的直接指定）设置用于向主站发送的ON/OFF信息	R/W
#78～#119	不可使用	—
#120～#133	远程输出（RY000～RY0DF）224点通过FROM指令（或缓冲存储器的直接指定）读取从主站接收的ON/OFF信息	R
#134～#175	不可使用	—
#176～#207	远程寄存器（RWw00～RWw1F）32字通过FROM指令（或缓冲存储器的直接指定）读取从主站接收的字信息	R
#208～#303	不可使用	—
#304～#335	远程寄存器（RWr00～RWr1F）32字通过TO指令（或缓冲存储器的直接指定）设置用于向主站发送的字信息	R/W
#336～#511	不可使用	—
#512～#543	链接特殊继电器SB可通过位信息确认数据链接状态	R
#544～#767	不可使用	—
#768～#1279	链接特殊寄存器SW可通过字信息确认数据链接状态	R
#1280～	不可使用	—

1. 远程输入输出（RX/RY）

远程输入（RX）用来存储来自远程I/O站、远程设备站及智能设备站的输入状态。

远程输出（RY）用来存储从主站发送至远程I/O站、远程设备站及智能设备站的输出状态。

[BFM#0～#7] 远程输入输出（RX/RY）是与FX2N－32CCL兼容的区域，当扩展循环设置为1倍时，可使用该区域；当扩展循环设置为2倍、4倍、8倍时，通过TO指令（或缓冲存储器的直接指定）对BFM#0～#7进行的写入无效，且通过FROM指令（或缓冲存储器的直接指定）读取的值为0。

执行FROM指令（或通过缓冲存储器直接指定进行读取）时，远程输出（RY）读取由主站传送到FX3U－64CCL的输出信号（远程输出RY）。

执行TO指令（或通过缓冲存储器直接指定进行写入）时，远程输入（RX）写入由FX3U－64CCL传送到主站的输入信号（远程输入RX）。

2. 远程寄存器（RWw/RWr）

远程寄存器（RWw）用来存储从主站发送至远程设备站及智能设备站的远程寄存器（RWw）的发送数据。

远程寄存器（RWr）用来存储来自远程设备站及智能设备站的远程寄存器（RWr）的发送数据。

[BFM#8 ~ #23] 远程寄存器（RWw/RWr）是与 FX2N－32CCL 兼容的区域，当扩展循环设置为 1 倍时，可使用该区域；当扩展循环设置为 2 倍、4 倍、8 倍时，通过 TO 指令（或缓冲存储器的直接指定）对 BFM#8 ~ #23 进行的写入无效，且通过 FROM 指令（或缓冲存储器的直接指定）读取的值为 0。

执行 FROM 指令（或通过缓冲存储器直接指定进行读取）时，远程寄存器（RWw）读取由主站传送到 FX3U－64CCL 的数据（远程寄存器 RWw）。

执行 TO 指令（或通过缓冲存储器直接指定进行写入）时，远程寄存器（RWr）写入由 FX3U－64CCL 传送到主站的数据（远程寄存器 RWr）。

（四）缓冲存储器的读取/写入方法

缓冲存储器的读取/写入方法有 FROM/TO 指令和缓冲存储器的直接指定等方法。下面介绍一下这两种方法。

1. FROM/TO 指令

1）FROM 指令（从 BFM 读取到可编程控制器）

FROM 指令在读取缓冲存储器的内容时使用。

在如图 3－1－4 所示的示例程序中，FROM 的功能为将单元 No. 1、缓冲存储器（BFM #29）的内容读取 1 点到数据寄存器（D10）中。

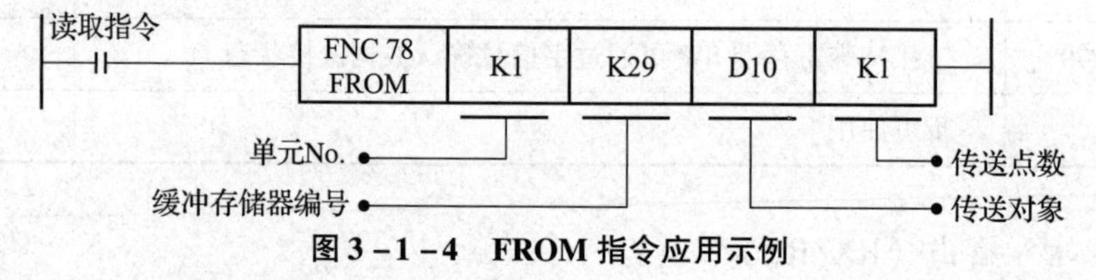

图 3－1－4　FROM 指令应用示例

2）TO 指令（从可编程控制器写入 BFM）

TO 指令在向缓冲存储器写入数据时使用。

在如图 3－1－5 所示的示例程序中，TO 指令的功能为向单元 No. 1、缓冲存储器（BFM #0）写入 1 点数据（H0001）。

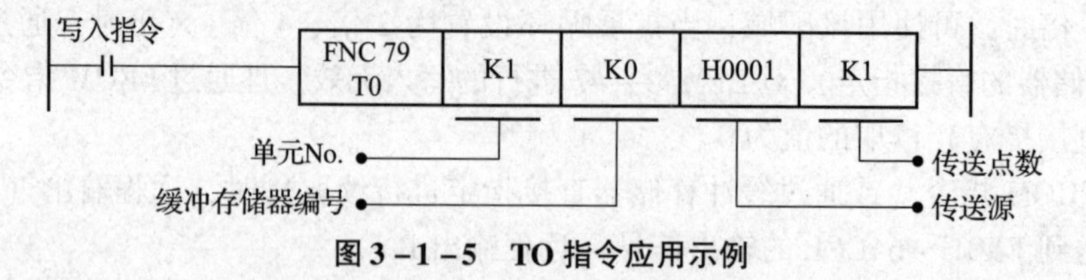

图 3－1－5　TO 指令应用示例

2. 缓冲存储器的直接指定

缓冲存储器的直接指定方法是将已设置的软元件指定为直接应用指令的源或目的地，

如图 3－1－6 所示。

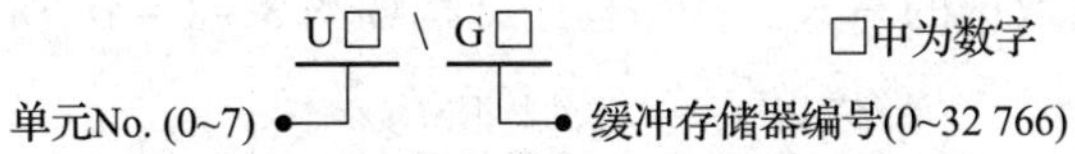

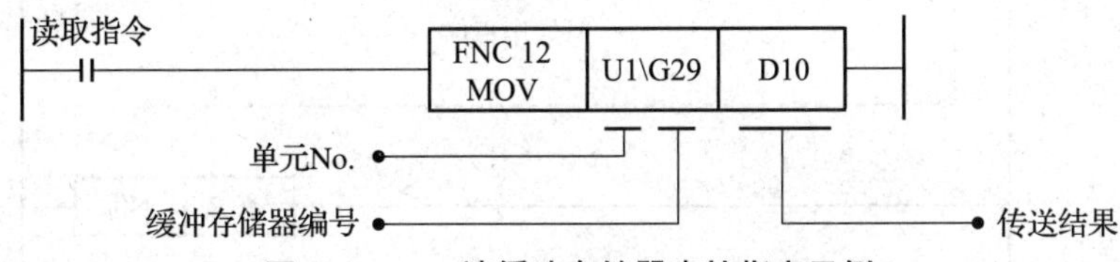

图 3－1－6 缓冲存储器的直接指定含义

1）从 BFM 读取到可编程控制器

在如图 3－1－7 所示的示例程序中，使用 MOV 指令将单元 No. 1、缓冲存储器（BFM #29）的内容读取到数据寄存器（D10）中。

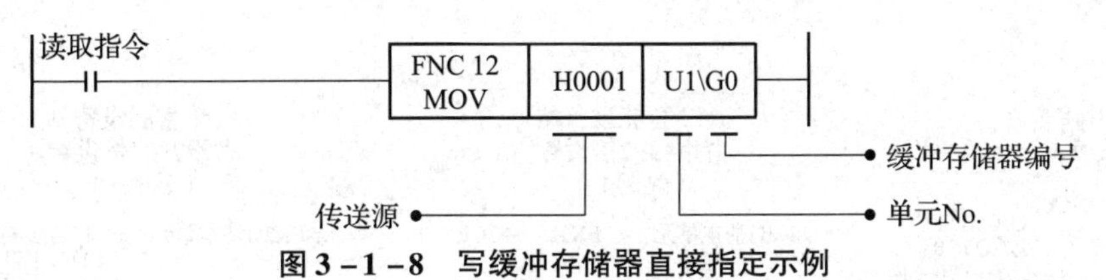

图 3－1－7 读缓冲存储器直接指定示例

2）从可编程控制器写入 BFM

在如图 3－1－8 所示的示例程序中，使用 MOV 指令向单元 No. 1、缓冲存储器（BFM #0）写入数据（H0001）。

图 3－1－8 写缓冲存储器直接指定示例

3. 程序编写结构

（1）主站从远程输入（RX）的读取程序应在数据链接启动后进行编写，主站至远程输出（RY）的写入程序应在程序整体的最后进行编写。主站程序结构如图 3－1－9 所示。

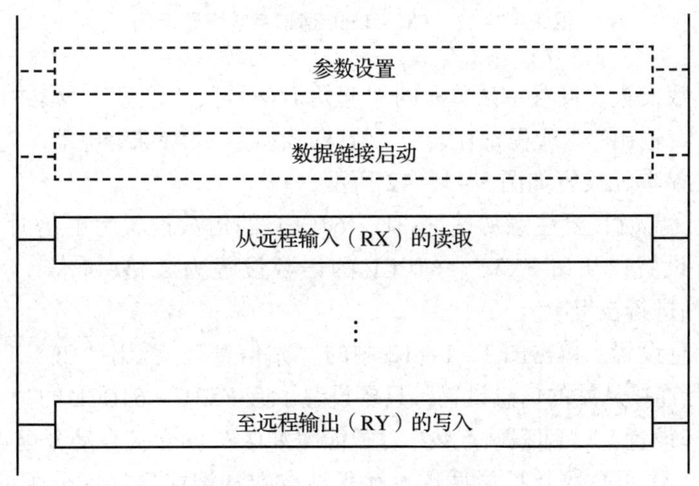

图 3－1－9 主站程序结构

（2）整个从站应将程序设为在从站变为数据链接状态（BFM#10 b1 为 ON）后再进行接收数据的读取及发送数据的写入，从站程序结构如图 3 – 1 – 10 所示。

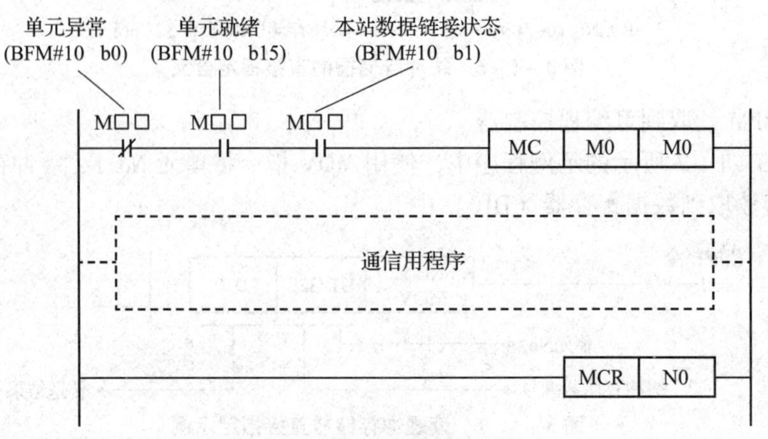

图 3 – 1 – 10　从站程序结构

（五）配置示例

下面以如图 3 – 1 – 11 所示 CC – Link 通信系统为例，在 GX Works2 软件中对网络配置进行说明。

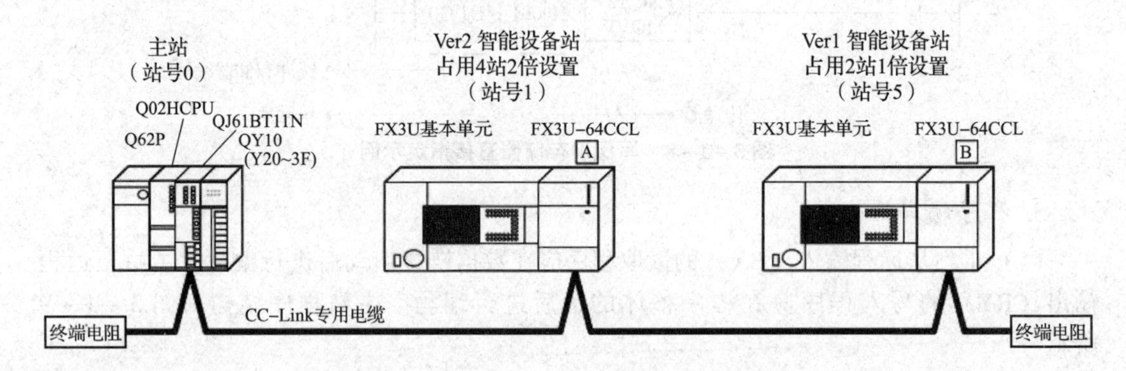

图 3 – 1 – 11　CC – Link 通信系统配置示例

（1）网络参数设置。设置主站单元的“起始 I/O 号”“类型”“模式设置”“总连接台数”“远程输入/输出”“远程寄存器”“特殊寄存器”“特殊继电器”等数据。QJ61BT11N CC – Link 主站单元设置如图 3 – 1 – 12 所示。

主站在进行设置时，要注意从站 FX3U – 64CCL 的倍数设置为 1 倍时，应作为 Ver. 1 智能设备站进行设置；从站 FX3U – 64CCL 的倍数设置为 2 倍、4 倍、8 倍时，应作为 Ver. 2 智能设备站进行设置。

（2）从站信息设置。单击图 3 – 1 – 12 中的“站信息”，弹出“CC – Link 站信息模块 1”对话框，进行连接从站的信息设置，只要设置了有 FX3U – 64CCL 的“站类型”“占用站数”“扩展循环设置”，“远程站点数”“智能缓冲区”就会被自动分配点数。如果选择了不同的站类型、占用站数及扩展循环，远程站点数和智能缓冲区分配的点数就会不一样。CC – Link 从站信息设置如图 3 – 1 – 13 所示。

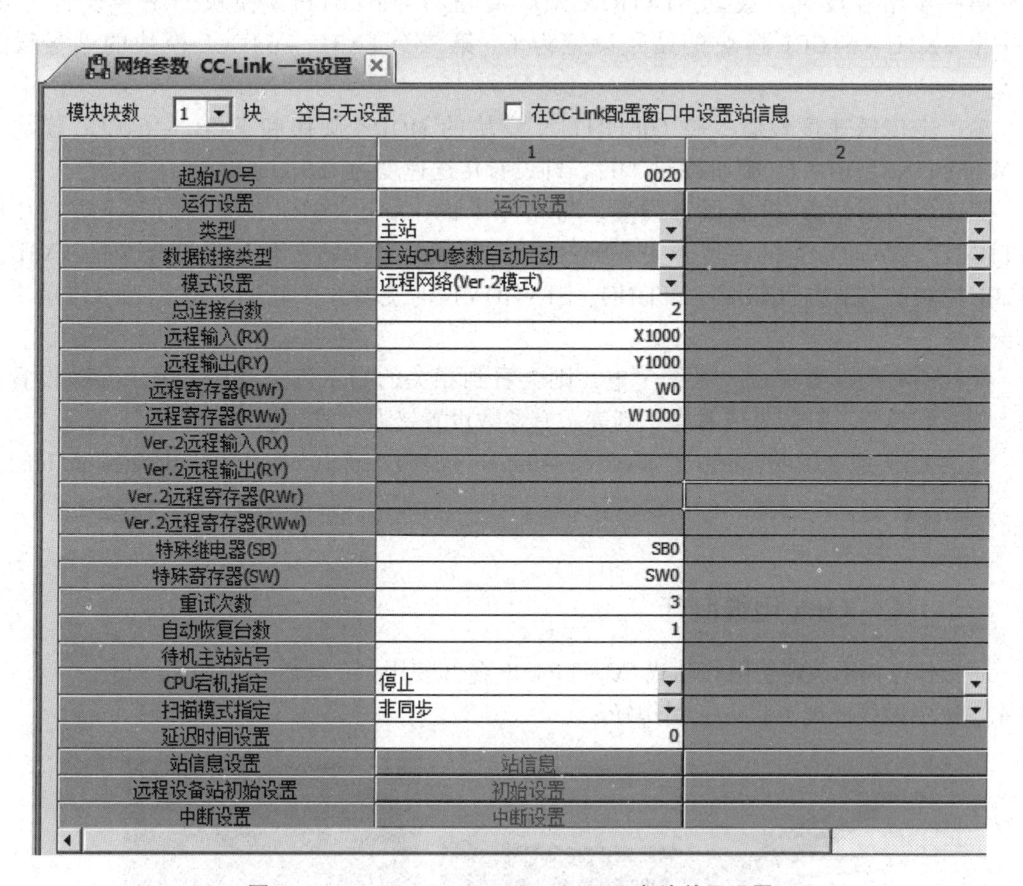

图 3－1－12 QJ61BT11N CC－Link 主站单元设置

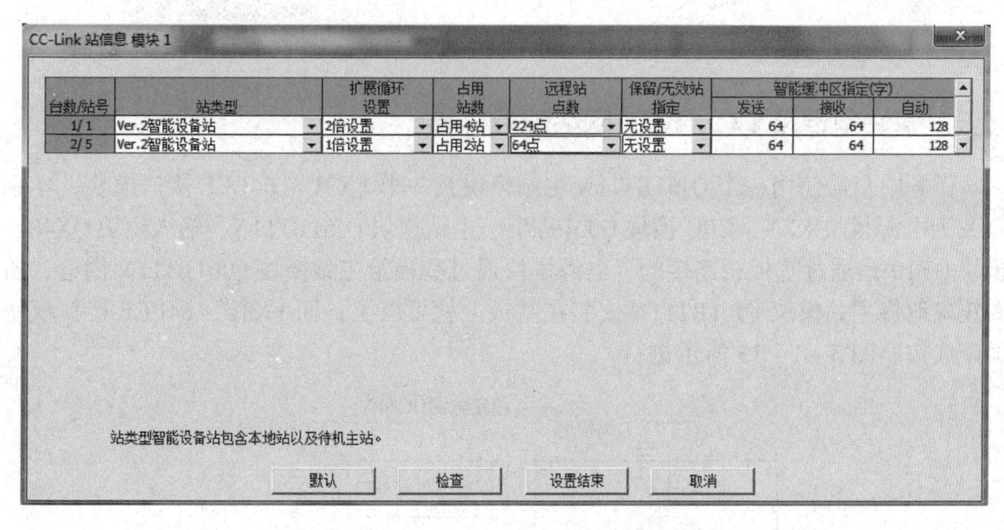

图 3－1－13 CC－Link 从站信息设置

（3）站号及扩展循环硬件开关设置。根据前面在 GX Works2 软件中的设置，对应在 QJ61BT11N 模块和 FX3U－64CCL 模块上进行相应的硬件设置。

第一步站号设置。拨动 STATION NO. 旋钮将 QJ61BT11N 模块的站号设置为 0，第一个 FX3U - 64CCL 模块的站号设置为 1，第二个 FX3U - 64CCL 模块的站号设置为 5。

第二步传送速度设置。将 QJ61BT11N 模块的 MODE 旋钮和 FX3U - 64CCL 模块的 COM SETTING、BRATE 旋钮旋到“0”，即设置传送速度为 156 kbit/s。

第三步占用站数/扩展循环设置。将站号 1 的 FX3U - 64CCL 模块的右下方（COM SETTING、STATION）的旋转开关旋到“7”，表示占用 4 站 2 倍。将站号 5 的 FX3U - 64CCL 模块的右下方（COM SETTING、STATION）的旋转开关旋到“1”，表示占用 2 站 1 倍。

至此所有的设置完成，系统上电，则会看到相关的指示灯呈绿色，表示参数设置正确；如有红色指示灯闪烁或常亮，则表示有参数设置错误，需要修改。

CC - Link 版本说明：http://www. cc - linkchina. org. cn/zh/cclink/cclink/version. html。

【任务实施】

一、CC - Link 电缆制作

根据任务需求确定使用移动式 CC - Link 电缆（使用 110 Ω 终端电阻），如图 3 - 1 - 14 所示。按照做线的规范将电缆制作好。

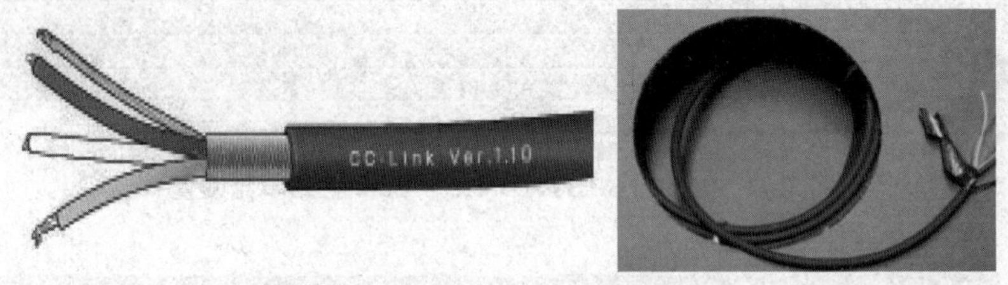

图 3 - 1 - 14　CC - Link 电缆

二、模块电源及 CC - Link 网络配线连接

本任务中只需使用一个 QJ61BT11N 主站模块及一个 FX3U - 64CCL 接口模块，本系统中 Q 系列电源模块 XXX、CPU 模块 Q00UCPU、主站模块 QJ61BT11N、输入模块 QX40、输出模块 QY10 是通过基板相连接的，电源模块通过基板给主站模块 QJ61BT11N 供电，所以只要正确地将主站模块 QJ61BT11N 安装在基板上就可以了；而 FX3U - 64CCL 接口模块电源的配线按照图 3 - 1 - 15 所示进行。

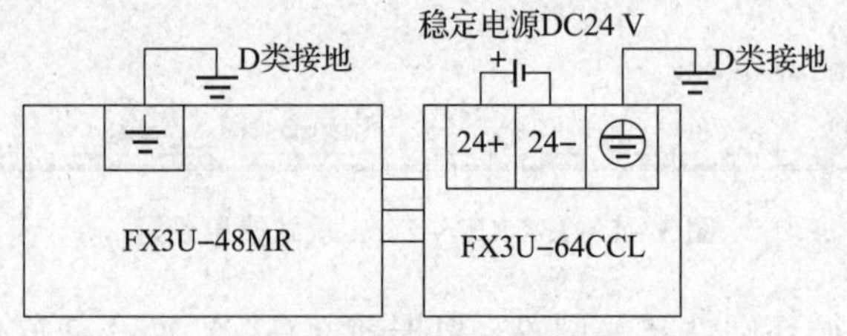

图 3 - 1 - 15　FX3U - 64CCL 接口模块电源配线

各站之间将通过 CC - Link 专用电缆按照图 3 - 1 - 16 所示进行网络配线单元连接。由于本任务相对简单，只有一个主站和一个从站，所以两个模块都要有终端电阻，如果有多个从站时，只需在主站和最后一个从站接终端电阻。电缆连接的顺序与站号无关。注意：CC - Link 专用电缆、CC - Link 专用高性能电缆及对应 Ver. 1. 10 的 CC - Link 专用电缆不可混用，混用时无法保证正常的数据传送，而且不同电缆的终端电阻不同。

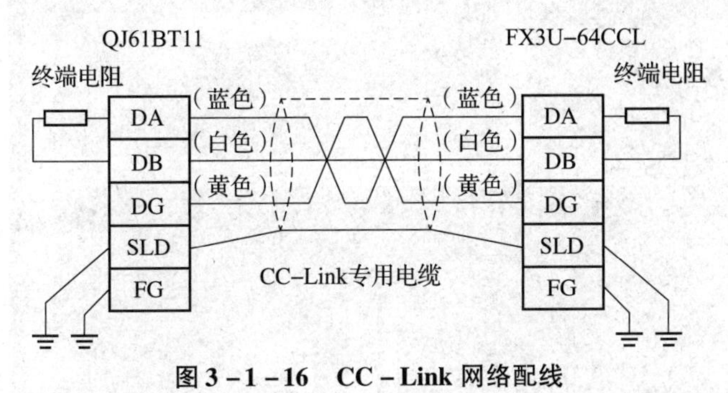

图 3 - 1 - 16　CC - Link 网络配线

CC - Link 专用电缆的屏蔽线应连接到各单元的“SLD”，经由“⏚”或“FG”对两端进行 D 类接地，应尽可能采用专用接地，当无法采用专用接地时，应采用如图 3 - 1 - 17 所示的共用接地而不能采用共同接地。将接地点尽可能设置在主站模块 QJ61BT11N 附近，以缩短接地线的距离。

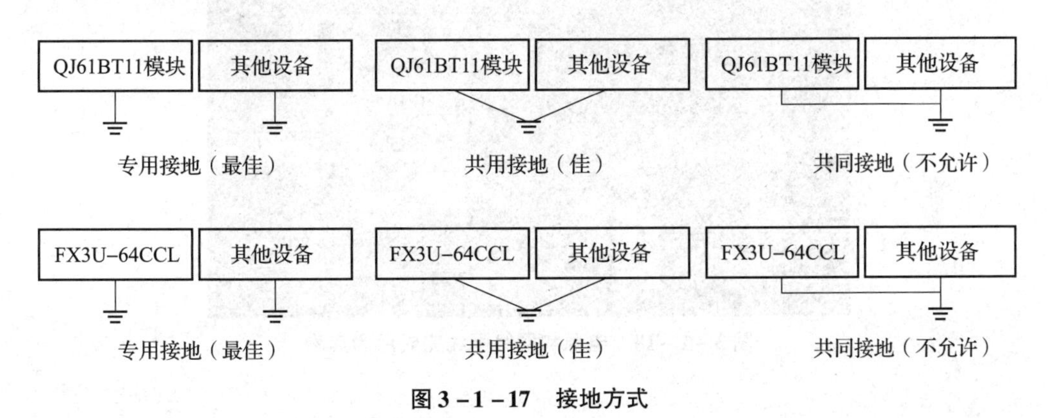

图 3 - 1 - 17　接地方式

电源和网络配线完成后的实物如图 3 - 1 - 18 所示。

三、参数设置

（1）根据任务控制要求，可以得到本任务的网络配置系统，如图 3 - 1 - 19 所示。

（2）网络参数设置。打开 GX Works2 软件，选择“Q00UCPU”，新建一个工程，在“网络参数　CC - Link 一览设置”界面进行主站参数设置，如图 3 - 1 - 20 所示。

（3）从站信息设置。参照图 3 - 1 - 21 所示进行 CC - Link 站信息设置。

（4）站号及扩展循环硬件开关设置。

第一步站号设置，拨动 STATION NO. 旋钮将 QJ61BT11N 模块的站号设置为 0，第一个 FX3U - 64CCL 模块的站号设置为 1。

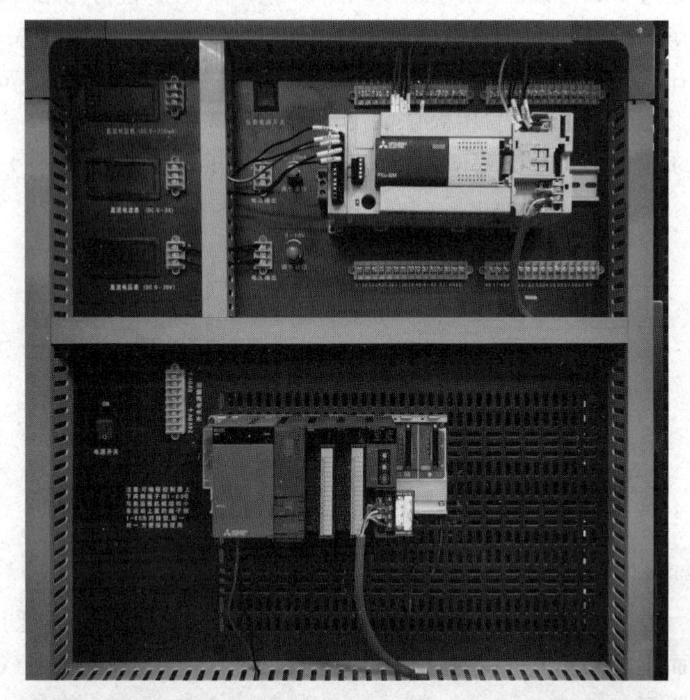

图 3－1－18　电源和网络配线完成后的实物

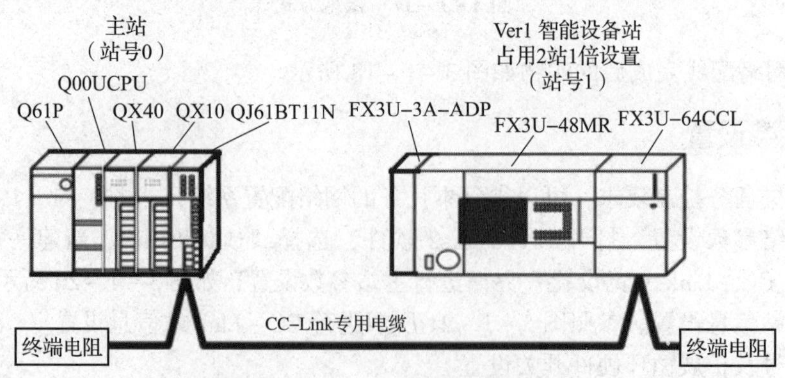

图 3－1－19　CC－Link 网络系统

网络参数 CC-Link 一览设置

模块块数 1 块　空白:无设置　☐ 在CC-Link配置窗口中设置站信息

	1	2
起始I/O号	0020	
运行设置	运行设置	
类型	主站	
数据链接类型	主站CPU参数自动启动	
模式设置	远程网络(Ver.1模式)	
总连接台数	1	
远程输入(RX)	X1000	
远程输出(RY)	Y1000	
远程寄存器(RWr)	W0	
远程寄存器(RWw)	W1000	
Ver.2远程输入(RX)		
Ver.2远程输出(RY)		
Ver.2远程寄存器(RWr)		
Ver.2远程寄存器(RWw)		
特殊继电器(SB)	SB0	
特殊寄存器(SW)	SW0	
重试次数	3	
自动恢复台数	1	
待机主站站号		
CPU宕机指定	停止	
扫描模式指定	非同步	
延迟时间设置	0	
站信息设置	站信息	
远程设备站初始设置	初始设置	
中断设置	中断设置	

图 3－1－20　主站单元设置

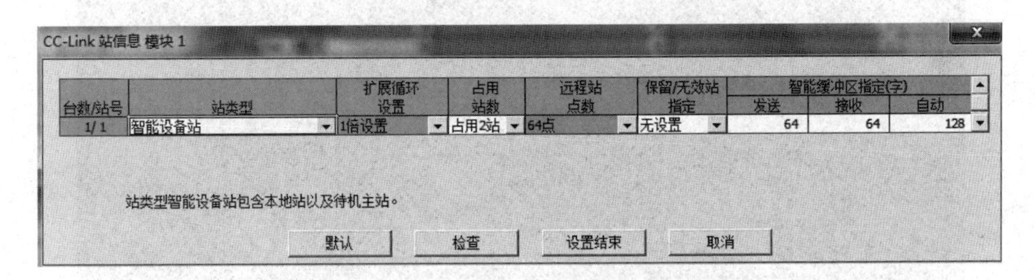

图 3－1－21　CC－Link 站信息设置

第二步传送速度设置，将 QJ61BT11N 模块的 MODE 旋钮和 FX3U－64CCL 模块的 COM SETTING、BRATE 旋钮旋到“0”，即设置传送速度为 156 kbit/s。

第三步占用站数/扩展循环设置。将站号 1 的 FX3U－64CCL 模块的右下方（COM SETTING、STATION）的旋转开关旋到“1”，表示占用 2 站 1 倍。

至此所有的设置完成，设置完成后的旋钮指示位置如图 3－1－22 所示。

系统上电，则会看到相关指示灯呈绿色，如图 3－1－23 所示，表示参数设置正确；如有红色指示灯闪烁或常亮，则表示有参数设置错误，需要修改。

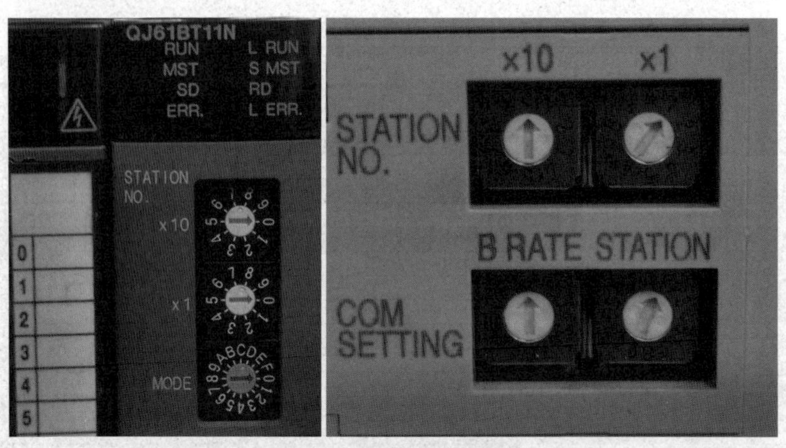

图 3-1-22　设置完成后的旋钮指示位置

图 3-1-23　系统配置完成实物

【任务总结】

通过本任务的学习和实施，了解有关 CC-Link 现场总线的基本知识，熟练掌握三菱主站模块 QJ61BT11N 和从站接口模块 FX3U-64CCL 组网时进行的参数设置。

任务二　基于 CC - Link 的温度控制系统应用

【任务目标】

完成一个温度控制系统的程序编写和系统调试。

【任务分析】

本任务主要利用前面学习的理论知识及查阅的各种文献资料，通过温度传感器检测出实际温度，传送给模数（A/D）转换模块进行模拟量和数字量的信号转换，最后送入控制器 PLC，经过控制器运算后，执行器件根据控制要求进行加热或降温，以达到控制温度的要求。本任务主要编写主站程序、从站程序及数据转换。

【知识准备】

一、FX3U - 3A - ADP 模块认识

由于在本任务中要进行温度的简单控制，所以需要使用模拟量输入模块。为了统一方便，本系统选择了 FX3U - 3A - ADP 模块。

（一）FX3U - 3A - ADP 模块结构

FX3U - 3A - ADP 模块连接在 FX3U 可编程控制器上，是获取 2 通道电压/电流数据并输出 1 通道电压/电流数据的模拟量特殊适配器，可以实现电压输入、电流输入、电压输出、电流输出。各通道的 A/D 转换值被自动写入 FX3U 可编程控制器的特殊数据寄存器中。D/A 转换值根据 FX3U 可编程控制器中特殊数据寄存器的值而自动输出。FX3U - 3A - ADP 模块实物如图 3 - 2 - 1 所示。

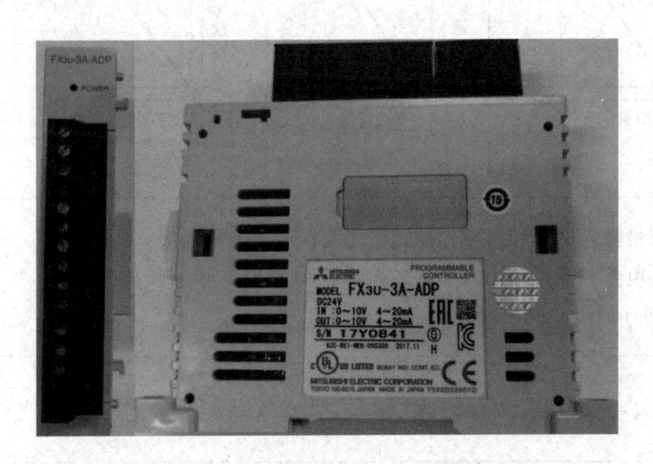

图 3 - 2 - 1　FX3U - 3A - ADP 模块实物

（二）性能规格

FX3U - 3A - ADP 模块的主要性能规格如表 3 - 2 - 1 所示。

表 3-2-1　FX3U-3A-ADP 模块的主要性能规格

项目	规格			
	电压输入	电流输入	电压输出	电流输出
输入输出点数	2 通道		1 通道	
模拟量输入范围	DC 0 ~ 10 V（输入电阻 198.7 kΩ）	DC 4 ~ 20 mA（输入电阻 250 kΩ）	DC 0 ~ 10 V（外部负载 5 kΩ ~ 1 MΩ）	DC 4 ~ 20 mA（外部负载 500 Ω 以下）
最大绝对输入	-0.5 V、+15 V	-2 mA、+30 mA	—	—
数字量输出	12 位二进制数			
分辨率	2.5 mV（10 V/4 000）	5 μA（16 mA/3 200）	2.5 mV（10 V/4 000）	4 μA（16 mA/3 200）
A/D 转换时间	FX3U/FX3UC 可编程控制器：200 s（每个运算周期更新数据） FX3S/FX3G/FX3GC 可编程控制器：250 s（每个运算周期更新数据）			
输入特性	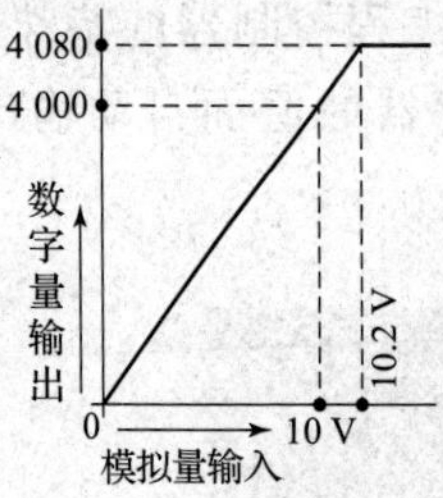 4 080 4 000 数字量输出 10.2 V 0 10 V 模拟量输入	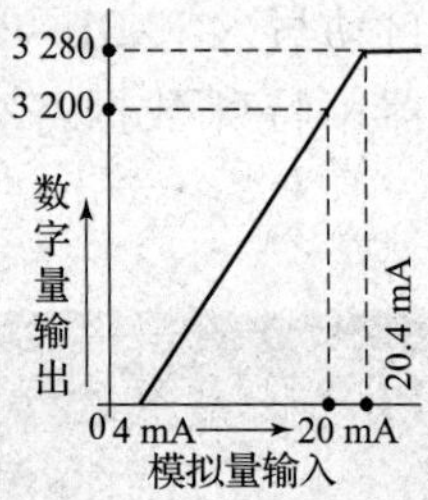 3 280 3 200 数字量输出 20.4 mA 0 4 mA 20 mA 模拟量输入	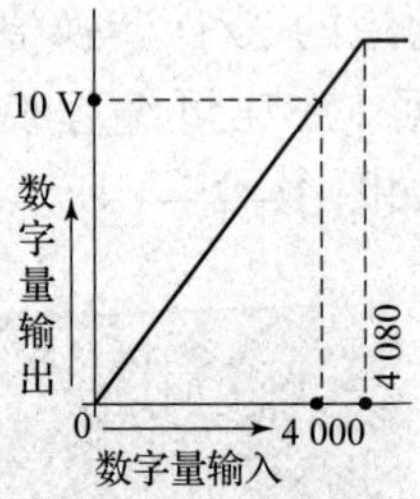 10 V 数字量输出 4 080 0 4 000 数字量输入	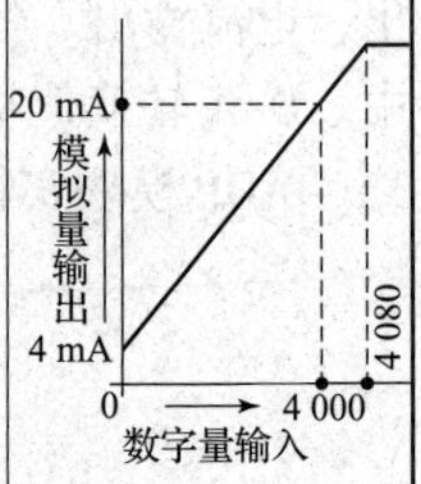 20 mA 模拟量输出 4 mA 4 080 0 4 000 数字量输入
绝缘方式	模拟量输入部分和可编程控制器之间，通过光耦隔离； 驱动电源和模拟量输入部分之间通过 DC/DC 转换器隔离； 各 ch（通道）间不隔离			
输入输出占用点数	0 点（与可编程控制器的最大输入输出点数无关）			
接地	D 类接地（接地电阻：100 Ω 以下），不可以和强电系统共同接地			

（三）接线

1. 端子排

FX3U - 3A - ADP 模块的端子排列以及各端子对应通道功能如图 3 - 2 - 2 所示。

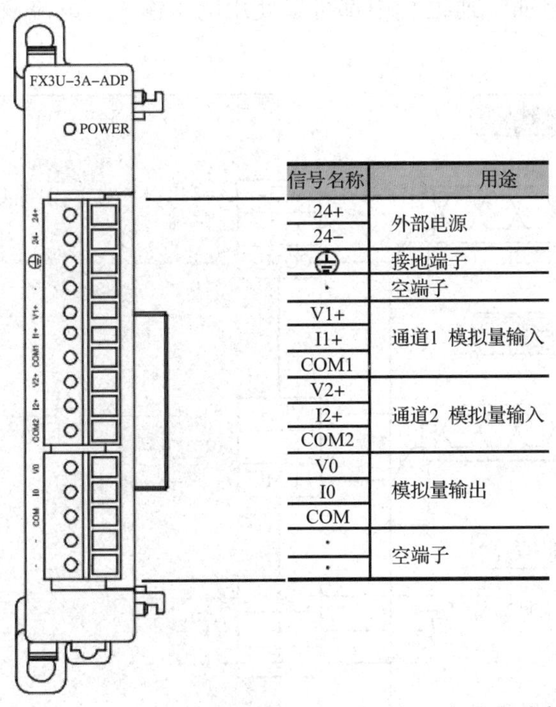

图 3 - 2 - 2　FX3U - 3A - ADP 模块的端子排列以及各端子对应通道功能

2. 电源接线

FX3U - 3A - ADP 模块既可以使用外部独立的 DC24 V 稳压电源供电，也可以使用可编程控制器的 DC24 V 电源供电。FX3U - 3A - ADP 模块的电源接线如图 3 - 2 - 3 所示。

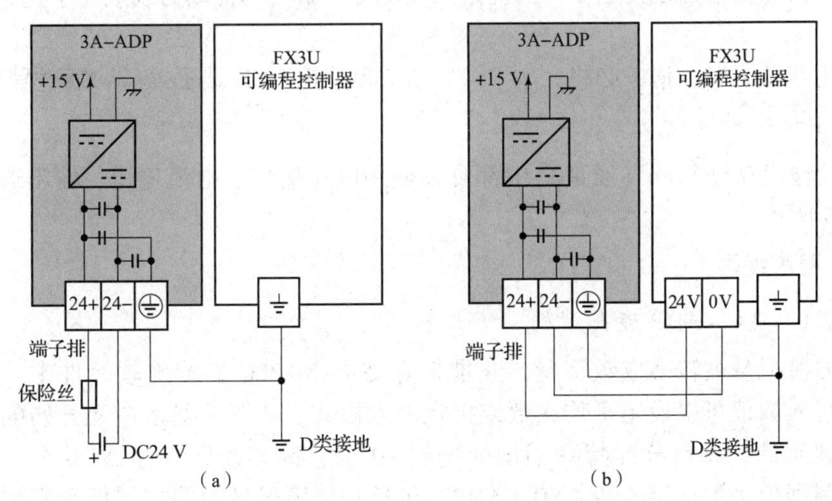

图 3 - 2 - 3　FX3U - 3A - ADP 模块的电源接线

（a）使用外部电源时；（b）使用可编程控制器 DC24 V 电源时

注意：请务必将⏚端子和可编程控制器基本单元的接地端子一起连接到进行了 D 类接地（100 Ω 以下）的供给电源的接地上。

3. 模拟量输入接线

模拟量输入在每个 ch（通道）中都可以使用电压输入、电流输入，输入通道接线如图 3－2－4 所示。

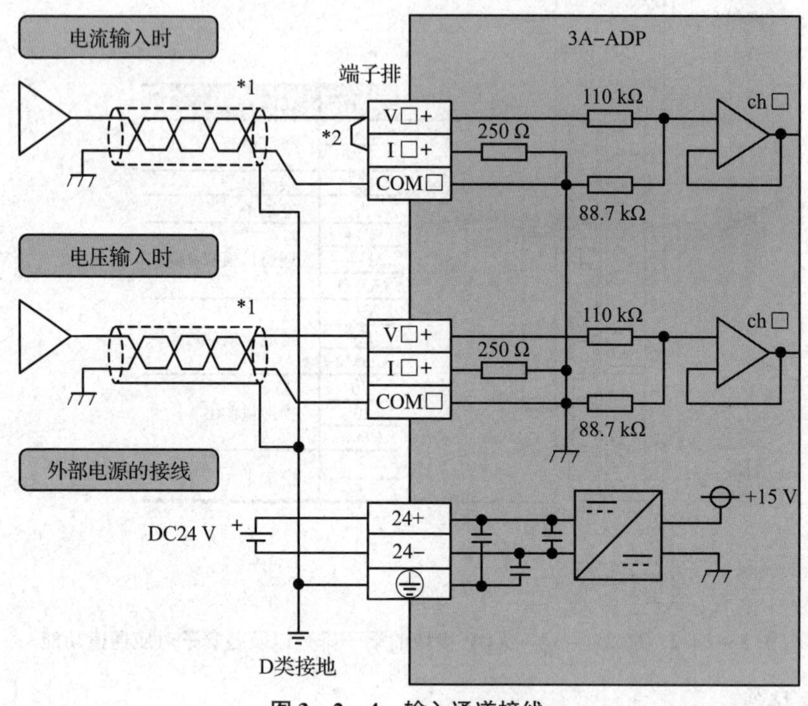

图 3－2－4　输入通道接线

注意：

（1）模拟量的输入线使用 2 芯的屏蔽双绞电缆，请与其他动力线或易于受感应的线分开布线。

（2）电流输入时，请务必将“V□＋”端子和“I□＋”端子（□：通道号）短接。

4. 模拟量输出接线

模拟量输出在每个 ch（通道）中都可以使用电压输出、电流输出，输出通道接线如图 3－2－5 所示。

（四）程序编写

1. FX3U－3A－ADP 连接结构

输入的模拟量被转换成数字量，并被保存在 FX3UPLC 的特殊软元件中，通过向特殊软元件写入数值可以设定平均次数或指定输入模式。依照从基本单元开始的连接顺序分配特殊软元件，每台分配特殊辅助继电器 10 个、特殊数据寄存器 10 个，FX3UPLC 可编程控制器最多可连接 4 台 4AD－ADP，包括其他模拟量功能扩展板和模拟量特殊适配器，如图 3－2－6 所示。

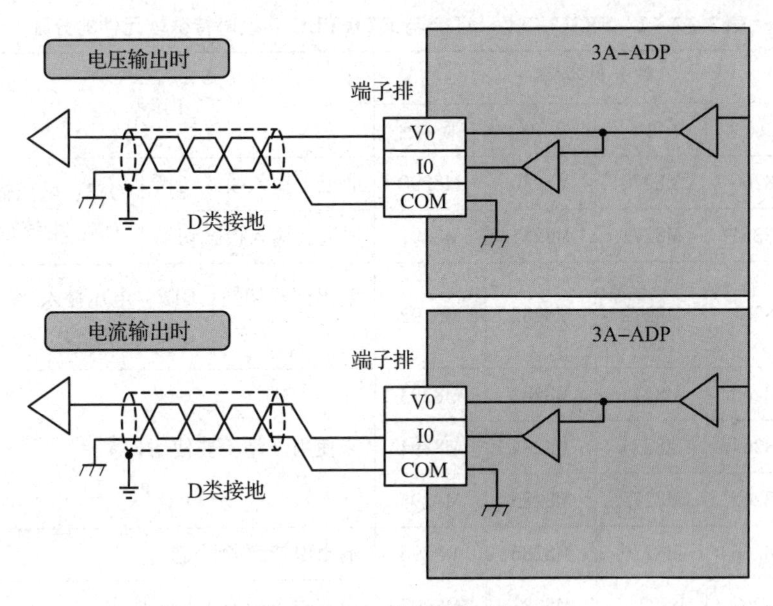

图 3 - 2 - 5　输出通道接线

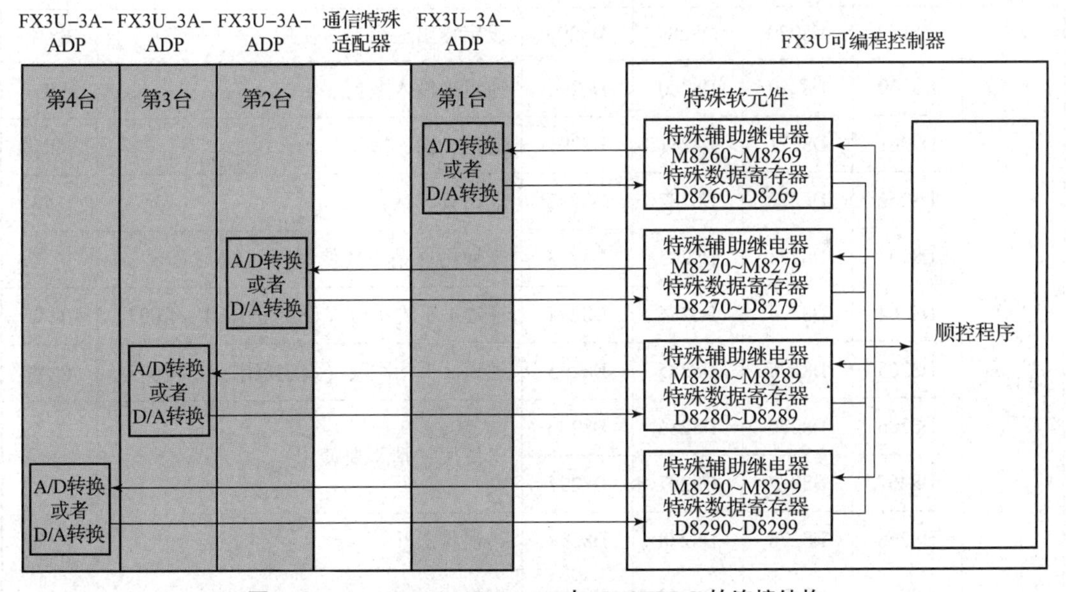

图 3 - 2 - 6　FX3U - 3A - ADP 与 FX3UPLC 的连接结构

2. 特殊软元件分配

不同链接类型的 PLC 连接 FX3U - 3A - ADP 时特殊软元件的分配不同，FX3UPLC 与 FX3U - 3A - ADP 连接时特殊软元件的分配如表 3 - 2 - 2 所示。

3. 编程示例

下面的程序是设定第 1 台的输入通道 1 为电压输入、输入通道 2 为电流输入，并将它们的 A/D 转换值分别保存在 D100、D101 中。此外，设定输出通道为电压输出，并将 D/A 转换输出的数字值设定为 D102。示例程序如图 3 - 2 - 7 所示。

表 3-2-2　FX3U-3A-ADP 与 FX3UPLC 连接时特殊软元件的分配

<table>
<tr><th rowspan="2">特殊软元件</th><th colspan="4">软元件编号</th><th rowspan="2" colspan="2">内容</th><th rowspan="2">属性</th></tr>
<tr><th>第 1 台</th><th>第 2 台</th><th>第 3 台</th><th>第 4 台</th></tr>
<tr><td rowspan="10">特殊辅助继电器</td><td>M8260</td><td>M8270</td><td>M8280</td><td>M8290</td><td>通道 1 输入模式切换</td><td rowspan="2">OFF：电压输入
ON：电流输入</td><td>R/W</td></tr>
<tr><td>M8261</td><td>M8271</td><td>M8281</td><td>M8291</td><td>通道 2 输入模式切换</td><td>R/W</td></tr>
<tr><td>M8262</td><td>M8272</td><td>M8282</td><td>M8292</td><td colspan="2">输出模式切换；OFF：电压输入
ON：电流输入</td><td>R/W</td></tr>
<tr><td>M8263</td><td>M8273</td><td>M8283</td><td>M8293</td><td colspan="2" rowspan="3">未使用（请不要使用）</td><td rowspan="3"></td></tr>
<tr><td>M8264</td><td>M8274</td><td>M8284</td><td>M8294</td></tr>
<tr><td>M8265</td><td>M8275</td><td>M8285</td><td>M8295</td></tr>
<tr><td>M8266</td><td>M8276</td><td>M8286</td><td>M8296</td><td colspan="2">输出保持解除设定</td><td>R/W</td></tr>
<tr><td>M8267</td><td>M82747</td><td>M8287</td><td>M8297</td><td colspan="2">设定输入通道 1 是否使用</td><td>R/W</td></tr>
<tr><td>M8268</td><td>M8278</td><td>M8288</td><td>M8298</td><td colspan="2">设定输入通道 2 是否使用</td><td>R/W</td></tr>
<tr><td>M8269</td><td>M8279</td><td>M8289</td><td>M8299</td><td colspan="2">设定输出通道是否使用</td><td>R/W</td></tr>
<tr><td rowspan="10">特殊数据寄存器</td><td>D8260</td><td>D8270</td><td>D8280</td><td>D8290</td><td colspan="2">通道 1 输入数据</td><td>R</td></tr>
<tr><td>D8261</td><td>D8271</td><td>D8281</td><td>D8291</td><td colspan="2">通道 2 输入数据</td><td>R</td></tr>
<tr><td>D8262</td><td>D8272</td><td>D8282</td><td>D8292</td><td colspan="2">输出设定数据</td><td>R/W</td></tr>
<tr><td>D8263</td><td>D8273</td><td>D8283</td><td>D8293</td><td colspan="2">未使用（请不要使用）</td><td></td></tr>
<tr><td>D8264</td><td>D8274</td><td>D8284</td><td>D8294</td><td colspan="2">通道 1 平均次数（设定范围：1 ~ 4 095）</td><td>R/W</td></tr>
<tr><td>D8265</td><td>D8275</td><td>D8285</td><td>D8295</td><td colspan="2">通道 2 平均次数（设定范围：1 ~ 4 095）</td><td>R/W</td></tr>
<tr><td>D8266</td><td>D8276</td><td>D8286</td><td>D8296</td><td colspan="2" rowspan="2">未使用（请不要使用）</td><td rowspan="2"></td></tr>
<tr><td>D8267</td><td>D8277</td><td>D8287</td><td>D8297</td></tr>
<tr><td>D8268</td><td>D8278</td><td>D8288</td><td>D8298</td><td colspan="2">错误状态</td><td>R/W</td></tr>
<tr><td>D8269</td><td>D8279</td><td>D8289</td><td>D8299</td><td colspan="2">机型代码 = 1</td><td>R</td></tr>
</table>

4. 定坐标指令

FX3UPLC 模块使用定坐标指令（SCL/FNC 259）改变输入特性。所谓改变输入特性，是指将电压输入 1 ~ 5 V（数字值为 400 ~ 2 000）的数据变更为 0 ~ 10 000 范围内的数字值，如图 3-2-8 所示。当然这个变换可以使用算术运算指令来实现，只不过运算过程复杂，使用定坐标指令（SCL/FNC 259）就可以很简单地实现这一功能。定坐标指令程序如图 3-2-9 所示。

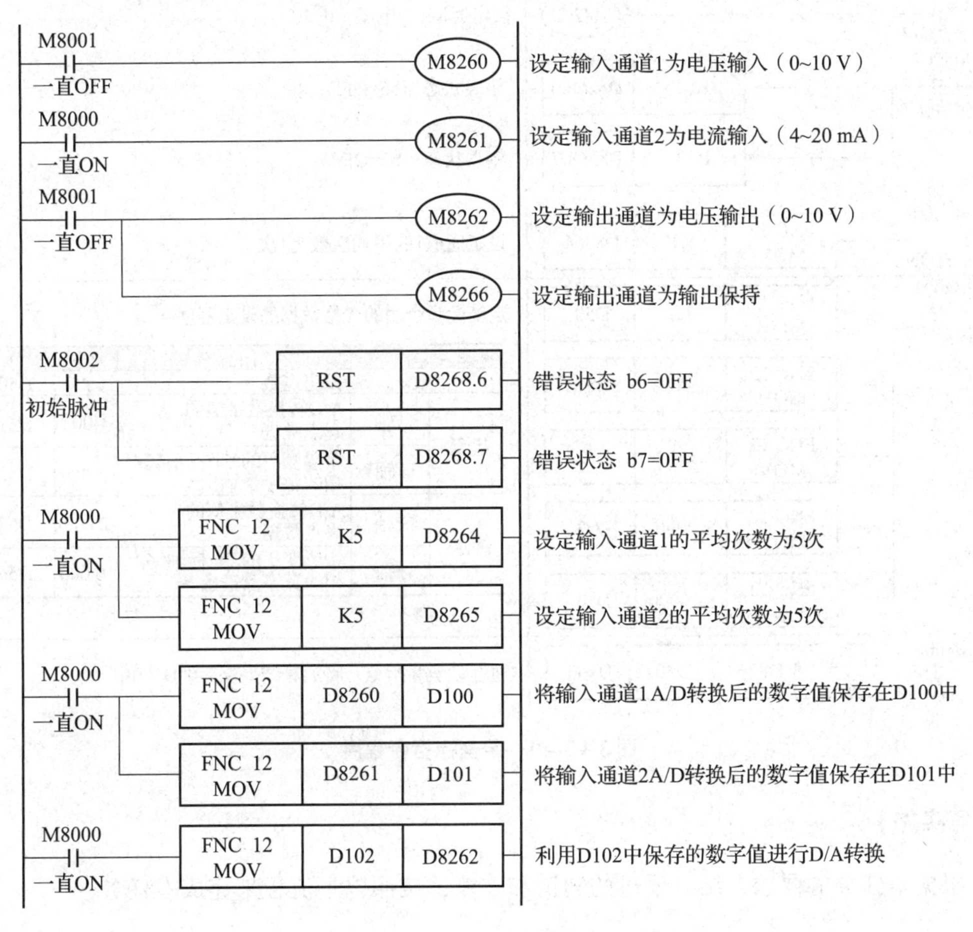

图 3－2－7　示例程序

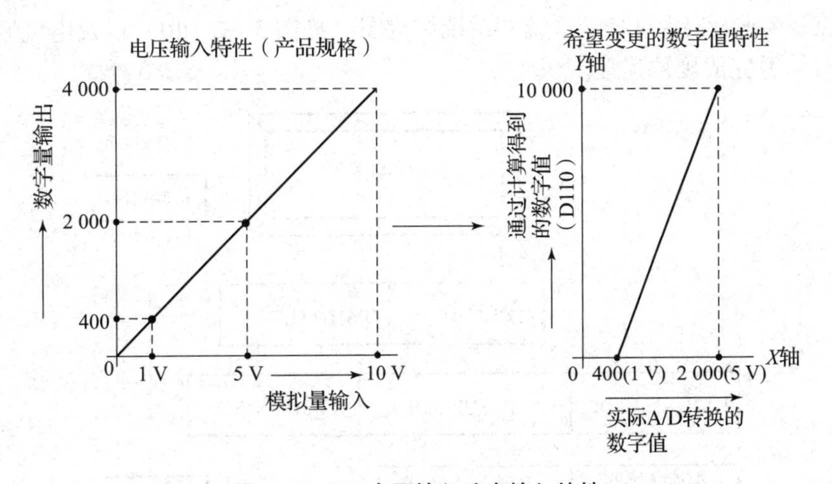

图 3－2－8　电压输入改变输入特性

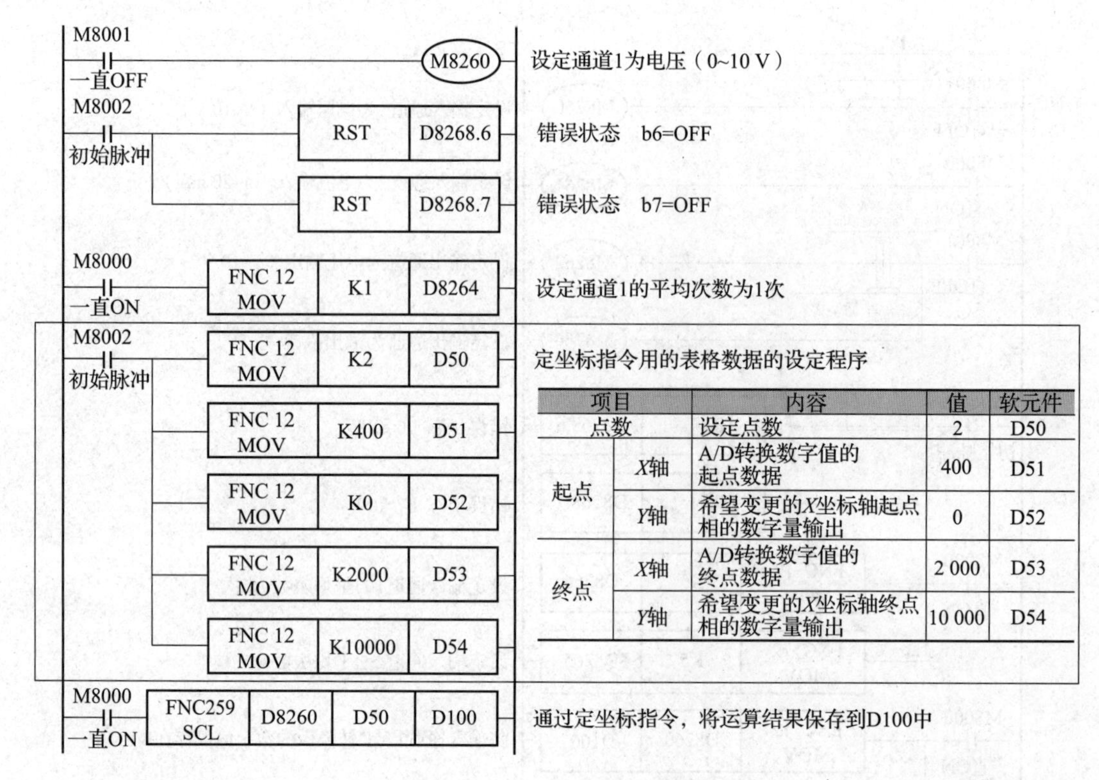

项目		内容	值	软元件
点数		设定点数	2	D50
起点	X轴	A/D转换数字值的起点数据	400	D51
	Y轴	希望变更的X坐标轴起点相的数字量输出	0	D52
终点	X轴	A/D转换数字值的终点数据	2 000	D53
	Y轴	希望变更的X坐标轴终点相的数字量输出	10 000	D54

图 3－2－9　定坐标指令程序

【任务实施】

根据本任务的要求，结合学过的知识和技能，按照以下流程来完成本任务。

一、原理图设计及硬件连接

根据控制要求画出温度控制系统的系统结构图（见图 3－2－10）以及电气原理图（见图 3－2－11）并完成硬件连接。

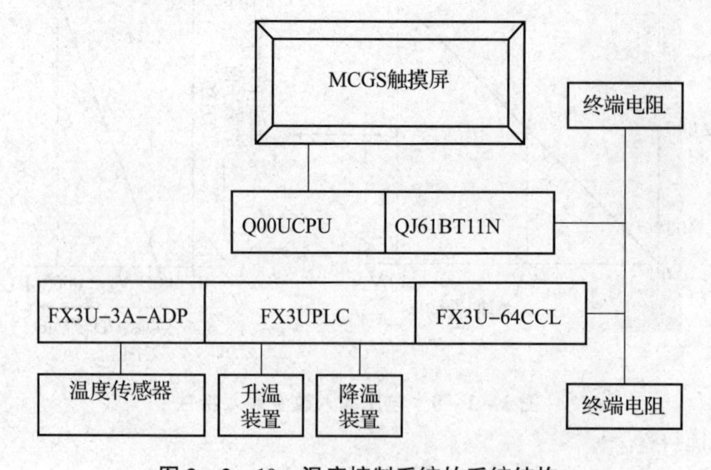

图 3－2－10　温度控制系统的系统结构

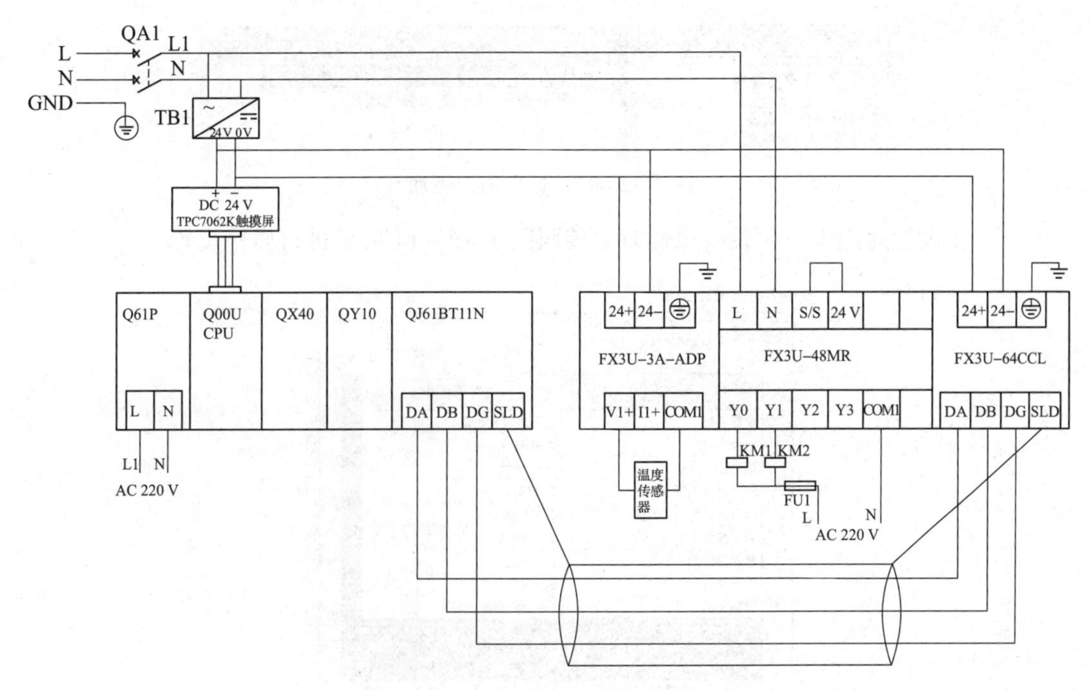

图 3－2－11　温度控制系统的电气原理

二、触摸屏组态设计

根据本任务要求，手动控制、自动控制、温度显示和温度范围设置等需要设计组态，参照项目一所讲内容和操作步骤，触摸屏组态完成画面如图 3－2－12 所示。这里主要的关联数据地址为：实际监测温度 D0，温度设定最高温度值 D2，温度设定最低温度值 D1，手动升温 M0，手动降温 M1，自动运行 M2，自动停止 M3，升温指示 M4，降温指示 M5，自动运行指示 M6。

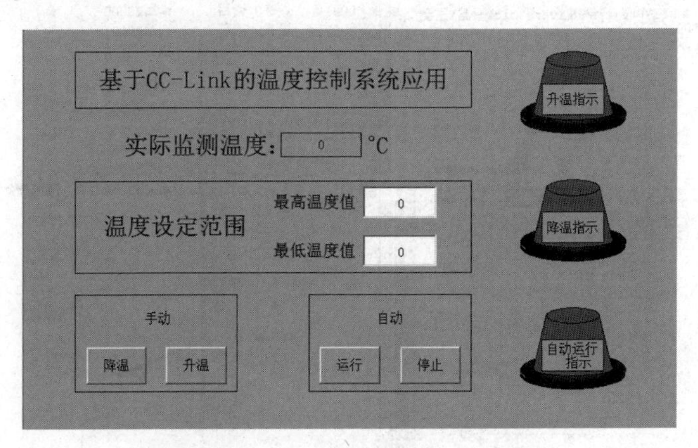

图 3－2－12　触摸屏组态完成画面

在进行该触摸屏组态设计时有以下注意事项。

（1）在添加设备窗口时要按照图 3－2－13 所示添加三菱_Q 系列编程口。

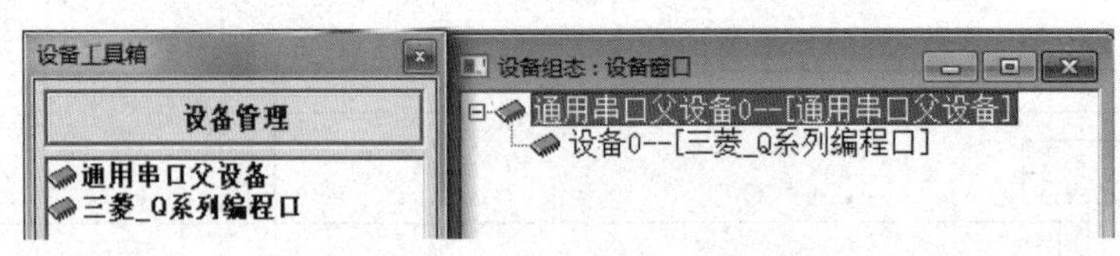

图 3-2-13　设备窗口添加

（2）在设置通用串口父设备属性时要按照图 3-2-14 所示进行属性设置。

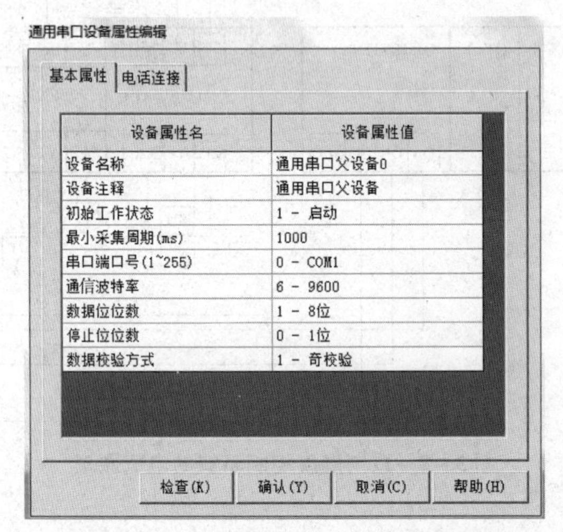

图 3-2-14　通用串口父设备属性设置

（3）在设备编辑窗口进行 PLC 类型设置时，一定要选择三菱_Q02UCPU 型号，这是因为我们使用的是三菱_QOOUCPU，而在 MCGS 的驱动中是没有这一个选项的，只能选择高版本的三菱_Q02UCPU，如图 3-2-15 所示。

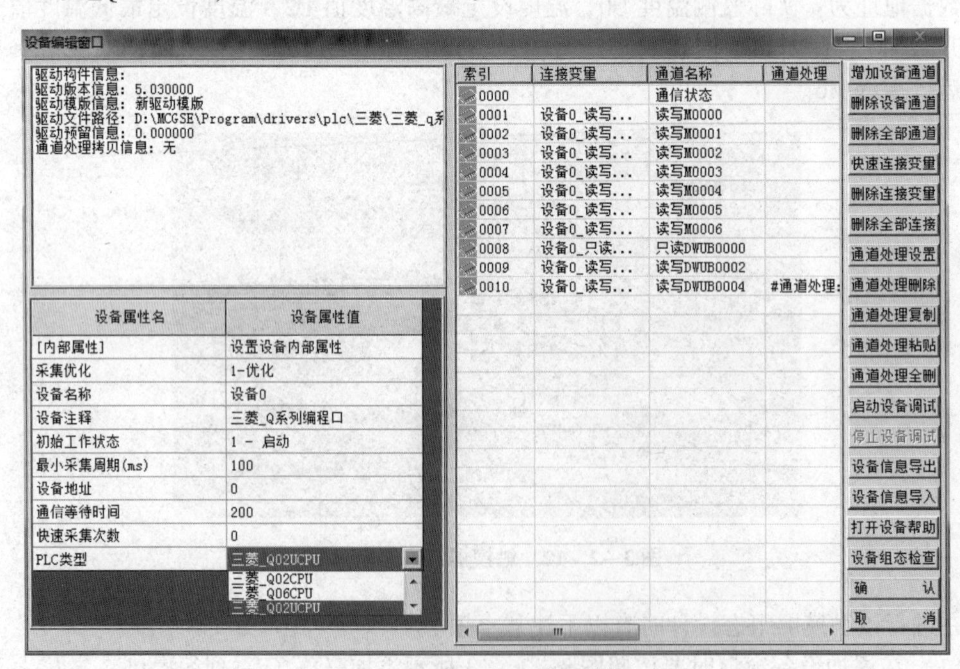

图 3-2-15　PLC 类型选择

三、PLC 程序编写

在本任务中我们需要使用远程输入（RX）、远程输出（RY）、远程寄存器（RWw）和远程寄存器（RWr）通信数据流，如图 3－2－16 所示。图 3－2－16 中只列出了主站和智能设备站在通信过程中实际使用到的软元件，实际上我们规划定义的软元件地址不止这些。

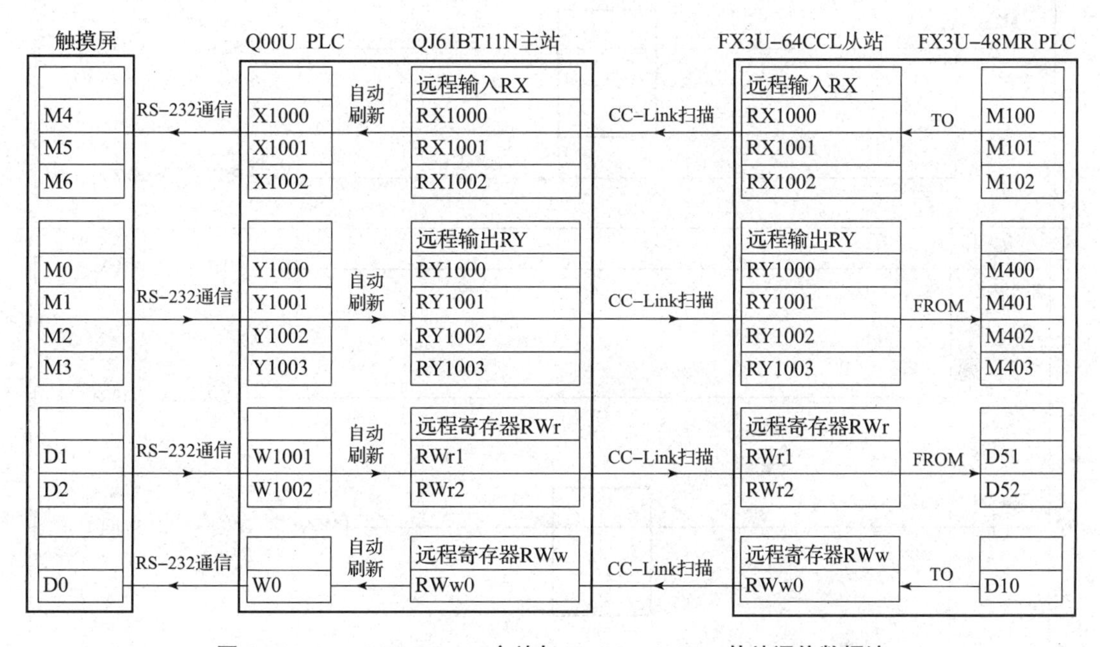

图 3－2－16 QJ61BT11N 主站与 FX3U－64CCL 从站通信数据流

（一）主站程序

由于我们通过 GX Works2 进行网络参数设置，数据链接将自动启动，因此主站程序相对来说比较简单，和触摸屏之间进行一些数据通信即可。通过 GX Works2 进行网络参数的设置时采用本项目中任务一的参数设置，按照图 3－1－22 和图 3－1－23 设置即可。主站参考程序如图 3－2－17 所示。在本程序中 Y1000～Y1003、X1000～X1002 是数据链接时使用的远程输入输出地址，W1002、W1001、W0 是数据链接时使用的远程寄存器，这些地址与本机 PLC 的地址是不一样的。

（二）从站程序

从站程序主要是进行模拟量的转换、根据设定温度进行运算及最后输出，实现升温或降温或不输出。在从站程序中我们根据主站数据进行相应的程序操作，然后将从站处理的一些数据信息传送给主站，这个顺序不要弄反了。从站中模拟量转换很简单，只要将 D8260 里面的数据除以 40，即可得到实际的温度。从站参考程序如图 3－2－18 所示。

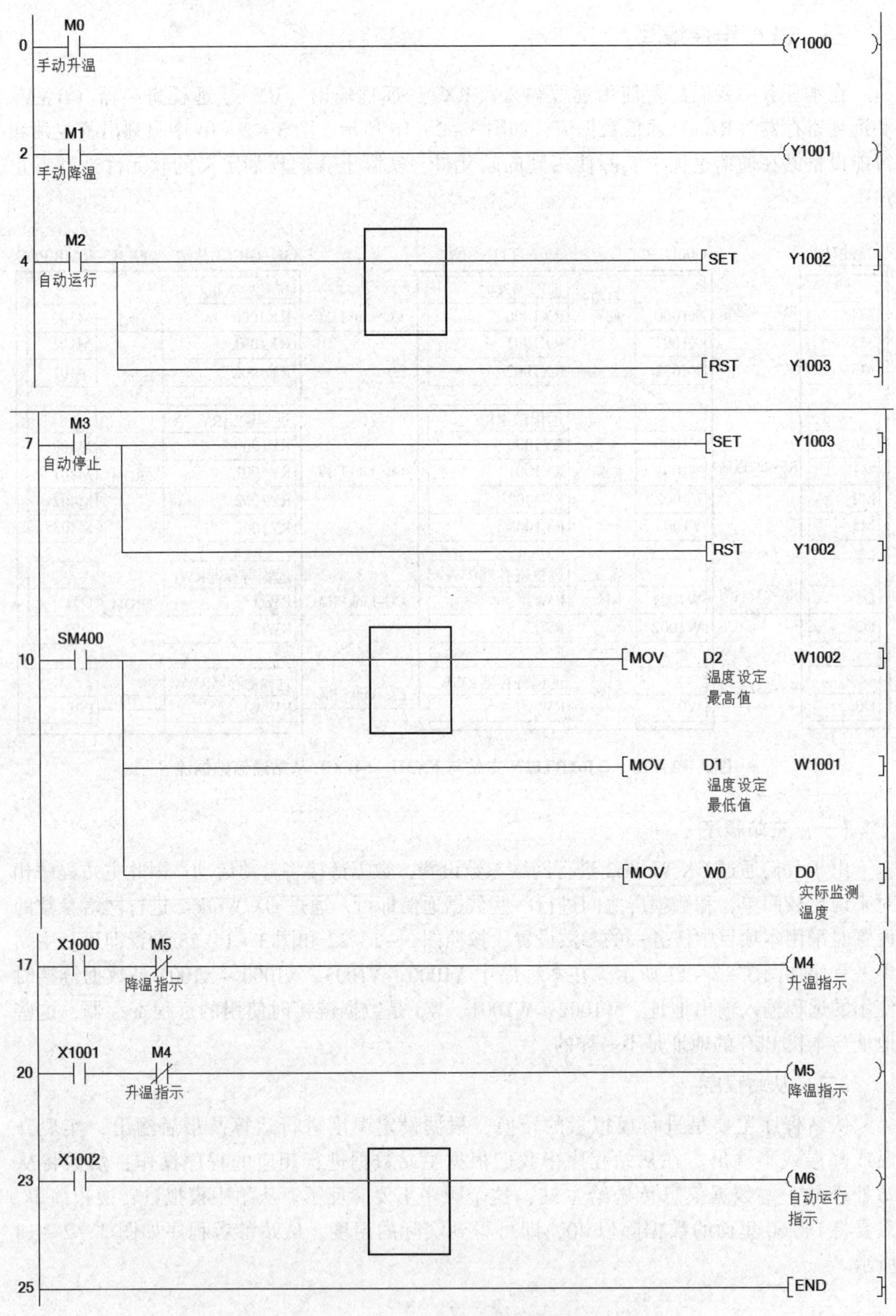

图 3-2-17 主站参考程序

```
* 通信状态读取
      M8000
  0 ──┤ ├──────────────────────[FROM   K0    K25    K4M0     K1 ]
* 出错代码的读取
      M8000
 10 ──┤ ├──────────────────────[FROM   K0    K29    K4M20    K1 ]
* 单元状态的读取
      M8000
 20 ──┤ ├──────────────────────[FROM   K0    K36    K4M40    K1 ]

* RY一致性访问开始
      M8000
 30 ──┤ ├──────────────────────[TO     K0    K61    K1       K1 ]
* BFM#3～#0(RY3F～RY00) 传给M463～M400
      M55      M7
 40 ──┤ ├──────┤ ├─────────────[FROM   K0    K0     K4M400   K4 ]
* RY一致性访问完成
      M8000
 51 ──┤ ├──────────────────────[TO     K0    K61    K1       K1 ]

* RWw一致性访问开始
      M8000
 61 ──┤ ├──────────────────────[TO     K0    K62    K1       K1 ]
* BFM#15～#8(RWw7～RWw0) 传给D57～D50
      M55      M7
 71 ──┤ ├──────┤ ├─────────────[FROM   K0    K8     D50      K8 ]
* RWw一致性访问完成
      M8000
 82 ──┤ ├──────────────────────[TO     K0    K62    K0       K1 ]

* 手动升温
      M400     M401     M51      M402
 92 ──┤ ├──────┤/├──────┤/├──────┤/├───────────────────────(M70 )
* 手动降温
      M401     M400     M50      M402
 97 ──┤ ├──────┤/├──────┤/├──────┤/├───────────────────────(M71 )
* 自动运行启动
      M402
102 ──┤ ├──┬──────────────────────────────────────[SET    M80  ]
           │
           ├──────────────────────────────────────[SET    M81  ]
           │
           └──────────────────────────────────────[SET    M102 ]
```

图 3－2－18　从站参考程序

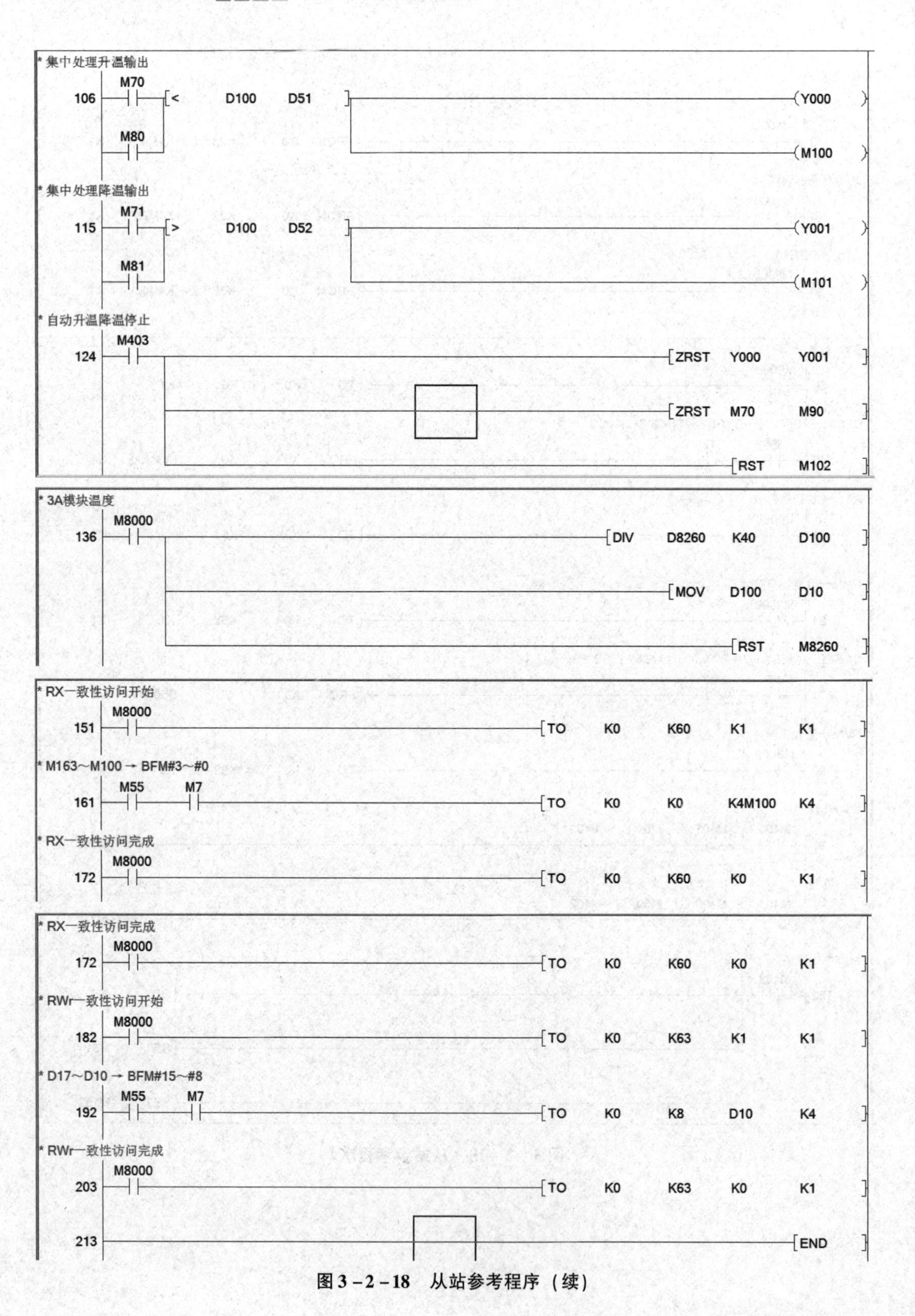

图 3-2-18 从站参考程序（续）

四、系统调试

通信模块参数按照前面任务一的介绍设置好，设备上电后进行整个系统的调试，如果不方便接传感器，可以外接一个 0 ~ 10 V 的直流可调电源，以替代传感器的输入。

自动运行在调试时，先设定温度的调节范围，然后启动运行，当实际监测温度低于设定的最低温度时，加热装置有输出，实现加热。随着加热的进行，实际监测温度逐渐上升，当达到设定的最低温度时，加热装置停止输出，一旦低于设定温度就会继续输出加热。同样地，当检测到实际温度高于设定的最高温度时，降温装置有输出，实现降温。随着降温的进行，实际监测温度逐渐下降，当达到设定的最高温度时，降温装置停止输出。自动运行调试画面如图 3 - 2 - 19 所示。

图 3 - 2 - 19　自动运行调试画面

手动运行在调试时，也先设定温度的调节范围，然后按住升温或降温按钮，当实际监测温度低于设定的最低温度时，按住加热按钮，加热装置有输出，实现加热。随着加热的进行，实际监测温度逐渐上升，当达到设定的最低温度时，加热装置停止输出，此时升温按钮不再起作用。同样地，当检测到实际温度高于设定的最高温度时，按住降温按钮，降温装置有输出，实现降温。随着降温的进行，实际监测温度逐渐下降，当达到设定的最高温度时，降温装置停止输出，此时降温按钮不再起作用。手动运行调试画面如图 3 - 2 - 20 所示。

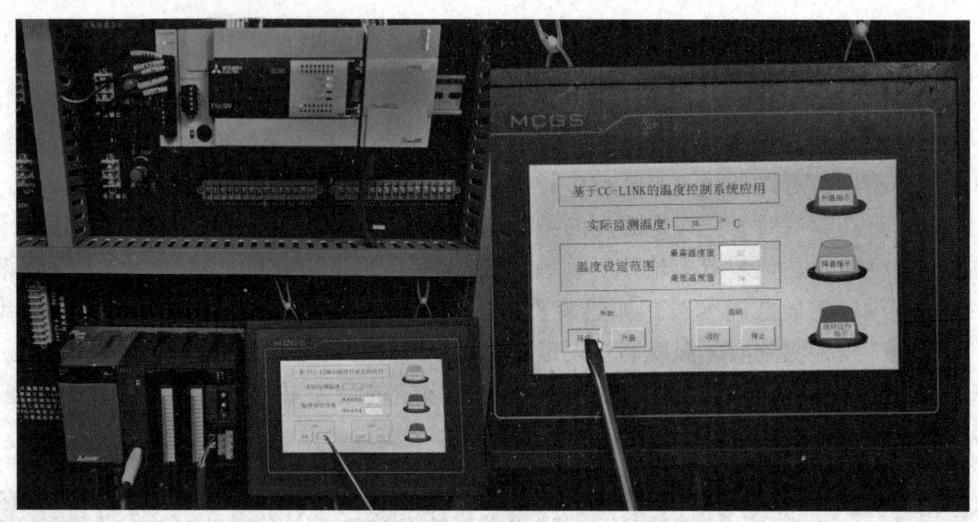

图 3-2-20　手动运行调试画面

【任务总结】

通过本任务的学习和实施，掌握 CC-Link 的通信方式及学会构建一个完整的 CC-Link 通信系统，学会硬件连接组网，能进行组网参数设置，会根据控制要求编写通信程序，同时也要熟悉模拟量和数字量的输入/输出转换程序。

项目四　基于 PROFINET 网络的传送带控制

项目需求

PROFINET 网络是新一代基于工业以太网技术的自动化总线标准，为自动化通信领域提供了一个完整的网络解决方案，囊括了实时以太网运动控制、分布式自动控制、故障安全以及网络安全等当前自动化领域的热点话题，并且可以完全兼容工业以太网和现有的现场总线技术。本项目以传送带控制为载体，构建一个基于 PROFINET 网络的自动控制系统，是 PLC 工控技术、网络通信技术、变频技术、触摸屏技术、接口技术等多种技术的有机结合。

项目工作场景

本项目以链板传送带实训系统作为平台，如图 4－1－1 所示。可编程控制器向变频器发出速度信号和方向信号，变频器驱动三相异步电动机旋转，由减速机构把动力传送给同步轮和同步带，最后带动链板传送带完成用户需要的动作和生产过程。

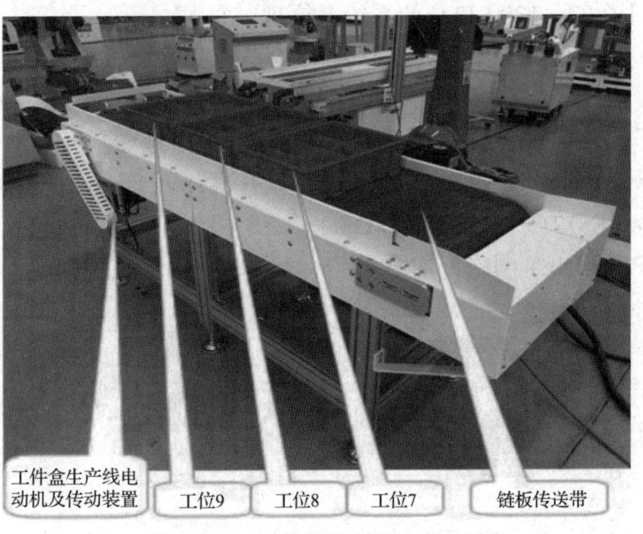

图 4－1－1　链板传送带实训系统

方案设计

根据学生的认知规律，由简入繁、由易及难构建三种不同的场景任务：任务一是认识PROFINET网络；任务二是构建基于PROFINET网络的点动控制；任务三是构建基于PROFINET网络的传送带控制。

相关知识和技能

本项目包括三个任务，以构建PROFINET网络为核心内容，涵盖知识、技能和职业能力三大方面。其中，知识内容以PROFINET网络的简单搭建开始，逐步加深，围绕西门子的PLC、触摸屏、变频器和博途软件的软硬件集合构建不同场景的PROFINET网络。技能方面涉及利用博途软件编制程序、设置PROFINET网络、PROFINET网络硬件接线、变频器设置、触摸屏设计等内容。职业能力则要求学生在重复过程中养成良好的工作习惯，在不同的工作任务实施过程中自主构建符合自身认知规律的专业知识技能，突出学生学习的主动性和主体地位。

任务一　认识PROFINET网络

【任务目标】

（1）了解博途TIA Portal软件的基础知识。

（2）掌握利用西门子S7－1200 PLC和博途TIA Portal软件构建一个简单的PROFINET网络的方法。

（3）了解西门子S7－1200 PLC的系统及原理。

【任务分析】

通过对西门子S7－1200 PLC的软硬件设置构建一个简单的PROFINET网络。

硬件配置：计算机一台；RJ45接口网线一根；西门子S7－1200 PLC（型号：CPU1215C，规格：6ES7215－1AG40－0XB0）。

（1）简单的PROFINET网络，如图4－1－2所示，CPU连接到编程设备。

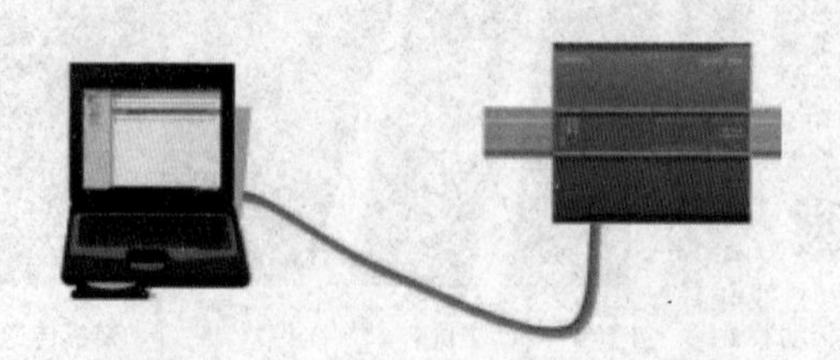

图4－1－2　简单的PROFINET网络

（2）利用博途软件设置 PROFINET 网络。

【知识准备】

一、认识西门子 S7－1200 PLC

（一）西门子 S7－1200 PLC 简介

西门子 S7－1200 PLC 是西门子公司的新一代小型 PLC，它设计紧凑、有集成的 PROFINET 接口、有功能强大的指令集和灵活的可扩展性等，可完成简单逻辑控制、高级逻辑控制、HMI 和网络通信等任务，主要面向简单而高精度的自动化任务，为各种工艺任务提供简单的通信和有效的解决方案。

西门子 S7－1200 PLC，通过集成的 PROFINET 接口与编程设备通信、与 HMI 系列面板通信，以及与其他 PLC 通信，如图 4－1－3 所示。

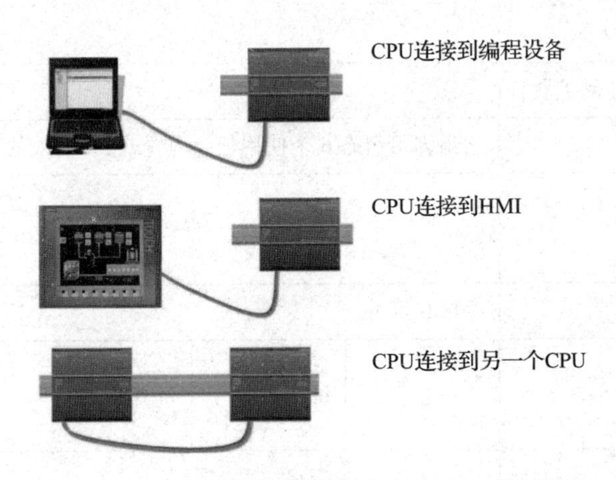

图 4－1－3　三种基本类型的 PROFINET 网络接线

西门子 S7－1200 PLC 系统有五种不同模块，分别为 CPU 1211C、CPU 1212C、CPU 1214C、CPU 1215C 和 CPU 1217C，如表 4－1－1 所示。每一种模块都可以进行扩展，以满足不同系统的需要。

表 4－1－1　西门子 S7－1200 PLC 系统五种模块的比较

特征		CPU 1211C	CPU 1212C	CPU 1214C	CPU 1215C	CPU 1217C
物理尺寸		90 mm×100 mm×75 mm		110 mm×100 mm×75 mm	130 mm×100 mm×75 mm	150 mm×100 mm×75mm
用户存储器	工作	50 KB	75 KB	100 KB	125 KB	150 KB
	负载	1 MB		4 MB		
	保持性	10 KB				

续表

特征		CPU 1211C	CPU 1212C	CPU 1214C	CPU 1215C	CPU 1217C
本地板载 I/O	数字量	6 点输入/4 点输出	8 点输入/6 点输出	14 点输入/10 点输出		
	模拟量	2 点输入		2 点输入/2 点输出		
过程映像大小	输入（I）	1 024 B				
	输出（Q）	1 024 B				
位存储器（M）		4 096 B		8 192 B		
信号模块（SM）扩展		无	2	8		
信号板（SB）、电池板（BB）、或通信板（CB）		1				
通信模块（CM）（左侧扩展）		3				
高速计数器	总计	最多可组态 6 个使用任意内置或 SB 输入的高速计数器				
	1 MHz	—				Ib. 2 到 Ib. 5
	100/80 kHz	Ia. 0 到 Ia. 5				
	30/20 kHz	—	Ia. 6 到 Ia. 7	Ia. 6 到 Ib. 5		Ia. 6 到 Ib. 1
	200 kHz					
脉冲输出	总计	最多可组态 4 个使用任意内置或 SB 输出的脉冲输出				
	1 MHz	—				Qa0 到 Qa. 3
	100 kHz	Qa. 0 到 Qa. 3				Qa. 4 到 Qb. 1
	20 kHz	—	Qa. 4 到 Qa. 5	Qa. 4 到 Qb.		—
存储卡		SIMATIC 存储卡（选件）				
实时时钟保持时间		通常为 20 天，40 ℃时最少为 12 天（免维护超级电容）				
PROFINET 以太网通信端口		1			2	
实数数学运算执行速度		2. 3 μs/指令				
布尔运算执行速度		0. 08 μs/指令				

1. 通信模块

西门子 S7－1200 PLC CPU 最多可以添加三个通信模块。RS－485 和 RS－232 通信模块为点到点的串行通信提供连接，该通信的组态和编程采用扩展指令或库功能、USS 驱动协议、Modbus RTU 主站和从站协议，它们都包含在编程软件 TIA Portal（博途）工程组态系统中。

2. 集成 PROFINET 接口

集成 PROFINET 接口用于编程、HMI 通信和 PLC 间的通信。此外，它还通过开放的以太网协议支持与第三方设备的通信。该接口带有一个具有自动交叉网线功能的 RJ45 连接器，提供 10 Mbit/s 或 100 Mbit/s 的数据传输速率，支持以下协议：TCP/IP Native、ISO－on－TCP 和 S7 通信。该接口的最大连接数为 15 个，其中，3 个连接用于 HMI 与 CPU 的通信；1 个连接用于编程设备（PG）与 CPU 的通信；8 个连接用于 Open IE（TCP，ISO－on－TCP）的编程通信，使用 T－block 指令来实现，可用于西门子 S7－1200 PLC 之间的通信、西门子 S7－1200 PLC 与西门子 S7－300/400 PLC 之间的通信；3 个连接用于 S7 通信的服务器端连接，可以实现与 S7－200、S7－300/400 的以太网 S7 通信。

3. 高速输入

西门子 S7－1200 控制器带有 6 个高速计数器，其中 3 个输入为 100 kHz，3 个输入为 30 kHz，用于计数和测量。

4. 高速输出

西门子 S7－1200 控制器集成了 2 个 100 kHz 的高速脉冲输出，用于步进电动机或伺服驱动器的速度和位置控制（使用 PLCopen 运动控制指令）。这两个输出都可以输出脉宽调制信号来控制电动机速度、阀位置或加热元件的占空比。PLCopen 运动控制指令是一个国际性的运动控制标准，支持绝对运动、相对运动和在线改变速度的运动，支持找原点和爬坡控制，用于步进或伺服电动机的简单启动和试运行，提供在线检测。

5. PID 控制

西门子 S7－1200 控制器提供了 16 个带自动调节功能的 PID 控制回路，用于简单的闭环过程控制。

（二）CPU1215C

本项目采用的是西门子 S7－1200 PLC CPU1215C，可完成简单逻辑控制、高级逻辑控制、HMI 和网络通信等任务。

（1）实训台硬件采用西门子 S7－1200 PLC CPU1215C，其结构如图 4－1－4 所示。

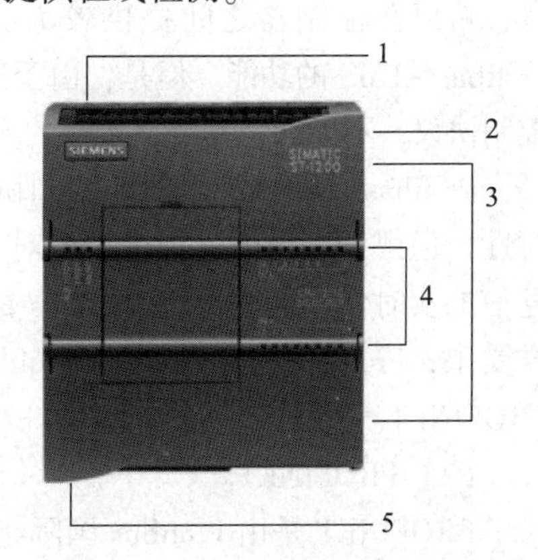

图 4－1－4　CPU1215C 结构

1—电源接口；
2—存储卡插槽（上部保护盖下面）；
3—可拆卸用户接线连接器（保护盖下面）；
4—板载 I/O 的状态 LED；
5—PROFINET 连接器（CPU 的底部）

（2）通信方式。

①PROFINET。PROFINET 通过用户程序用于以太网与其他通信伙伴交换数据，在西门子 S7－1200 系统中，PROFINET 支持 16 个具有 256 个子模块的 IO 设备，Profibus 允许使用 3 个独立的 Profibus DP 主站，每

个 DP 主站支持 32 个从站，每个 DP 主站最多具有 512 个模块。

此外，西门子 S7－1200 PLC 可以利用路由器通过成熟的 S7 通信协议连接到多个西门子 S7－1200 控制器和 HMI 设备，将来还可以通过 PROFINET 接口将分布式现场设备连接到西门子 S7－1200 PLC，或者将西门子 S7－1200 PLC 作为一个 PROFINET IO 设备连接到作为 PROFINET IO 主控制器的 PLC 上。它将为西门子 S7－1200 系统提供从现场级到控制级的统一通信，以满足当前工业自动化的通信需求。

②PROFINET IO 控制器。作为采用 PROFINET IO 的 IO 控制器可与本地 PN 网络上或通过 PN/PN 耦合器（连接器）连接的最多 16 台 PN 设备通信，如图 4－1－5 所示。

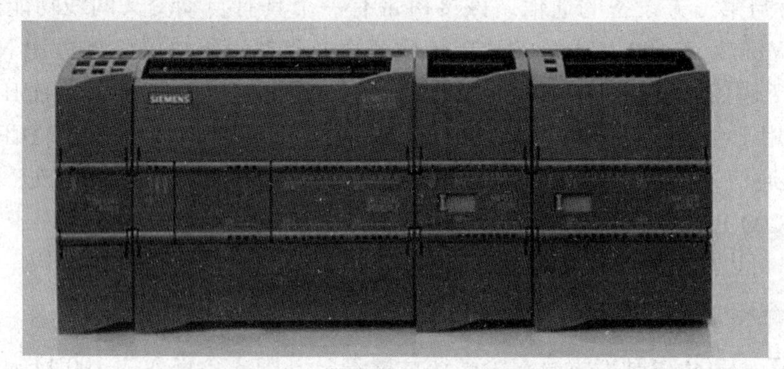

图 4－1－5　CPU1215C 扩展模块

说明：

（1）目前现场总线存在的问题。

现场总线控制系统发展至今，虽然已经渗透到了工业生产的各个角落，但是不可避免地存在一些问题。西门子公司于 1996 年提出了全集成自动化，它把 SIMATIC NET 作为网络核心，在 SIMATIC NET 中工业以太网和 Profibus 是主要的成员。其中，工业以太网采用普通以太网的介质访问控制方式，符合 IEEE802.3 国际标准，可以提供 100 M 的网络带宽，可以在控制器之间提供较大数据量的通信服务。目前工业以太网已经基本替代了 Profibus－FMS 的功能。但是，由于工业以太网采用了 CSMA/CD（载波监听/冲突检测）的控制协议，不能保证其数据传输的实时性。因此，在现场控制中的使用有较大的局限性。

Profibus 采用令牌总线的控制协议，其令牌的循环时间是固定的，能够保证一定的实时性。但由于在通信过程中需要对各个站点进行轮询，如果网络中站点过多，会影响数据通信的实时性，同时由于 Profibus 的通信带宽较窄（不大于 12 M），使 Profibus 的使用同样受限，Profibus 国际组织在 Profibus 和工业以太网的基础上推出了新的网络标准——PROFINET。

（2）PROFINET。

PROFINET 是由 Profibus 国际组织推出的新一代基于工业以太网技术的自动化总线标准。作为一项战略性的技术创新，PROFINET 为自动化通信领域提供了一套完整的网络解决方案，囊括了诸如实时以太网、运动控制、分布式自动化、以太网络安全等当前自动化领域的热点。

（3）PROFINET 的实时性。

为了保证通信的实时性，根据响应时间的不同，PROFINET 支持以下通信方式。

①TCP/IP 标准通信：PROFINET 基于工业以太网技术，使用 TCP/IP 和 IT 标准。TCP/IP 标准是 IT 领域关于通信协议方面的标准，尽管其响应时间大概在 100 ms 量级，不过对于工厂级控制的应用来说，这个响应时间足够了。

②实时（RT）通信：对于传感器和执行设备之间的数据交换，系统对响应时间的要求更为严格，需要 5～10 ms 的响应时间。目前现场总线技术可以达到这个响应时间，如 Profibus－DP。对于基于 TCP/IP 的工业以太网技术来说，使用标准通信栈来处理过程数据报需要很长的时间。因此，PROFINET 提供了一个优化的、基于以太网第二层（Layer2）的实时通信通道。通过该实时通道，极大地减少了数据在通信栈中的处理时间。因此，PROFINET 获得了同等甚至超过现场总线系统的实时性能。

③等时同步实时（IRT）通信：在现场级通信中，对通信实时性要求最高的是运动控制（Motion Control）。伺服运动控制对通信网络提出了极高的要求，在 100 个节点以下时，其响应时间要小于 1 ms，抖动误差要小于 1 μs，以此来保证及时、准确的响应。PROFINET 使用等时同步实时技术来满足如此苛刻的响应时间要求。为了保证高质量的等时通信，所有网络节点必须很好地实现同步，这样才能保证数据在精确相等的时间间隔内被传输，网络上所有站点必须通过精确的时钟同步以实现等时同步实时。通过规律的同步数据，其通信循环同步的精度可以达到微秒级。

（4）PROFINET 的主要应用。

PROFINET 主要有如下两种应用方式。

①PROFINET－IO：适合模块化分布式的应用，与 Profibus－DP 方式相似，在 PROFIBUS－DP 应用中分为主站和从站，在 PROFINET－IO 应用中有 IO 控制器和 IO 设备。

②PROFINET－CBA：适合分布式智能站点之间通信的应用，如 CBA（Component Based Automation，基于组件的自动化）。把大的控制系统分成不同功能、分布式、智能的小控制系统，使用组件自动化（COM/COM ++）技术生成功能组件，利用 IMAP 工具软件连接各个组件组成通信。

二、认识 TIA Portal 博途软件

TIA（Totally Integrated Automation，全集成自动化）Portal 博途软件是西门子公司发布的一款全新的全集成自动化软件，其内部集成了 WinCC，可提供通用的工程组态框架，用来对西门子 S7－1200 PLC 和精简系统面板进行高效组态，如图 4－1－6 所示。它是业内首个采用统一的工程组态和软件项目环境的自动化软件，几乎适用于所有自动化任务。借助该全新的工程技术软件平台，用户能够快速、直观地开发和调试自动化系统。

TIA 博途软件与传统方法相比，无须花费大量时间集成各个软件包，同时显著降低了成本。TIA 博途软件的设计兼顾了高效性和易用性，适合新老用户使用。目前，常用的博途软件版本主要有 V13 SP1、V13、V14 SP1、V15 和 V16 等。本项目采用博途 V14 对设备进行组态和编程。

（一）工程组态系统

使用 TIA Portal 在同一个工程组态系统中组态 PLC 和可视化，如图 4－1－7 所示。用于编程（STEP 7）和可视化（WinCC）的组件不是单独的程序，而是可以访问公共数据库的系统编辑器，所有数据均存储在一个公共的项目文件中。

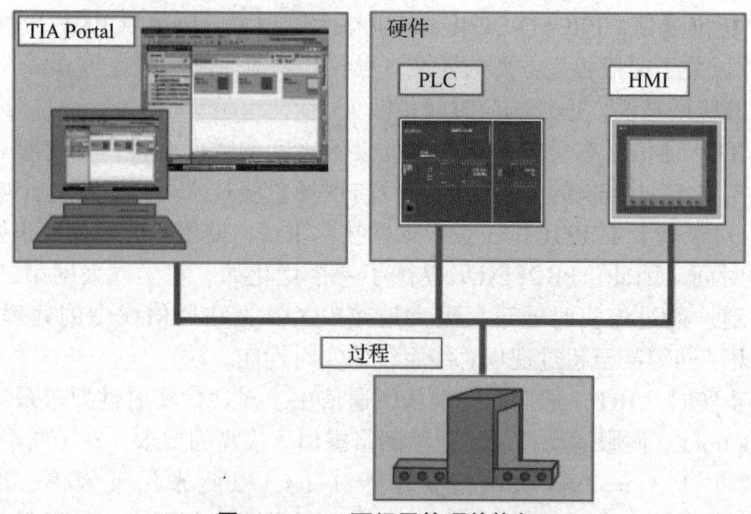

图4-1-6　西门子软硬件构架

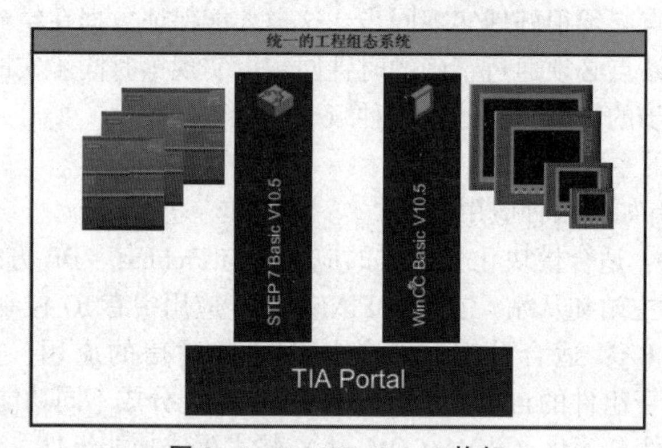

图4-1-7　TIA Portal 构架

（二）Portal 视图

Portal 视图提供面向任务的工具箱视图，用于提供一种简单的方式来浏览项目任务和数据，可通过各 Portal 来访问与处理关键任务所需的应用程序功能。图4-1-8所示是 Portal 视图的结构。

（1）不同任务的 Portal：Portal 为各个任务区提供了基本功能。在 Portal 视图中提供的 Portal 取决于所安装的产品。

（2）所选 Portal 对应的操作：此处提供了在所选 Portal 中可使用的操作，可在每个 Portal 中调用与上下文相关的帮助功能。

（3）所选操作选择窗口：所有 Portal 都有选择窗口，该窗口的内容取决于当前的选择。

（4）切换到项目视图：可以使用“项目视图”（Project View）链接切换到项目视图。

（5）当前打开的项目显示区域：在此处可了解当前打开的是哪个项目。

（三）项目视图

项目视图是项目所有组件的结构化视图，提供了各种编辑器，如图4-1-9所示，可以用来创建和编辑相应的项目组件。

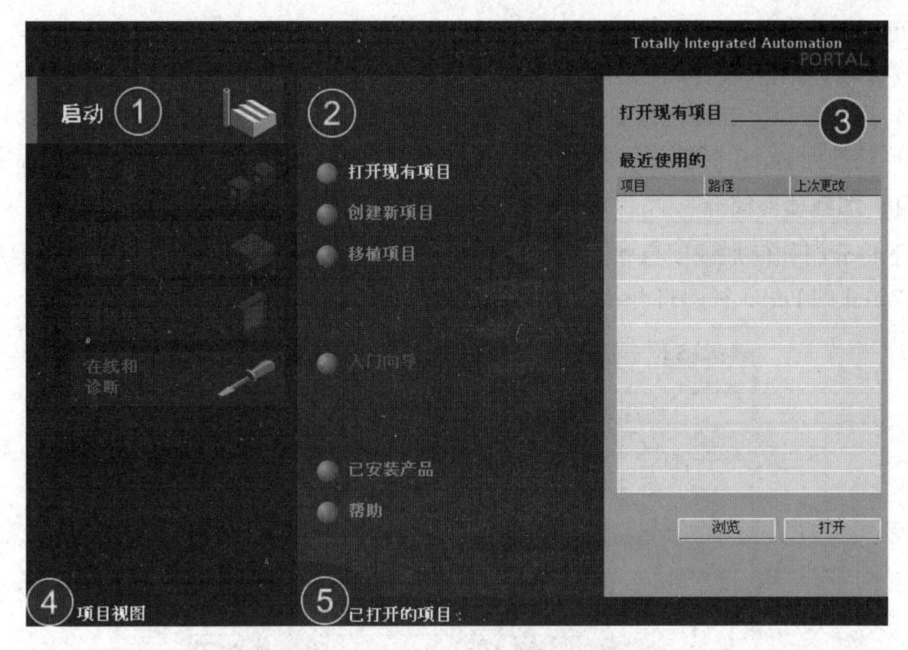

图 4－1－8　**Portal 视图的结构**

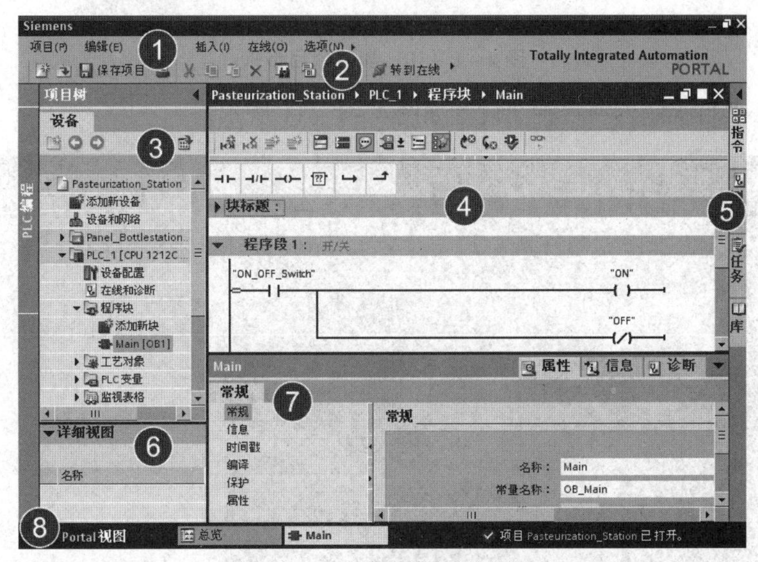

图 4－1－9　**项目视图的结构**

项目视图的结构如下。

（1）菜单栏：菜单栏包含工作所需的全部命令。

（2）工具栏：工具栏提供常用命令的按钮，这里提供了一种比菜单更快的命令访问方式。

（3）项目树：通过项目树可以访问所有组件和项目数据。例如，在项目树中执行以下任务：添加新组件；编辑现有组件；扫描和修改现有组件的属性。

（4）工作区：为进行编辑而打开的对象将显示在工作区内。

（5）任务卡：可用的任务卡取决于所编辑或所选择的对象，在屏幕右侧的条形栏中可以找到可用的任务卡，可以随时折叠和重新打开这些任务卡。

(6) 详细视图：在详细视图中显示所选对象的某些内容，可能包含文本列表或变量。

(7) 巡视窗口：在巡视窗口中显示有关所选对象或所执行动作的附加信息。

(8) 切换到 Portal 视图：可以使用“Portal 视图”(Portal View) 链接切换到 Portal 视图。

(四) 加载项目简介

以下将介绍如何加载项目状态。加载项目步骤如图 4－1－10 所示，加载项目时，使用 TIA Portal 的 Portal 视图打开相应的项目。

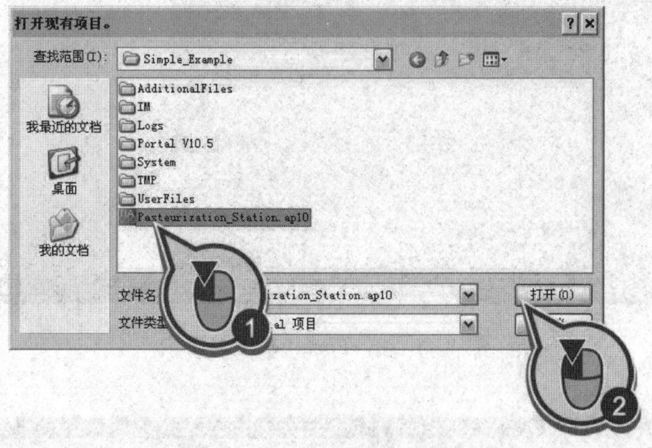

图 4－1－10　加载项目步骤

(1) 打开项目视图，项目视图设置如图 4－1－11 所示。

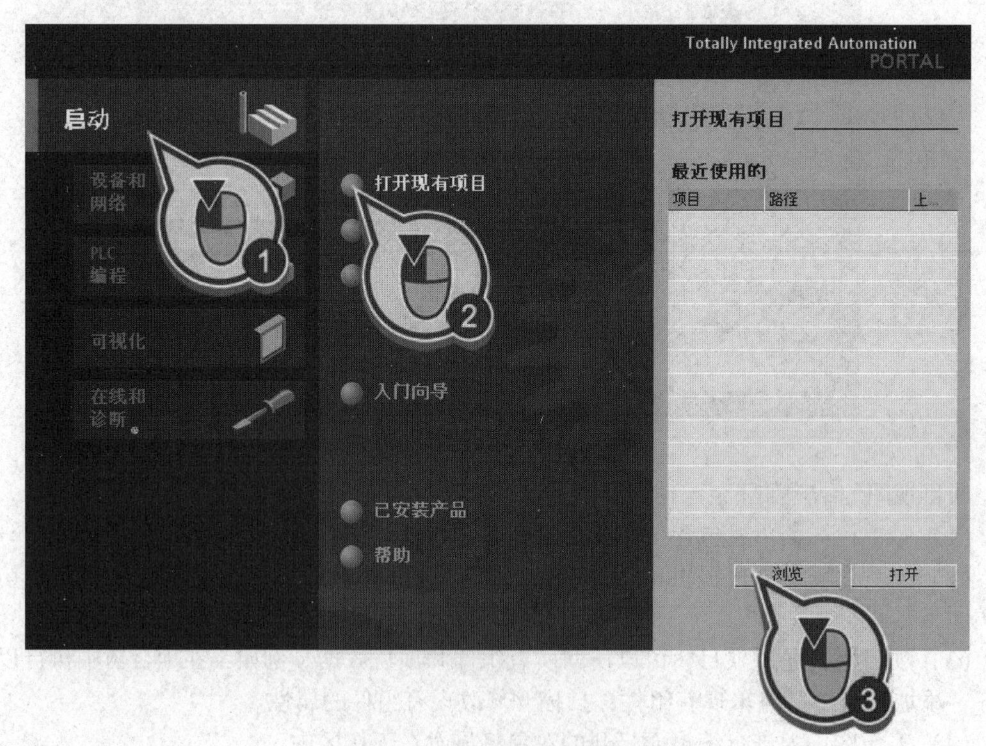

图 4－1－11　项目视图设置

（2）选择用户界面语言，如图 4－1－12 所示。

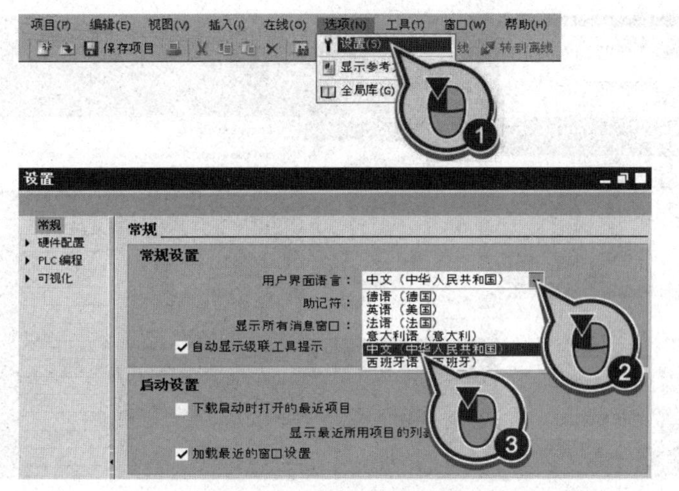

图 4－1－12　用户界面语言

【任务实施】

构建 PROFINET 网络的步骤如下。

一、硬件接线

（1）PLC 接通电源。

（2）RJ45 连接计算机与 PLC，如图 4－1－13 所示。

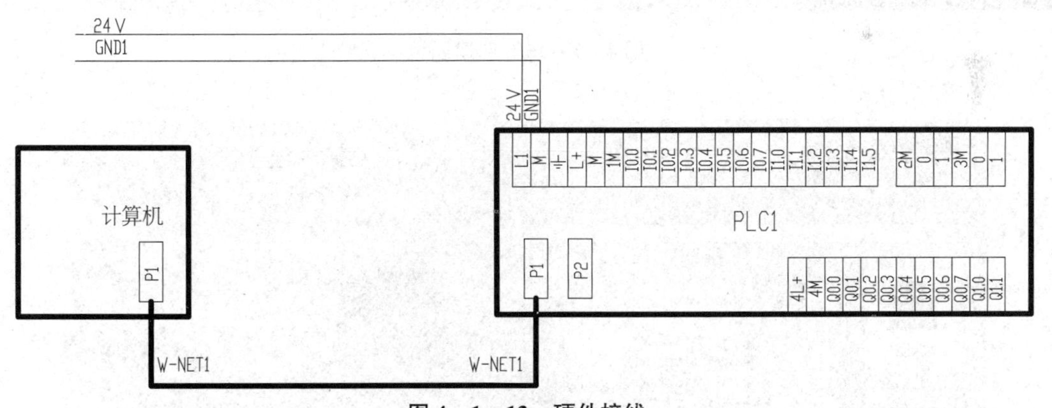

图 4－1－13　硬件接线

二、软件设置

以下步骤介绍了如何创建一个新项目。

（1）启动 TIA Portal，如图 4－1－14 所示。

（2）在任意路径下创建项目“项目 1”，如图 4－1－15 所示。

（3）使用 Portal 添加新设备，如图 4－1－16 所示，设备型号为 PLC CPU 1215C 6ES7 215－1AG40－0XB0。

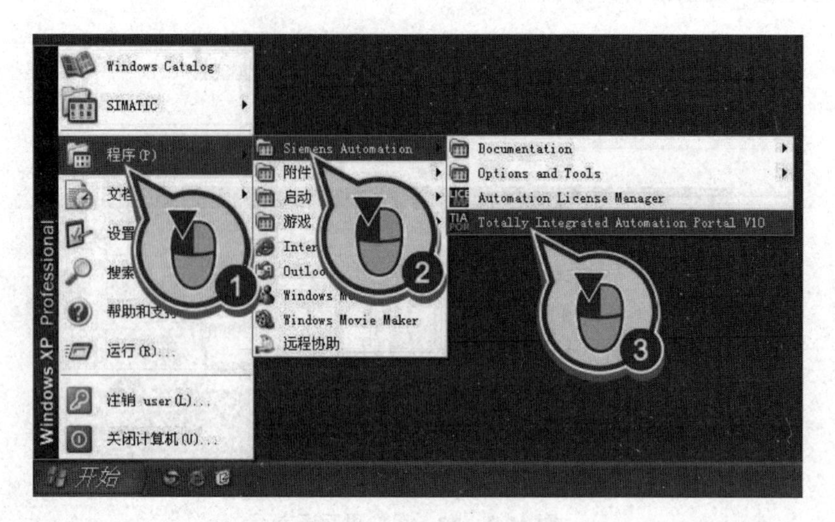

图 4-1-14　启动 TIA Portal

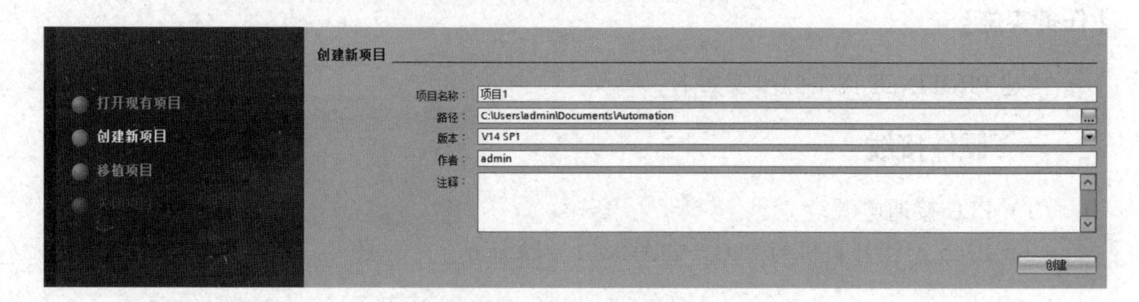

图 4-1-15　创建项目

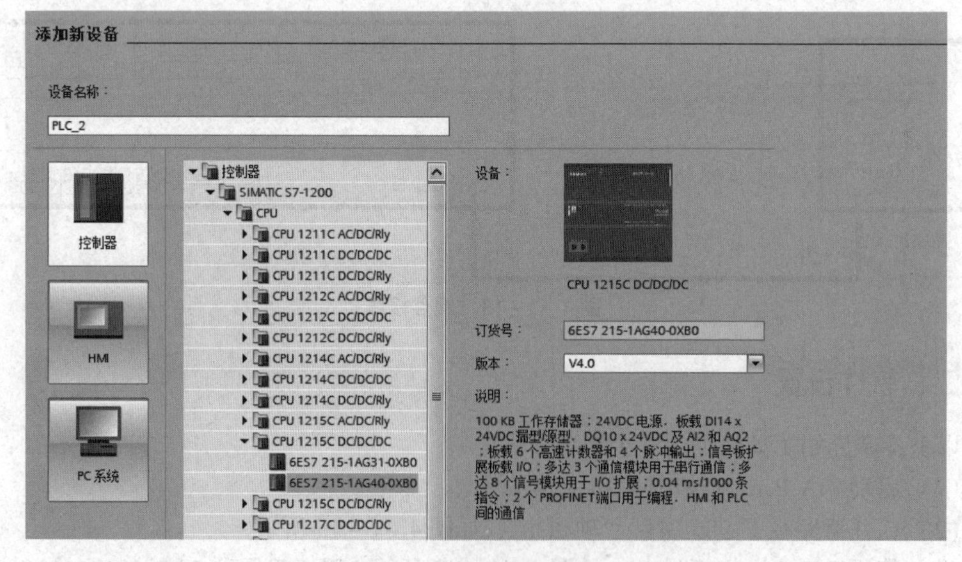

图 4-1-16　添加新设备

（4）选择所需的 PLC，单击添加。

（5）单击“打开设备视图”（Open Device View）选项，如图 4－1－17 所示。

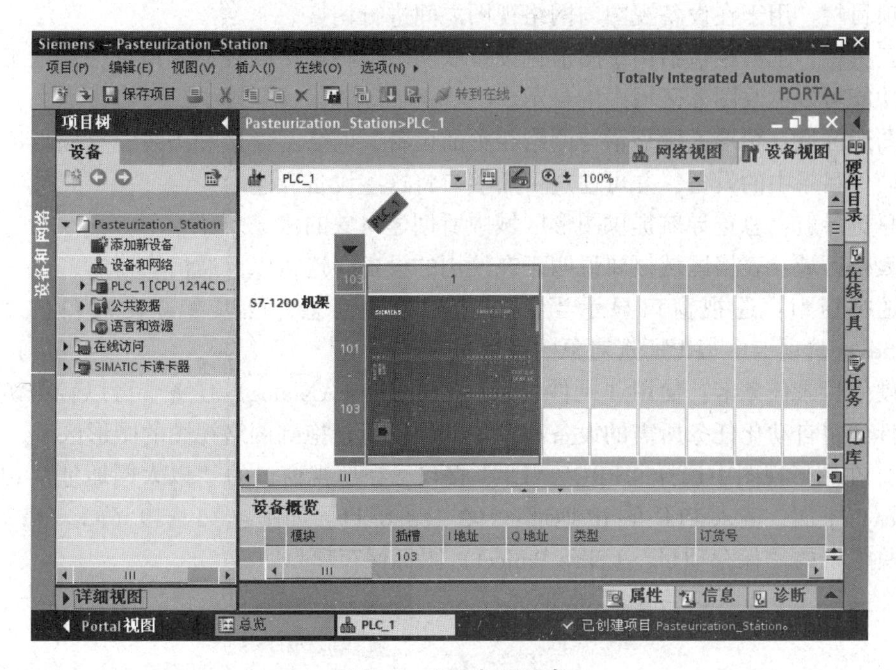

图 4－1－17　打开设备

说明：

设备和网络编辑器是一个集成开发环境，用于对设备和模块进行配置、联网和参数分配。它由网络视图和设备视图组成，如图 4－1－18 所示，可以随时在这两个编辑器之间进行切换。

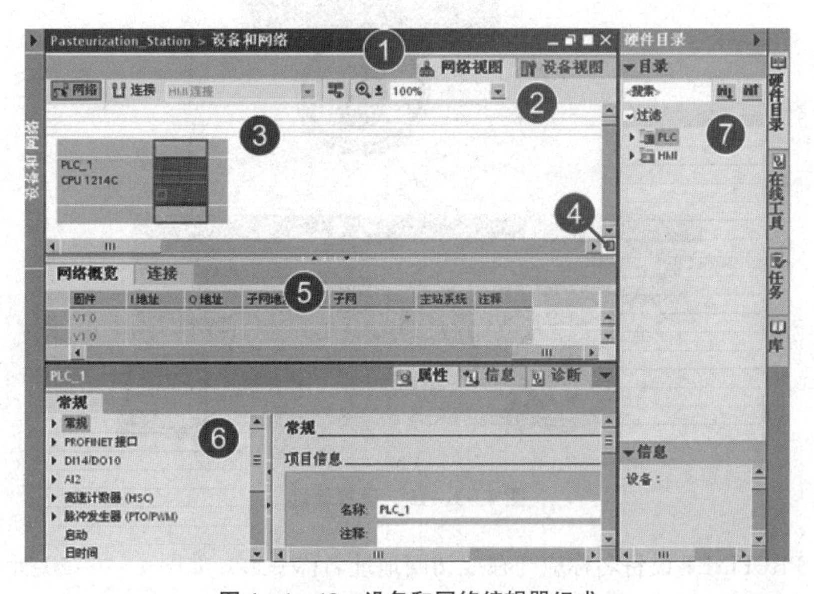

图 4－1－18　设备和网络编辑器组成

网络视图是设备和网络编辑器的工作区域，在该区域内可以执行以下任务：配置和分配设备参数；使设备相互连接。

①项目栏：用于在设备视图与网络视图之间进行切换。

②工具栏：工具栏包括用于图形化设备联网、组态连接以及显示地址信息的工具，使用缩放功能可以更改图形区域中的显示。

③图形区域：图形区域显示与网络相关的设备、网络、连接和关系，在图形区域中可以插入硬件目录中的设备，并可通过可用接口将这些设备互连。

④总览导航：总览导航提供图形区域中所创建对象的概览。

⑤表格区域：表格区域概要说明正在使用的设备、连接以及通信连接。

⑥巡视窗口：巡视窗口显示当前所选对象的信息，可以在巡视窗口的“属性”（Properties）选项卡中编辑所选对象的设置。

⑦硬件目录任务卡：使用“硬件目录”（Hardware Catalog）任务卡可以轻松访问各种硬件组件，将自动化任务所需的设备和模块从硬件目录拖到网络视图的图形区域。

（6）在图形视图中选择“PROFINET”接口，在巡视窗口的“以太网地址”（Ethernet Addresses）下面，输入 PLC 的 IP 地址：192.168.8.11，如图 4-1-19（a）、（b）所示。单击工具栏上的“保存项目”（Save Project）图标保存项目。

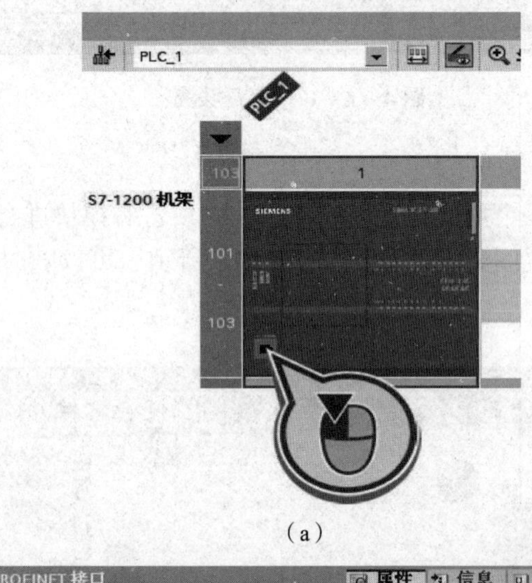

（a）

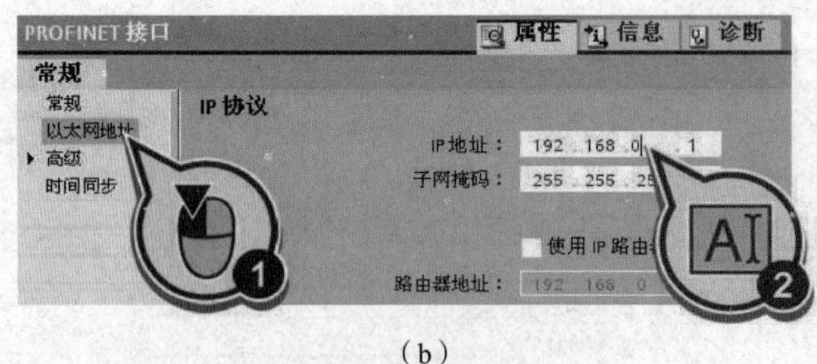

（b）

图 4-1-19　设置地址

注意：PROFINET 设备名称应与在线访问地址名称一致，如图 4-1-20 所示。

（7）启动加载过程如图 4-1-21 所示。

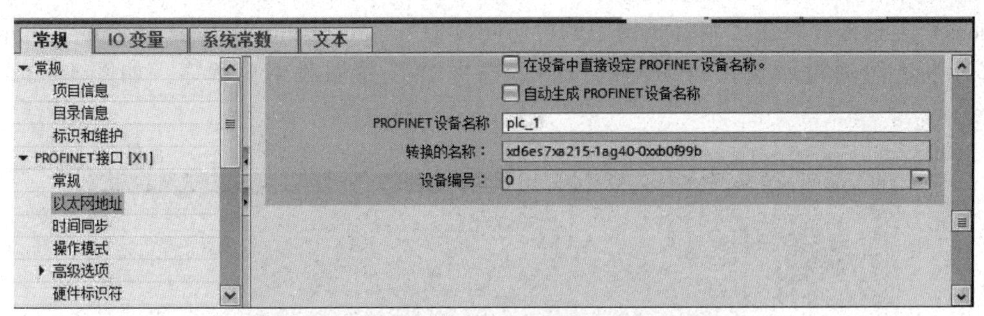

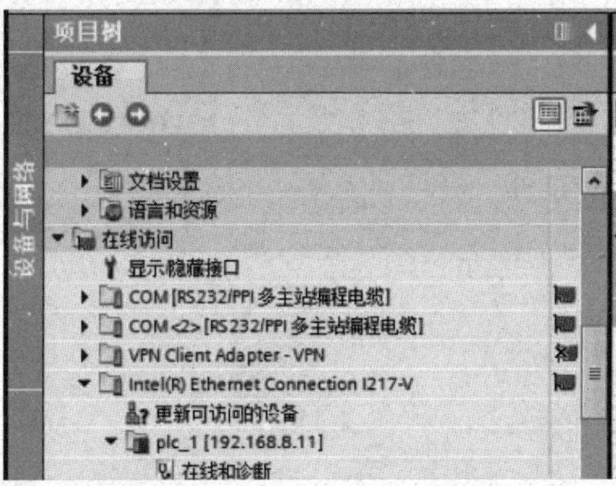

图 4-1-20　设置访问地址

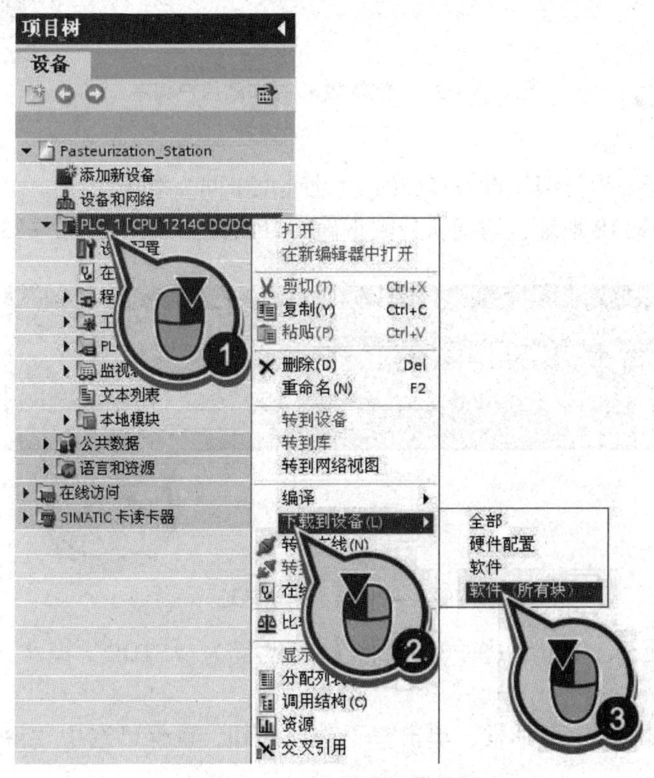

图 4-1-21　启动加载过程

（8）选择用于连接设备的接口。激活“显示所有可访问设备”（Display all Accessible Devices）复选框，将在“目标子网中的可访问设备”（Accessible Devices in Target Subnet）下显示所有可通过所选接口访问的设备。选择 PLC 并加载用户程序，如图 4－1－22 所示。

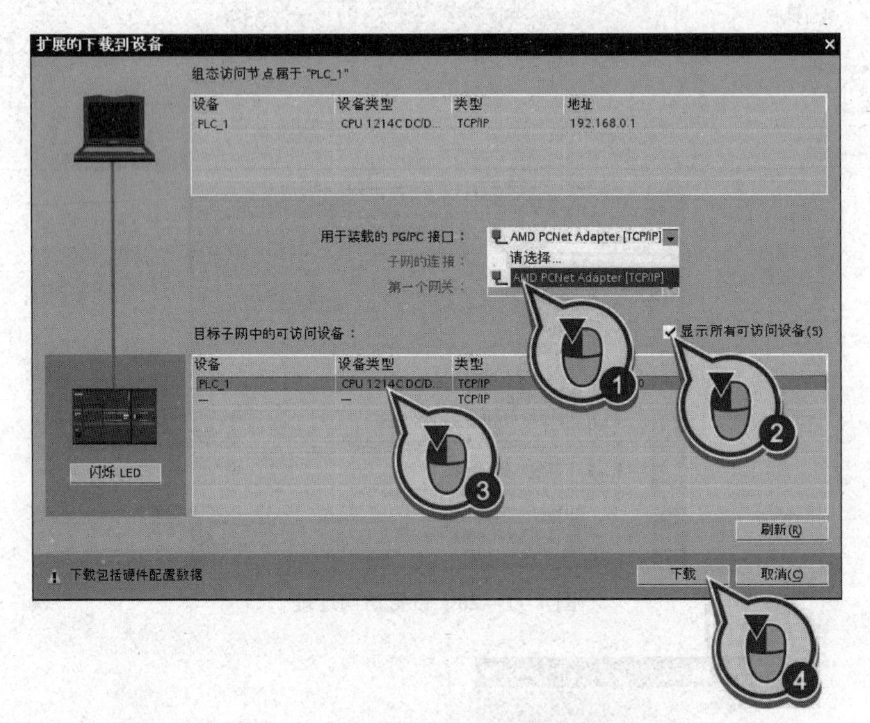

图 4－1－22　选择 PLC 并加载用户程序

说明：

PLC 的 IP 地址必须与编程设备/PC 的 IP 地址位于同一个子网。

①如果尚未分配 IP 地址，请确认分配正确的 IP 地址，如图 4－1－23 所示。

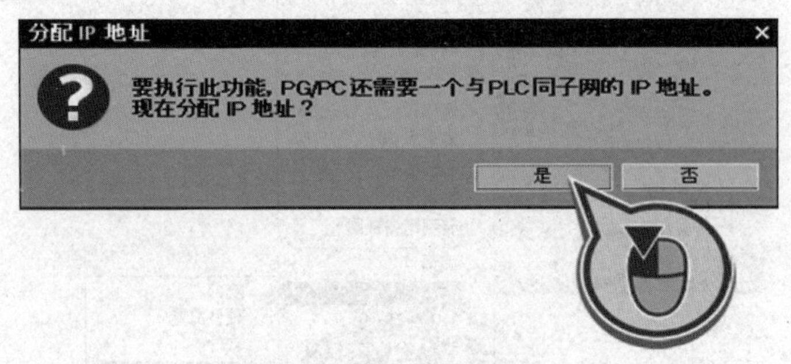

图 4－1－23　确认地址

②如果 PLC 处于“RUN”模式，则将 PLC 设置为“STOP”模式，如图 4－1－24 所示。

③打开“下载预览”对话框，单击“下载”按钮，确保已选中“继续”复选框，如图 4－1－25 所示。

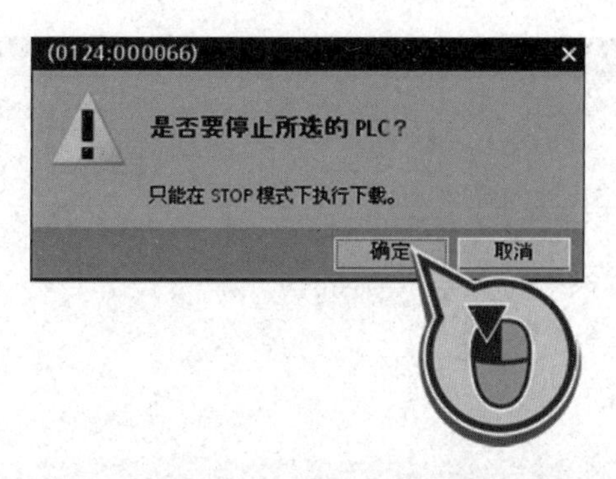

图 4－1－24　PLC 设置为“STOP”模式

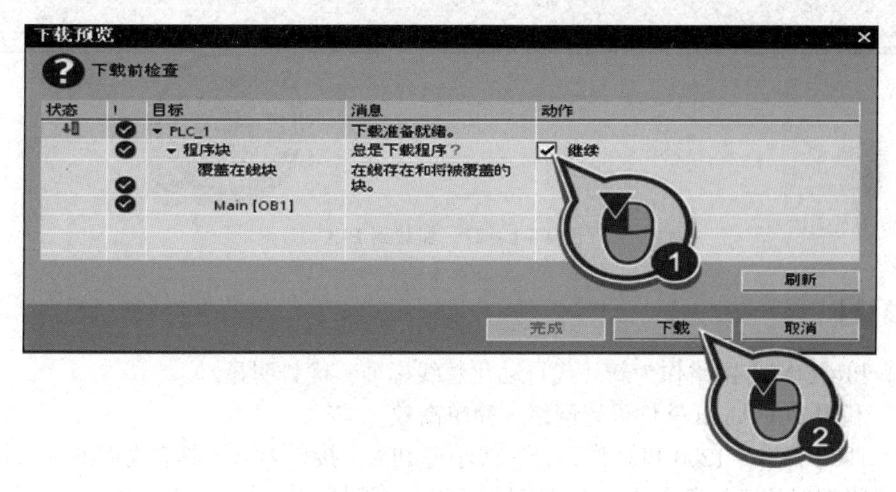

图 4－1－25　下载预览

④下载过程完成后，将打开“下载结果”（Download Results）对话框。启动模块，激活在线连接，如图 4－1－26 所示。

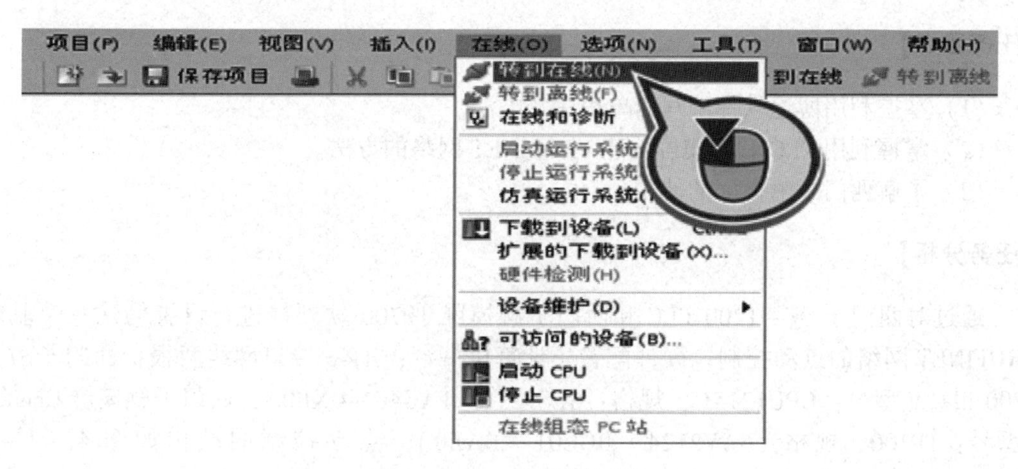

图 4－1－26　激活在线连接

⑤将程序加载到PLC中，程序组件的状态显示在项目树中，如图4－1－27所示。

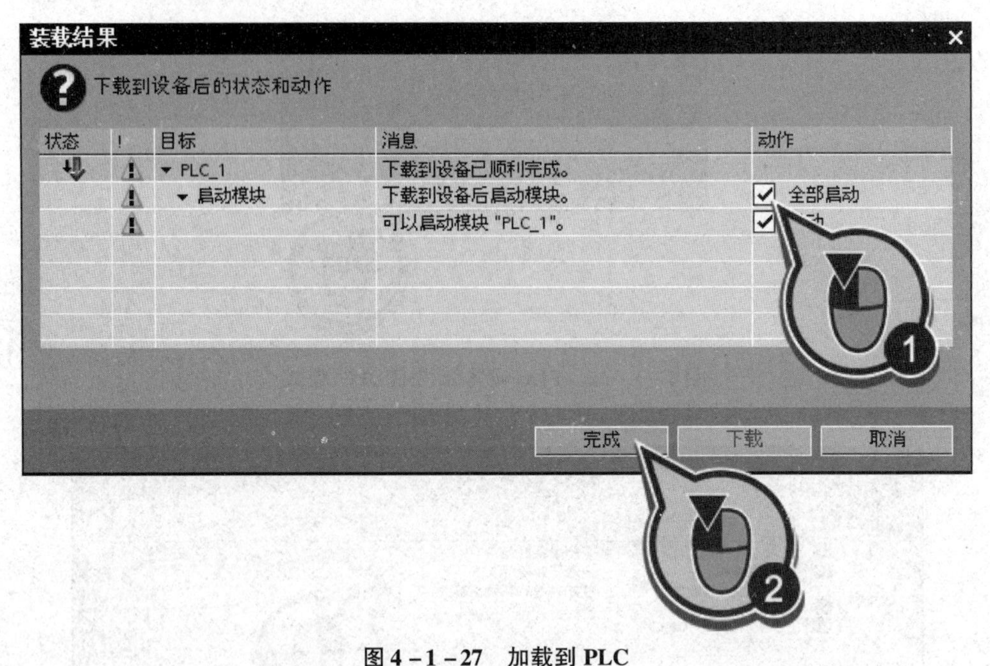

图4－1－27　加载到PLC

【任务总结】

（1）PROFINET网络作为新一代自动化总线标准，优势明显。

（2）利用TIA Portal软件设置网络，简单高效。

（3）西门子S7－1200 PLC作为新一代小型PLC，接口丰富，具有高度的灵活性。

（4）设置时注意设备名称应与网卡访问名称、地址相一致，以保证成功。

任务二　构建基于PROFINET网络的点动控制

【任务目标】

（1）掌握利用博途软件编写简单程序的方法。

（2）掌握利用PLC和触摸屏构建PROFINET网络的方法。

（3）了解西门子触摸屏的使用。

【任务分析】

通过对西门子S7－1200 PLC和西门子触摸屏TP700软硬件进行设置构建一个基于PROFINET网络的点动控制。硬件配置：计算机一台；RJ45接口网线两根；西门子S7－1200 PLC（型号：CPU1215C，规格：6ES7215－1AG40－0XB0）；西门子触摸屏Comfort（型号：TP700，规格：6AV2124－0GC01－0AX0）。点动控制的结构如图4－2－1所示。

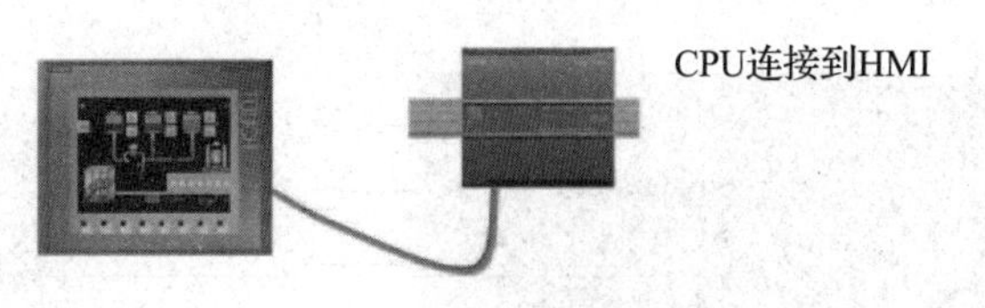

图 4－2－1　点动控制的结构

【知识准备】

一、认识西门子触摸屏 TP700

（一）西门子触摸屏 TP700 简介

本任务采用的是西门子触摸屏 TP700，SIMATIC Comfort Outdoor 是专门针对室内和户外应用场合而设计的设备，具有玻璃材质的触摸屏和表面有粉末涂装且耐紫外线的铝质前面板，可用在石油、天然气、航运交通等领域，并且只使用 HMI 软件 WinCC 进行组态。工程软件已加装在“Totally Integrated Automation Portal”（博途软件）工程平台中，西门子触摸屏 TP700 的特点如表 4－2－1 所示。

表 4－2－1　西门子触摸屏 TP700 简介

正面	• 正面和安装开口的外径尺寸与标准产品相吻合 • 坚固的粉末涂装层 • 高度耐紫外线 • 模拟电阻 GFG（夹膜玻璃）触摸屏 • 手动亮度调控或自动利用亮度传感器调控
显示屏	• 1 600 万色宽屏格式的高分辨率 TFT 显示屏 • 日光下可用 • 防眩光反光屏压合屏
触摸屏	• 单点触摸电阻屏 • 适合利用手套、笔和手指触摸操作
接口	• 2 个 PROFINET 接口 • 1 个 Profibus 接口 • USB－2.0 接口： 2 个 USB 主机接口（A 型） 1 个 USB 设备接口（迷你 B 型）

（二）西门子触摸屏 TP700 结构（见图 4－2－2）

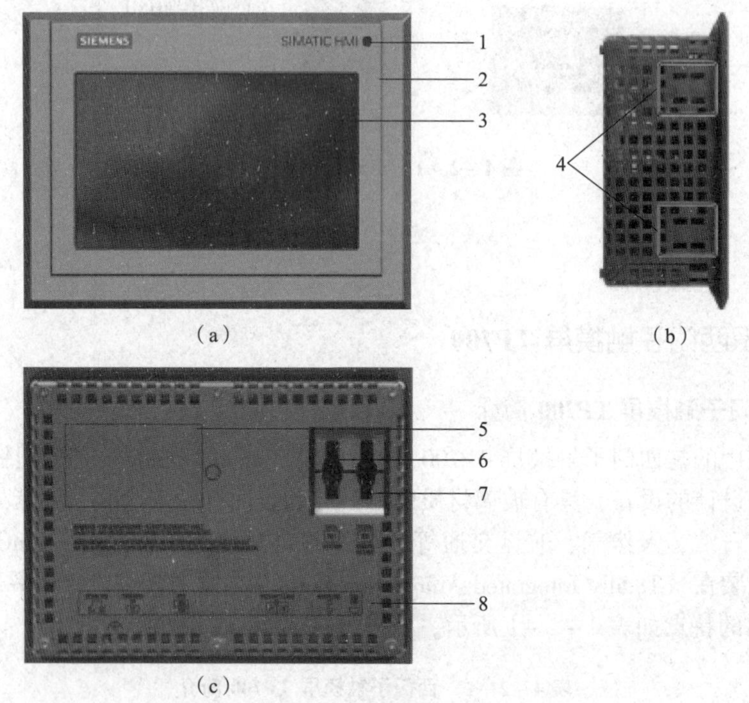

图 4－2－2　西门子触摸屏 TP700 结构

（a）正视图；（b）侧视图；（c）后视图

1—光传感器；2—铝质前面板，表面有粉末涂装；3—玻璃材质触摸屏/显示屏；4—悬挂装配夹所需槽口；5—铭牌；6—数据存储卡插槽；7—系统存储卡的插槽；8—接口标识

（三）西门子触摸屏 TP700 的尺寸（见图 4－2－3）

单位：mm

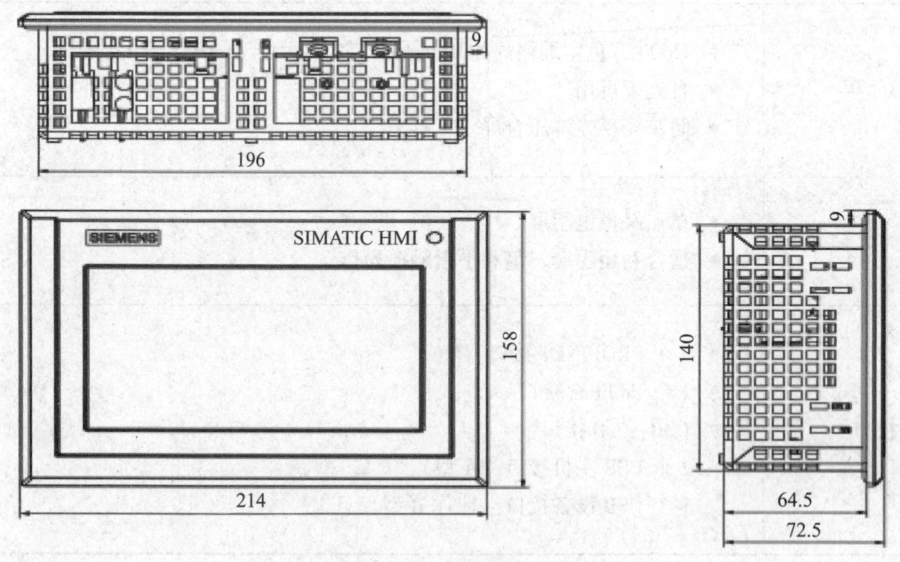

图 4－2－3　西门子触摸屏 TP700 尺寸

（四）西门子触摸屏 TP700 的接口（见图 4－2－4）

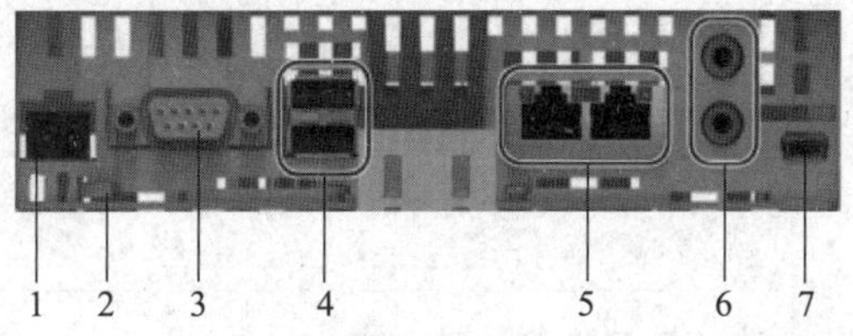

图 4－2－4　西门子触摸屏 TP700 的接口

1—X80 电源接口；2—电位均衡接口（接地）；3—X2 Profibus（Sbu－D RS422/485）；
4—X61/X62 USB A 型；5—X1 PROFINET（LAN），10/100 Mbit/s；
6—X90 音频输入/输出线；7—X60 USB 迷你 B 型

说明：编程设备或 HMI 与 CPU 之间的直接连接不需要以太网交换机。但是，含有两个以上的 CPU 或 HMI 设备的网络连接需要以太网交换机。

二、创建程序

（一）用户程序

用户程序可由一个或多个组织块组成，必须至少使用一个组织块，组织块包含处理特定自动化任务所需的全部功能。程序的任务包括：处理过程数据，如链接二进制信号、读入并利用模拟量、定义输出的二进制信号以及输出模拟值；中断响应，如超出模拟扩展模块测量范围时的诊断错误中断；正常程序执行中的错误处理。

（二）组织块

组织块（OB）构成 PLC 的操作系统与用户程序之间的接口。组织块由操作系统调用，并控制下列操作：自动化系统的启动行为；循环程序执行；基于中断的程序执行；错误处理。

（三）步骤

打开组织块“Main［OB1］”，并按以下步骤操作。

（1）在项目树中打开“程序块”文件夹，如图 4－2－5 所示。

（2）打开组织块“Main［OB1］”，如图 4－2－6 所示。

（3）在程序编辑器中打开了组织块“Main［OB1］”，并在此创建程序。

说明：程序编辑器概述图（见图 4－2－7）显示了程序编辑器的结构。

①工具栏：使用工具栏可以访问程序编辑器的主要功能，如插入、删除、打开和关闭程序段，显示和隐藏绝对操作数，显示和隐藏程序段注释，显示和隐藏收藏夹，显示和隐藏程序状态。

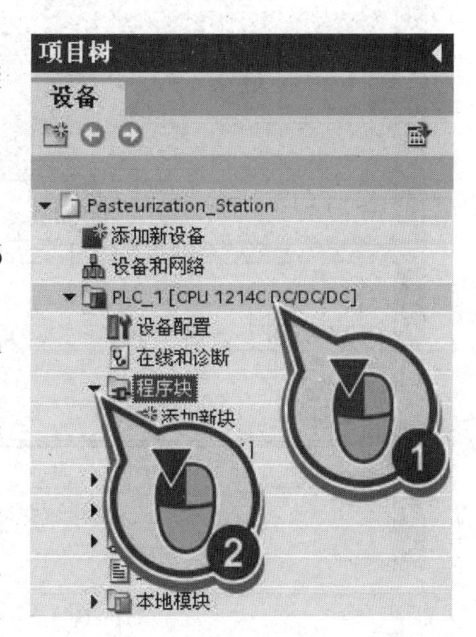

图 4－2－5　打开“程序块”文件夹

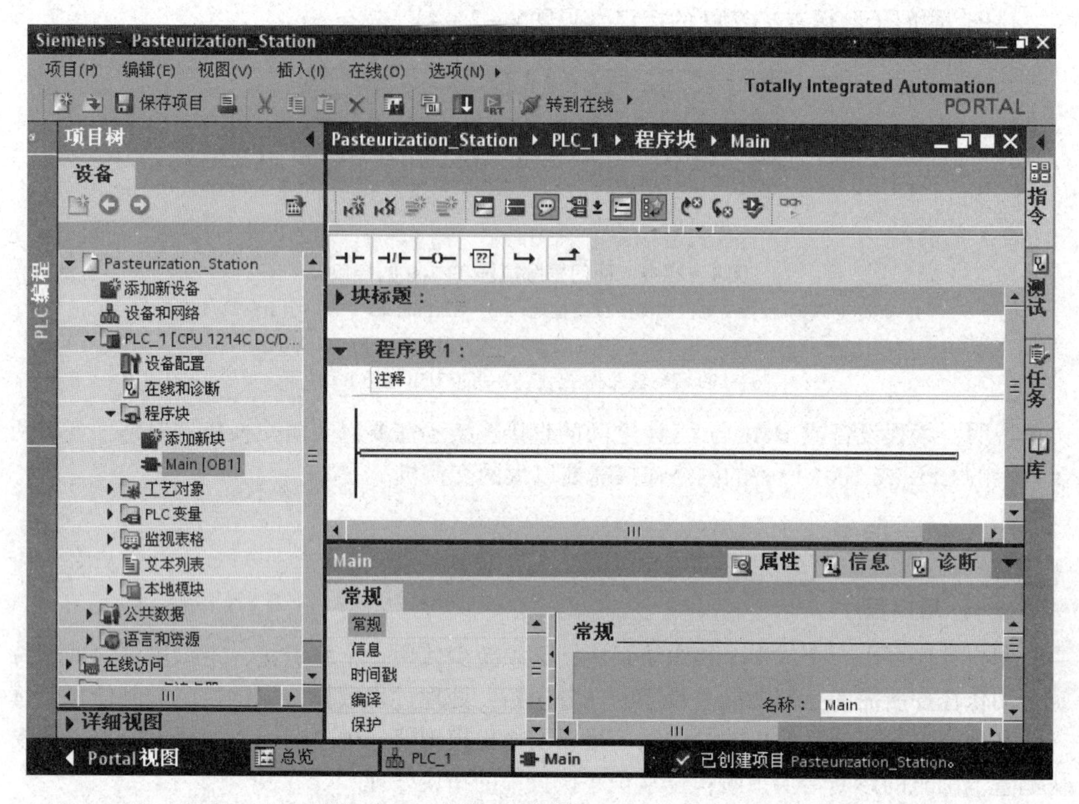

图 4-2-6　打开组织块“Main [OB1]”

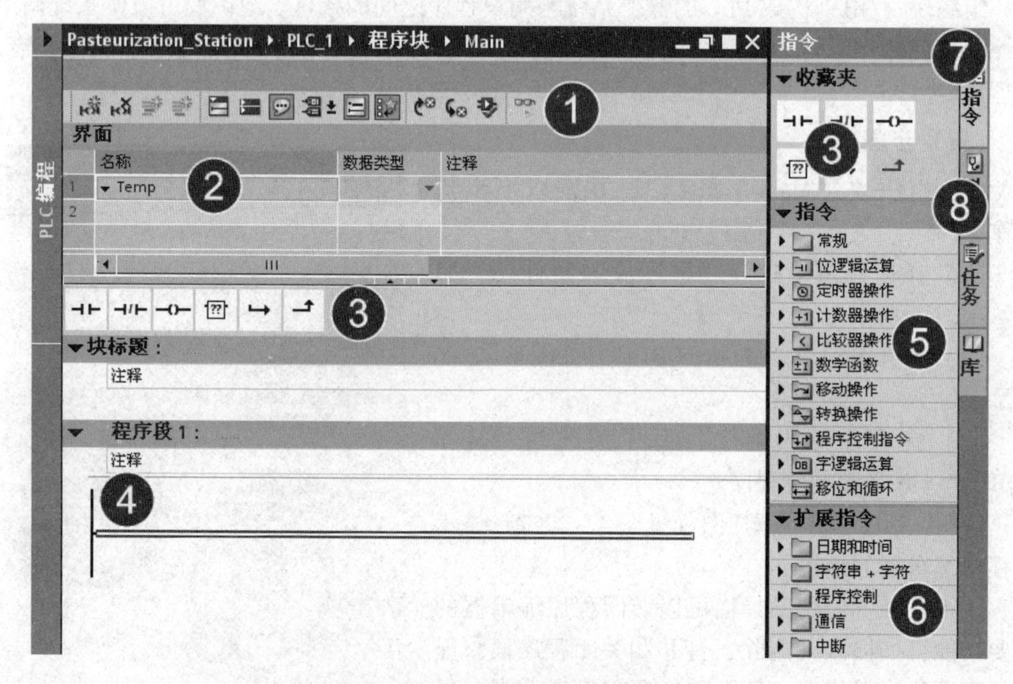

图 4-2-7　程序编辑器概述图

②块接口：通过块接口可以创建和管理局部变量。

③“指令”任务卡中的“收藏夹”窗格和程序编辑器中的“收藏夹”：通过“收藏夹”可以快速访问常用的指令，可单独扩展“收藏夹”窗格以包含更多指令。

④指令窗口：指令窗口是程序编辑器的工作区，可在其中执行创建和管理程序段、输入块和程序段的标题与注释、插入指令并为指令提供变量等任务。

⑤“指令”任务卡中的“指令”窗格。

⑥“指令”任务卡中的“扩展指令”窗格。

⑦“指令”任务卡：“指令”任务卡包含用于创建程序内容的指令。

⑧“测试”。

【任务实施】

一、硬件连接

（1）PLC、触摸屏连接电源。

（2）PLC 与触摸屏连接（见图 4－2－8）。

（3）计算机与 PLC 连接。

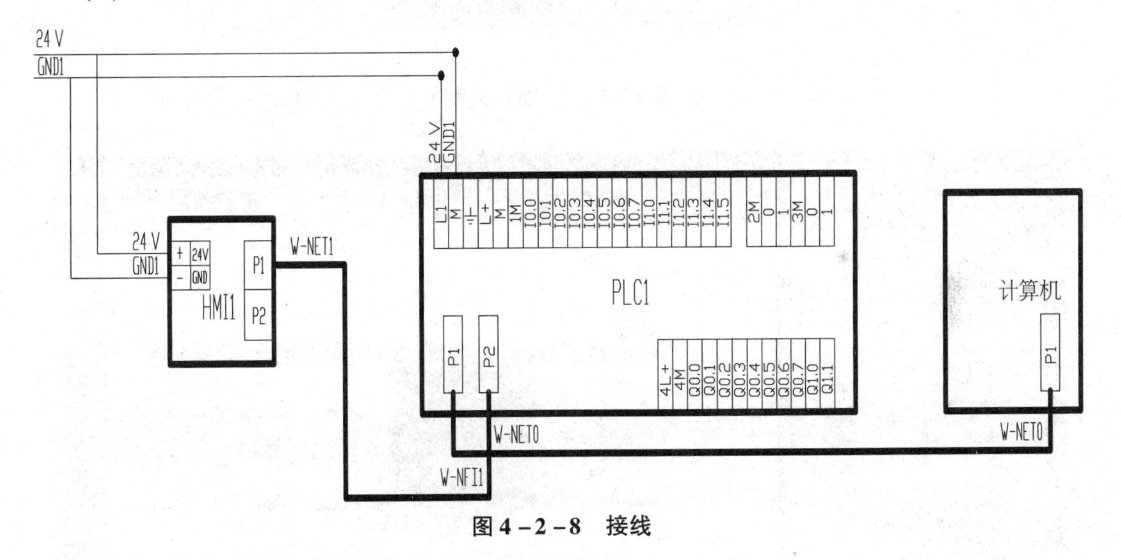

图 4－2－8　接线

二、利用博途软件编写点动程序

（1）打开任务一中的项目 1，如图 4－2－9 所示。

（2）打开设备组态，双击其中一个 PROFINET 接口，输入以下 IP 地址：192. 168. 8. 11，如图 4－2－10 所示。

（3）打开项目视图，单击程序块，如图 4－2－11 所示。

（4）单击“Main”，输入点动程序，如图 4－2－12 所示。

（5）单击编译，如图 4－2－13 所示。

（6）单击下载，如图 4－2－14 所示。

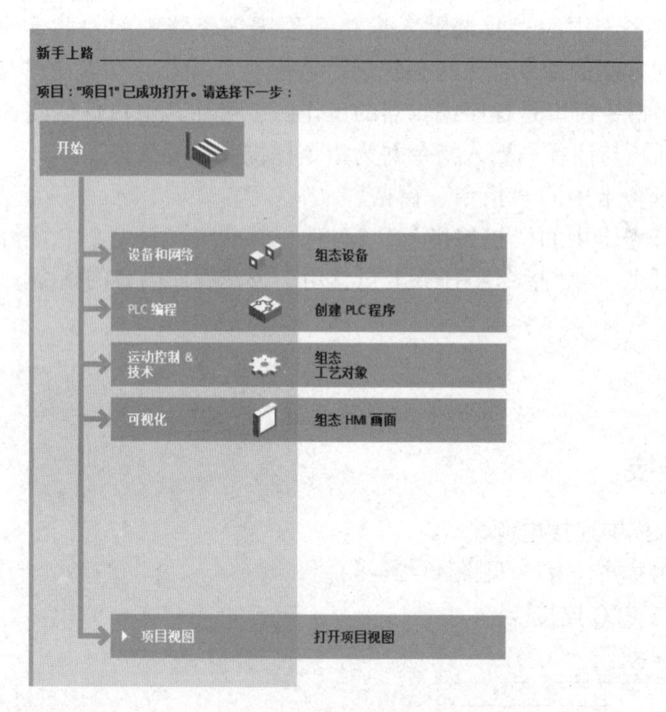

图 4-2-9　编写程序

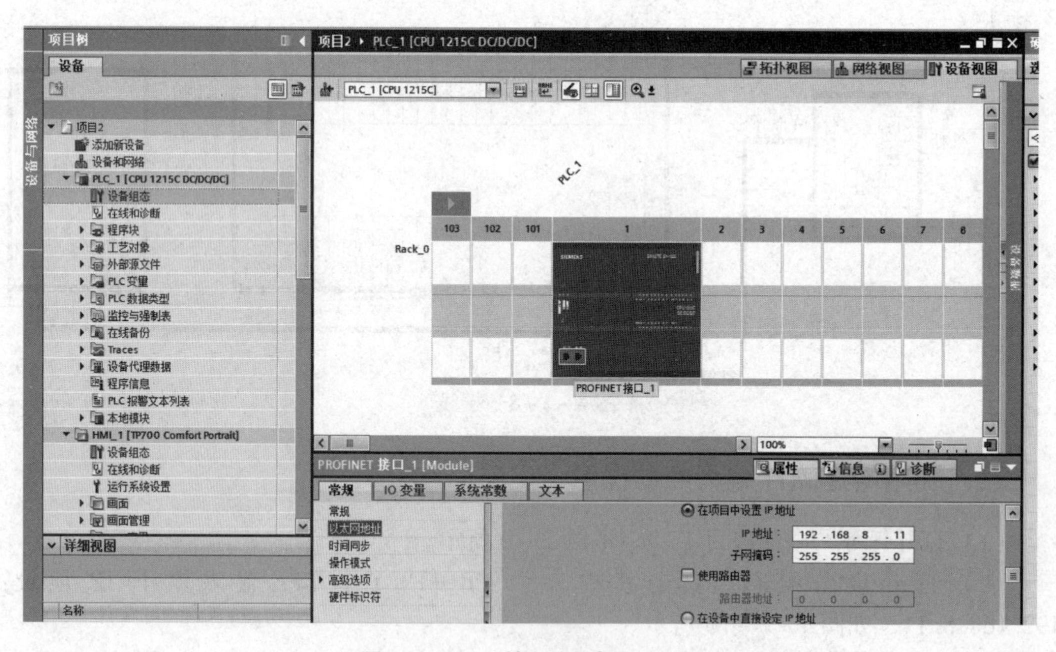

图 4-2-10　输入 IP 地址（一）

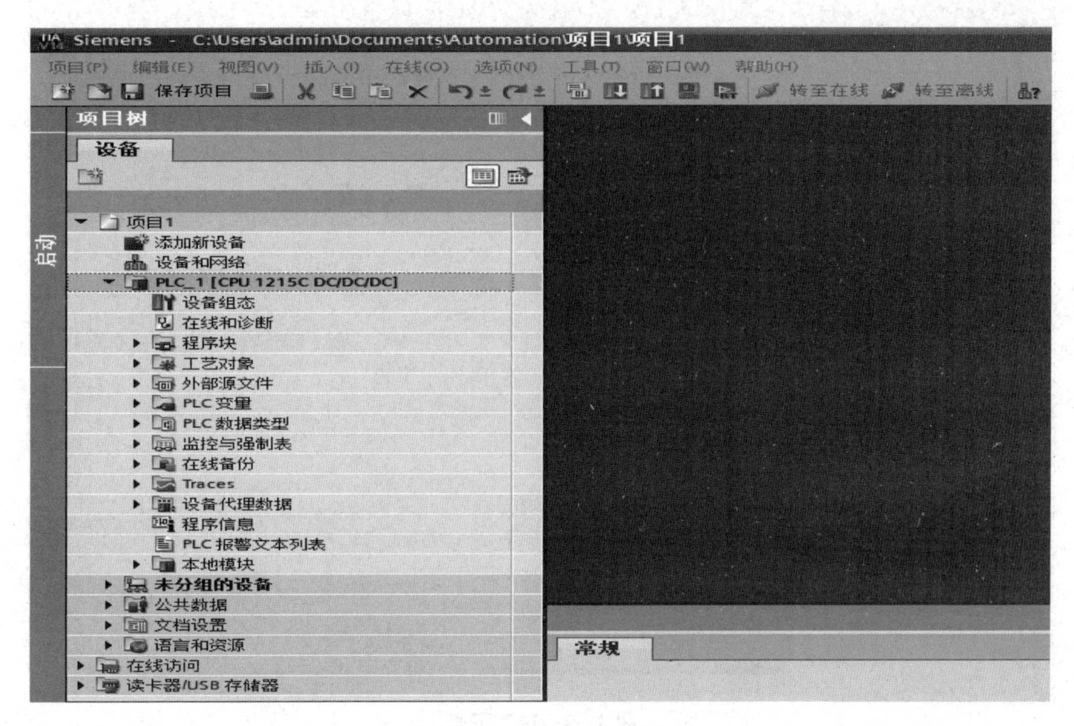

图 4－2－11　打开程序块

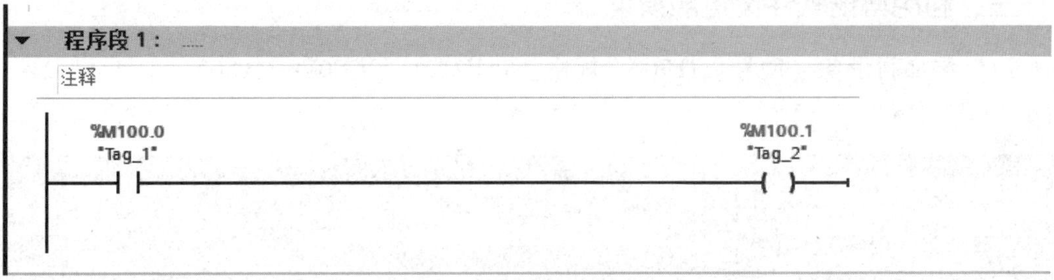

程序段 1：

注释

%M100.0
"Tag_1"

%M100.1
"Tag_2"

图 4－2－12　点动程序

图 4－2－13　编译

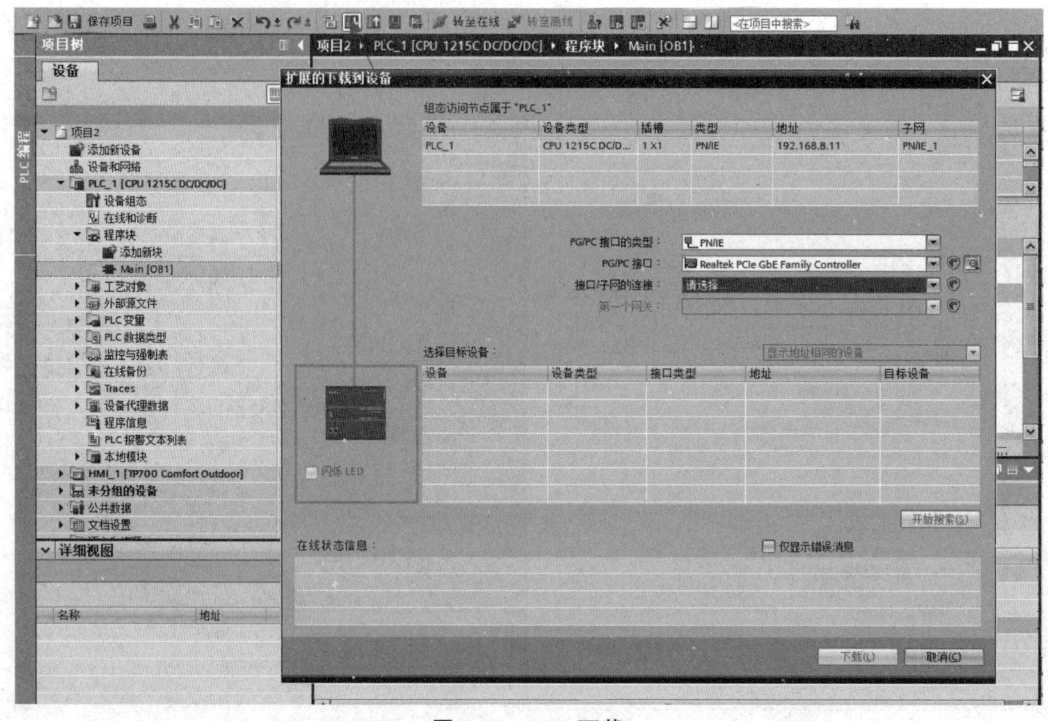

图 4 - 2 - 14　下载

三、利用博途软件设置触摸屏

（1）添加新设备（型号：TP700，规格：6AV2124 - 0GC01 - 0AX0），如图 4 - 2 - 15 所示。

图 4 - 2 - 15　添加新设备

（2）打开设备组态，双击其中一个 PROFINET 接口，输入以下 IP 地址：192. 168. 8. 12，如图 4 - 2 - 16 所示。

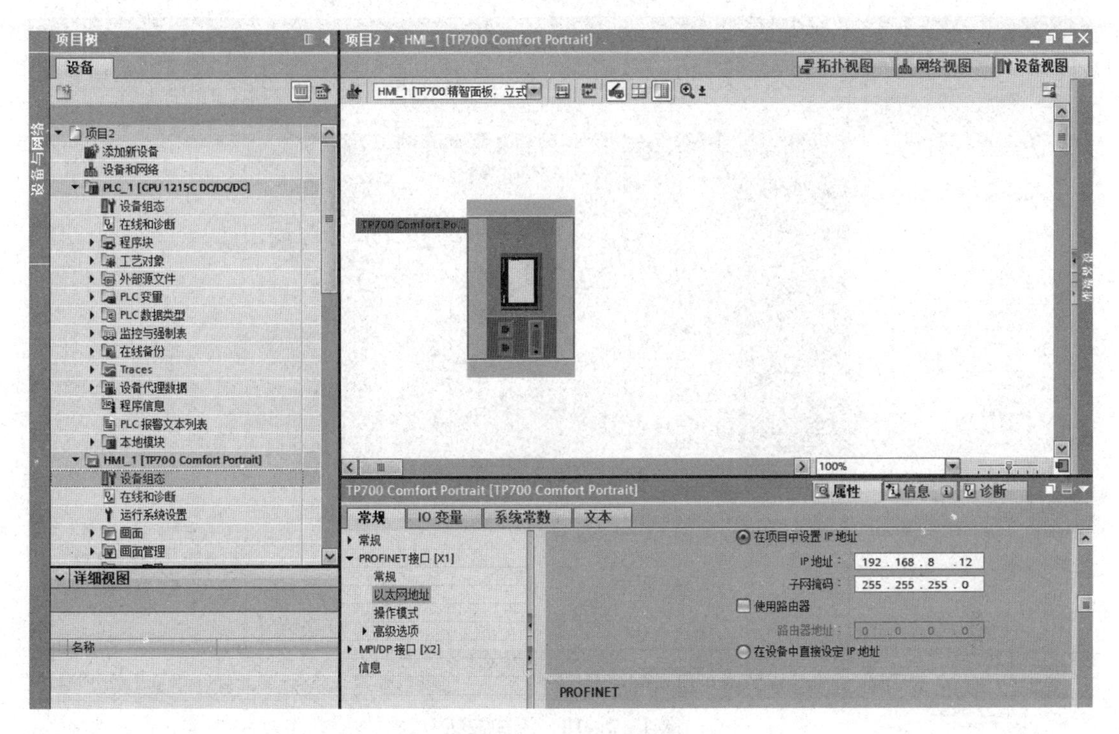

图 4-2-16　输入 IP 地址（二）

（3）构建 PROFINET 网络，如图 4-2-17 所示。

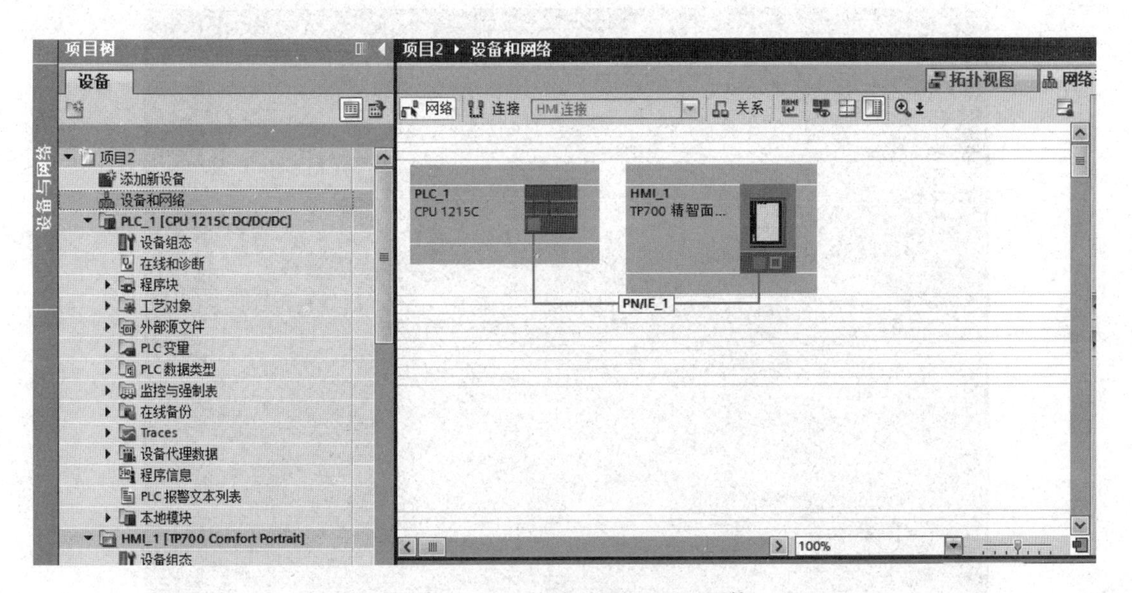

图 4-2-17　构建 PROFINET 网络

（4）单击“HMI_1”，选择画面，添加新画面；单击图形中的“Signals”，如图 4-2-18所示。

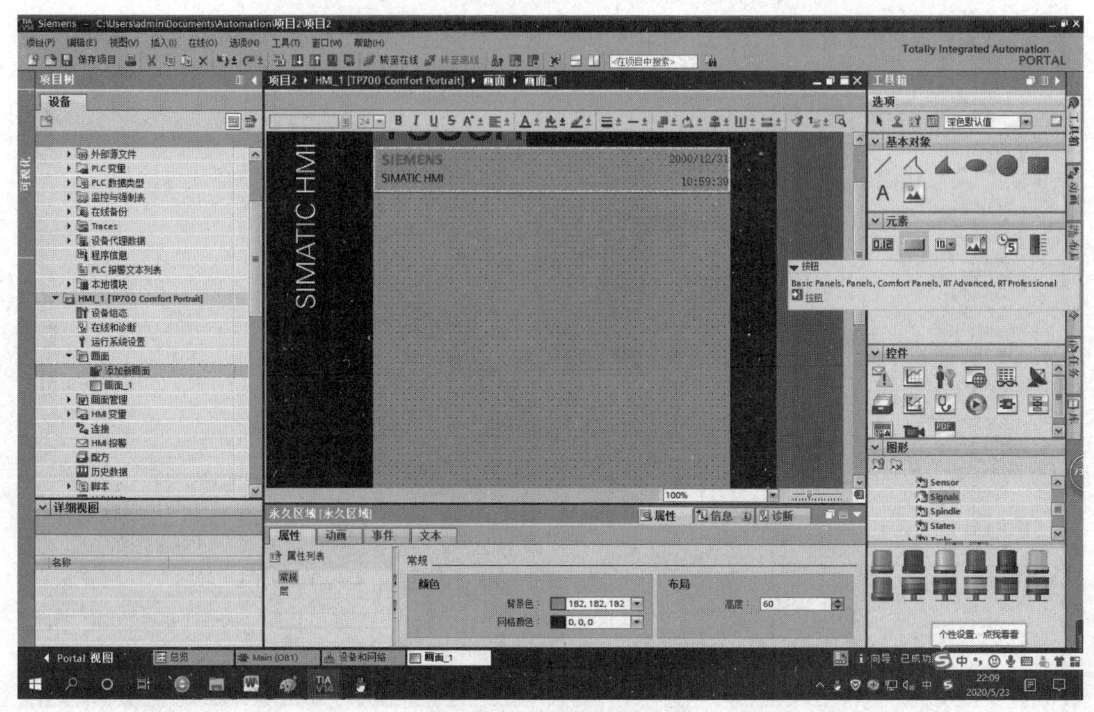

图 4-2-18　添加按钮

（5）按钮效果如图 4-2-19 所示。

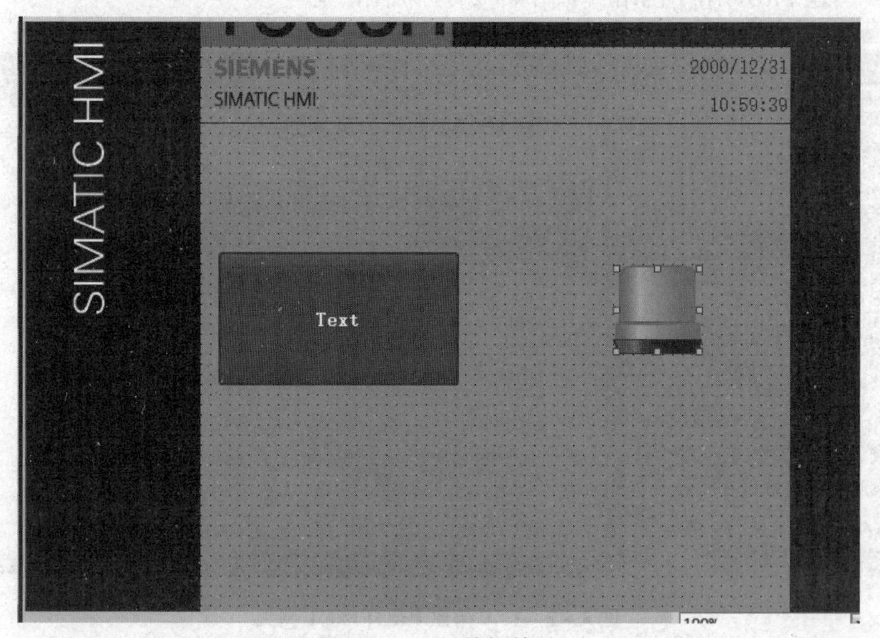

图 4-2-19　按钮效果

（6）单击按钮，选择“属性”，修改标签为“点动”，如图 4-2-20 所示。

（7）单击“事件”，选择“按下”，单击“置位位”，选择 PLC 变量为“Tag_1”，如图 4-2-21 所示。

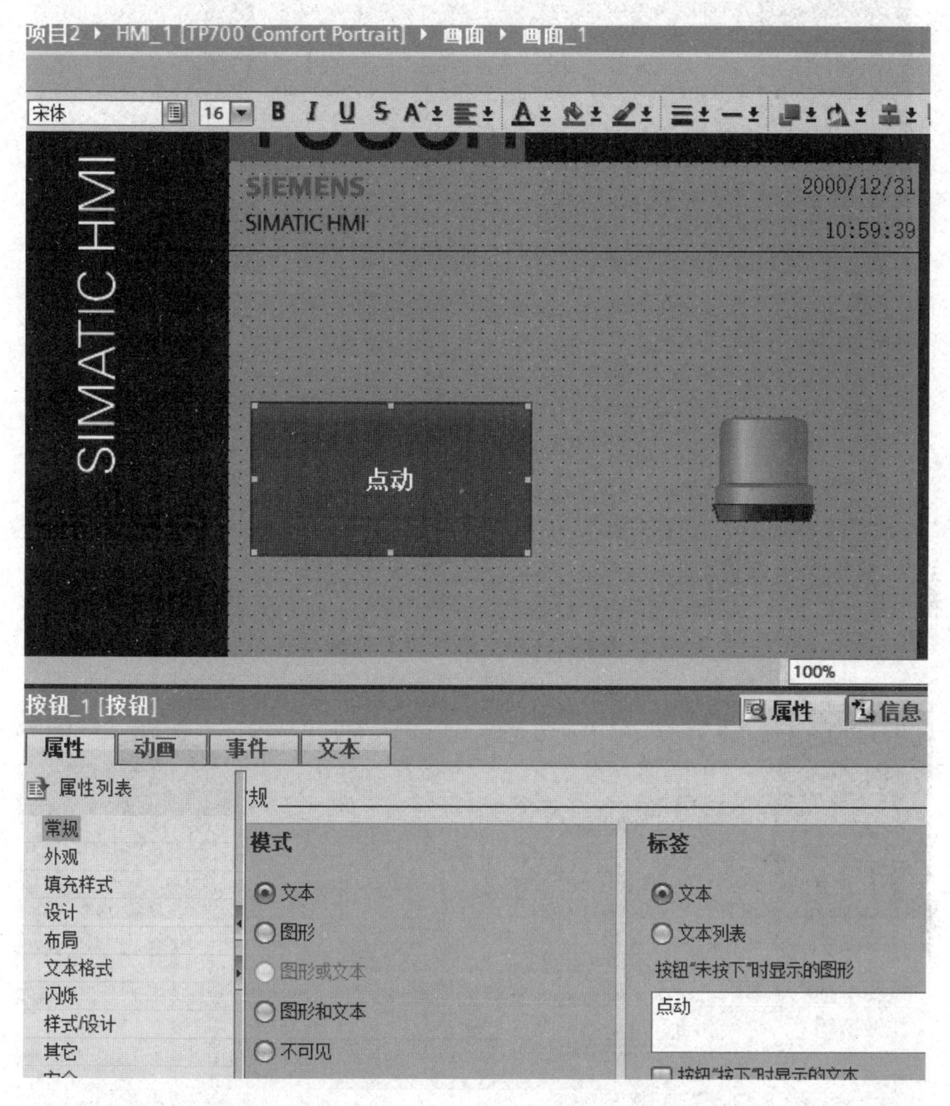

图 4-2-20　按钮设置

（8）选择释放，单击“复位位”，选择 PLC 变量为“Tag_1”。

（9）单击指示灯，选择“动画”→“显示”，添加新动画；选择“外观”，添加变量名，选择 PLC 变量为“Tag_2”，如图 4-2-22 所示。

（10）背景色选择红色，如图 4-2-23 所示。

（11）选择“画面管理”，单击“模板”，选择“起始画面”，单击“事件”，选择“释放”→“画面名称”，如图 4-2-24 所示。

（12）单击“编译”，下载到触摸屏，如图 4-2-25 所示。

（13）最终界面如图 4-2-26 所示。

（14）单击“点动”按钮，其效果如图 4-2-27 所示。

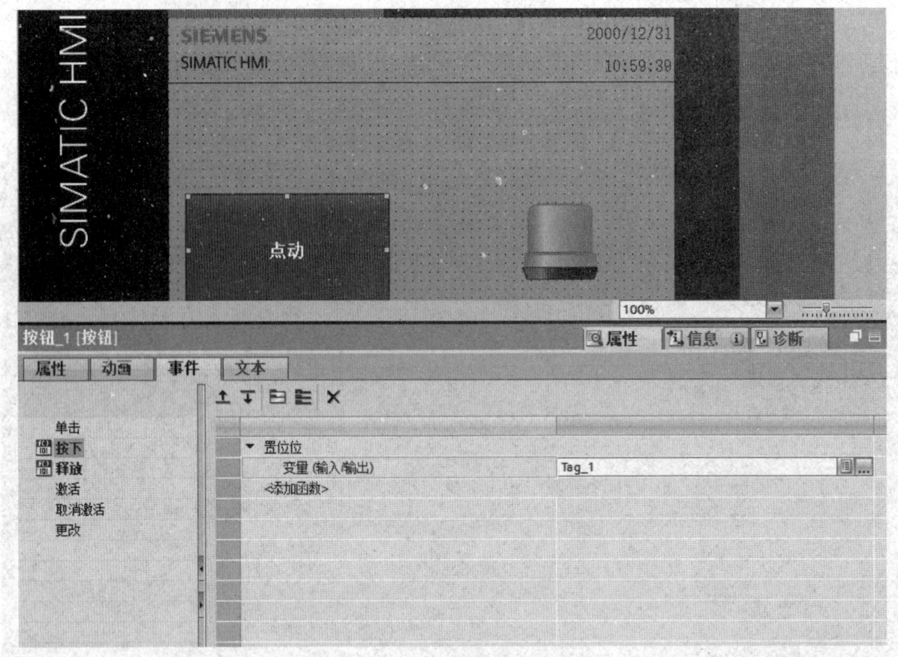

图 4－2－21　添加 PLC 变量

图 4－2－22　添加动画

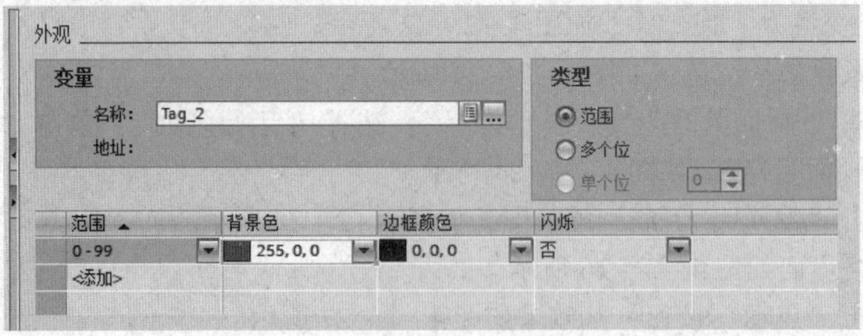

外观

变量

名称: Tag_2

地址:

类型

范围

多个位

单个位　0

范围	背景色	边框颜色	闪烁
0-99	255, 0, 0	0, 0, 0	否
<添加>			

图 4－2－23　选择背景

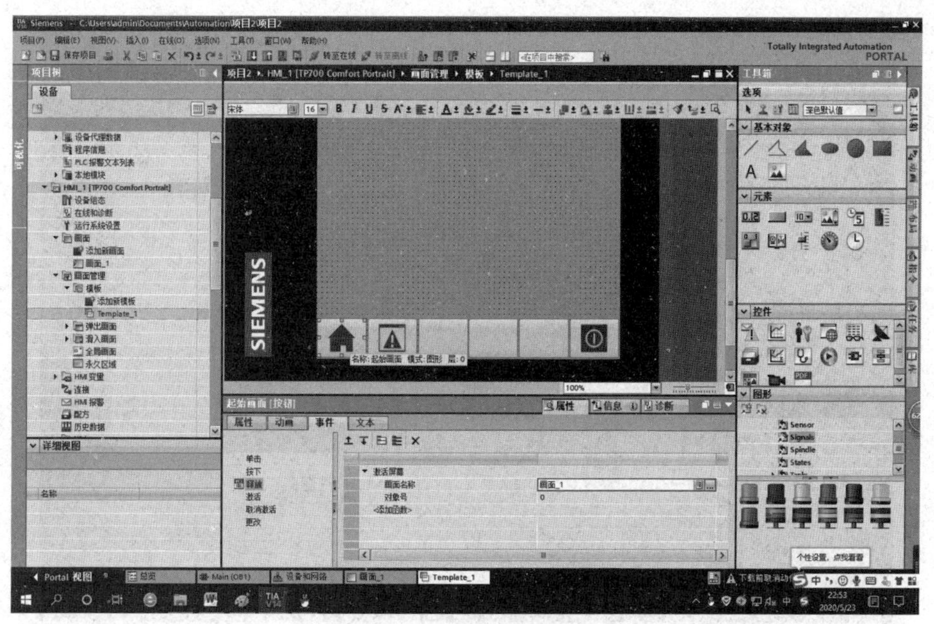

图 4-2-24　画面管理

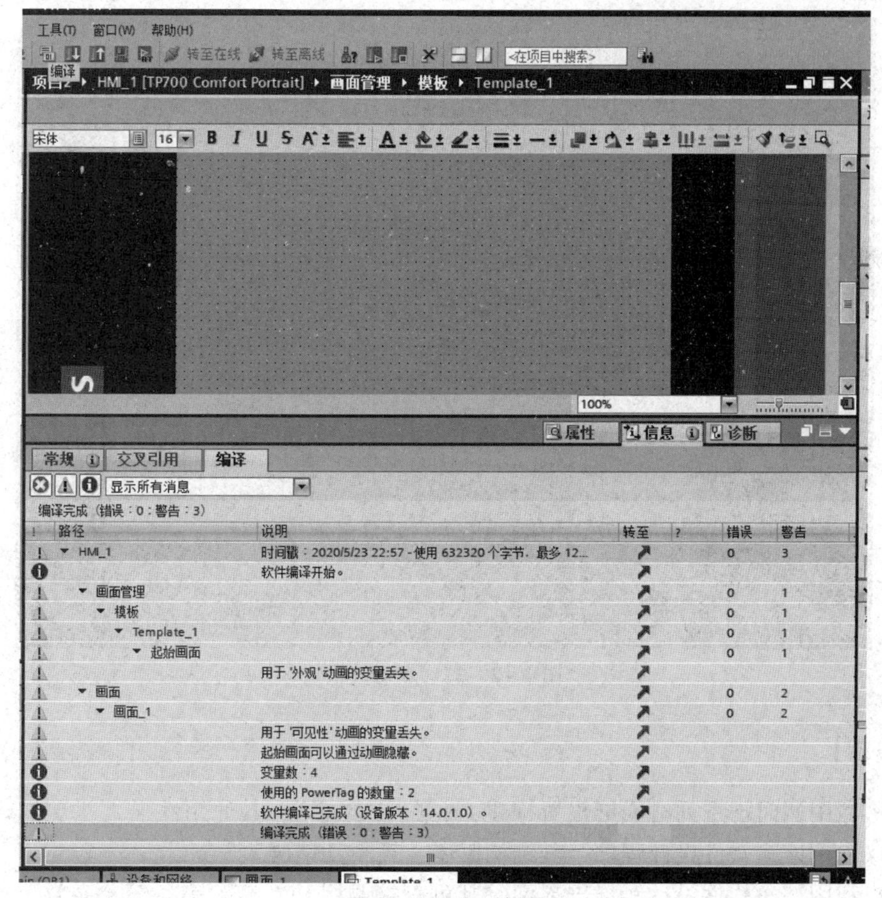

图 4-2-25　编译

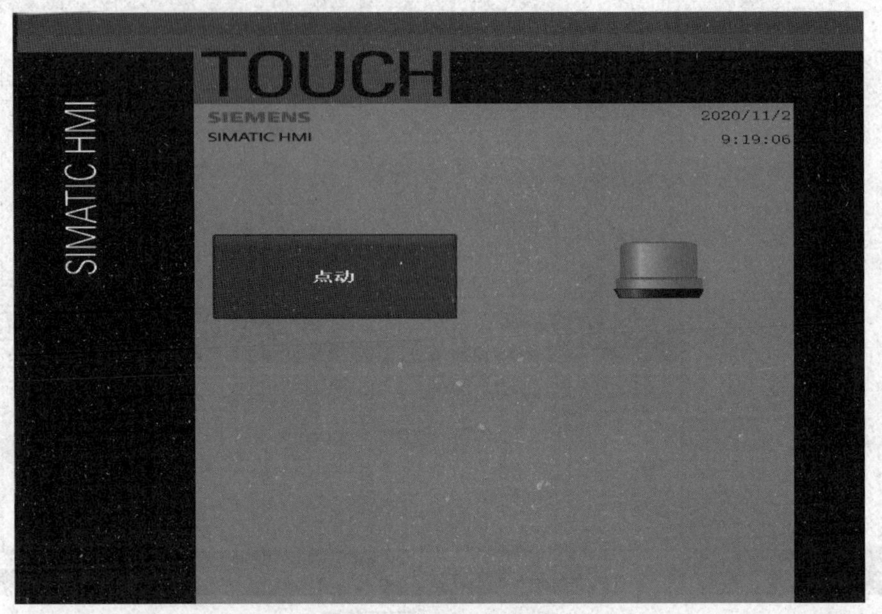

图 4-2-26　最终界面

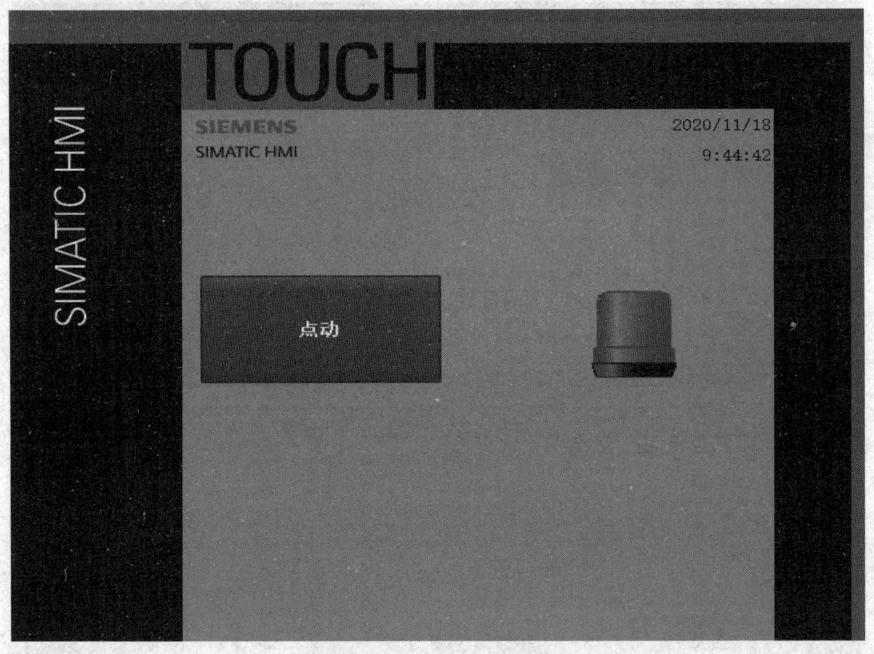

图 4-2-27　点动效果

【任务总结】

（1）利用西门子系列触摸屏设置构建 PROFINET 网络，其通用性强。

（2）利用博途软件设计程序，其结构紧凑，逻辑功能强大。

（3）利用博途软件设计触摸屏界面，其可直接调用 PLC 变量表，简单高效。

任务三　构建基于 PROFINET 网络的传送带控制

【任务目标】

（1）掌握用三种设备构建 PROFINET 网络的方法。
（2）了解西门子变频器的软硬件设置。
（3）了解博途软件块指令的一般使用方法。

【任务分析】

通过对西门子 S7 - 1200 PLC 和西门子触摸屏 TP700 软硬件设置构建一个基于 PROFINET 网络的传送带控制。该传送带由传动链、变频器、三相异步电动机、支架等组成，其结构如图 4 - 3 - 1 所示。可编程控制器给变频器发出速度和方向信号，变频器驱动三相异步电动机旋转，由减速机构把动力传送给同步轮和同步链，最后带动传动链，完成用户需要的动作和生产过程。

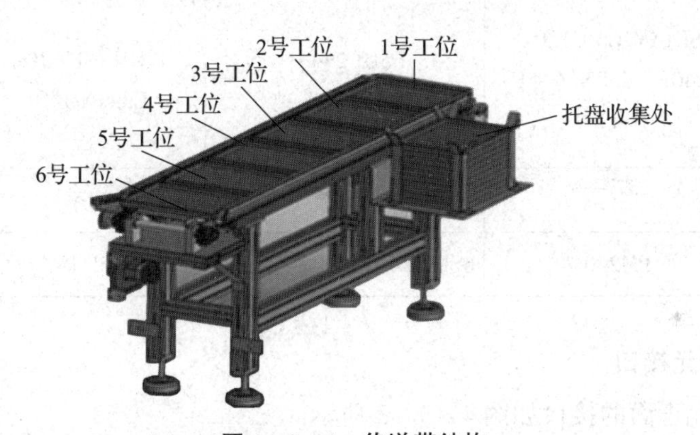

图 4 - 3 - 1　传送带结构

硬件配置：计算机一台；RJ45 接口网线三根；西门子 S7 - 1200 PLC（型号：CPU1215C，规格：6ES7215 - 1AG40 - 0XB0）；西门子触摸屏 Comfort（型号：TP700，规格：6AV2124 - 0GC01 - 0AX0）；西门子 G120 变频器（型号：G120 CU240E - 2 PN（ - F）V4. 5）；路由器一个；三相异步电动机一台。网络结构如图 4 - 3 - 2 所示。

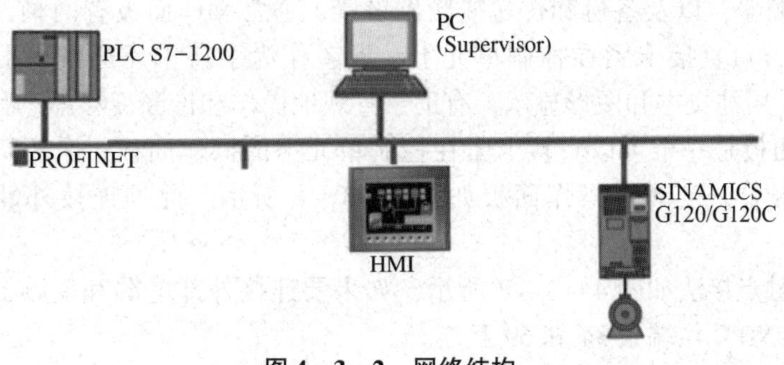

图 4 - 3 - 2　网络结构

【知识准备】

一、认识变频器

（一）变频器简介

变频器是一种控制交流电动机的设备。本任务采用西门子 G120 变频器，它是一个模块化的变频器，每个西门子 G120 变频器都是由一个控制单元（Control Unit，CU）和一个功率模块（Power Module，PM）组成的。控制单元可以控制和监测与它相连的电动机，功率模块则用于提供电源和电动机端子；控制单元可以本地或中央式控制变频器，功率模块适用于功率范围为 0.37～250 kW 的电动机。

控制单元和功率模块的型号及通信如表 4－3－1 所示。

表 4－3－1　控制单元和功率模块的型号及通信

设备名称	型号	编号	现场总线	地址
变频器 控制单元	SINAMICS G120 CU240E－2 PN（－F） V4.5	6SL3 244－ 0BB1x－1FA0	PROFINET IO、 EtherNet/IP	192.168.8.19
设备名称	型号	编号	功率	电压/频率
功率模块	PM240	6SL3224－0BE15－5UA0	0.55 kW	380 V/50 Hz

（二）控制单元接口

（1）控制单元正面的接口如图 4－3－3 所示。

（2）控制单元底部的接口如图 4－3－4 所示。

（3）控制单元 CU240E－2 上的端子排如图 4－3－5 所示。

二、调试工具及接线

为了便于变频器的调试，将操作面板作为变频器的调试工具，操作面板用于调试、诊断和控制变频器，以及备份和传送变频器设置。通常操作面板有两种，一种是智能操作面板（IOP），可直接卡紧在控制单元上，或者作为手持单元通过一根电缆和控制单元相连。IOP 采用纯文本和图形显示，有助于直观地操作和诊断变频器。另一种是 BOP－2，这种操作面板是一个可以直接卡紧在控制单元上的操作面板，采用两行显示，用于诊断和操作变频器。变频器操作面板如图 4－3－6 所示。此外连接外部端子的接法有两种。

（1）源型触点接法如图 4－3－7 所示，如果要连接外部电源和变频器内部电源的电位，必须将“GND”与端子 34 和 69 互连。

（2）漏型触点接法如图 4－3－8 所示，将端子 69 和 34 互连。

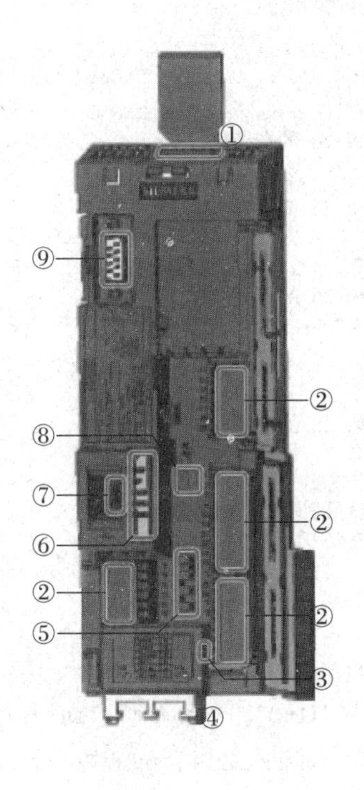

① 存储卡插槽

② 端子排

③ 取决于现场总线：

- USS、Modbus：总线终端
- PROFIBUS、PROFINET、EtherNet/IP：无功能

ON
OFF

④ 底部的现场总线接口

⑤ 选择现场总线地址

所有控制单元，除了CU240E-2 PN和CU240E-2 PN-F

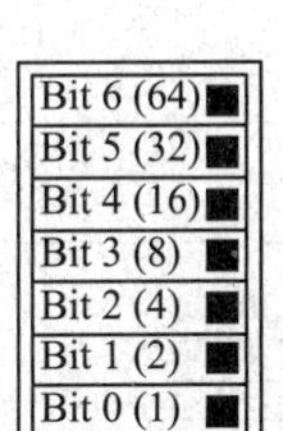

⑥ 状态LED

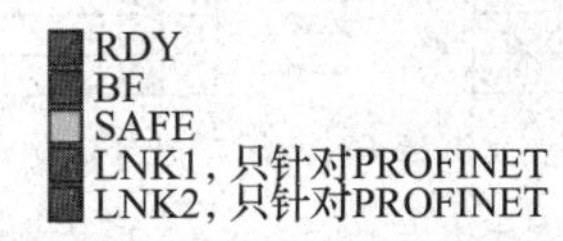

⑦ USB接口，用于连接PC

⑧ AI 0和AI 1

AI1
AI0
I　U

- 开关（电压输入/电流输入）：
  电流输入0/4 mA…20 mA；
  电压输入10/0 V…10 V
- CU240B-2上没有AI 1

⑨ 操作面板接口

图 4－3－3　控制单元正面的接口

控制单元CU240B-2和CU240E-2底部的接口

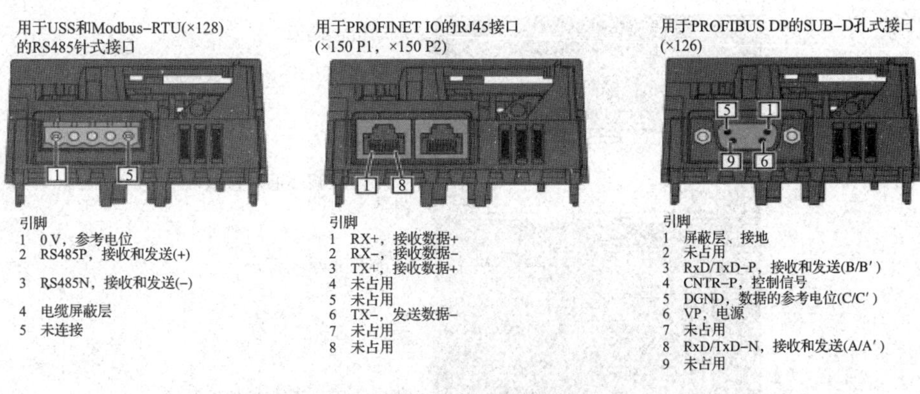

图 4－3－4　控制单元底部的接口

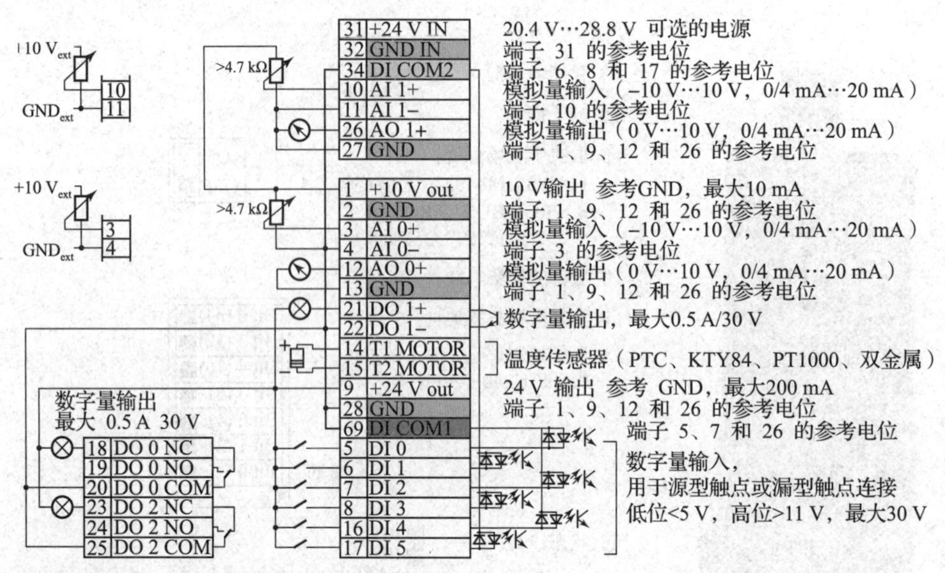

GND	参考电位为“GND”的端子内部互连。
DI COM1	参考电位“DI COM1”和“DI COM2”与“GND”是电流隔离的。
DI COM2	当将端子9的24 V电源用作数字量输入的电源时，必须将“GND”“DI COM1”“DI COM2”互联。
端子31、32	可选的24 V电源连接至端子31、32时，即使功率模块从电网断开，控制单元仍保持运行状态。这样一来，控制单元便能保持现场总线通信。
GND IN	在端子31、32上仅能连接符合SELV（Safety Extra Low Voltage，安全特低电压）或PELV（Protective Extra Low Voltage，保持特低电压）的电源。如果对端子31、32以及数字量输入供电，则须连接“DI COM1/2”和“GND IN”
端子3、4和10、11	模拟量输入既可以使用内部10 V电源，也可以使用外部电源。如果使用内部10 V电源，则必须将AI 0或AI 1与GND连接在一起

图 4－3－5 控制单元 CU240E－2 上的端子排

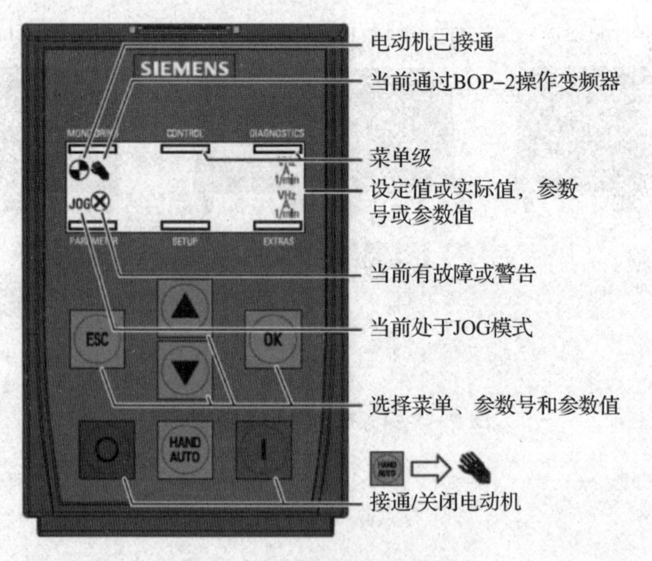

图 4－3－6 变频器操作面板

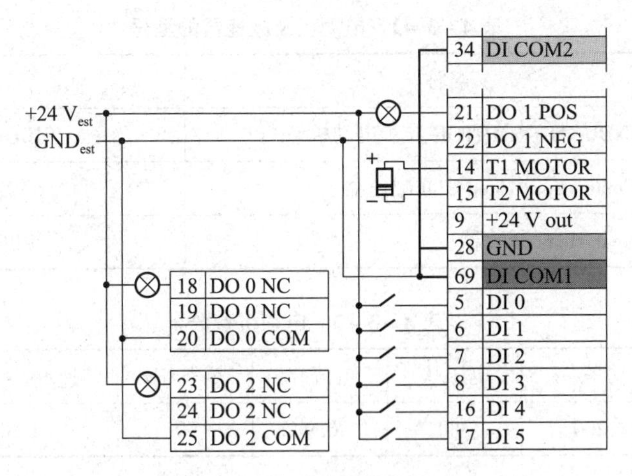

图 4-3-7 源型触点接法

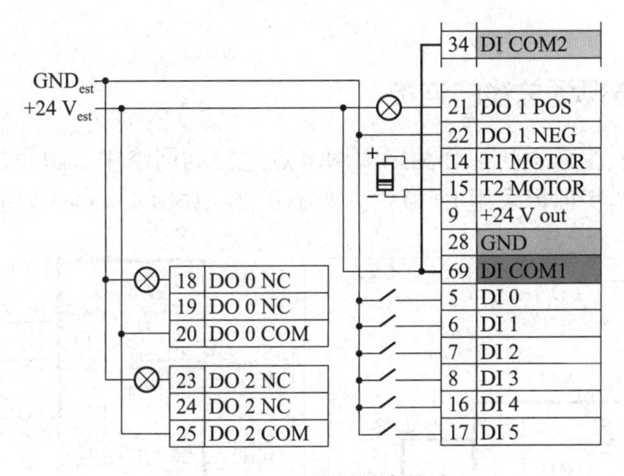

图 4-3-8 漏型触点接法

注意：

24 V 输出短路时会损坏控制单元 CU240E-2 PN 和 CU240E-2 PN-F，同时出现下列条件时，可能会导致控制单元故障：①变频器运行时，端子 9 上的 24 V 输出出现短路；②环境温度超过允许上限；③在端子 31 和 32 上连接了一个外部 24 V 电源，端子 31 上的电压超出允许上限。为了防止损坏控制单元，必须避免以上三个条件同时出现。

三、三相异步电动机及减速机

（1）三相异步电动机及减速机型号。实训台采用的是韩国 DKM 小型三相异步电动机（见图 4-3-9）及两级斜齿轮减速机（器）。为了获得较低的转速，实训台配备了中间减速箱（减速比 1：10），安装中间减速箱后，速度将减少到 1/10，但是最大允许扭矩不变，此状态下最大允许扭矩为 10 N·m/(100 kgf·cm)。电动机及减速器的型号如表 4-3-2 所示。

图 4-3-9 韩国 DKM 小型三相异步电动机

（2）实训台采用的电动机性能参数如表 4-3-3 所示。

表 4-3-2　电动机及减速器的型号

序号	名称	型号
1	DKM INDUCTION MOTOR 异步电动机	9IDGK-200FP
2	DKM Center Gear Head 中间减速器	9XD10PP
3	DKM Gear Head 减速器	9PBK30BH

表 4-3-3　电动机参数

型号	功率/W	电压/V	电流/A	频率/Hz	转速/(r·min^{-1})	相数
9IDGK-200FP	200	380	0.9	50	1 300	3

【任务实施】

一、变频器与现场总线的连接

(1) 连接方式：变频器可以作为以太网节点连接到网络中，也可以采用 IO 模式连接在 PROFINET 中。本实训台采用 IO 模式，变频器接线如图 4-3-10 所示。

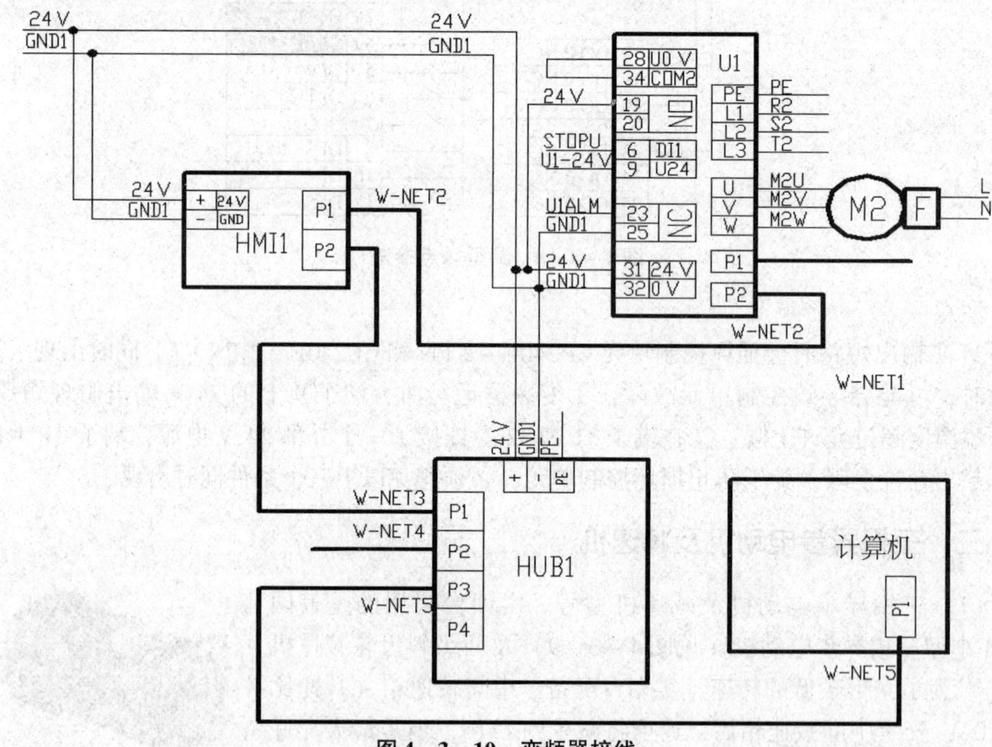

图 4-3-10　变频器接线

(2) 按如下步骤将变频器连接到控制器上。

①通过两个 PROFINET 接口 P1 和 P2 将带有 PROFINET 电缆的变频器接入控制系统的总线系统。现场总线允许的最大电缆长度为 100 m。

②通过连接在端子 31 和 32 上的外部 DC 24 V 电源供电，仅当在主电源切断的情况下仍须保持和控制器通信时，才须连接直流 24 V 电源。

（3）实现 PROFINET 通信的条件。

变频器必须正确连到总线电源上；变频器与控制器中的 IP 地址和设备名称必须一致；变频器和上级控制器中的报文设置必须相同；变频器和控制器之间通过 PROFINET 交换的信号必须正确互联。

（4）恢复出厂设置。

对变频器参数的操作可以使用 STARTDRIVE 调试软件进行直观准确的调试，使用 STARTDRIVE 恢复出厂设置如下。

情况 1：恢复安全功能的出厂设置（见图 4－3－11）。当需要将安全功能参数复位为出厂设置，而又不对标准参数产生影响时，执行以下步骤。

图 4－3－11　恢复安全功能的出厂设置

①进入在线模式。

②选择“调试”。

③选择“备份/复位”。

④选择“安全参数已复位”。

⑤单击按钮“启动”。

⑥输入安全功能口令。

⑦确认参数保存（Copy RAM to ROM）。

⑧进入离线模式。

⑨切断变频器的电源。

⑩等待片刻，直到变频器上的所有 LED 都熄灭。

⑪重新接通变频器的电源。

注意：这样的操作安全功能密码是不会被复位的。

情况 2：恢复出厂设置（无安全功能）。

①进入在线模式。

②选择“Commissioning”。

③选择“Save/Reset”。

④选择“All parameters are reset”。

⑤单击“Start”按钮。

⑥等待，直至变频器恢复为出厂设置。

（5）变频器上的相关参数按表 4－3－4 所示设置。

表 4－3－4　变频器设置

参数号	参数描述	设定值	设定说明
P700	命令源的选择	6	现场总线
P730	端子 DO0 的信号源（端子 19/20 常开）	52.2	变频器运行使能
P0732	端子 DO2 的信号源（端子 23/25 常闭）	52.3	变频器故障
P845［0］	停车命令指令源 2	722.1	数字量输入 DI1 定义为 OFF2 命令
P0922	Profinet 通信报文格式	1	报文互联
P1000	频率设定值来源	6	现场总线
P2030	通信方式设置	7	Profinet 通信
P1080	最低频率	0	根据实际需要
P1082	最高频率	1 500	
P1120	加速时间	2.0	根据实际需要
P1121	减速时间	2.0	

二、接线

接线如图 4－3－12 所示。

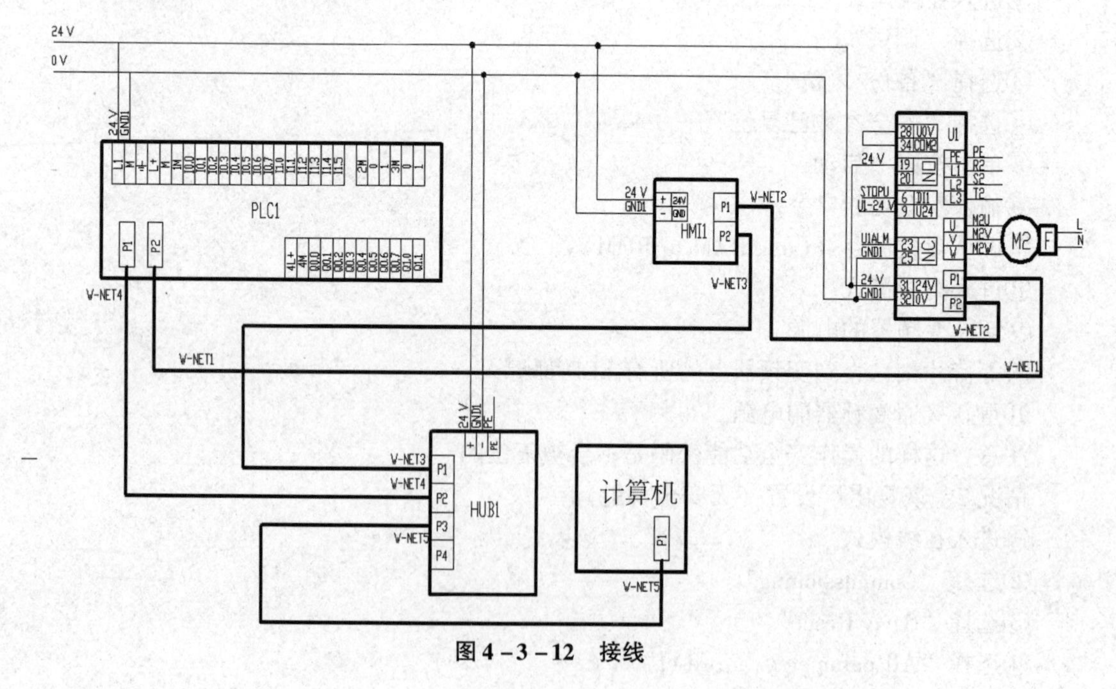

图 4－3－12　接线

三、编程

在任务一、二的基础上打开项目 1，添加新设备变频器：SINAMICS G120 CU240E－2 PN（－F）V4.5，单击“PROFINET 接口”，IP 地址为 192.168.8.19，选择目录中的子模块，如图 4－3－13 所示。

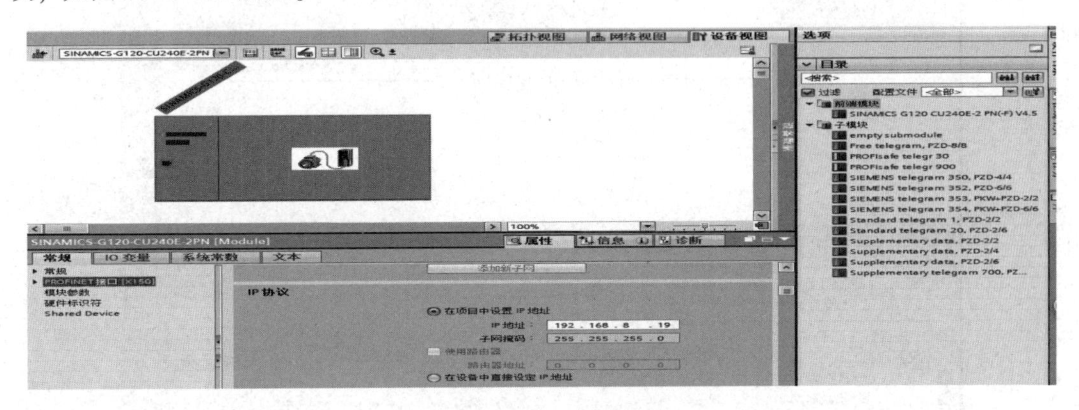

图 4－3－13　设置地址

（1）单击“设备数据”，选择目录中的“子模块：Supplementary data，PZD－2/2”，将添加地址改为“256…259”设置变频器的控制字如图 4－3－14 所示。

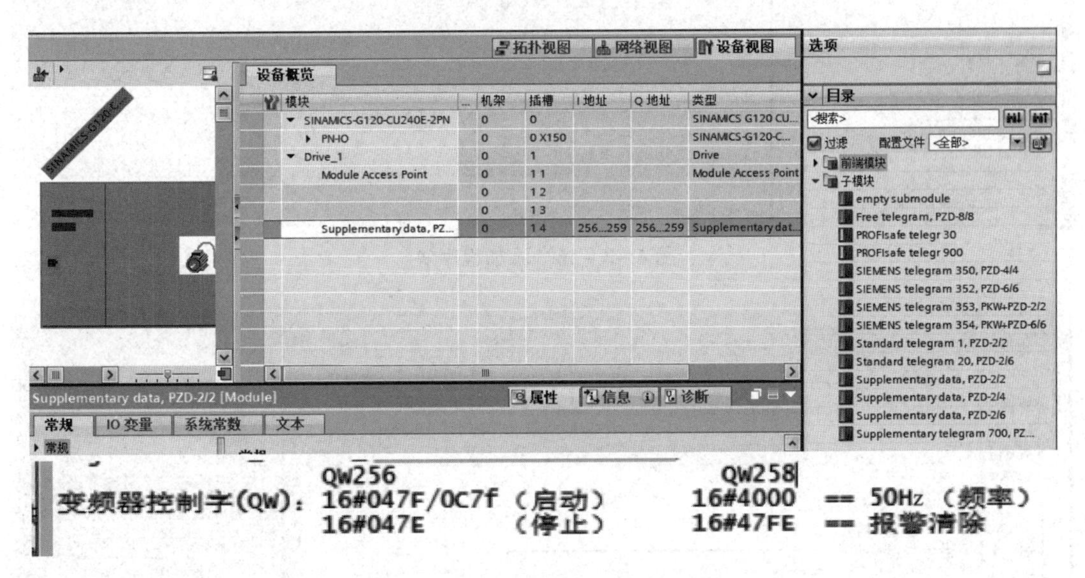

图 4－3－14　设置变频器的控制字

（2）单击“网络视图”，参考任务一、二设置 PROFINET 网络的方法，进行连接，完成后单击“编译”，如图 4－3－15 所示。

（3）单击“PLC”，选择“程序块”，添加新块，并命名为变频器控制，如图 4－3－16 所示。

（4）在程序段 1 中输入注释“变频器停止”，在“基本指令”中选择“移动操作”，再选择“MOVE”指令，在程序段中输入程序，如图 4－3－17 所示。

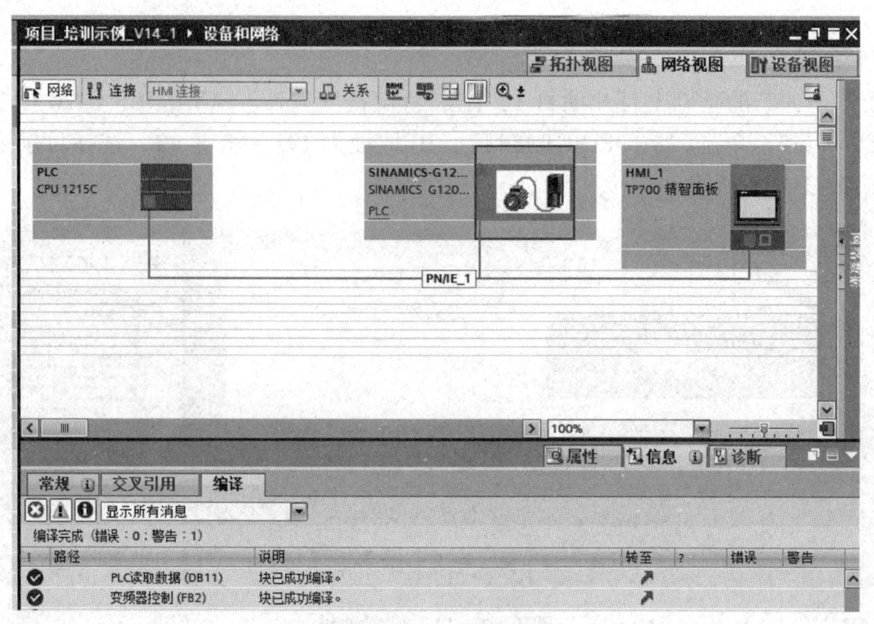

图 4-3-15 构建网络

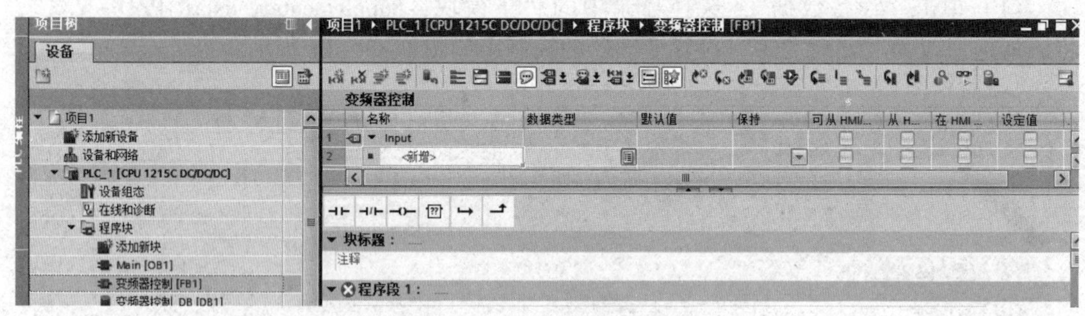

图 4-3-16 添加程序块

图 4-3-17 编辑 MOVE 块

(5) 程序块（见图 4-3-18）。

(6) 单击“Main”，拖动变频器控制块到程序段 1 中，如图 4-3-19 所示。

(7) 单击“编译”，下载到 PLC。

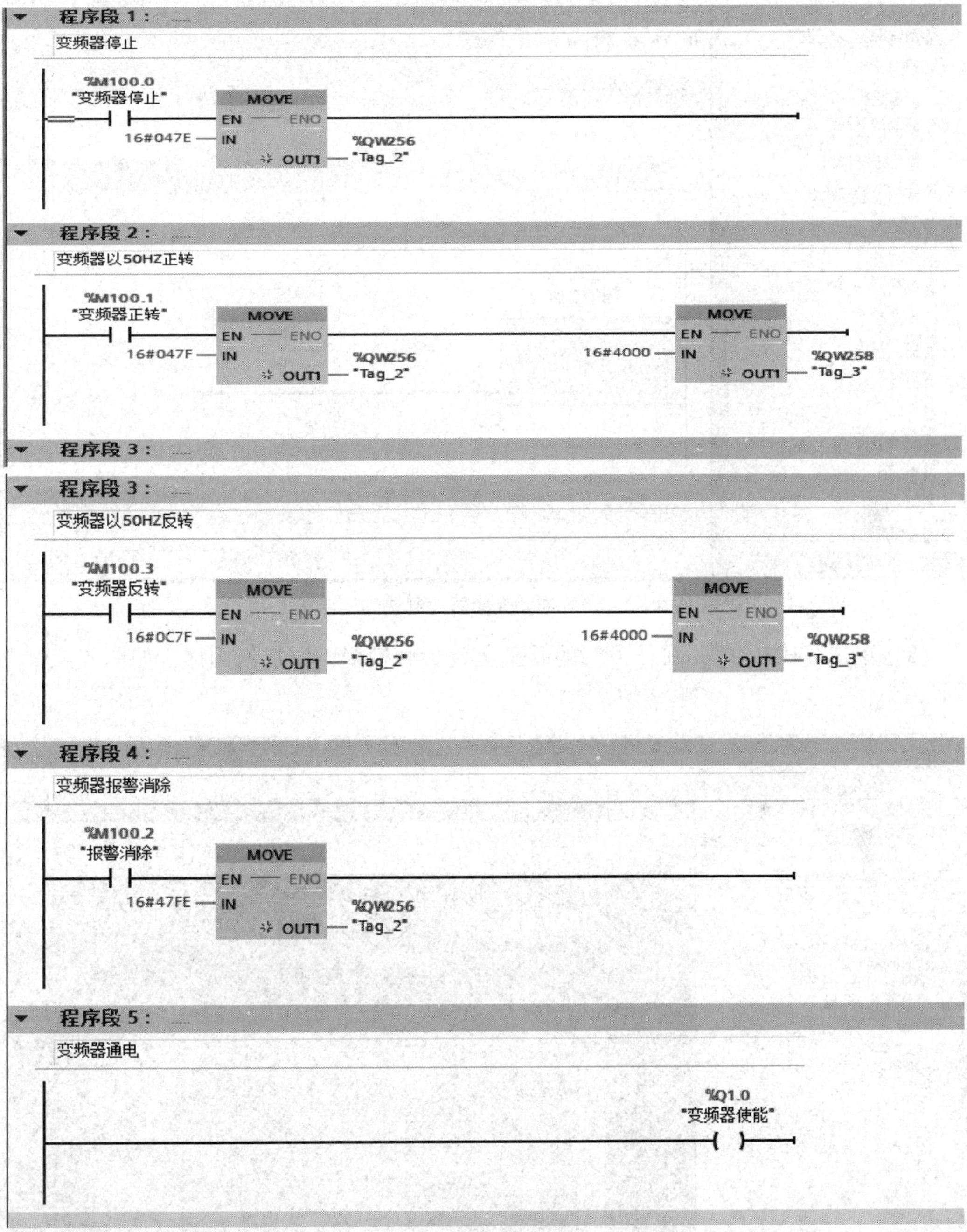

程序段 1：……
变频器停止
%M100.0
"变频器停止"
MOVE
EN — ENO
16#047E — IN
OUT1 — %QW256 "Tag_2"

程序段 2：……
变频器以50HZ正转
%M100.1
"变频器正转"
MOVE
EN — ENO
16#047F — IN
OUT1 — %QW256 "Tag_2"
MOVE
EN — ENO
16#4000 — IN
OUT1 — %QW258 "Tag_3"

程序段 3：……

程序段 3：……
变频器以50HZ反转
%M100.3
"变频器反转"
MOVE
EN — ENO
16#0C7F — IN
OUT1 — %QW256 "Tag_2"
MOVE
EN — ENO
16#4000 — IN
OUT1 — %QW258 "Tag_3"

程序段 4：……
变频器报警消除
%M100.2
"报警消除"
MOVE
EN — ENO
16#47FE — IN
OUT1 — %QW256 "Tag_2"

程序段 5：……
变频器通电
%Q1.0
"变频器使能"
( )

图 4-3-18　程序块

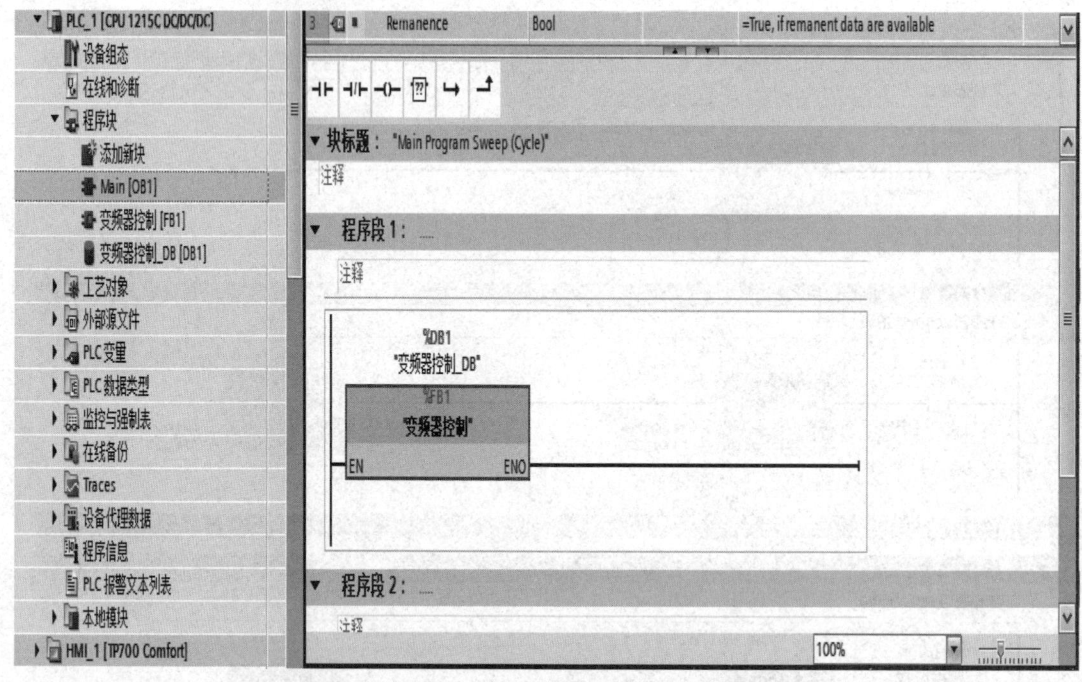

图4-3-19　拖动变频器控制块到程序段1

（8）单击“HMI_1”，在任务二的基础上设置触摸屏，添加新画面，如图4-3-20所示。

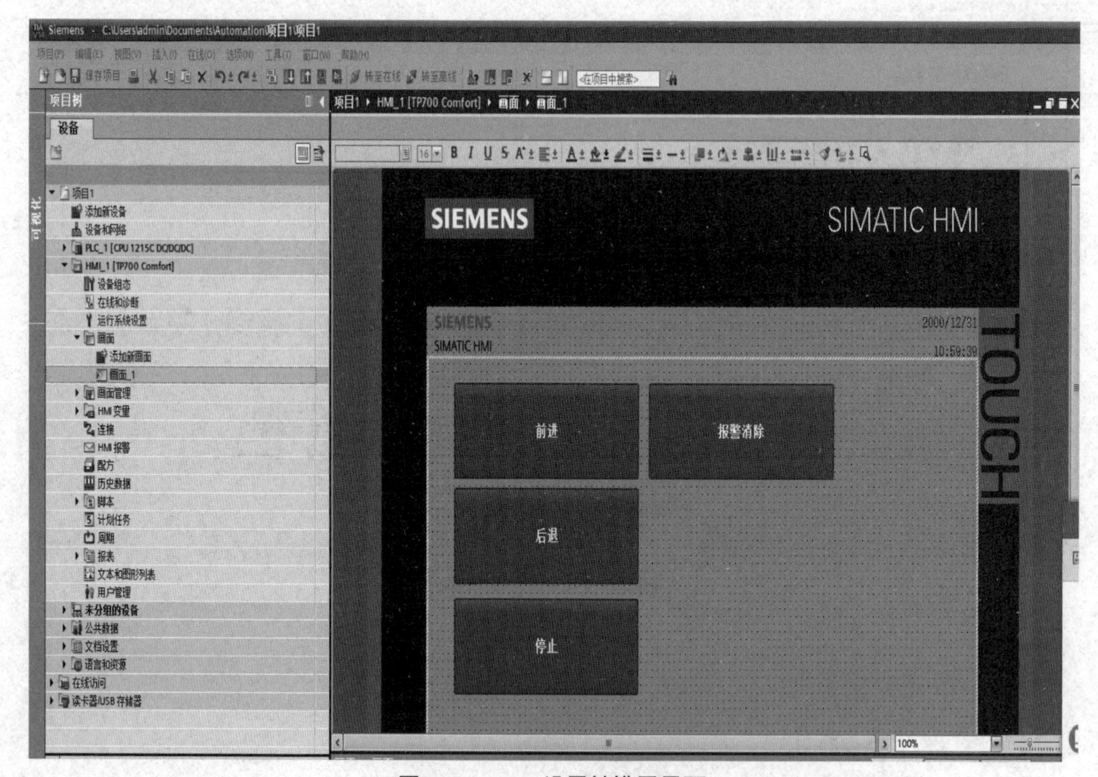

图4-3-20　设置触摸屏界面

（9）参照任务二中设置按钮的方法，设置四个按钮，每个按钮的事件属性要与 PLC 变量一致，如图 4－3－21 所示。

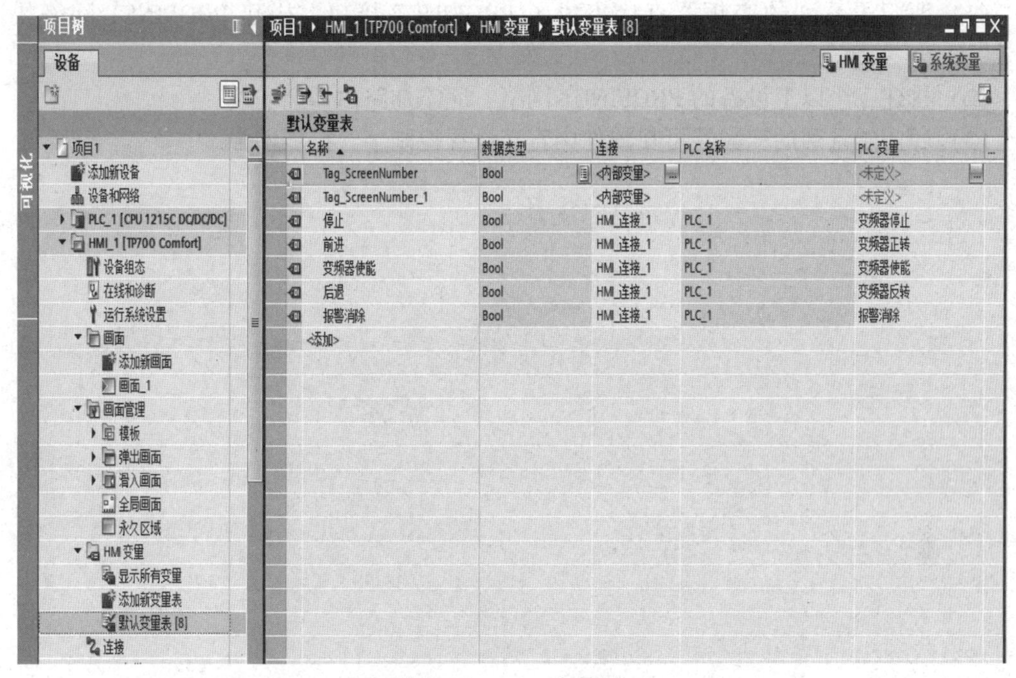

图 4－3－21　变量图

（10）参照任务二中的内容设置画面，编译并下载到触摸屏中。

（11）编译效果如图 4－3－22 所示。

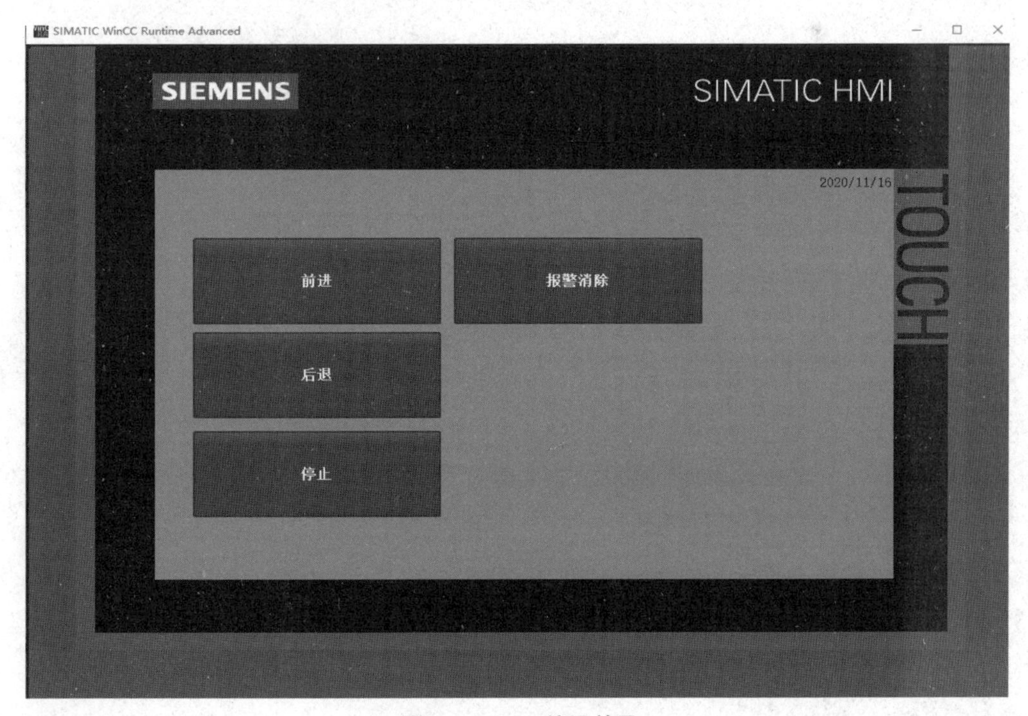

图 4－3－22　编译效果

【任务总结】

（1）西门子系列的变频器直接集成了 PROFINET 接口，构建 PROFINET 网络快速高效。

（2）构建三个以上设备的 PROFINET 网络，应添加路由器。

（3）西门子系列的变频器可在软件中直接设置控制字，扩展性强。

项目五　基于机器视觉的分拣控制系统应用

项目需求

针对传统人工分拣作业效率低、速度慢、质量难以保证的问题，设计出了一种基于机器视觉的自动分拣控制系统，它适用于多种输送线上的物料分拣。利用视觉控制器的图像处理和算法等功能解决图像容易受到环境干扰的问题，通过 PLC、触摸屏控制分拣机构来实现快速、准确、稳定的物料分拣。

项目工作场景

本项目要求 PLC、机器人、触摸屏、视觉检测系统进行联动，由触摸屏控制机器人分拣的种类，机器人与 PLC 通信进行数据交换，视觉检测系统检测分拣的物品是否符合任务要求，并且机器人做出相应动作。

方案设计

根据项目控制要求和学生的认知规律，结合所学知识，由简入繁、由易及难构建三种不同的任务，任务一是西门子 S7－200 Smart PLC 与 ABB120 机器人通信，任务二是西门子 KTP900 触摸屏简单使用，任务三是欧姆龙视觉检测系统的配置与调试。本项目采用西门子 S7－200 Smart PLC、ABB120 机器人、西门子 KTP900 触摸屏和欧姆龙视觉检测系统来实现控制要求。

相关知识和技能

相关知识：西门子 S7－200 Smart PLC 的功能特点、西门子 KTP900 触摸屏的功能特点、欧姆龙视觉检测系统的组成和工作原理。

相关技能：西门子 S7－200 Smart PLC 与 ABB120 机器人的通信方法、西门子 S7－1200 PLC 与 KTP900 触摸屏的通信方法、欧姆龙视觉控制器和 ABB120 机器人的网络通信方法。

任务一　西门子 S7－200 Smart PLC 与 ABB120 机器人通信

【任务目标】

（1）了解西门子 S7－200 Smart PLC 的功能特点。
（2）掌握西门子 S7－200 Smart PLC 与 ABB120 机器人的通信原理。

【任务分析】

在本任务中，我们通过配置 S7－200 Smart PLC 与 ABB 120 机器人的软硬件连接，实现两台设备之间的通信。

【知识准备】

一、西门子 S7－200 Smart PLC 的主机

西门子 S7－200 Smart PLC 的主机将微处理器、集成电源、输入电路和输出电路组合到一个结构紧凑的外壳中形成功能强大的微型 PLC。下载用户程序后，西门子 S7－200 Smart PLC 的主机将包含监控应用中的输入和输出设备所需的逻辑。西门子 S7－200 Smart PLC 的主机主要包括 CPU 模块、信号板、网络通信接口、人性化软件等，如图 5－1－1 所示。

图 5－1－1　西门子 S7－200 Smart PLC 主机

全新的西门子 S7－200 Smart PLC 有两种不同类型的 CPU 模块（标准型和经济型），全方位满足不同行业、不同客户、不同设备的各种需求。标准型 CPU 模块为可扩展模块，可满足对 I/O 规模有较大需求、逻辑控制较为复杂的应用；而经济型 CPU 模块直接通过单机本体满足相对简单的控制需求。标准型 CPU 模块与经济型 CPU 模块的功能对比如图 5－1－2所示。

标准型 CPU 模块作为可以扩展的模块，有继电器输出型和晶体管输出型，可满足对 I/O 规模有较大需求、逻辑控制较为复杂的应用。

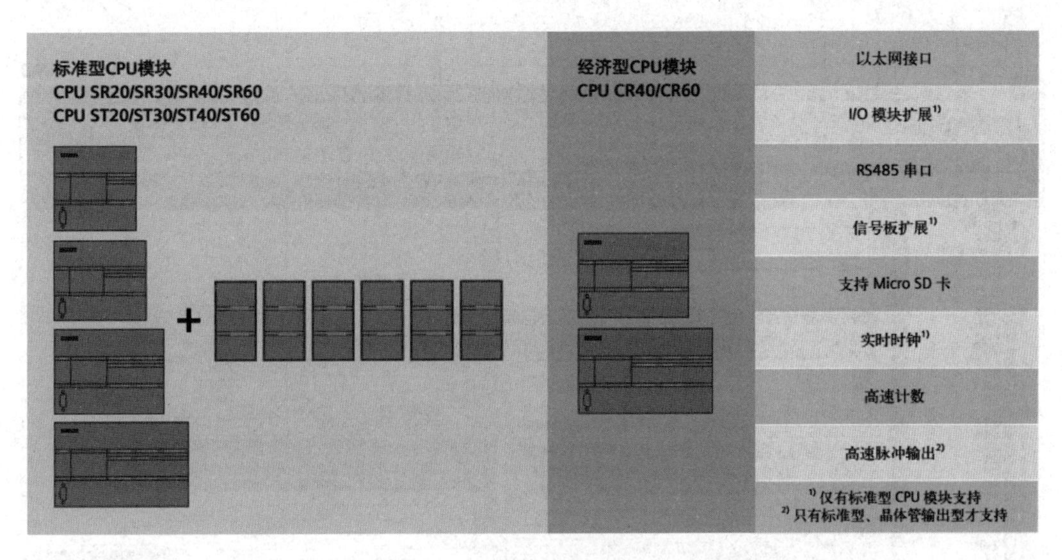

图 5-1-2　标准型 CPU 模块与经济型 CPU 模块的功能对比

二、西门子 S7-200 Smart PLC 编程软件

西门子公司于 2012 年发布了 S7-200 Smart PLC，它是专门为中国客户开发的，采用单独的软件编程，此款软件是在 MicroWin 基础上升级而来的，不需要授权，可以直接安装，界面友好，采用下拉式菜单，方便操作，指令和 S7-200 系列的软件兼容，同时此款软件支持窗口浮动功能和多屏幕显示功能。软件全面支持梯形图、语句表与功能图方式编程。STEP 7-Micro/WIN Smart 是 S7-200 Smart 控制器的组态、编程和操作软件。

PLC 软件界面如图 5-1-3 所示。STEP 7-Micro/WIN Smart 用户界面如图 5-1-4 所示。注意，每个编辑窗口均可以停放或浮动以及排列在屏幕上，既可以单独显示每个窗口，也可以合并多个窗口，以从单独选项卡访问各窗口。

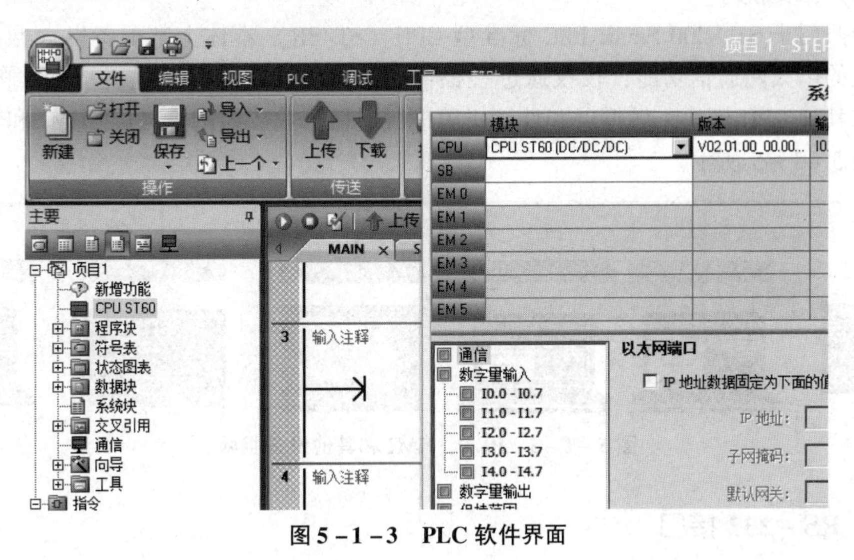

图 5-1-3　PLC 软件界面

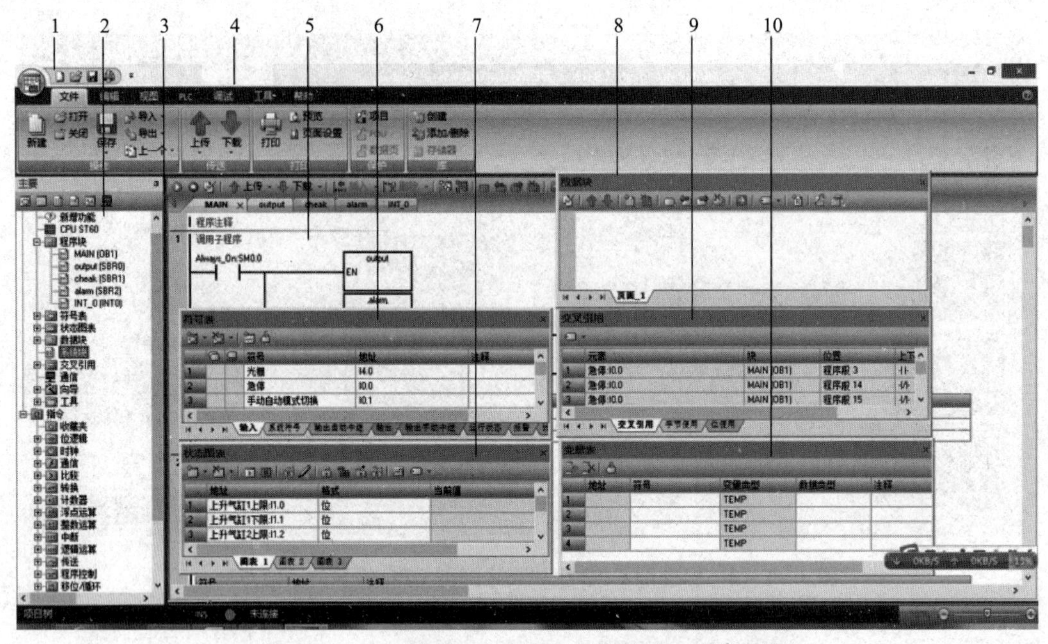

图 5-1-4 STEP 7-Micro/WIN Smart 用户界面

1—快速访问工具；2—项目树；3—导航栏；4—菜单栏；5—程序编辑器；
6—符号表；7—状态图表；8—数据块；9—交叉引用；10—变量表

三、以太网

以太网是一种计算机局域网技术。IEEE 组织的 IEEE 802.3 标准制定了以太网的技术标准，规定了物理层的连线、电子信号和介质访问层协议等内容。以太网是目前应用普遍的局域网技术，取代了其他局域网技术（如令牌环、FDDI 和 ARCNET）。

以太网可以实现编程设备到 CPU 的数据交换、HMI 与 CPU 间的数据交换、CPU 与其他设备的数据交换等。

每个西门子 S7-200 Smart PLC 标准型 CPU（ST/SR）本体上都配备以太网接口，集成了强大的以太网通信功能，仅仅通过一根普通的网线就能完成下载、监控、修改程序，还可以与其他 CPU 模块、触摸屏和计算机等进行通信，完成组网。PLC、HMI 和其他设备组网如图 5-1-5 所示。

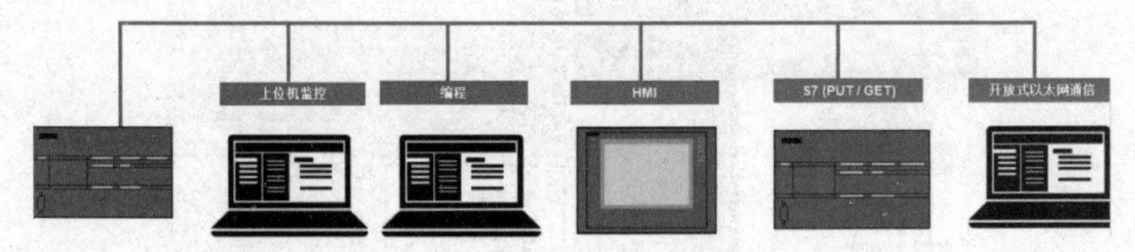

图 5-1-5 PLC、HMI 和其他设备组网

四、RS-232 接口

RS-232 接口（见图 5-1-6）支持与一台设备的点对点连接、支持 PPI 协议、支持

HMI与 CPU 间的数据交换等。

RS－232C 接口标准出现较早，难免有不足之处。该接口的信号电平值较高，易损坏接口电路的芯片，并且与 TTL 电平不兼容，故须使用电平转换电路才能与 TTL 电路连接。该接口传输速率较低，在异步传输时波特率为 20 kbit/s。该接口使用一根信号线和一根信号返回线构成共地的传输形式，这种共地传输容易产生共模干扰，所以抗噪声干扰性弱。该接口传输距离有限，最大传输距离标准值为 50 m 左右。针对RS－232C 接口的不足，出现了一些新的接口标准，RS－485 接口就是其中之一。

图 5－1－6　RS－232 接口

五、RS－485 接口

RS－485 接口的电气特性：逻辑“1”以两线间的电压差＋(2～6) V 表示；逻辑“0”以两线间的电压差－(2～6) V 表示。RS485 接口信号电平比 RS232C 接口信号电平降低了，不易损坏接口电路的芯片，且该电平与 TTL 电平兼容，可方便与 TTL 电路连接。RS－485 接口的数据最高传输速率为 10 Mbit/s。RS－485 接口的最大传输距离实际上可达 3 000 m。RS－485 接口在总线上允许连接多达 128 个收发器，即具有多站能力，这样用户可以利用单一的 RS－485 接口方便地建立起设备网络。RS－485 接口因具有良好的抗噪声干扰性、长传输距离和多站能力等优点而成为首选的串行接口。因为 RS－485 接口组成的半双工网络一般只需两根连线，所以 RS－485 接口均采用屏蔽双绞线传输。RS－232 与 RS－485 转换接头如图 5－1－7 所示。

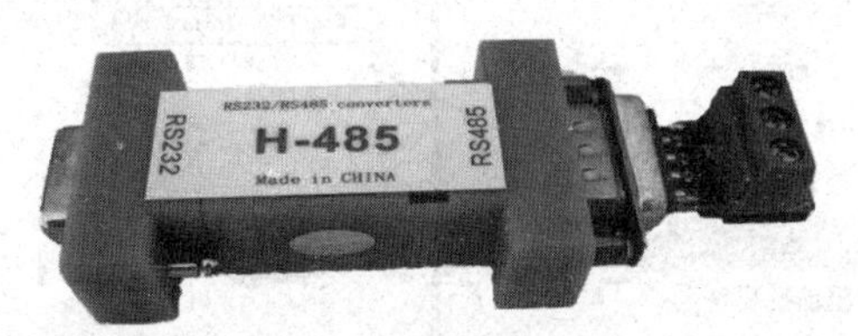

图 5－1－7　RS－232 与 RS－485 转换接头

【任务实施】

一、ABB120 机器人设置

（一）网络连接

ABB120 机器人 IRC COMPACT 控制器上存在 LAN、LAN3、WAN 和 AXC 等端口，机器人网络连接端口如图 5－1－8 所示。

（二）ABB120 机器人控制器软件设置

首先，确保 ABB120 机器人系统已选配“616－1 PC Interface”选项，如图 5－1－9 所示。

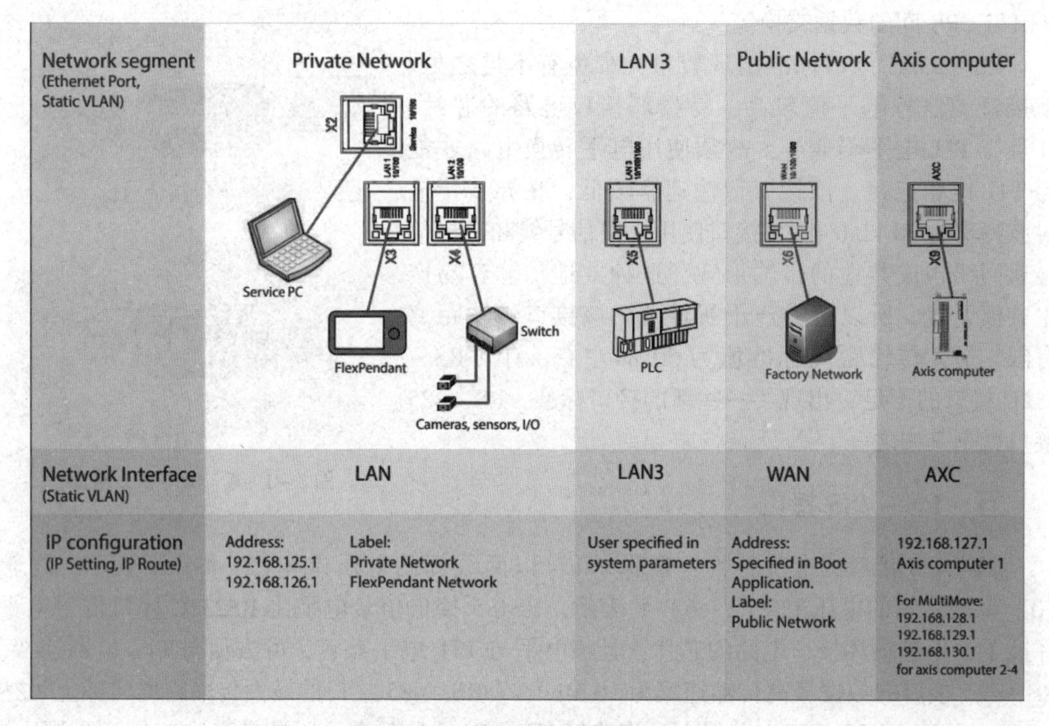

图 5－1－8　机器人网络连接端口

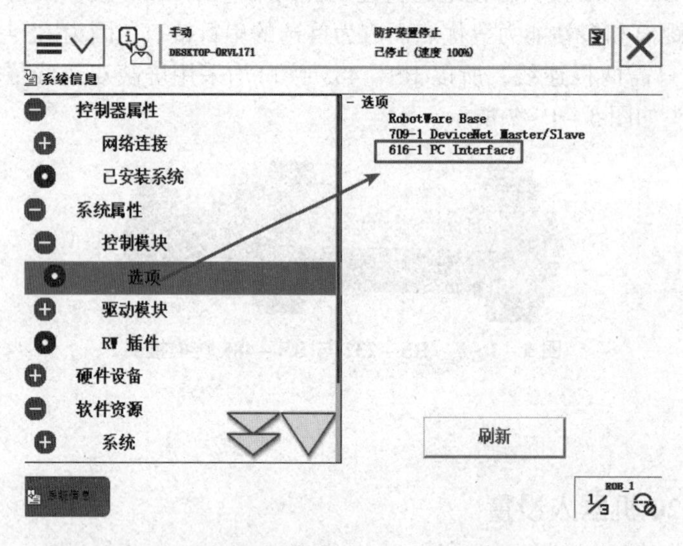

图 5－1－9　ABB120 机器人“616－1 PC Interface”选项

在 ABB120 机器人中，打开控制面板，单击“配置”，选择“Communication”主题，在“IP Setting”中新建一个机器人 IP 地址，将 PLC 与机器人网线通信插在机器人的 WAN 口，在“IP Setting”中选择 WAN 口，并分配给机器人一个 IP 地址，此 IP 地址应与 PLC 中设置的 IP 地址相对应，如图 5－1－10 所示。

（三）Socket 通信介绍

SocketCreate 用于针对基于通信或非连接通信的连接创建新的套接字。语句

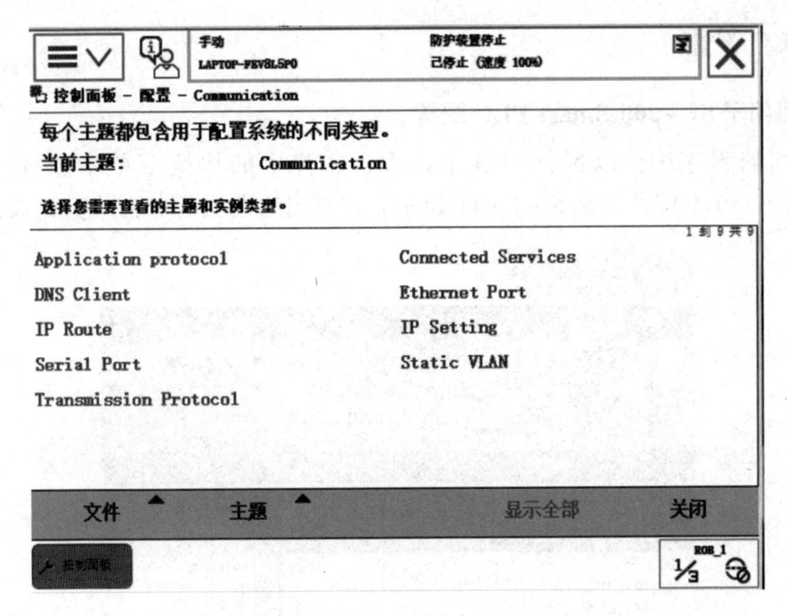

图 5-1-10　机器人通信配置

"SocketCreate Socket1;" 创建使用流型协议 TCP/IP 的新套接字设备，并分配到变量 Socket1。

SocketConnect 用于将套接字与客户端应用中的远程计算机相连。例如，"SocketConnect Socket1, "192.168.0.1", 1025;" 含义为尝试与 IP 地址 192.168.0.1 和端口 1025 处的远程计算机相连。

SocketSend 用于向远程计算机发送数据，可用于客户端和服务器应用。例如，"SocketSend Socket1 \Str: = "Hello world";" 代表将消息 "Hello world" 发送给远程计算机。

SocketReceive 用于从远程计算机接收数据，可用于客户端和服务器应用。例如，"SocketReceive Socket1 \Str: = str_data;" 表示从远程计算机接收数据，并将其储存在字符串变量 str_data 中。

当不再使用套接字连接时，使用 SocketClose。在关闭套接字之后，不能将 SocketClose 用于除 SocketCreate 以外的所有套接字调用。例如，"SocketClose Socket1;" 代表关闭套接字，且不能再使用。

(四) 编写实现 PLC 与机器人通信的程序

```
PROC Routine1()
    SocketCreate Socket1;
    WaitTime 1;
    SocketConnect Socket1,"192.168.100.51",2001 \Time: =10;
    WaitTime 1;
    SocketSend Socket1 \str: =string1;
    WaitTime 1;
    SocketClose Socket1;
    ENDPROC
```

二、PLC 设置

（一）西门子 S7 - 200 Smart PLC 配置

在指令树的程序中，以鼠标右键单击库，在弹出的快捷菜单中选择“Open User Communication（v1.0）”。如图 5 - 1 - 11 所示，在弹出的选项卡中选择 TCP 通信指令。

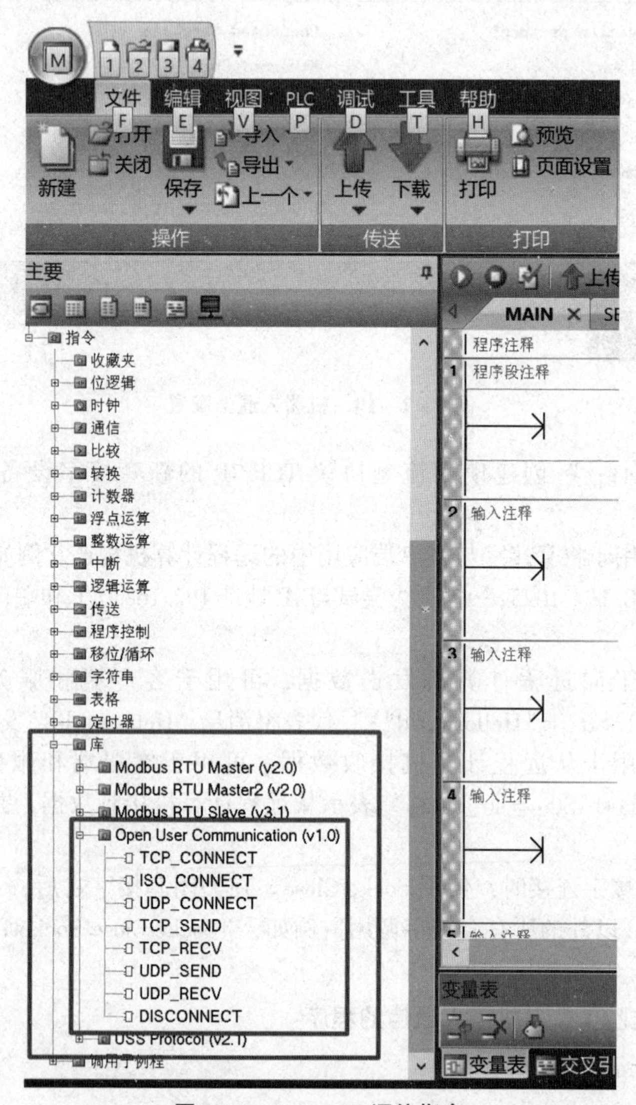

图 5 - 1 - 11　TCP 通信指令

在指令树程序中，将鼠标指针放在“程序块”上，单击鼠标右键，在弹出的快捷菜单中选择“库存储器...”，如图 5 - 1 - 12 所示。在弹出的选项卡中设置库指令数据区，库存储器分配如图 5 - 1 - 13 所示。

（二）西门子 S7 - 200 Smart PLC 通信设置

以 ABB120 机器人发送字符串“hello”给 PLC 为例，编写 S7 - 200 Smart 程序。

调用 TCP_CONNECT 指令建立 TCP 连接。设置连接 IP 地址为 192. 168. 100. 51，远端

端口为2001。利用SM0.0使能Active。

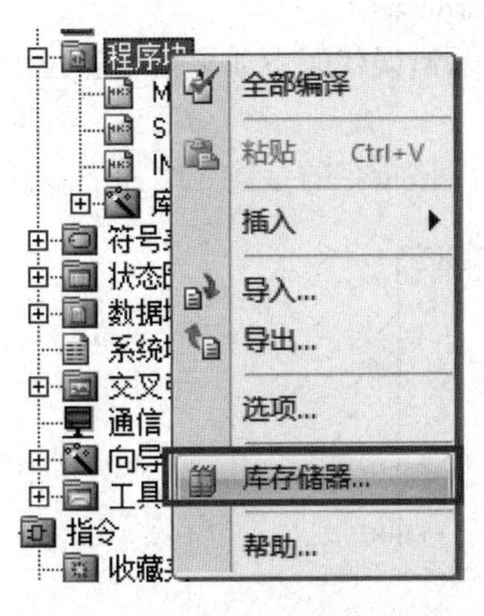

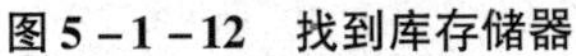

图5-1-12　找到库存储器

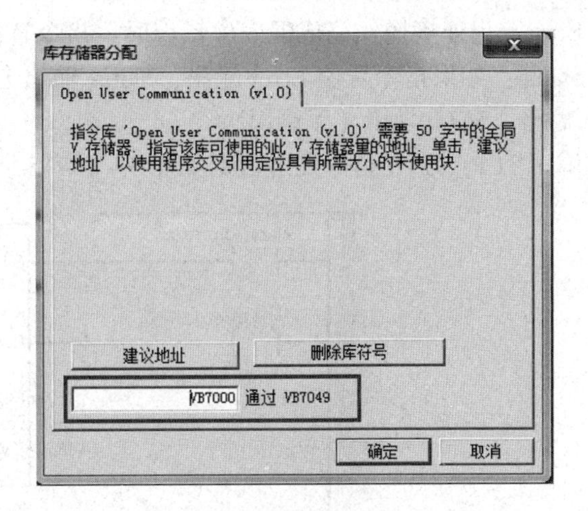

图5-1-13　库存储器分配

TCP_CONNECT指令（见图5-1-14）的部分参数介绍如下。

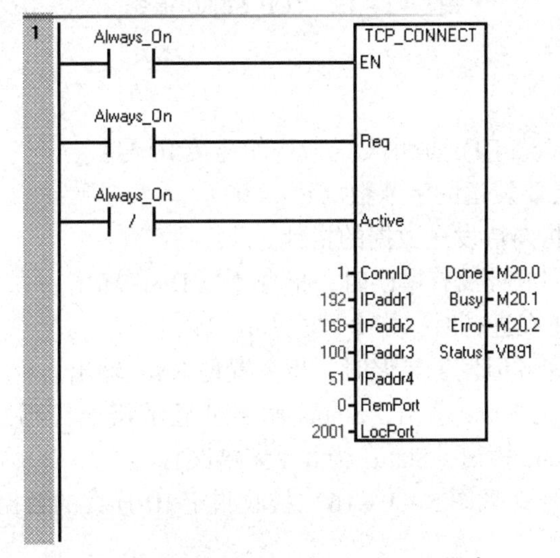

图5-1-14　TCP_CONNECT指令

EN：使能输入。

Req：边沿触发。

Active：TURE = 主动连接（客户端）；FALSE = 被动连接（服务器）。

ConnID：连接ID为连接标识符，可能范围为0～65 534。

IPaddr1～IPaddr4：IP地址的四个八位字节，IPaddr1是IP地址的最高有效字节，IPaddr4是IP地址的最低有效字节。

RemPort：远程设备上的端口号，远程端口号范围为1～49 151。对于被动连接，可使用0。

LocPort：本地设备端口号，设备端口号范围为1～49 151，但是存在一些限制。

Done：当连接操作完成且没有错误时，指令置位Done输出。

Busy：当连接操作正在进行时，指令置位 Busy 输出。

Error：当连接操作完成但发生错误时，指令置位 Error 输出。

Status：如果指令置位 Error 输出，Status 输出会显示错误代码。如果指令置位 Busy 或 Done 输出，Status 为 0（无错误）。

调用 TCP_SEND 指令发送数据如图 5－1－15 所示。该指令的参数介绍如下。

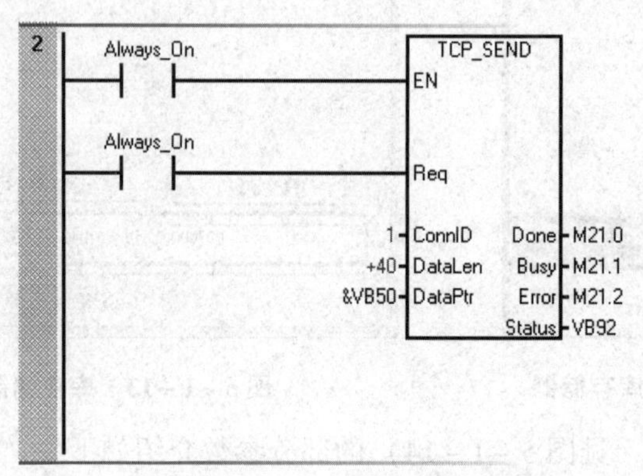

图 5－1－15　TCP_SEND 指令

EN：使能输入。

Req：边沿触发。

ConnID：连接 ID（ConnID）是此发送操作的连接 ID 号。

DataLen：DataLen 是要发送的字节数（1～1 024）。

DataPtr：DataPtr 是指向待发送数据的指针。

Done：当连接操作完成且没有错误时，指令置位 Done 输出。

Busy：当连接操作正在进行时，指令置位 Busy 输出。

Error：当连接操作完成但发生错误时，指令置位 Error 输出。

Status：如果指令置位 Error 输出，Status 输出会显示错误代码，错误代码详见手册。如果指令置位 Busy 或 Done 输出，Status 为 0（无错误）。

调用 TCP_RECV 指令（见图 5－1－16）接收指定 ID 连接的数据，接收的缓冲区长度为 MaxLen。

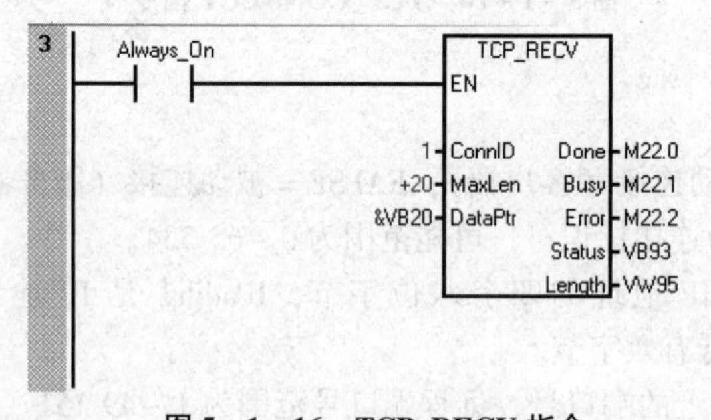

图 5－1－16　TCP_RECV 指令

三、运行效果

编写好 ABB120 机器人程序，按照图 5－1－14、图 5－1－15 和图 5－1－16 编写 PLC 程

序，将PLC程序下载到CPU，ABB120机器人发送字符串“hello”给PLC，如图5－1－17所示，PLC端监控效果如图5－1－18所示。

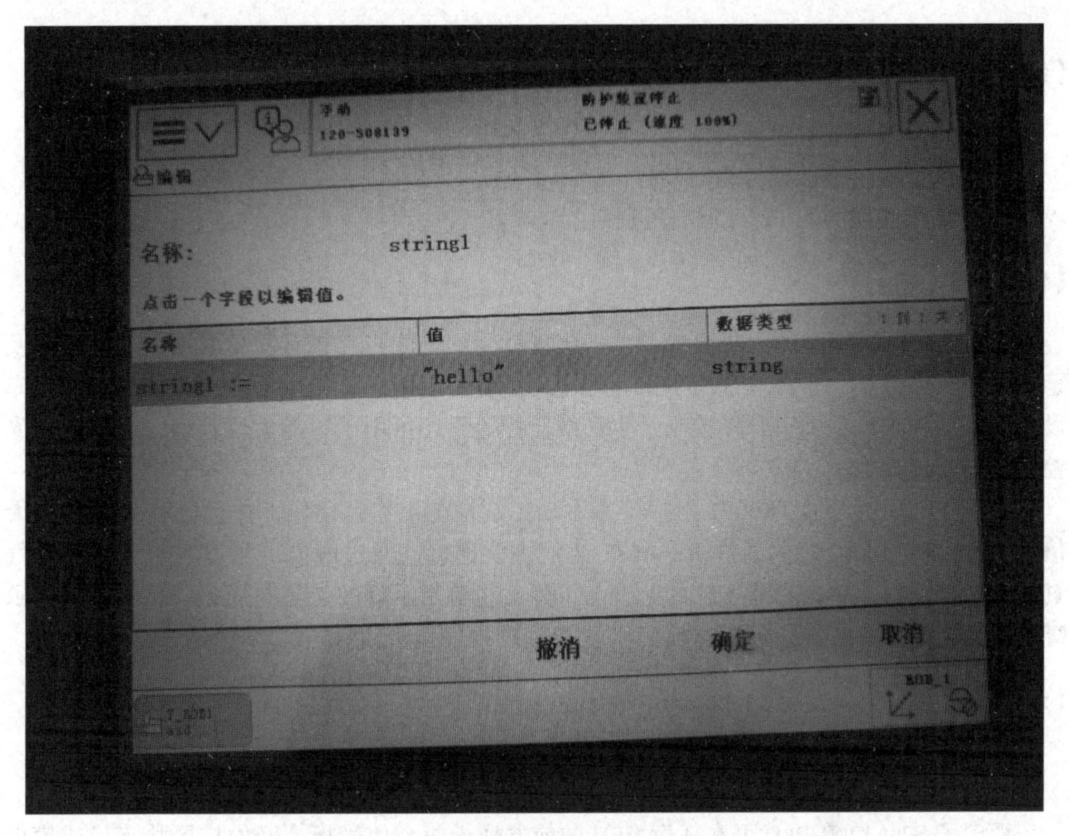

图5－1－17　机器人发送字符串“hello”给PLC

状态图表

	地址	格式	当前值	新值
1	VD20	ASCII	'hell'	
2	VD24	ASCII	'o '	
3		有符号		
4		有符号		
5		有符号		

图5－1－18　PLC端监控效果

【任务总结】

通过本任务的学习，了解西门子S7－200 Smart PLC的功能特点，掌握西门子S7－200 Smart PLC与ABB120机器人通信的原理，并学会配置西门子S7－200 Smart PLC与ABB120机器人的软硬件连接。

任务二　威纶通触摸屏简单使用

【任务目标】

（1）认识威纶通触摸屏。
（2）认识威纶通触摸屏组态软件。
（3）掌握触摸屏与 PLC 的硬件连接。

【任务分析】

触摸屏是一种新型的人机界面，从一出现就受到关注，它具有简单易用、功能强大及稳定性优异等特点，非常适合用于工业环境，甚至可以用于日常生活之中，如自动化停车设备、自动洗车机、天车升降控制、生产线监控等，还可用于智能大厦管理、会议室声光控制、温度调整等。

本任务利用威纶通 TK6071 触摸屏来手动控制检测工作台动作，并且显示 PLC 的报警信息。触摸屏与 PLC 之间通过 RS－485 通信协议连接。通过触摸屏可以实现单个推动气缸的伸出与缩回、单个升降气缸的上升与下降、检测指示灯的点亮与熄灭、检测结果指示灯的点亮与熄灭等，并且可以监控工作站 PLC 的报警信号。

【知识准备】

一、西门子 S7－1200 PLC

西门子 S7－1200 PLC 可在任意 CPU 的前方加入一个信号板，轻松扩展数字量或模拟量I/O，同时不影响控制器的实际大小。信号模块连接至 CPU 的右侧可进一步扩展数字量或模拟量 I/O 容量。CPU 1212C 可连接 2 个信号模块，CPU 1214C、CPU1215C 和 CPU1217C 可连接 8 个信号模块。所有西门子 S7－1200 CPU 控制器的左侧均可连接多达 3 个通信模块，便于实现端到端的串行通信。西门子 S7－1200 PLC 的硬件如图 5－2－1 所示，西门子 S7－1200 PLC 与触摸屏 KTP900 的连接如图 5－2－2 所示。

二、威纶通触摸屏

（一）知识点准备

1. 认识触摸屏

触摸屏又称为“触控屏”“触控面板”，是一种可接收触头等输入信号的感应式液晶显示装置，当触摸了屏幕上的图形按钮时，屏幕上的触觉反馈系统可根据预先编制的程式驱动各种连接装置，可用于取代机械式的按钮面板，并借由液晶显示画面制造出生动的影音效果。触摸屏作为一种新的计算机输入设备，是目前最简单、方便、自然的一种人机交互方式。它赋予了多媒体以崭新的面貌，是极富吸引力的全新多媒体交互设备，主要应用于公共信息查询、领导办公、工业控制、军事指挥、电子游戏、点歌点菜、多媒体教学、房地产预售等领域。

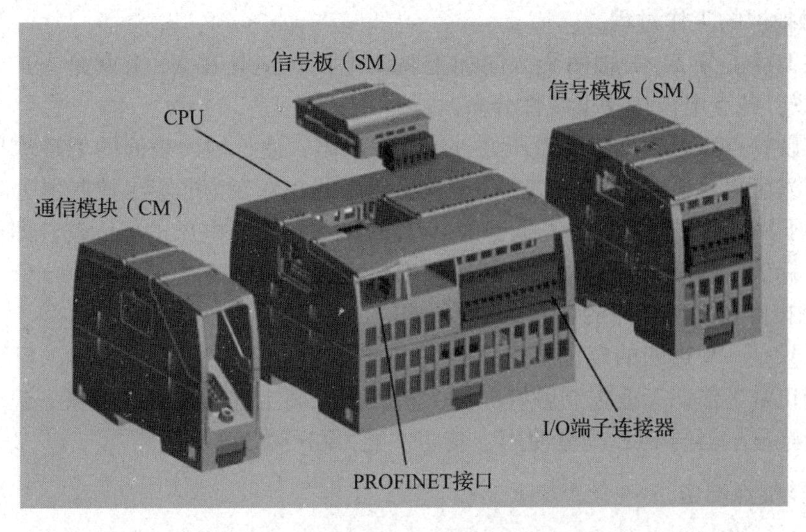

图 5-2-1　西门子 S7-1200 PLC 的硬件

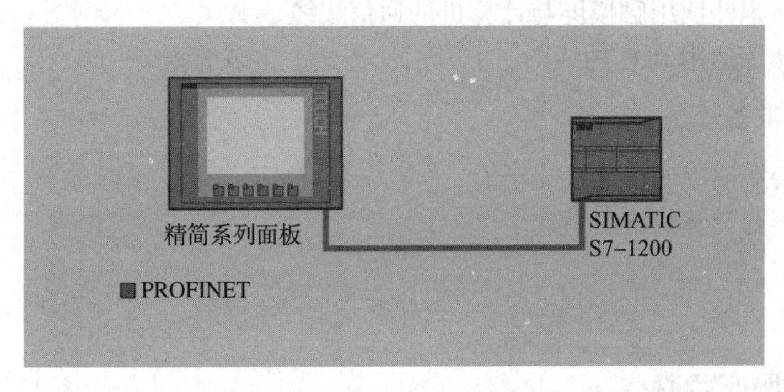

图 5-2-2　西门子 S7-1200 PLC 与触摸屏 KTP900 的连接

2. 触摸屏的基本结构和工作原理

（1）根据工作原理和传输信息介质的不同，触摸屏可分为电阻式、电容感应式、红外线式和表面声波式。触摸屏的主体结构如图 5-2-3 所示。

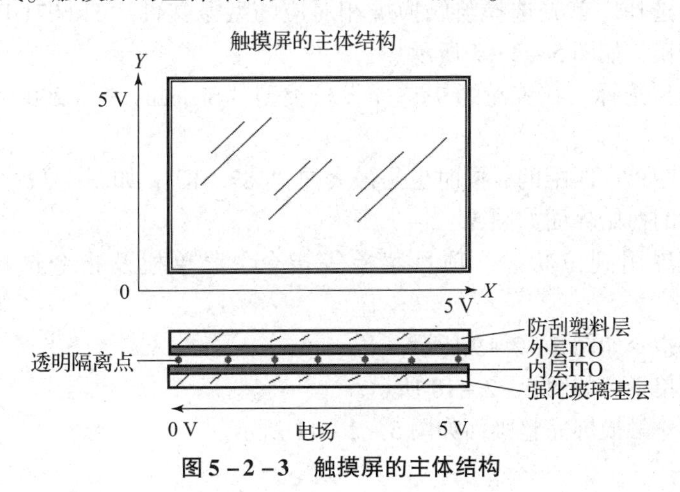

图 5-2-3　触摸屏的主体结构

（2）触摸屏的工作过程。

在内层 ITO 上分 X、Y 轴两个方向加上直流电压，使其在 X、Y 两个方向上产生 0～+5 V的电场，各点电位按梯度线性分布。

手指或硬物点压触摸屏时，点压处外层发生凹陷，使外层内表面的 ITO 涂层与基层表面的 ITO 层发生接触，此时外层 ITO 的电位由原来的 0 V 变为非零。控制器分时对 X 轴和 Y 轴加上电压并测量外层电位的高低，经 A/D 转换并与 5 V 电压进行比较，即可计算出该接触点的坐标值，然后通过类似鼠标的操作来执行相应的程序。

（3）触摸屏与人机界面的区别。

触摸屏只是一套透明的定位装置，必须与控制器、CPU、显示控制器、显示面板等共同配合才能正常工作。工业控制触摸屏（人机界面）将上述各装置组合在一起，制成一个独立的平板式显示器与 PLC 配套使用，其防护能力和可靠性较高。

（二）技能点准备

（1）能够熟练掌握触摸屏控制检测单元动作。

（2）能够认识并使用触摸屏与计算机的通信线缆。

（3）能够熟练运用 PLC 的线圈、上升沿、传送、字节等指令。

（三）设备准备

（1）PLC 与触摸屏通信连接完毕。

（2）触摸屏与计算机准备就绪。

【任务实施】

一、手动操作画面

根据任务要求画出触摸屏并实现功能，通过使用触摸屏位状态、项目菜单等指令制作画面和功能及编写 PLC，按下触摸屏让四个工位的推动与升降气缸推出、缩回、上升或下降。

（1）触摸屏选择。首先选择与触摸屏相对应的型号文件“TK6071iP（800×480）”，单击“确定”按钮，如图 5－2－4 所示。

（2）设备类型选择。在威纶通中选择设备类型“Siemens S7－200 SMART PPI”，如图 5－2－5 所示。

波特率选择与 PLC 匹配的、同时也是最大的“187.5K”，如图 5－2－6 所示。

（3）触摸屏的初始界面如图 5－2－7 所示。

（4）画触摸屏用到位状态、项目菜单等指令。菜单栏及指令选择如图 5－2－8 所示。

（5）位状态指令如图 5－2－9 所示。

（6）项目菜单指令如图 5－2－10 所示。

（7）手动操作触摸屏完整画面如图 5－2－11 所示。

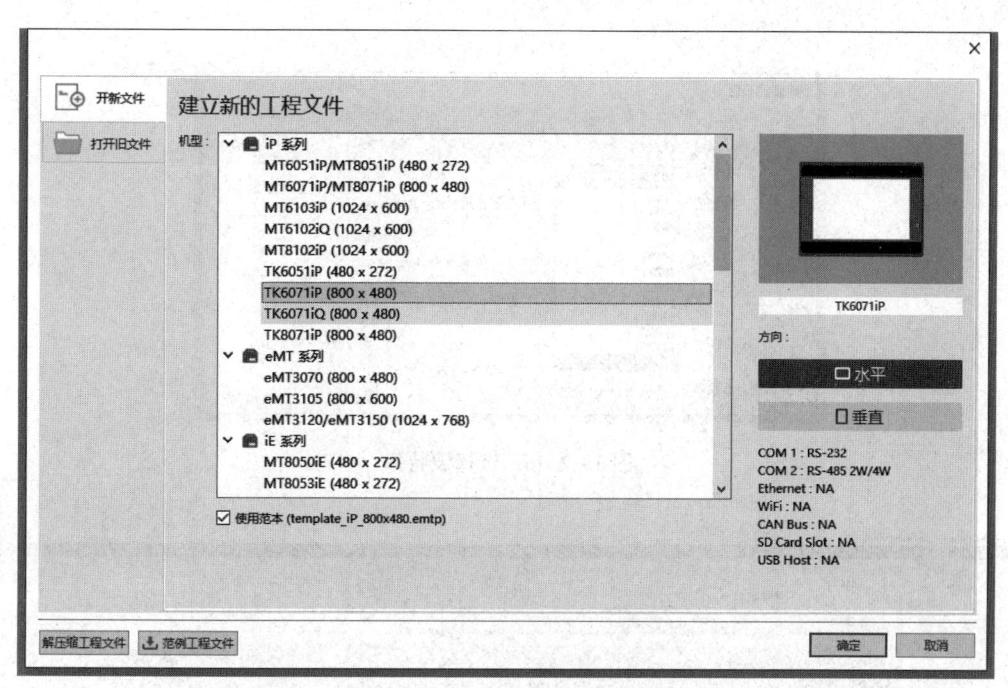

图 5-2-4　选择触摸屏文件

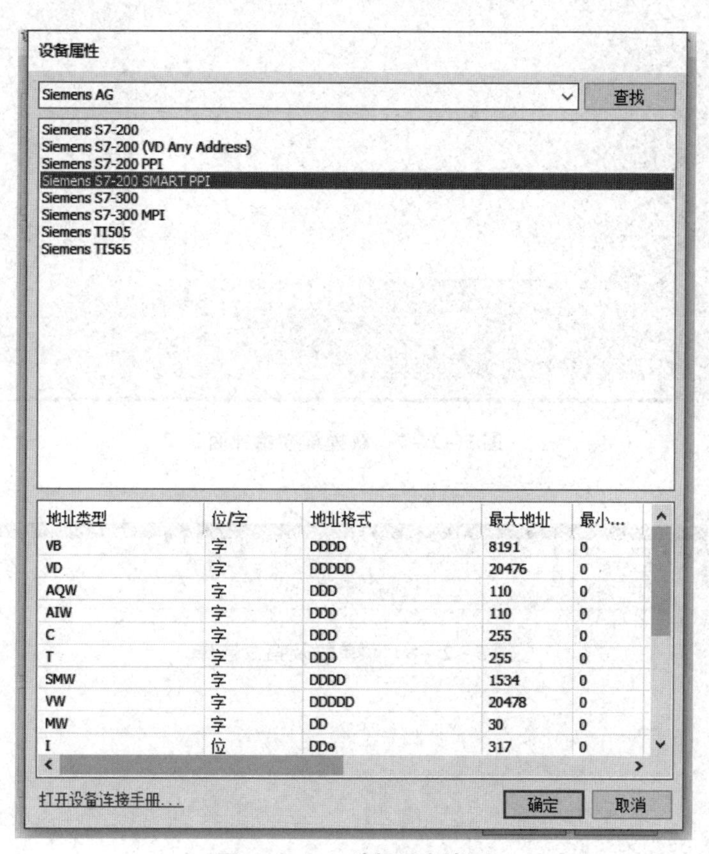

地址类型	位/字	地址格式	最大地址	最小...
VB	字	DDDD	8191	0
VD	字	DDDDD	20476	0
AQW	字	DDD	110	0
AIW	字	DDD	110	0
C	字	DDD	255	0
T	字	DDD	255	0
SMW	字	DDDD	1534	0
VW	字	DDDDD	20478	0
MW	字	DD	30	0
I	位	DDo	317	0

图 5-2-5　选择设备类型

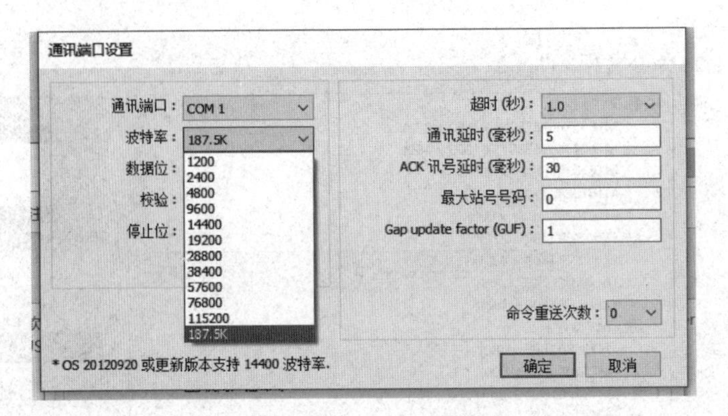

图 5－2－6　选择波特率

图 5－2－7　触摸屏初始界面

图 5－2－8　菜单栏及指令选择

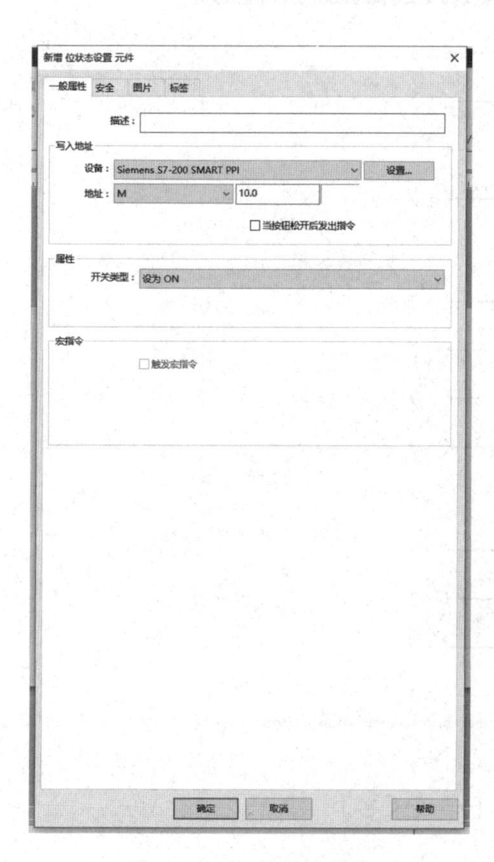

图 5－2－9　位状态指令

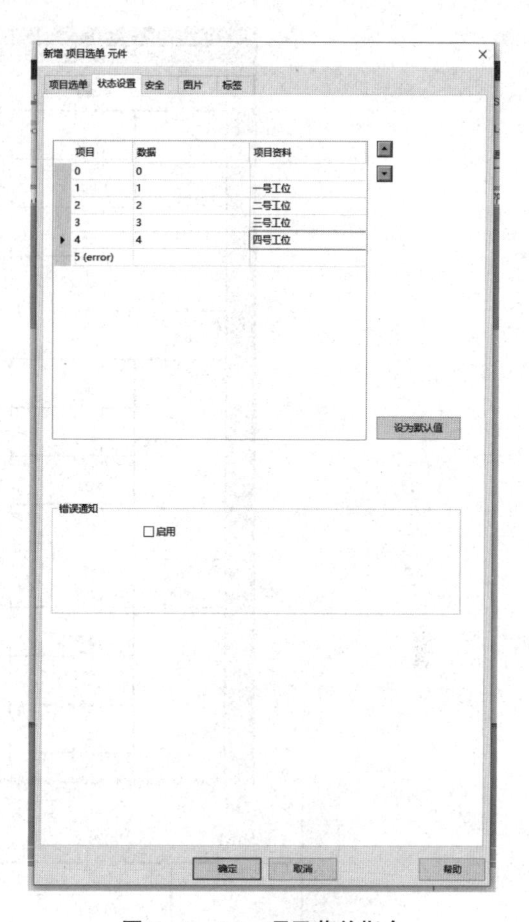

图 5－2－10　项目菜单指令

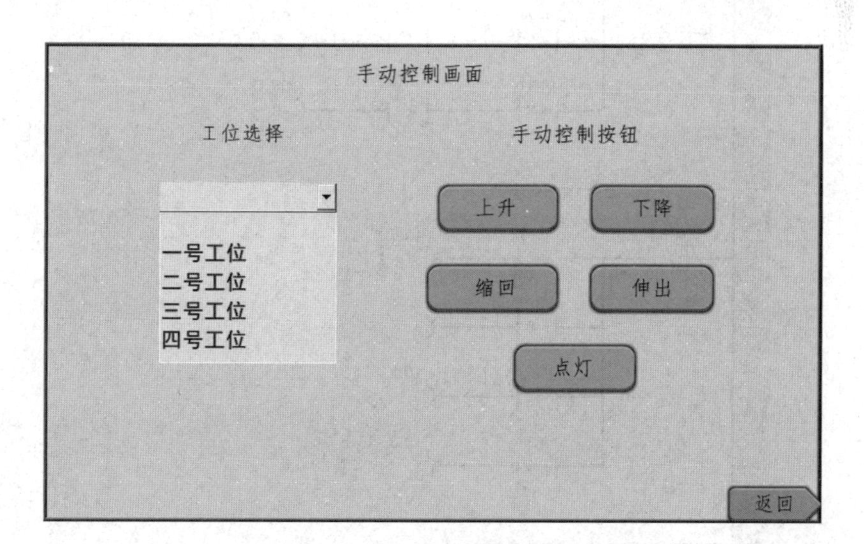

图 5－2－11　手动操作触摸屏完整画面

（8）PLC 程序如图 5－2－12 所示。

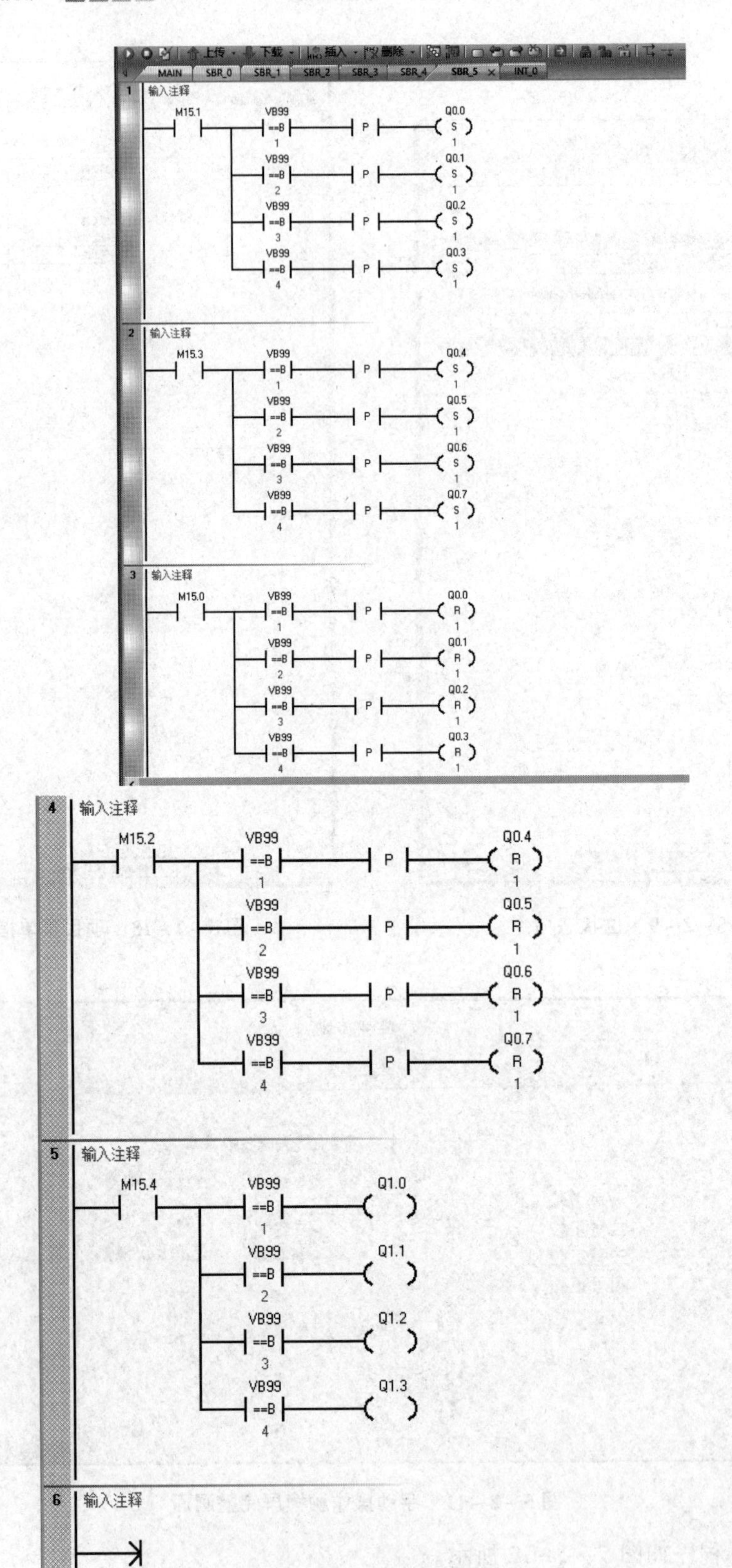

上传
下载
插入
删除
MAIN
SBR_0
SBR_1
SBR_2
SBR_3
SBR_4
SBR_5
INT_0
1
输入注释
M15.1
VB99
==B
1
P
Q0.0
S
1
VB99
==B
2
P
Q0.1
S
1
VB99
==B
3
P
Q0.2
S
1
VB99
==B
4
P
Q0.3
S
1
2
输入注释
M15.3
VB99
==B
1
P
Q0.4
S
1
VB99
==B
2
P
Q0.5
S
1
VB99
==B
3
P
Q0.6
S
1
VB99
==B
4
P
Q0.7
S
1
3
输入注释
M15.0
VB99
==B
1
P
Q0.0
R
1
VB99
==B
2
P
Q0.1
R
1
VB99
==B
3
P
Q0.2
R
1
VB99
==B
4
P
Q0.3
R
1
4
输入注释
M15.2
VB99
==B
1
P
Q0.4
R
1
VB99
==B
2
P
Q0.5
R
1
VB99
==B
3
P
Q0.6
R
1
VB99
==B
4
P
Q0.7
R
1
5
输入注释
M15.4
VB99
==B
1
Q1.0
VB99
==B
2
Q1.1
VB99
==B
3
Q1.2
VB99
==B
4
Q1.3
6
输入注释

图 5-2-12　PLC 程序

（9）PLC 下载如图 5－2－13 所示。

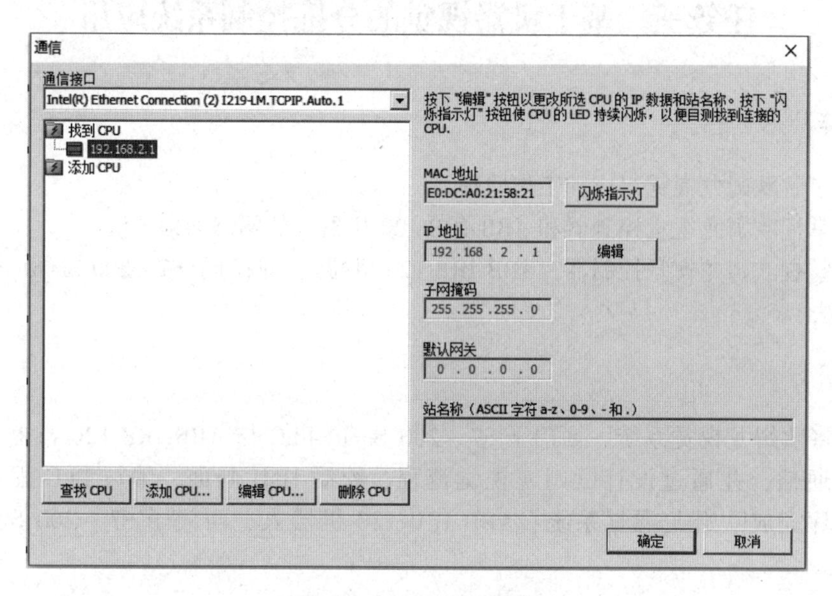

图 5－2－13　PLC 下载

（10）调试。PLC 打开监控，方便查找修改，监控界面如图 5－2－14 所示。

图 5－2－14　监控界面

【任务总结】

通过本任务的学习，了解西门子 TKiP6071 触摸屏的功能特点，掌握西门子 S7－200 Smart PLC 与 TK6071iP 触摸屏的通信原理，并学会西门子 S7－200 Smart PLC 和 HMI 通信的方法。

任务三　基于机器视觉的分拣控制系统应用

【任务目标】

（1）了解欧姆龙视觉组成和工作原理。

（2）掌握欧姆龙视觉控制器和 ABB IRB 120 机器人的网络通信方法。

（3）掌握欧姆龙视觉控制器、ABB IRB 120 机器人、西门子 S7－200 Smart PLC、HMI 的联动方法。

【任务分析】

分别将欧姆龙视觉系统、西门子 S7－200 Smart PLC 与 ABB IRB 120 机器人通过以太网连接通信，并通过设计欧姆龙视觉流程、绘制 HMI 画面、编写 PLC 程序和编辑 RAPID 程序完成欧姆龙视觉系统、ABB IRB 120 机器人、西门子 S7－200 Smart PLC、HMI 联动。

【知识准备】

欧姆龙视觉系统是通过传感器控制器对相机所拍摄的对象进行测量处理的图像系统，与 PLC、机器人 I/O 板或计算机等外部装置连接，可从外部装置输入测量命令，或者向外部输出测量结果。以 PLC 控制欧姆龙视觉控制器为例，传感器控制器基本控制动作为：首先，PLC 输入测量触发等控制命令给视觉系统传感器控制器，视觉系统通过智能相机来测量；然后，由传感器控制器处理并输出测量结果给 PLC。PLC 控制欧姆龙视觉控制器流程如图 5－3－1 所示。

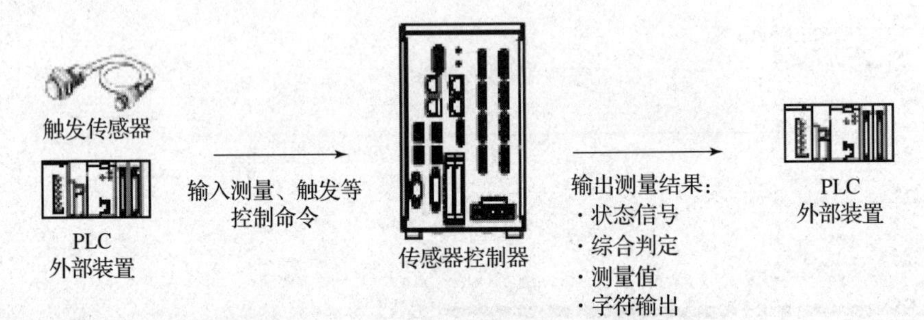

图 5－3－1　PLC 控制欧姆龙视觉控制器流程

欧姆龙视觉系统的硬件设备包括智能相机（见图 5－3－2）、控制器（见图 5－3－3）和光源（见图 5－3－4）。智能相机并不是一台简单的相机，而是一种高度集成化的微小型机器视觉系统。它将图像的采集、处理与通信功能集成于单一相机内，能提供具有多功能、模块化、高可靠性、易于实现的机器视觉解决方案。同时，由于应用了新的 DSP、FPGA 及大容量存储技术，智能相机智能化程度不断提高，可满足多种机器视觉的应用需求。智能相机一般由图像采集单元、图像处理单元、图像处理软件、网络通信装置等构成。

图 5－3－2　欧姆龙 FH L550 视觉系统智能相机

图 5－3－3　欧姆龙 FH L550 视觉控制器

图 5－3－4　智能光源

【任务实施】

一、欧姆龙系统软件设置

（一）欧姆龙系统软件界面

图 5－3－5 所示为欧姆龙系统软件界面。该界面主要包含了判定显示窗口、信息显示窗口、工具窗口、测量窗口、图像窗口、详细结果显示窗口和流程显示窗口等。

（二）通信模块的设定（启动设定）

从主界面的菜单中，单击“工具”→“系统设置”，从界面左侧的树状图中，选择“系统设置”→“启动”→“启动设定”，单击“通信模块”。在“串行（以太网）”的下

图 5－3－5　欧姆龙系统软件界面

拉莱单中选择“无协议（UDP)”，更改完成后单击“保存”按钮，如图 5－3－6 所示。按图 5－3－7 所示设定 IP 地址和端口号，设置完成后，单击“适用”→“保存”按钮，重启系统。

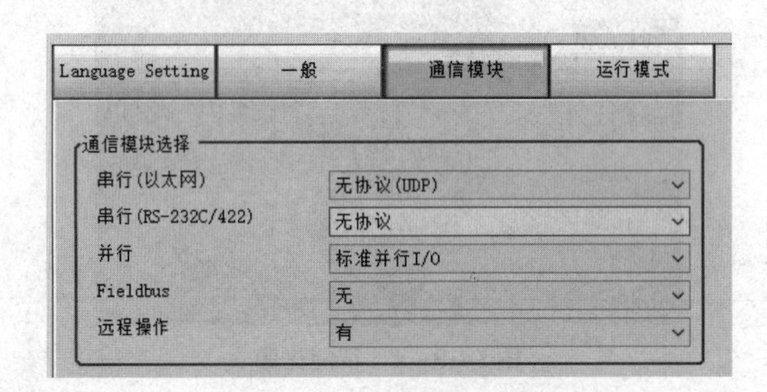

图 5－3－6　通信模块设定

（三）视觉颜色检测设定

图 5－3－8 所示为颜色检测和流程设置，流程设置完成后，单击“标签”，弹出如图 5－3－9 所示的“颜色特征设定”对话框，在“标签”编辑选项中进行颜色的编辑和录入。在第一项“颜色指定”中选择“自动设定”后，手动拖曳鼠标在当前拍摄的物体上抓取颜色；或者手动在颜色表中选取颜色。在第五项“测量参数”中选择“面积”，如图 5－3－10 所示。在第六项“判定”中将标签数最小值改为“1.0000”，如图 5－3－11 所示。最后对“串行数据输出”进行设置，如图 5－3－12 所示。

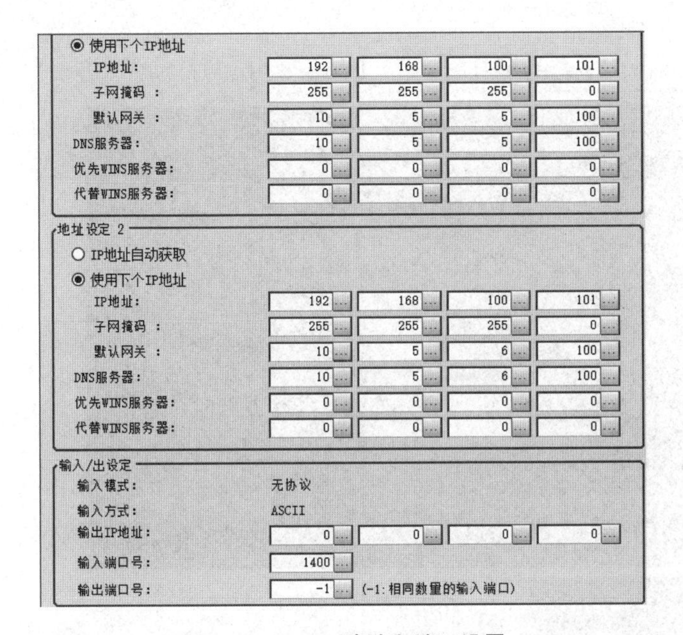

图 5－3－7　IP 地址和端口设置

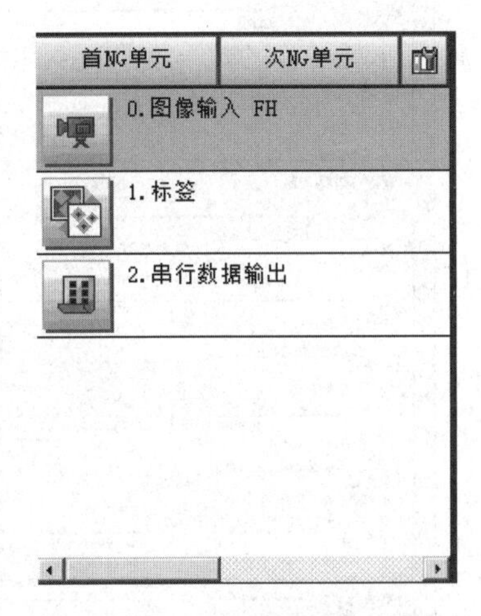

图 5－3－8　颜色检测和流程设置

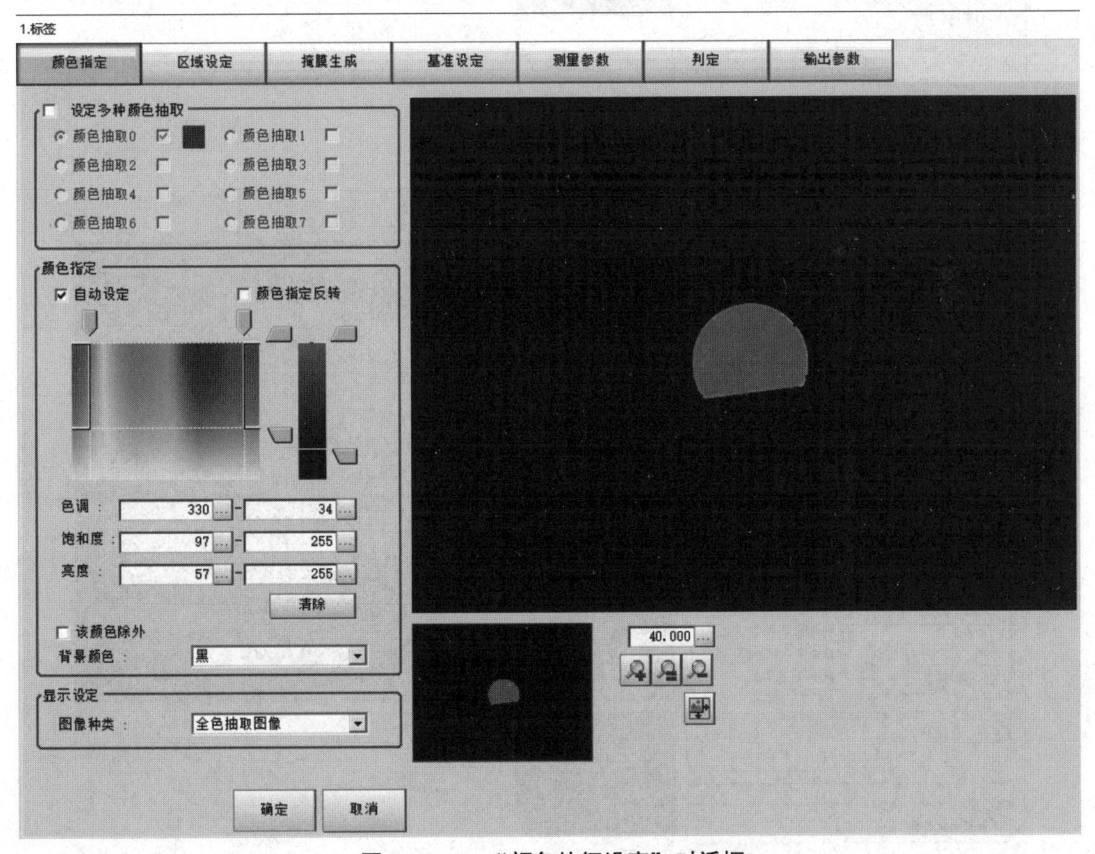

图 5－3－9　“颜色特征设定”对话框

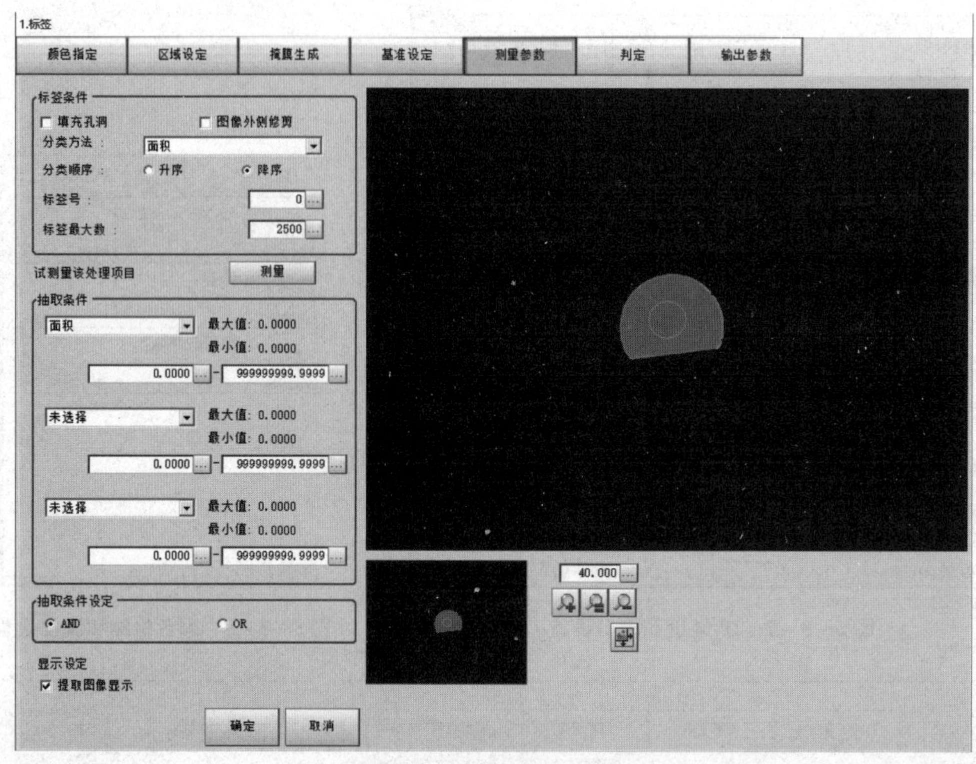

图 5-3-10 测量参数设置

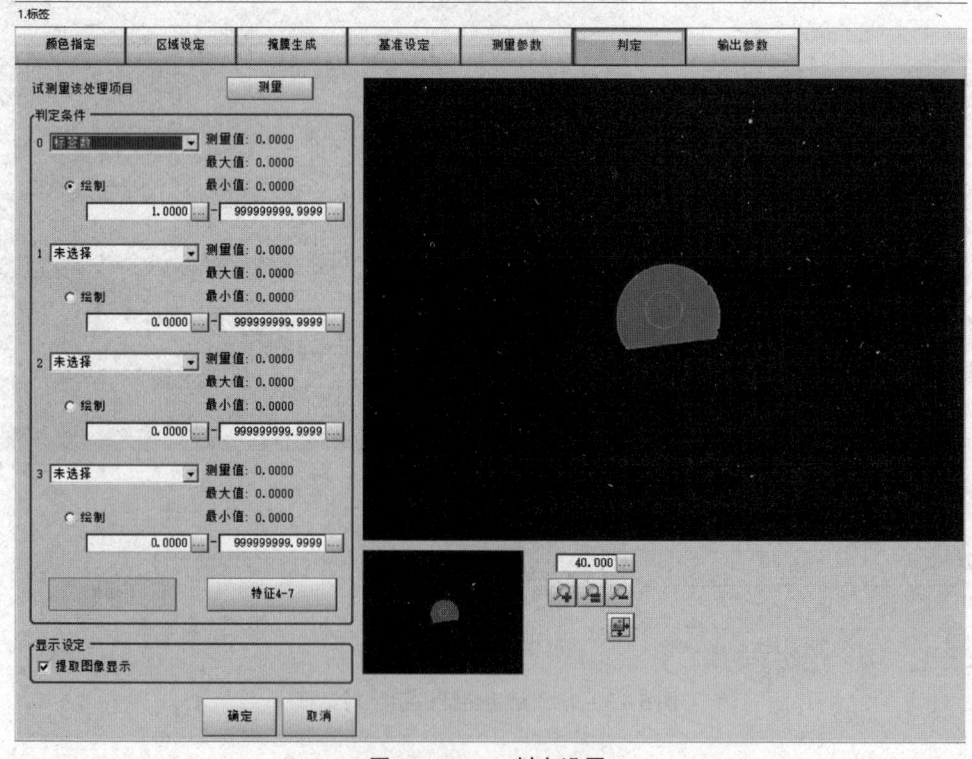

图 5-3-11 判定设置

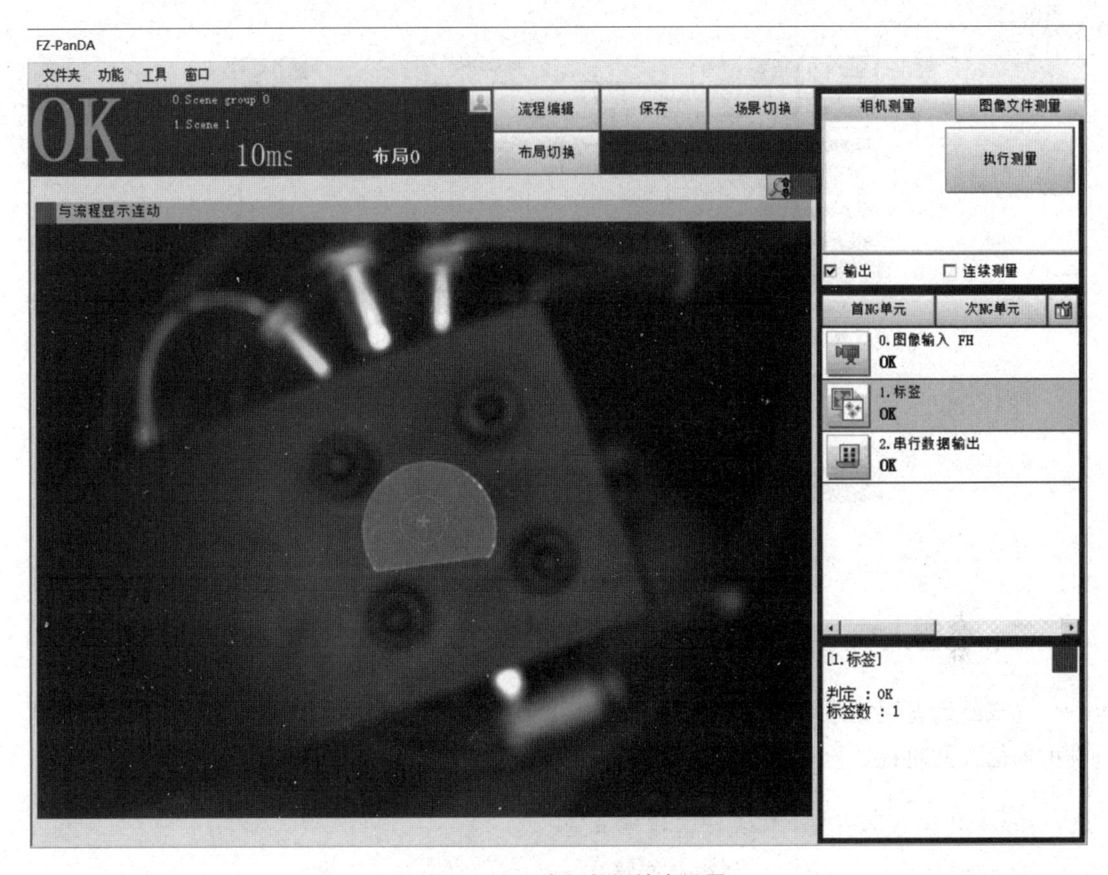

图 5－3－12　串行数据输出设置

二、ABB IRB 120 机器人与欧姆龙视觉系统通信设定

使用示教器，在控制面板里找到 IP 设定选项，如图 5－3－13 所示。在 IP 设定里，为机器人添加一个 IP 地址："192.168.100.100"，单击"确定"按钮，配置完成，如图 5－3－14所示。

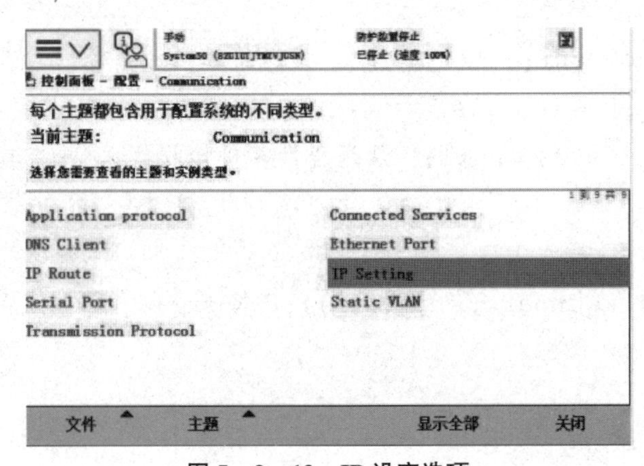

图 5－3－13　IP 设定选项

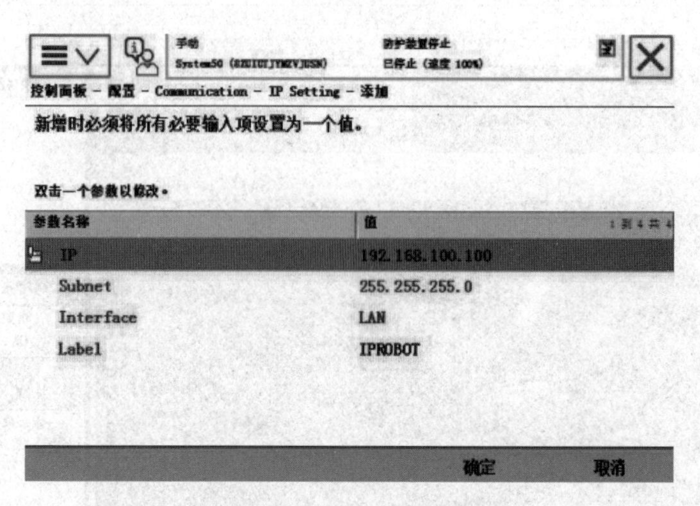

图 5-3-14　IP 地址设定

三、机器人视觉检测程序编写

完成欧姆龙视觉系统和机器人 IP 设定后，编写机器人程序，实现机器人与视觉控制器的通信，并将视觉检测结果发送给机器人，具体代码如下。

```
Socketclose so1；！关闭套接字 so1
Socketcreate so1;！创建新套接字 so1
Socketconnect so1,"192.168.100.101",1400;！尝试与 IP 地址 192.168.100.101 和端口 1400 处的远程计算机相连
waittime 0.3;！等待 0.3 s
Socketsend so1 \str：="s"+valtostr(x);！将字符串"s"+valtostr(x)发送给远程计算机,其中 x 表示场景号码
waittime 0.3;！等待 0.3 s
Socketsend so1 \str：="m";！将"m"发送给远程计算机
waittime 0.3;！等待 0.3 s
Socketreceive str：=str1;！从远程计算机接收数据,并将其储存在字符串变量 str1 中
waittime 0.3;！等待 0.3 s
ys：=strtoval(strpart(str1,7,1));！将 str1 中第 7 位后的 1 位赋值到字符串 ys 中
```

四、西门子 S7 -200 Smart PLC 程序（见图 5 -3 -15）

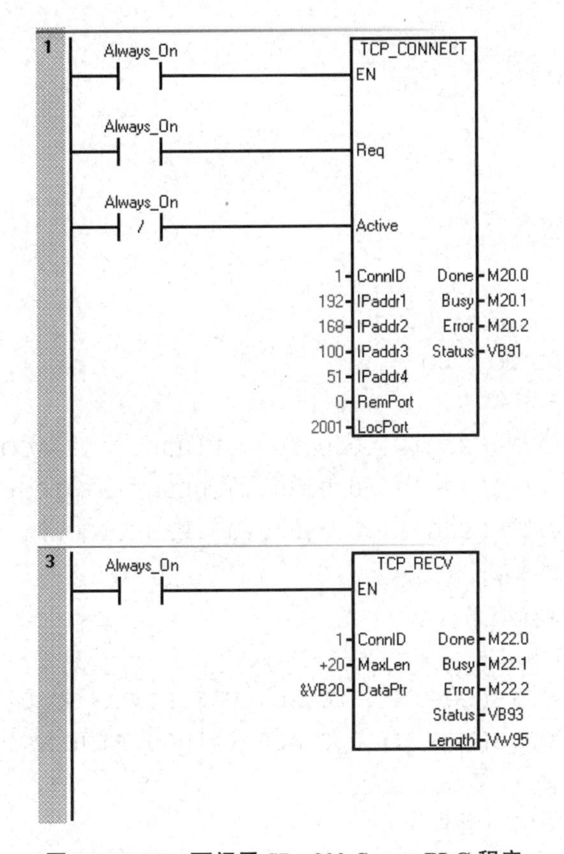

图 5 -3 -15　西门子 S7 -200 Smart PLC 程序

五、绘制 HMI 画面（见图 5 -3 -16）

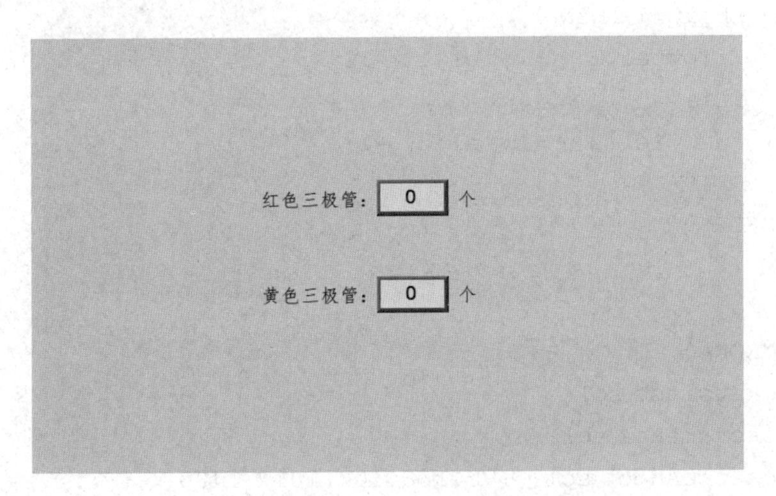

图 5 -3 -16　HMI 画面

六、机器人程序编写

```
MODULE zhu

PROC MAIN()
    PANDUAN;
    FASONG;
NNDPROC

PROC PANDUAN()
    FOR X FROM 1 TO 7 DO
        ！拾取三极管芯片
        MOVEL OFFS(SJG{X},0,0,100),V1000,FINE,TOOL0;
        MOVEL OFFS(SJG{X},0,0,20),V1000,FINE,TOOL0;
        MOVEL OFFS(SJG{X},0,0,0),V20,FINE,TOOL0;
        WAITTIME 1;
        SET VACUNM_2;
        WAITTIME 1;
        MOVEL OFFS(SJG{X},0,0,20),V20,FINE,TOOL0;
        MOVEL OFFS(SJG{X},0,0,100),V1000,FINE,TOOL0;

        ！调用视觉判断程序
        OMRON;

        ！记录红、黄颜色个数
        If ys =1 THEN
            byte1{1}:=byte1{1} +1;
        else
            byte1{2}:=byte1{2} +1;
        ENDIF
    ENDFOR
ENDPROC

PROC OMRON()
    Socketclose so1;
    Socketcreate so1;
    Socketconnect so1,"192.168.100.101",1400;
    waittime 0.3;
    Socketsend so1 \str:="s " +valtostr(1);
```

```
    waittime 0.3;
    Socketsend so1 \str: = "m";
    waittime 0.3;
    Socketreceive str: =str1;
    waittime 0.3;
    ys: =strtoval(strpart(str1,7,1));
ENDPROC

PROC fasong()
    SocketCreate Socket1;
    WaitTime 1;
    SocketConnect Socket1,"192.168.100.51",2001 \Time: =10;
    WaitTime 1;
    SocketSend Socket1 \data: =byte1;
    WaitTime 1;
    SocketClose Socket1;
ENDPROC

ENDMODULE
```

七、HMI 显示效果（见图 5 – 3 – 17）

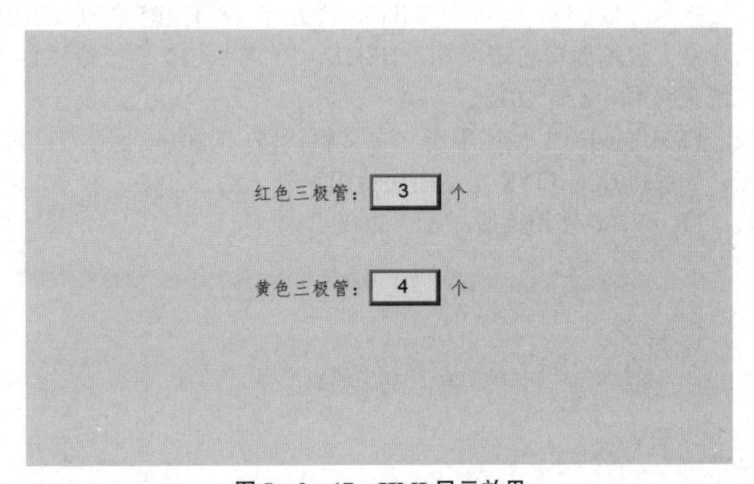

图 5 – 3 – 17　HMI 显示效果

【任务总结】

通过本任务的学习，了解欧姆龙视觉系统的组成和工作原理，掌握欧姆龙视觉控制器和 ABB IRB 120 机器人的网络通信方法，掌握欧姆龙视觉控制器、ABB IRB 120 机器人、西门子 S7 – 200 Smart PLC、HMI 联动的方法。

参 考 文 献

[1] 宋云艳. 工业现场网络通信技术应用 [M]. 北京：机械工业出版社，2017.
[2] 张帆. 工业控制网络技术 [M]. 北京：机械工业出版社，2018.
[3] 庞文燕. 工业现场控制系统的设计与调试 [M]. 北京：机械工业出版社，2016.
[4] 汤晓华. 蒋正炎. 陈永平，等. 工业机器人应用技术 [M]. 北京：高等教育出版社. 2015.
[5] 蒋正炎. 工业机器人工作站安装与调试（ABB）[M]. 北京：机械工业出社，2017.
[6] 吕景全. 工业机械手与智能视觉系统应用 [M]. 北京：中国铁道出版社，2014.
[6] 蒋正炎. 机器人技术应用项目教程（ABB）[M]. 北京：高等教育出版社，2019.
[7] 郭丙君. 电气控制技术 [M]. 上海：华东理工大学出版社，2018.
[8] 汪晋宽. 工业网络技术 [M]. 北京：北京邮电大学出版社，2007.
[9] 廖常初. S7－1200/1500PLC 应用技术 [M]. 北京：机械工业出版社，2019.
[10] 西门子工业技术. TIA Portal STEP 7 Basic V10. 5 入门指南 [Z]. 2010.
[11] 江苏汇博机器人技术股份有限公司. HBHX－RCPS－C10 型工业机器人技术应用实训平台系统说明书 [Z]. 2015.
[12] 三菱电机. FX3U－64CCL 使用手册（中文版）[Z]. 2016.
[13] 三菱电机. Q 系列 CC－LINK 主站模块使用手册 [Z]. 2000.
[14] 三菱电机. FR－E700 使用手册 [Z]. 2009.